推薦序

　　Wi-Fi 標準發展迅速，每過幾年就推出新的技術，是啟用全球無線通訊最主要的方法。諾基亞的成剛等專家在 Wi-Fi 通訊領域深耕多年，在該書中給領域同行系統介紹了即將商用的 Wi-Fi 7 的技術特點，強烈推薦這一力作給相關領域的學生和科學研究技術人員。

張大慶

北京大學講席教授，歐洲科學院院士，IEEE Fellow

　　Wi-Fi 技術已經與人們的日常生活深度融合，Wi-Fi 6 在短短 3 年時間內在各行各業廣泛應用。Wi-Fi 技術的每一次突破革新，都會給人們的工作和生活帶來巨大便捷。本書作為 Wi-Fi 技術前端資料，回顧了 Wi-Fi 標準的演進發展和 Wi-Fi 6 技術的性能轉型，並詳細闡述了 Wi-Fi 7 的技術原理與創新，從技術分析到產品開發測試，從場景化應用到與其他領域技術融合，對 Wi-Fi 相關從業者具有極高的參考價值。希望讀者透過此書能夠對 Wi-Fi 7 有更加清晰的認識，並從中獲得啟發與幫助。

張沛

中國聯通智網創新中心總監

　　工欲善其事，必先利其器。Wi-Fi 作為主流的短距離無線通訊技術，隨著其標準和性能不斷迭代升級，在數位經濟中的作用也越來越突出。成剛及其團隊作為寬頻技術領域的資深專家，克服新型冠狀病毒感染的諸多影響，潛心鑽研，撰寫了此書。在本書中，對 Wi-Fi 技術從基礎原理、發展路標到產品應用進行了深入淺出的介紹，是了解數位產業化通訊不可多得的好書。

徐赤璘

保利華信專項研發中心總經理

After more than two decades since its introduction, Wi-Fi is taking a giant leap forward in order to meet the growing household needs regarding communications. Wi-Fi 7 triples the throughput of its predecessor and offers many new features as well as supports, for example, virtual reality, low-latency gaming and high-quality streaming. This book provides a holistic insight on the new standard for both interested consumers and technical experts, highly recommended reading!

自 Wi-Fi 推出二十多年以來，這個技術正在取得巨大的飛躍，以滿足不斷增長的家庭通訊需求。Wi-Fi 7 的輸送量是之前標準的 3 倍，並提供許多新功能，支援更多新業務，如虛擬實境、低延遲遊戲和高品質串流媒體。本書為感興趣的消費者和技術專家提供了有關新標準的整體見解，強烈推薦閱讀！

米卡博士

芬蘭國家商務促進局貿易和創新領事，中國區創新負責人

Wi-Fi 已經成為我們生活中不可或缺的一部分。作為全球著名通訊廠商的技術專家，作者從 Wi-Fi 的技術發展史出發，對 Wi-Fi 技術標準、技術原理、產品開發、產品應用、5G 融合等方面進行了詳細的闡述。作者具有資深的產品設計和開發經驗，在本書中探討了如何利用新技術開發產品和測試，並結合應用進行方案介紹，有哪些場景，如何進行技術分析，需要多少裝置，達到怎樣的性能。本書可作為行業人員和專案開發的必備參考書目。十分期待這本書給讀者帶來不一樣的體驗。

周俊鶴教授

同濟大學電子與資訊工程學院副院長

本書全面介紹了 Wi-Fi 的技術原理、演進路線和產品開發知識，並且把專業性的技術與產品開發、應用場景相結合，具有深入淺出、系統性強的特點。本書不僅適用於對 Wi-Fi 技術感興趣的普通讀者，而且對行業內的專業技術人員有很好的指導作用。

張傑

上海劍橋科技股份有限公司董事兼寬頻事業部總經理

推薦序一

在數位化經濟和超高速連線網路不斷發展的今天，Wi-Fi 技術在各個行業的作用已經變得越來越重要。不管是家庭中的遠端辦公、遠端教學、影音娛樂、網路遊戲等，還是機場、飯店、商場等公共場合，Wi-Fi 都是得到廣泛普及和非常重要的短距離無線資料通信技術。毫不誇張地說，Wi-Fi 技術是近二十多年來在各行業應用中取得顯著成功的關鍵通訊技術之一。

而 Wi-Fi 的技術標準仍在以 5 年左右的週期改朝換代，頻寬、性能、使用者體驗等持續提升，也對應著數位經濟發展、寬頻連線技術演進、各種高頻寬業務湧現。

近幾年，支援 Wi-Fi 6 的寬頻連線產品和家庭路由器正處於方興未艾階段，而新一代的 Wi-Fi 7 技術也悄然來臨。Wi-Fi 7 有更多的創新和性能的突破，最高速率是 Wi-Fi 6 的 3 倍，支援多頻段捆綁等新的核心技術，可以預見，它必然為智慧家居、智慧城市、智慧交通等領域的應用提供更加完美的體驗。

除此之外，隨著元宇宙技術的興起，具有高性能的 Wi-Fi 7 也將在元宇宙中扮演越來越重要的角色。Wi-Fi 7 將為元宇宙中的虛擬實境、擴增實境、空間互動等應用提供更加快速和穩定的網路支援，提供給使用者更加極致的體驗和互動。

目前系統性地介紹 Wi-Fi 技術相關的專業圖書還不多，大多數者還不了解新一代 Wi-Fi 7 技術的發展情況，本書的出版恰逢其時，極佳地把 Wi-Fi 原理、Wi-Fi 技術演進、Wi-Fi 7 的關鍵技術和產品開發、Wi-Fi 7 場景應用等各方面都結合起來，給業界人士及技術同好提供了一本既深入淺出又很具專業性的圖書。

本書作者是寬頻連線、家庭閘道和 Wi-Fi 技術等領域的資深專家，所帶領的團隊在 Wi-Fi 領域有很多創新和實際產品的開發經驗，深知 Wi-Fi 7 技術的重要性和潛力，也深信 Wi-Fi 7 技術將在未來的數位化經濟中繼續發揮巨大的作用。因此，作者以及團隊的專家將技術的理解、經驗和心得分享給更多的讀者，希望能夠為 Wi-Fi 技術的發展和推廣做出自己的貢獻。

吳忠勝

上海諾基亞貝爾執行副總裁 基礎網路業務集團負責人

推薦序二

　　Wi-Fi 7 是無線連接技術的最新標準，它比以前的任何一代都更快、更穩定、更智慧。它將改變我們與網際網路、裝置和彼此之間的互動方式。

　　諾基亞成剛等專家在這本書中分享了對 Wi-Fi 7 技術的深入見解和豐富知識。該書從基礎原理開始，介紹了 Wi-Fi 技術演進、Wi-Fi 6 技術特點，然後深入探討了 Wi-Fi 7 技術的創新、核心技術、新產品開發，以及各種場景下的應用和建議，例如居家體驗、體育館、企業辦公等，幫助讀者利用 Wi-Fi 7 技術提升自己生活和工作中的連接品質和效率。

　　如果問 21 世紀什麼是對人類生活影響最大的通訊科技，答案可能是 Wi-Fi。Wi-Fi 幾乎是所有終端連接網際網路的最後一哩路，從網際網路閘道、網路中繼器，到電子終端，所有 21 世紀新型態產品大機率都配有 Wi-Fi。對高比例掌控 Wi-Fi 市場的廠商而言，世界每增加一項新產品，支援 Wi-Fi 便能增加市場銷售額，背後的商機非常可觀。對於有採購 Wi-Fi 需求的公司與個人來講，如何挑選有生態影響力，並且具備互聯互通能力的廠商，變得越來越重要。

　　Wi-Fi 產品規格、每一代演進是推進 Wi-Fi 經濟規模增長的最主要動力，Wi-Fi 的每一代演進規格看似複雜，但其實主要有三個重點：

　　（1）**速度越來越快**：14 年時間速度提高 60 倍，方法不外乎增加頻道、增加頻寬、增加訊號壓縮比。

　　（2）**穩定需求越來越高**：從 1 對 1 到 1 對多，許多新規格如 MU-MIMO、OFDMA、MLO、MRU 陸續出現。

　　（3）**使用者對不斷網的需求越來越明顯**：1 台路由器不夠，需要 2 台甚至更多。而無線電功率也不能無限制上升，像 Mesh、多天線等的創新就越來越多。

　　本書詳細介紹了 Wi-Fi 7 的技術特性、產品開發以及在家庭環境、城市公共區域、行業領域等場景中的應用，並且分析了 Wi-Fi 7 與 5G 之間的融合與協作關係。這本大作不僅適合無線通訊相關行業人員閱讀，也適合任何想要了解 Wi-Fi 7 技術及其影響力的普通讀者。

許皓鈞 聯發科技智慧聯通事業部總經理

前 言

　　在網際網路廣泛普及的今天，Wi-Fi 早已是家喻戶曉的室內無線連接技術。因為 Wi-Fi 的商業化程度很高，所以很多人認為 Wi-Fi 技術已經很成熟。即使是通訊或電腦行業的專業人員，可能也會覺得 Wi-Fi 技術沒有什麼潛力可以挖掘。但實際上 Wi-Fi 技術以比行動通訊幾乎快一倍的迭代速度不斷演進，而每一代 Wi-Fi 技術的新產品都會給使用者帶來新的業務體驗。

　　從 1999 年 Wi-Fi 系列標準正式起步，每隔四五年就有一個新的 Wi-Fi 標準被制定，對應的速率從開始的 1Mb/s，到 54Mb/s，再到 600Mb/s，今天使用者的上網速率已經可以超過 1Gb/s。在辦公室，無處不在的 Wi-Fi 是公司必備的基礎設施；在家裡，Wi-Fi 就像水、電、瓦斯一樣，成為人們日常生活必不可少的基本需求。在疫情流行階段，人們在家遠端辦公和線上學習，短距離通訊技術 Wi-Fi 所發揮的作用顯得格外突出。

　　根據 Wi-Fi 聯盟的報告，2021 年，估計 Wi-Fi 的全球經濟價值為 3.3 兆美金，而到 2025 年，這一數字預計將增長到 4.9 兆美金，經濟價值估算的時候考慮了消費者和企業的通訊需求、技術發展、可用頻譜增加等經濟影響。在經過了二十多年的技術發展和標準更迭後，Wi-Fi 已經成為當今數位經濟的主要經濟引擎之一。

　　當前被廣泛使用的 Wi-Fi 標準是 Wi-Fi 6。2019 年 Wi-Fi 聯盟建立了 Wi-Fi 6 認證的測試標準之後，緊接著，不管是寬頻連線的電信營運商，還是各種品牌的無線路由器的裝置商，或是各種智慧終端機的廠商，很快就把基於 Wi-Fi 6 技術的裝置作為自己的主流產品，在市場中不遺餘力地大力推廣。

　　而作為 Wi-Fi 6 之後的下一代 Wi-Fi 7 技術，它以超高頻寬和超高性能為目標，技術上有更多創新和突破。Wi-Fi 7 的理論速率可以達到 30Gb/s，超出目前 Wi-Fi 6 速率的 3 倍多，也超出了 5G 行動通訊的峰值速率。

　　Wi-Fi 7 技術在 2023 年發佈第一版本的標準，各個廠商在 2023 年已陸續開始研發產品和逐漸在市場中推廣。從通訊技術發展及應用來看，Wi-Fi 7 標準發佈後的四五年內都將是無線資料通信技術的性能標桿，是各種高頻寬和低延遲業務的關鍵支撐，Wi-Fi 7 必然會給家用網路、企業無線上網辦公、城市公共場所 Wi-Fi 應用等帶來高度

關注，成為短距離通訊或家庭上網的熱點話題，它的超高性能將進一步促進超高畫質視訊、網路遊戲、虛擬現實等各種高頻寬業務的發展。Wi-Fi 7 也將在物聯網、工業網際網路等行業中造成核心連線作用，對數位化經濟發展有顯著的效益支援。

市面上關於 Wi-Fi 技術原理和開發應用的圖書還比較少，關於 Wi-Fi 7 的探討還只是聚焦在行業內標準規範的演進。我們選擇撰寫 Wi-Fi 7 技術的圖書，希望為不同行業提供無線產品開發和新業務應用的專業參考，推動行業升級和應用最新無線通訊技術，支援新 Wi-Fi 技術與 5G 行動的網路融合，支撐更多的行業應用場景或業務服務，同時也讓大眾對遠端辦公學習、家庭影音娛樂等生活體驗背後的技術概念和原理有更多的了解。

本書以 Wi-Fi 7 技術原理為主要內容，圍繞 Wi-Fi 技術分為 8 章展開描述。

第 1 ～ 3 章首先從 Wi-Fi 的基本概念和原理入手，介紹 Wi-Fi 演進發展到 Wi-Fi 6 的核心技術，然後重點介紹 Wi-Fi 7 給關鍵技術和標準規範帶來的主要變化、Wi-Fi 7 對 Wi-Fi 安全和無線網路拓樸技術帶來的影響，讓讀者對 Wi-Fi 7 各方面技術有比較深入的理解。

第 4 ～ 8 章介紹基於 Wi-Fi 7 的產品開發和測試方法，行業聯盟對 Wi-Fi 技術的支援以及尤其對 Wi-Fi 7 商業化的推動，接著繼續介紹 Wi-Fi 7 在行業或家庭不同場景下的應用、Wi-Fi 7 與行動 5G 技術融合，最後展望 Wi-Fi 的技術發展趨勢和社會影響。

本書的特點是以 Wi-Fi 7 專業技術介紹為主，同時介紹 Wi-Fi 7 技術的新產品開發方案和測試方法，以及在行業及室內場景中的應用，並且介紹 Wi-Fi 7 技術與其他最新通訊或電腦技術的融合和整合，本書的目的是相容技術原理和應用，使理論和實踐能被條理清晰和專業地介紹給讀者。

Wi-Fi 技術已經從嶄露頭角到全面發展，成為短距離通訊技術的旗艦技術。按照 Wi-Fi 標準的演進規律，到 2030 年左右，Wi-Fi 8 就會出現。它會帶來什麼驚奇，現在肯定還說不上來。行動 6G 與 Wi-Fi 8 搭配，組成室內室外全場景的應用，預計將是 10 年以後被關注的技術里程碑。

本書共 3 位作者，成剛負責統稿，其中第 1 章由成剛、蔣一名、楊志傑共同撰寫，第 2 章、第 3 章、第 8 章由楊志傑和成剛撰寫，第 4 章由蔣一名和成剛撰寫，第 5 ～ 7 章由成剛撰寫。

在書稿完成過程中，感謝上海諾基亞貝爾寬頻終端部門系統組專家張西利和韓永利、Wi-Fi 軟體專家何定軍、Wi-Fi 硬體設計專家尹小林等認真審閱和建議。同時感謝

編輯王中英對書稿的寶貴意見，使得本書最終能順利完成。這兩年 Wi-Fi 技術發展很快，一本書很難涵蓋所有最新基礎知識，如讀者發現有不足之處，也敬請見諒。

作者

目錄

第 3 章　Wi-Fi 7 技術原理和創新

第 4 章　Wi-Fi 7 產品開發和測試方法

第 5 章　Wi-Fi 行業聯盟對技術和產品的推動

第 6 章　Wi-Fi 7 技術應用和體驗升級

第 7 章　Wi-Fi 7 與行動 5G 技術的融合

第 8 章　Wi-Fi 技術發展的展望

附錄 A　術語表

第1章

Wi-Fi 技術概述

透過手機、電腦上的 Wi-Fi 連接進行上網，早已成為人們日常生活的一部分，家裡的智慧電視、網路攝影機等各種電器產品也把 Wi-Fi 作為最主要的無線通訊技術。如果 Wi-Fi 上網出現故障，會讓很多人感覺到生活、工作或學習上的不方便。

Wi-Fi 技術是電氣與電子工程師協會（Institute of Electrical and Electronics Engineers，IEEE）制定的 802.11 系列的無線區域網（Wireless Local Area Network，WLAN）標準。Wi-Fi 英文全稱為 Wireless Fidelity，即「無線相容性認證」，它的稱呼代表了一種商業認證，即行業中的 Wi-Fi 聯盟（Wi-Fi Alliance，WFA）對滿足 802.11 標準的廠商產品的互聯互通的認證，同時也是一種無線網路的技術。Wi-Fi 聯盟定義 Wi-Fi 的標準寫法是「Wi-Fi」，不過人們經常習慣性寫成「WiFi」或「Wifi」。

常見的支援 Wi-Fi 技術的產品是家裡使用的無線路由器以及手機、電腦、智慧電視、網路攝影機、印表機等各種類型的終端，它們都內建了專有的 Wi-Fi 晶片和相應天線，能夠發送和接收 Wi-Fi 資料。

雖然 Wi-Fi 的上網應用已經非常普及，但 Wi-Fi 技術還在快速迭代和演進，平均每 5 年就有一代新的 Wi-Fi 技術規範被發佈。Wi-Fi 技術的推動力來自網際網路寬頻到戶之後人們對更便捷的無線上網的需求，來自每年大量不同類型的基於 Wi-Fi 的智慧終端機的使用，更來自無線網路環境下的各種新業務的湧現。

讀者將透過本章的學習首先了解 Wi-Fi 技術的起源和標準演進，以及 Wi-Fi 的基本原理，然後在後面章節了解 Wi-Fi 6 和 Wi-Fi 7 技術標準和規範，以及 Wi-Fi 7 的開發和場景應用。

1.1 Wi-Fi 技術標準和演進

人們熟知的行動通訊是透過基地台、核心網路等設施進行遠距離傳輸語音和資料的通訊技術，而 Wi-Fi 是在百公尺距離內進行通訊的無線區域網技術。基於無線區域網的特點，Wi-Fi 核心技術主要包含兩部分，一部分是如何利用無線電磁波實現二進

位位元流的數位傳輸，另一部分是如何在較短距離內為 Wi-Fi 終端架設資料網路的關鍵技術。

　　本章是 Wi-Fi 技術概述，下面首先對無線區域網技術進行簡介，然後介紹 Wi-Fi 標準的起源和演進。

1.1.1　無線區域網傳輸技術

　　無線區域網屬於短距離無線通訊的電腦網路系統，它利用射頻（Radio Frequency，RF）技術，透過電磁波的傳送，把傳統的有線網路的纜線用無線方式進行連接，具有一定的拓撲結構，網路中的裝置安裝更加靈活，無線終端也可以在網路中靈活變換位置。但無線區域網路並沒有代替有線網路，而是可以看成有線網路在無線區域的延伸和補充。

　　無線通訊的基礎是電磁波技術。在自由空間內進行傳送的電磁波受到很多環境因素的影響，例如電磁波在自由空間內隨著距離的增加而發生彌散損耗；電磁波碰到障礙物有反射、散射、折射、衍射等傳播行為，使得相同的發射訊號可能透過多個途徑先後到達接收的裝置，出現多徑現象（Multipath Effect）。自由空間的電磁波也非常容易受到其他無線訊號的干擾而影響訊號的傳送品質。所以如何設計有效、可靠和安全的無線通訊系統，是無線區域網涉及的關鍵技術。

　　基於無線通訊的 Wi-Fi 技術主要是在室內應用，室內的門、窗、桌子、櫥櫃、床等都會影響電磁波在空間傳播的損耗和途徑。參考圖 1-1，雖然 Wi-Fi 訊號都是從一個家庭路由器或終端發送出去，但有可能透過多個不同的途徑分別到達接收方，由於不同路徑的訊號到達接收方的時間不一樣，它們相互之間按照不同相位進行疊加，而可能導致原來的訊號失真，這種室內的多徑現象是 Wi-Fi 技術設計的主要考慮因素。

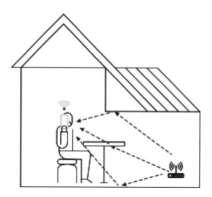

▲ 圖 1-1　Wi-Fi 訊號在室內的多徑傳播

1. 無線區域網路的起源

　　世界上第一個無線網路（ALOHAnet）是 1971 年 6 月在美國夏威夷大學架設執行的電腦網路系統，參考圖 1-2 所示。ALOHAnet 是第一個展示了如何透過隨機存取協定（Random Access Protocol）來支援共用無線媒介下的資料通信的區域網，其設計原則可以看作乙太網和 802.11 無線網路的早期雛形。

　　在圖 1-2 的夏威夷的 ALOHAnet 網路中，ALOHAnet 傳送資料之前首先要建構幀格式，然後以資料幀的方式在共用的無線網路中進行廣播傳送，資料幀中定義了來源和目的位址，接收裝置接收屬於自己位址的資料幀，而忽略其他幀，ALOHAnet 發送資料協定的簡要過程如下：

　　（1）當裝置有資料要發送時，它就會立即進行發送。

　　（2）接收裝置收到資料後，將向發送裝置回覆確認，然後發送裝置繼續發送資料。

　　（3）如果網路中兩個裝置同時進行資料發送，那麼就會在共用的無線媒介中產生發送衝突，兩個裝置會分別隨機等待一段時間後重新發送。

　　可以看到，這裡 ALOHAnet 的關鍵設計是所有的發送裝置共用無線媒介，並且為了避免衝突而進行隨機等待，這也是迄今為止所有 Wi-Fi 技術所遵循的基本技術特徵，在 Wi-Fi 技術原理中（1.2 節）將介紹 Wi-Fi 如何進行發送資料之前的衝突避免。

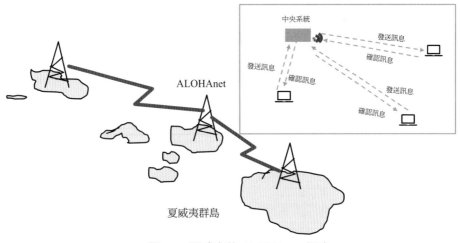

▲ 圖 1-2　夏威夷的 ALOHAnet 網路

2. 無線區域網路使用的頻段

　　在討論 Wi-Fi 標準起源和演進之前，先解釋一下電磁波頻譜中的 ISM 頻段的概念。

ISM 代表工業（Industrial）、科學（Scientific）與醫療（Medical），各個國家為 ISM 設定了相應的電磁波頻段，稱為 ISM 頻段（Industrial Scientific Medical Band）。ISM 頻段屬於無許可或免授權頻段，使用它不用向專門機構申請許可證，但要符合各個國家或地區的發射功率的限制。

參考表 1-1 的 ISM 頻段範圍和適用業務，其中固定網路指的是基於有線電纜或光纖的通訊。Wi-Fi 的路由器通常需要透過乙太網介面或光纖寬頻的方式連接到網際網路，所以在通訊行業中把 Wi-Fi 看成固定網路的延伸，而不屬於行動通訊的範圍。IEEE 在開始制定 Wi-Fi 的 802.11 標準的時候，所使用的 2.4GHz 就屬於表 1-1 中的 2.4GHz 的 ISM 頻段，後來 IEEE 又把 5GHz 也作為 Wi-Fi 的 ISM 頻段。根據各個國家對頻段的業務需求，ISM 頻段表格中的內容還在演進，例如第 2 章和第 3 章將介紹 Wi-Fi 6 和 Wi-Fi 7 使用的 6GHz 頻段。

▼ 表 1-1　ISM 頻段

頻率範圍	中心頻率	適用性	許可使用者
6.765 ～ 6.795MHz	6.78MHz	當地相關	固定網路或行動業務
13.553 ～ 13.567MHz	13.56MHz	全球	固定網路或行動業務，不包含航空使用
26.957 ～ 27.283MHz	27.12MHz	全球	固定網路或行動業務，不包含航空使用
40.66 ～ 40.7MHz	40.68MHz	全球	固定網路或行動業務，衛星業務等
433.05 ～ 434.79MHz	433.92MHz	地區 1（當地相關）	業餘無線電業務等
902 ～ 928MHz	915MHz	地區 2（當地相關）	固定網路或行動業務（不包含航空使用）
2.4 ～ 2.5GHz	2.45GHz	全球	固定網路或行動業務，業餘業務及衛星業餘業務等
5.725 ～ 5.875GHz	5.8GHz	全球	固定網路或行動業務，業餘業務及衛星業餘業務等
24 ～ 24.25GHz	24.125GHz	全球	業餘業務及衛星業餘業務，衛星地球探測業務等
61 ～ 61.5GHz	61.25GHz	當地相關	固定網路或行動業務，衛星通信等
122 ～ 123GHz	122.5GHz	當地相關	衛星相關業務，固定網路或行動業務，太空相關業務等
244 ～ 246GHz	245GHz	當地相關	無線電業務，無線電天文應用，業餘業務及衛星業餘業務等

註釋 1：地區 1 包含歐洲、非洲、蒙古、波斯灣地區的西部等；地區 2 包含美洲（包含格陵蘭）、部分太平洋島國地區。

註釋 2：表 1-1 列出了 Wi-Fi 使用的 2.4GHz 和 5.8GHz 頻段，但目前大多數國家實際上已經把 5.15GHz ～ 5.35GHz 和 5.47GHz ～ 5.725GHz 也作為 Wi-Fi 的免授權頻段。

　　鑑於 ISM 頻段的免授權使用，其他非 Wi-Fi 通訊技術的產品也會使用相同的 ISM 頻段，例如藍芽、ZigBee 的裝置、無線電話、微波爐等產品使用的都是 2.4GHz 的 ISM 頻段。所以 Wi-Fi 技術在剛引入的時候，就存在與其他無線產品的頻譜資源衝突的可能性。

　　Wi-Fi 產品類型和數量快速增長，免授權頻段是其中一個關鍵因素，但 Wi-Fi 在大規模普及後，裝置使用免授權頻段下的無線資源引起了越來越多的衝突，裝置相互之間產生干擾，反而又成為 Wi-Fi 技術在場景應用上的掣肘。因此，新的 Wi-Fi 標準在制定時，尤其關注如何減少裝置之間的干擾，從而提升共用無線媒介的使用率。

1.1.2　IEEE 關於 Wi-Fi 的標準演進

　　Wi-Fi 標準來源於 IEEE 制定的 802.11 系列規範，所有 Wi-Fi 標準都以 802.11 開頭，並增加字母尾碼作為新規範的命名，例如 802.11a 和 802.11b。

　　在 IEEE 制定 802.11 標準之後，Wi-Fi 聯盟制定相應的 Wi-Fi 產品認證標準，如果廠家提供的支援 802.11 標準的產品透過相應的測試，則 Wi-Fi 聯盟給予產品相應的認證資格，然後廠商就可以在商業化的產品上印上相應的 Wi-Fi 認證標識，參考圖 1-3。

▲ 圖 1-3 Wi-Fi 聯盟的標識（左）和 Wi-Fi 認證的標識（右）

　　圖 1-4 是從 1997 年到 2024 年的 IEEE 802.11 標準演進過程。

　　（1）早期的 Wi-Fi 規範起源於 1997 年 IEEE 制定的 802.11 的最初標準，它定義了 2.4GHz 的 ISM 頻段上的資料傳輸方式，資料傳輸速率是 2Mbps。當時 802.11 的通訊技術並不用於目前的室內上網，而主要用於無線條碼掃描器進行低速資料獲取，例如倉庫儲存與製造業的環境。

　　（2）1999 年 IEEE 批准了速率更高的 802.11b 和 802.11a 標準。802.11b 同樣工作在 2.4GHz 頻段，支援 11Mbps、5.5Mbps、2Mbps、1Mbps 的多速率的選擇和切換。802.11a 標準其實是 802.11b 的後續標準，它工作在 5GHz 頻段，資料傳輸速率是 54Mbps，傳輸距離是 10 ～ 100m。雖然 802.11a 的初衷是代替 802.11b 得到更大規模

的商業化部署，但是 5GHz 頻段並不是所有地區都可以免授權使用的，所以 802.11a 沒有得到很多廠商的支援。而 802.11b 使用的是不需要授權執照的 2.4GHz 頻段，所以很快成為主流的 Wi-Fi 標準。

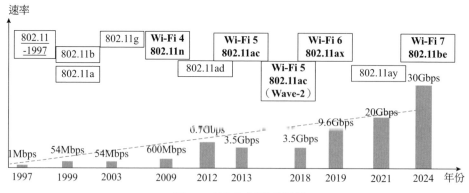

▲ 圖 1-4 Wi-Fi 標準的演進

（3）2003 年，802.11g 標準被制定，它支援 802.11a 的傳輸速率，並且相容 802.11a 和 802.11b 的調變方式。但 802.11g 使用的是 2.4GHz 頻段，而非 802.11a 的 5GHz 頻段。同樣，802.11g 支援 Wi-Fi 通訊的多種速率的選擇。

（4）2009 年，新的 802.11n 標準被制定，理論上傳輸速率最高可以達到 600Mbps，這是無線區域網資料傳輸速率的飛躍。802.11n 可以工作在兩個頻段，即 2.4GHz 和 5GHz。

從 802.11n 標準開始，多天線技術得到發展，相應的多輸入多輸出（Multiple Input Multiple Output，MIMO）技術是利用多根天線同時進行發送和接收，直接可以提高通訊容量和頻譜效率。802.11n 標準也開始支援頻段綁定，原先的 802.11a/b/g 支援 20MHz 的頻寬，而 802.11n 支援兩個 20MHz 頻段的綁定，即達到 40MHz 的頻寬，使得資料通信的速率增長一倍。

802.11n 標準的制定是無線區域網高頻寬和高速率資料通信的轉振點，為 Wi-Fi 技術在全球的大規模普及造成了關鍵作用。

（5）2013 年，工作在 5GHz 頻段的 802.11ac 被批准。頻寬除了 20MHz 和 40MHz 以外，802.11ac 也支援 80MHz 和可選 160MHz 的頻寬，實際資料傳輸速率可以達到 1Gbps。802.11ac 同樣支援多天線的 MIMO 技術。

　　2016 年，Wi-Fi 聯盟根據 802.11ac 協定推出了第二波（Wave2）認證標準，增加了更多的功能，例如多使用者下的多輸入多輸出技術（Multiple User Multiple Input Multiple Output，MU-MIMO），支援最多 8 個 MIMO 的資料流程等。

　　（6）2019 年，最新的 802.11ax 標準被發佈，Wi-Fi 聯盟把它定義為 Wi-Fi 6，主要目標之一就是關注高密集場景下的性能和業務品質。Wi-Fi 聯盟在 2020 年宣佈，在 6 GHz 頻段執行的 Wi-Fi 6 裝置被命名為 Wi-Fi 6E。從 Wi-Fi 6E 開始，Wi-Fi 裝置可以同時支援 2.4GHz、5GHz 和 6GHz 三個獨立頻段。

　　（7）2023 年 IEEE 正在完善 802.11be 標準，也就是本書將要介紹的 Wi-Fi 7 標準。表 1-2 是 IEEE 802.11 標準的發佈時間和主要特徵。

▼ 表 1-2　IEEE 802.11 標準列表

802.11協定	發佈時間	頻率（GHz）	頻寬（MHz）	速率	調變傳輸
802.11-1997	1997 年 6 月	2.4	22	1Mbps、2Mbps	DSSS、FHSS
802.11b	1999 年 9 月	2.4	22	1Mbps、2Mbps、5.5Mbps、11Mbps	DSSS
802.11a	1999 年 9 月	5	20	6Mbps、9Mbps、12Mbps、18Mbps、24Mbps、36Mbps、48Mbps、54Mbps	OFDM
802.11g	2003 年 6 月	2.4	20	6Mbps、9Mbps、12Mbps、18Mbps、24Mbps、36Mbps、48Mbps、54Mbps	OFDM
802.11n（Wi-Fi 4）	2009 年 10 月	2.4、5	20、40	最高支援 600Mbps	OFDM
802.11ad	2012 年 12 月	60	2160	最高支援 6.7Gbps	OFDM
802.11ac（Wi-Fi 5）	2013 年 12 月	5	20、40、80、160（可選）	最高支援 6.9Gbps	OFDM
802.11ax（Wi-Fi 6）	2019 年 1 月	2.4、5	20、40、80、160	最高支援 9.6Gbps	OFDMA
802.11ay	2021 年 12 月	60	2160、4320、6480、8640	最高支援 20Gbps	OFDM
802.11be（Wi-Fi 7）	2024 年	2.4、5、6	20、40、80、160、320	最高支援 30Gbps	OFDM

1.2 Wi-Fi 關鍵技術介紹

本節主要介紹 Wi-Fi 網路技術的基本概念、基本原理和標準。

從最初的 IEEE 802.11a/b 開始，Wi-Fi 在標準演進中就不斷有新的技術被引入和採納，Wi-Fi 的物理層協定和資料連結層的幀格式為了支援新功能而被不斷擴充，然而 Wi-Fi 通信所依賴的基本網路結構，以及裝置連接 Wi-Fi 的方式並沒有發生改變，新定義的技術標準也一直持續保持著對原有規範的相容性，使得支援新標準的 Wi-Fi 路由器仍然能與舊的 Wi-Fi 終端進行通訊。因此，掌握 Wi-Fi 網路基本概念和基本原理，可以為進一步學習最新的 Wi-Fi 7 標準做好準備。

當初 Wi-Fi 技術被引入是為了解決短距離無線區域網中裝置之間如何進行通訊的問題，所以 Wi-Fi 技術的基本原理是基於有限地域範圍內的無線連接下的資料通信方式。

透過本章學習基本的 Wi-Fi 技術，讀者能夠掌握無線通訊下的 Wi-Fi 網路結構、無線通訊的電磁波頻譜和通道概念、物理層的編碼和調變、資料連結層的幀格式以及 Wi-Fi 設備如何透過競爭的方式存取無線媒介等。下面是本節所包含的基本內容：

- Wi-Fi 網路的基本組成和技術術語。
- Wi-Fi 物理層的頻譜定義、基本概念和核心技術。
- Wi-Fi MAC 層的基本協定和幀格式。
- Wi-Fi 裝置存取無線媒介的基本原理和流程。
- Wi-Fi 網路下的省電模式的管理機制。

1.2.1 Wi-Fi 基本概念和原理

1. 認識家庭 Wi-Fi 網路的組成

學習 Wi-Fi 技術之前，先看一下圖 1-5 所示的常見家庭 Wi-Fi 網路的基本組成。

圖 1-5 中所有的裝置都具有 Wi-Fi 功能，其中包括光纖寬頻到府所安裝的家庭閘道，連接至家庭閘道的無線路由器，透過 Wi-Fi 連接至家庭閘道或無線路由器的電腦、手機、網路攝影機、智慧電視、智慧喇叭等。

家庭閘道是營運商鋪設光纖到家的時候安裝的，無線路由器是營運商提供或人們自己購買的。無線路由器必須連接至家庭閘道，並透過光纖連到外部的網路中。它們的標識可以在電腦或手機上的 Wi-Fi 連接的選項中找到，例如家庭閘道的標識是

「Dining Room」，而無線路由器的標識分別為「My-Home」和「Living Room」。這個字串預設印在裝置外殼背面的標籤上，也可以透過裝置的網頁來修改。

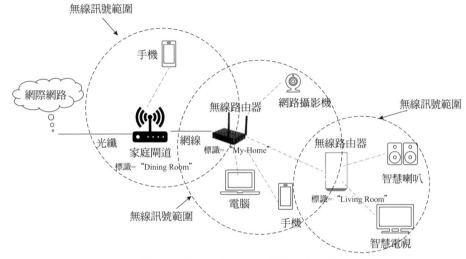

▲ 圖 1-5 認識家庭 Wi-Fi 網路的基本組成

家裡的 Wi-Fi 裝置就是透過這些標識連接無線路由器或家庭閘道進行上網。無線路由器稱為 Wi-Fi 無線存取點（Access Point，AP），它為各種終端設備提供 Wi-Fi 連線服務，而電腦、手機或智慧終端機等支援無線上網的裝置稱為終端設備（Station，STA），作為標識的字串被稱為 SSID（Service Set Identifier），即服務集識別字，SSID 最大長度不超過 32 位元組。

Wi-Fi 網路就是由一個或多個支援 Wi-Fi 的 STA 透過無線方式連接到 AP 所組成的無線區域網（Wireless Local Area Network，WLAN）。

下面了解 Wi-Fi 網路中的其他專業術語和概念。

2. Wi-Fi 網路中的專業術語和概念

參考圖 1-6 的典型 Wi-Fi 無線區域網路架構及術語名稱。除了存取點 AP、終端 STA 和服務集識別字 SSID，還包括基礎服務集（Basic Service Set，BSS）、擴充服務集（Extended Service Set，ESS）、分散式系統（Distributed System，DS）、門戶（Portal）等。

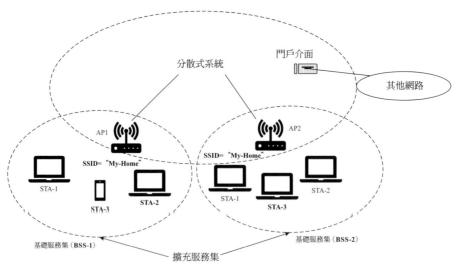

▲ 圖 1-6 Wi-Fi 網路中的專業術語和概念

基礎服務集：一個 AP 與多個 STA 組成的無線區域網被稱為一個 BSS。在同一個 BSS 的網路中，AP 提供一個 SSID 作為連線的識別字，AP 為這些 STA 提供上網服務或 STA 相互之間資料轉發等服務。在有限的覆蓋範圍內，可能有多個 BSS 在自由空間重疊，因此 IEEE 定義一個長度為 48 位元的 MAC 位址（Basic Service Set Identifier，BSSID）來區分不同的 BSS。

擴充服務集：ESS 由兩個以上的相互連接並且 SSID 相同的 BSS 網路組成，可以看成一個 BSS 的覆蓋範圍延伸。每個 BSS 有一個 AP 裝置，ESS 中的多個 AP 裝置之間基於有線或無線進行連接，組成覆蓋範圍更大的無線區域網路。ESS 經常用於公共區域、社區或企業等場所，它擴充了 Wi-Fi 訊號的覆蓋範圍，連線 ESS 網路的無線終端在移動的時候可以自動連接到臨近的 AP，由於 AP 之間的 SSID 相同，無線終端就不用手動尋找和選擇新的 Wi-Fi 網路。

分散式系統：DS 是一個用於連接一個或多個 BSS 和區域網（Local Area Networks，LAN）所組成的網路系統，舉例來說，在企業的 Wi-Fi 網路中，所有的無線路由器、連接路由器的行動裝置和交換機共同組成**一個分散式系統**。在 BSS 網路中，DS 服務一般部署在裝置連接的 AP 節點上。在 ESS 網路中，DS 服務部署在中央節點或控制器上（Access control），為裝置提供多個 AP 上的資料轉發服務。

門戶：作為 Wi-Fi 網路與其他網路之間的邏輯介面，提供 802.11 協定格式與非 802.11 協定格式的資料轉換功能。通常一個分散式系統中只包含一個邏輯上的

Portal。如果本地設備要連接到廣域網路，Portal 則將 Wi-Fi 資料格式轉換成廣域網路所需要的協定格式。

3. Wi-Fi 技術的基本內容

掌握 Wi-Fi 的關鍵技術，就是了解 AP 與 STA 之間如何透過無線連接方式建立資料通訊的機制。從 IEEE 制定 802.11 標準的角度來看，主要是學習物理層和資料連結層的規範；從 Wi-Fi 網路執行的基本原理來看，需要理解 Wi-Fi 所特有的頻段和通道的概念，學習 AP 與 STA 如何建立連接，以及 Wi-Fi 裝置之間如何競爭相同的無線媒介等核心機制；從 Wi-Fi 裝置的產品特點來看，需要掌握多天線所帶來的資料傳輸的新功能，以及 Wi-Fi 省電模式的處理方式，參考圖 1-7。

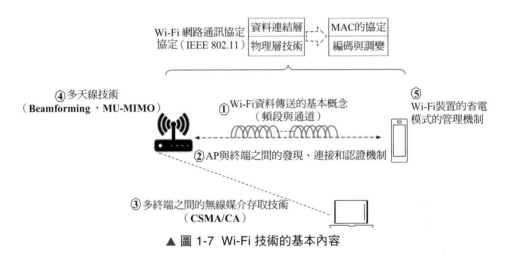

▲ 圖 1-7　Wi-Fi 技術的基本內容

IEEE 的 802.11 標準在後面章節中詳細介紹。下面先大致了解 Wi-Fi 技術有哪些基本內容，以便於後面深入理解技術原理和細節。

1）Wi-Fi 資料傳送的基本概念

Wi-Fi 是基於電磁波進行資料傳輸的。電磁波不僅包括大家都知曉的可見光，而且包括具有廣泛範圍的不同頻率的頻譜。圖 1-8 是從 γ 射線到無線電波的頻譜圖。

從圖 1-8 中可以看到，γ 射線的波長最短，然後依次是 X 光、紫外線、可見光、紅外線、微波、無線電波等。Wi-Fi 所需要的 2.4GHz 或 5GHz 是微波頻段的一部分。

Wi-Fi 標準採用的 2.4GHz 或 5GHz 是免授權頻段。在 Wi-Fi 通訊中，整個 2.4GHz 或 5GHz 頻段並不是由一個 Wi-Fi 裝置完全佔用，而是在頻段上根據頻率範圍分成多

個通道（Channel），就像是公路劃分的不同車道，讓無線網路中的裝置在各自的通道上進行資料傳送。

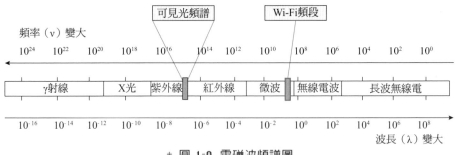

▲ 圖 1-8 電磁波頻譜圖

　　所有的通道在通訊協定中都是平等的，沒有優先順序，每個 Wi-Fi 裝置可以工作在任何一個通道上。但 Wi-Fi 終端與 AP 必須工作在相同通道上才可以通訊。Wi-Fi AP 根據通道的壅塞情況，可以自動選擇一個干擾最小的通道，作為當前的工作通道，連接 AP 的 Wi-Fi 終端也會隨著 AP 一起切換通道。

2）AP 與終端之間的發現、連接和認證機制

　　在 Wi-Fi 的基礎設施網路中，AP 裝置是 Wi-Fi 網路的資料連線及轉發中心，所有 Wi-Fi 終端設備都需要連接到 AP 之後，才能進行資料的發送和接收。終端設備連線到 Wi-Fi 網路的過程包括網路發現、認證和連結，以圖 1-9 為例。

▲ 圖 1-9 Wi-Fi 終端與 AP 之間的連接過程

　　（1）網路發現：AP 裝置週期性地向空中廣播訊息，通告 SSID 名稱等相關資訊。如果有某一個手機終端接收到這個訊息，人們就可以在手機的 WLAN 列表中看到 AP 的 SSID 名稱，例如「My-Home」。終端設備也可以主動發送探測請求的訊息，尋找

和探測 SSID，收到探測請求的 AP 發送回應訊息，它包含 SSID 等相關資訊，用於完成終端設備的網路發現過程。

（2）**認證過程**：當人們在手機上選擇「My-Home」連接並輸入對應的密碼時，手機就會向 AP 發送訊息，要求 AP 對手機的登入進行認證。認證過程中 AP 裝置對終端設備進行金鑰鑑權，以保證 Wi-Fi 網路連線的安全性。

（3）**連結過程**：如果認證成功，手機就會再向 AP 發送連結訊息，與 AP 建立連結關係，此後手機就可以透過 AP 的 Wi-Fi 連線實現上網等業務。

在完成認證和連結過程後，終端設備加入到 Wi-Fi 網路，開始與 AP 之間進行資料傳輸。在終端連接 AP 的過程中，AP 作為 Wi-Fi 服務提供方，始終控制終端的認證和連結的過程，從而決定是否允許終端連線 Wi-Fi 網路。

3）多終端之間的無線媒介存取技術

Wi-Fi 網路的典型特徵是共用無線傳輸媒介，AP 與相連的終端都是利用相同的無線通道進行資料通信。如果裝置之間不採取互相避讓的機制，一定會引起不同裝置發送的資料在空間中產生衝突。所以 AP 和終端在發送資料之前，首先需要獲得無線媒介的存取權。只有當前裝置資料發送結束後，各個裝置才能競爭無線媒介的存取權。

Wi-Fi 網路採用的無線媒介存取機制被稱為載波偵聽多路連線和衝突避免（Carrier Sense Multiple Access with Collision Avoidance，CSMA/CA）機制。

參考圖 1-10，依據 CSMA/CA 機制，在手機發送資料的時候，網路攝影機與電腦偵聽到無線媒介中的 Wi-Fi 訊號，於是就保持偵聽狀態。當手機結束資料發送後，無線媒介處於空閒狀態，網路攝影機與電腦就會隨機回退一段時間。當電腦回退時間首先結束時，它就獲得無線媒介存取權，開始傳送資料，此時手機與網路攝影機就會處於偵聽狀態。

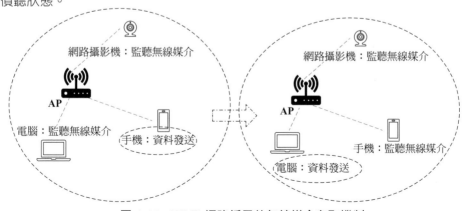

▲ 圖 1-10　Wi-Fi 網路採用的無線媒介存取機制

4）多天線技術

　　通常 AP 裝置至少配備了兩根以上的天線，支援 2.4GHz、5GHz 或 Wi-Fi 6 之後的 6GHz 的資料發送和接收，而支援多根天線的終端設備也逐漸多起來。Wi-Fi 裝置在多天線下（Multiple Input Multiple Output，MIMO）的資料發送和接收機制已經成為 Wi-Fi 標準的關鍵技術。圖 1-11 中列舉了三種基本的多天線技術。

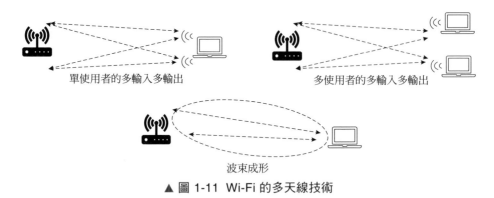

單使用者的多輸入多輸出　　　　　　　多使用者的多輸入多輸出

波束成形

▲ 圖 1-11　Wi-Fi 的多天線技術

- 單使用者的多輸入多輸出（Single-User MIMO，SU-MIMO）：發送端透過多天線同時向一個使用者發送資料流程。
- 多使用者的多輸入多輸入（Multiple-User MIMO，MU-MIMO）：發送端透過多天線同時向多個使用者發送資料流程。
- 波束成形（Beamforming）：發送端對多天線輻射的訊號進行幅度和相位調整，形成所需特定方向上的傳播，類似於把訊號能量聚集在某個方向上進行傳送。

5）Wi-Fi 裝置的省電模式的管理機制

　　有大量的 Wi-Fi 終端是透過電池供電的，例如手機、網路攝影機等智慧終端機，它們可以設置節電模式，使得裝置週期性地進入省電狀態。AP 需要為處於節電模式的終端快取資料以保證其下行資料不會遺失。終端會週期性地醒來檢查是否有快取資料，如果有，則及時取走資料，參考圖 1-12。IEEE 802.11 規範為 Wi-Fi 省電模式定義了管理訊息和處理機制的協定過程。

③ 終端從AP獲取省電模式下的緩衝資料

① 終端進入省電模式下的瞌睡狀態

② 終端在指定時間醒來，恢復正常狀態

④ 終端進入省電模式下的瞌睡狀態

▲ 圖 1-12 Wi-Fi 裝置的省電模式的管理

上述的 Wi-Fi 基本概念與主要技術涉及 Wi-Fi 物理層或資料連結層的規範定義。後面章節將依次介紹。

1.2.2 Wi-Fi 物理層技術

透過本節的學習，讀者將了解 Wi-Fi 通訊系統基本原理、物理層的基本概念、Wi-Fi 頻譜和無線通道的定義、物理層編碼和調變技術以及多天線技術。

1. 基於 Wi-Fi 技術的通訊系統

Wi-Fi 技術是一種短距離的數位訊號通訊技術，學習 Wi-Fi 首先要了解 Wi-Fi 技術下的無線通訊系統的基本概念。

如圖 1-13 所示，與常規的通訊系統一樣，Wi-Fi 通訊主要包括資訊來源的編碼與解碼、資訊來源的加密和解密、通道編碼與解碼、訊號的調變和解調等環節。

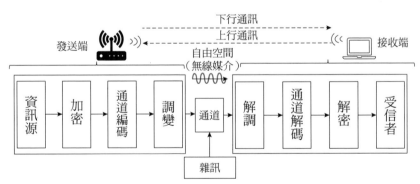

▲ 圖 1-13 基於 Wi-Fi 技術的通訊系統

1）Wi-Fi 通訊中資訊來源與受信者

圖 1-13 中資訊來源是資料通信發起的源頭，受信者是通訊系統所傳送資訊的目的地。基於 Wi-Fi 技術的通訊，AP 與終端相互之間進行資料傳輸，兩者既是資訊來源，也是受信者。當資料從 AP 發向終端，稱為下行通訊，當資料從終端發向 AP，稱為上行通訊。

AP 向終端發送的資料來自其他網路裝置，舉例來說，網際網路中的視訊透過通訊網路傳送到家庭中無線路由器 AP，然後 AP 再發給電腦、手機或電視機等終端，它們作為受信者進行播放。在實際應用中，通常下行資料流量高於上行資料流量，但在 Wi-Fi 技術的規範定義中，發送端與接收端之間具有相同的資料通信能力。

2）無線媒介的通道

通道是訊號在通訊系統中傳輸的通道，是訊號從發射端傳輸到接收端所經過的傳輸媒質。在 Wi-Fi 領域中，通道就是 Wi-Fi 訊號傳輸所經過的無線媒介。從 Wi-Fi 資料傳輸的角度來說，通道又是指 Wi-Fi 2.4GHz 或 5GHz 頻段中所劃分的某一段工作頻率範圍，發送端和接收端在這個工作頻率範圍內進行資料收發。

Wi-Fi 通道具有多徑傳輸和時變性的特點。前面已經解釋過，多徑傳輸指的是無線環境中傳輸的電磁波訊號經過折射、反射和衍射後透過不同路徑分別到達接收端，接收端實際收到的訊號是所有路徑上訊號的疊加；時變性則是指通道中的訊號特徵隨著時間變化而變化。

3）Wi-Fi 通道中的雜訊

從廣義的角度來說，無線通道雜訊就是對有用訊號產生影響的干擾。舉例來說，裝置內部電路引起的雜訊，或像微波爐產生的工作在 2.4GHz 的非 Wi-Fi 訊號等。

在分析 Wi-Fi 通訊系統性能時，通常利用訊號強度與雜訊的比值來描述系統的抗雜訊性能，即訊號雜訊比（Signal-to-Noise Ratio，SNR）。

4）Wi-Fi 通道編碼與解碼

Wi-Fi 訊號在無線通道中傳送的時候受到雜訊等影響，訊號會出現差錯。為了增加 Wi-Fi 通訊的抗干擾性，Wi-Fi 發送端根據一定的規則對訊號進行編碼。接收端則根據相應的逆規則進行解碼，從中發現錯誤或糾正錯誤，提高通訊的可靠性。

Wi-Fi 常用的通道編碼是二進位卷積編碼（Binary Convolutional Code，BCC）和低密度同位碼（Low Density Parity Check，LDPC）。

5）Wi-Fi 的加密與解密

Wi-Fi 傳輸的無線媒介是開放空間，所傳遞的任何資訊都可以被其他裝置從空間截獲。為了確保資訊傳遞的安全性，就需要對發送資料進行加密。加密是指對原始資訊按照一定演算法進行轉換，使得資訊即使被截獲，也不能被辨識。在接收端，對加密的資訊根據一定的演算法進行還原，這個過程稱為解密。在加密和解密的演算法過程中使用的輸入參數被稱為金鑰。

在 Wi-Fi 通訊系統中，常用的加密方式包括有線對等保密（Wired Equivalent Privacy，WEP）和 Wi-Fi 保護連線（Wi-Fi Protected Access，WPA）兩種不同的模式，WPA 又包括 WPA、WPA2 和 WPA3 三個不同的標準，第 3 章節將介紹 Wi-Fi 安全原理以及 Wi-Fi 7 帶來的變化。

6）Wi-Fi 的調變與解調

與其他通訊技術一樣，Wi-Fi 訊號的發送與接收需要經過調變與解調的過程。在調制過程中，資訊來源的原始訊號（即基頻訊號）的頻譜被搬移到作為 Wi-Fi 載波訊號的 2.4GHz、5GHz 等頻段上，載波的幅度、頻率或相位等受基頻訊號變化的控制，然後被傳送到接收端。作為解調過程，接收端把調變訊號還原成基頻訊號。

控制載波幅度的調變稱為振幅鍵控（Amplitude Shift Keying，ASK），控制載波相位的調變稱為相移鍵控（Phase Shift Keying，PSK），聯合控制載波幅度及相位兩個參數的稱為正交幅度調變（Quadrature Amplitude Modulation，QAM）。

2. 物理層基本協定

為了便於不同系統結構的電腦網路可以互聯互通，國際標準組織定義了一個七層結構的開放系統互相連線基本參考模型 Open Systems Interconnection Reference Model，縮寫為 OSI/RM，簡稱為 OSI。

OSI 參考模型自下而上依次是物理層、資料連結層、網路層、運輸層、會談層、表示層以及應用層，而資料連結層又可以分為邏輯鏈路控制層和媒介存取控制層，Wi-Fi 技術要討論和解決的問題對應著 OSI 模型中的媒介存取控制層（Medium Access Control，MAC）和物理層。Wi-Fi 技術與 OSI 參考模型的關係如圖 1-14 所示。

在 OSI 模型中，每一層封包格式包含協定標頭和淨荷兩部分，協定標頭是與該層相關的協定版本辨識、控制資訊等，淨荷是指去除標頭之後的資訊部分。比如，網路層的 IP 資料封包的協定標頭中提供了封包轉發的位址資訊、驗證資訊等，而淨荷是 IP

封包的資料部分。

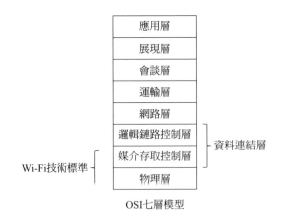

OSI七層模型

▲ 圖 1-14 OSI 七層模型與 Wi-Fi 技術標準的關係

　　Wi-Fi 物理層處理的資料單元稱為**物理層協定資料單元**（Physical Layer Protocol Data Unit，PPDU），它包括物理層前導碼資訊、物理層幀標頭和淨荷資訊三部分。前導碼資訊主要作用是使接收端可以判別 Wi-Fi 訊號以及對無線通道的參數估計。**物理層幀標頭**則使得接收端根據其編碼調變資訊將電磁波訊號解調出數位訊號，並最終解碼還原出原始數字資訊。淨荷部分是 MAC 層處理的資料單元，又稱為 **MAC 層協定資料單元**（MAC Layer Protocol Data Unit，MPDU）。

　　IP 資料封包與物理層協定資料單元（PPDU）的對比如圖 1-15 所示。

　　Wi-Fi 物理層的資料收發如圖 1-16 所示，在發送端，物理層收到 MAC 層請求發送的 MPDU，按照 PPDU 的封包格式，增加物理層前導碼和幀標頭，完成資料幀封裝，然後對 PPDU 資料單元進行編碼和載波調變，在無線通道上發送。

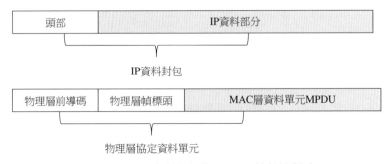

▲ 圖 1-15 IP 資料封包與 PPDU 幀結構對比

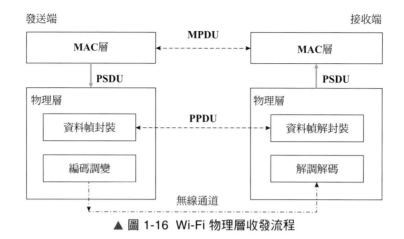

▲ 圖 1-16 Wi-Fi 物理層收發流程

同樣，接收端在無線通道上接收載波訊號，進行載波解調和解碼，還原為 PPDU 資料單元，然後解封裝得到 MPDU 資料單元，併發送給 MAC 層。在物理層和 MAC 層之間傳遞的資料稱為**物理層服務資料單元**（Physical Service Data Unit，PSDU），實質與 MAC 層的 MPDU 完全相同。

3. Wi-Fi 通道的劃分與定義

Wi-Fi 6 之前，傳統的 Wi-Fi 標準採用的是免授權頻段的 2.4GHz 和 5GHz，下面先介紹這兩個頻段的頻譜情況和通道劃分。

1）Wi-Fi 的 2.4GHz 頻段和通道劃分

每個國家根據自己的頻譜資源對 2.4GHz 做了不同的通道劃分。舉例來說，日本的頻譜範圍為 2.412 ～ 2.484GHz，其中劃分了 14 個通道，每個通道的有效頻寬是 20MHz，並留出 2MHz 作為通道的強制隔離頻帶，2MHz 像是高速公路上的隔離帶，用於減少通道之間頻譜干擾。

圖 1-17 標識了 14 個通道分佈的頻譜示意圖，上方所標識的從 2412MHz 到 2484MHz 的 14 個頻率值分別對應各自通道的中心頻率，每個通道都有起始和終止的頻率範圍，由圖中的半圓弧形來表示，組成了通道頻寬，其中有三個通道在頻譜上是不重疊的，即通道 1、通道 6 和通道 11，當不同裝置分別工作在這三個通道上的時候，彼此之間的訊號影響是最小的。

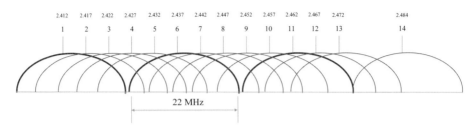

▲ 圖 1-17 2.4GHz Wi-Fi 的頻譜說明

　　另外，中國和歐洲在 2.4GHz 上定義的通道為 2.412 ～ 2.472GHz，共 13 個通道；美國為 2.412 ～ 2.462GHz，共 11 個通道。

　　因為 2.4GHz 是免授權的 ISM 頻段，所以在該頻段上的無線裝置數量增長很快，既有 Wi-Fi 無線路由器或終端數量的增長，也有微波爐、藍芽裝置、物聯網中支援 Zigbee 協定的智慧家居等非 Wi-Fi 的裝置的應用，因而在這個頻段上面裝置的干擾也越來越多，影響 Wi-Fi 連接的使用者體驗。而這個頻段的頻寬有限，通道應用的靈活性也不夠，不能滿足日益增長的高速率、高頻寬的需求。

2）Wi-Fi 的 5G 頻段和通道劃分

　　在無線網路發展過程中，各國政府陸續開放了 5GHz 的免許可頻段，參考圖 1-18。與 2.4GHz 有不同的通道劃分一樣，在 5GHz 頻段下也提供了多個互不相交的通道。

- **歐洲和日本**：所分配的頻段為 5.15GHz ～ 5.35GHz 和 5.47GHz ～ 5.725GHz，在這個頻段內分配了 19 個 20MHz 頻寬的通道，共有頻率 380MHz。
- **中國**：所分配的頻段為 5.15GHz ～ 5.35GHz 和 5.725GHz ～ 5.85GHz。其中 5.8GHz 共計 125MHz 頻寬，劃分為 5 個通道，通道編號分別為 149、153、157、161 和 165，每個通道頻寬為 20MHz。
- **美國**：所分配的頻段為 5.1GHz、5.4GHz 和 5.8GHz 三個頻段，每個頻段的通道劃分標準與其他國家相同。

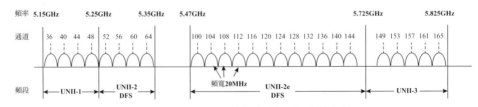

▲ 圖 1-18 5GHz 的頻段劃分和通道定義

其中，5.25 ～ 5.35GHz 和 5.47 ～ 5.725GHz 是全球雷達系統的工作頻段。

各國政府要求工作在 5GHz 的裝置支援動態頻率選擇（Dynamic Frequency Selection，DFS）和發射功率控制（Transmission Power Control，TPC）的功能。當裝置檢測到當前通道上有雷達訊號的時候，利用 DFS 和 TPC 技術，裝置能動態地選擇切換到其他通道以及控制裝置的發射功率，避免對雷達系統產生干擾。

根據設備支援 TPC 或者不支持 TPC 的情況，歐洲電信標準協會（European Telecommunication Standards Institute，ETSI）對於不同頻段的裝置等效全向輻射功率（Effective Isotropic Radiated Power，EIRP）做了不同的要求，如表 1-3 所示。

▼ 表 1-3　裝置最大發射功率的管理

頻段範圍（MHz）	EIRP（最大發射功率）（dBm）	
	支援 TPC 功能	不支援 TPC 功能
5150 ～ 5250	23	23
5250 ～ 5350	23	20
5470 ～ 5725	30	27

目前北美、歐洲、加拿大、澳洲、日本以及韓國都已對 AP 的雷達監測功能進行了強制要求，並放到了裝置的認證規範中。舉例來說，FCC Part 15 Subpart E 規定工作在 5.25 ～ 5.35GHz 和 5.47 ～ 5.725GHz 的 U-NII（Unlicensed National Information Infrastructure）AP 裝置，應當具備雷達檢測機制。ETSI EN 301 893 標準也對工作在此頻段的裝置做出了類似的要求，ETSI 則進一步將 5.470 ～ 5.725GHz 雷達通道劃分為天氣（5.6 ～ 5.65GHz）和非天氣氣象通道。凡是不能透過專業機構測試認證的 AP 都不能在該市場上進行銷售。

3）Wi-Fi 物理層通道捆綁的規範定義

Wi-Fi 以 20MHz 為最小頻寬單位進行資料傳輸，通道捆綁技術就是把兩個相鄰的 20MHz 的通道綁定成一個 40MHz 頻寬的通道，甚至兩個相鄰 40MHz/80MHz 通道綁定構成一個 80MHz/160MHz 頻寬的通道。通道捆綁技術帶來的效果是增加了資料通道的頻寬，傳輸速率也得到加倍。在 Wi-Fi 標準的演進中，透過將較小頻寬的通道捆綁成一個更大的通道頻寬是關鍵技術之一。

根據圖 1-17 的 2.4GHz 的通道分佈，通道 1、通道 6 和通道 11 在頻譜上是不重疊的，其中 2 個通道可以捆綁成 1 個 40MHz 的通道，參考圖 1-19。

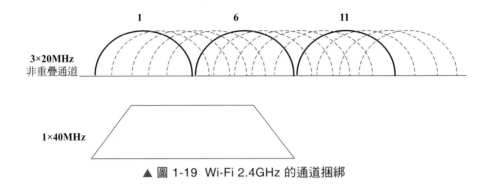

▲ 圖 1-19 Wi-Fi 2.4GHz 的通道捆綁

根據圖 1-18 所示 5GHz 頻段通道劃分圖，可以看到一共有 25 個非重疊的 20MHz 的通道，它們能夠捆綁成 12 個 40MHz 的通道，或捆綁成 6 個 80MHz 的通道，或繼續捆綁成 2 個 160MHz 的通道，參考捆綁通道的結果如圖 1-20 所示。

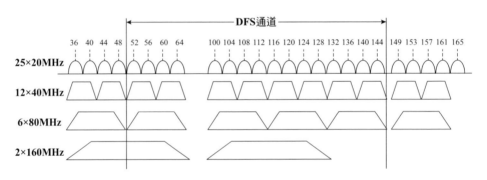

▲ 圖 1-20 Wi-Fi 5GHz 的通道捆綁

因為很多國家不支援 5.47GHz 的雷達系統的工作頻段，所以這些國家可能只有 1 個 160MHz 的通道。為了解決 160MHz 頻寬頻段資源問題，802.11 標準允許兩個不相鄰的 80MHz 通道捆綁，組成 80MHz+80MHz 這種模式。

在 IEEE 802.11 標準中，對於兩個 20MHz 通道組成的 40MHz 通道，定義了一個主 20MHz 通道，另一個為輔 20MHz 通道。對於一個 80MHz 的通道，由 4 個連續的 20MHz 通道組成，定義了主 40MHz 通道與輔 40MHz 通道，以及主 40MHz 通道中的主 20MHz 通道與輔 20MHz 通道。至於選擇哪個 20MHz 通道作為主通道，這是由 AP 來配置的，比如 80MHz 通道中選擇第三個 20MHz 通道作為主通道。捆綁通道的中心位置稱為中心頻點。

　　圖 1-21 中還標識了通道間的保護間隔，它是一段不傳送任何資料的頻段資源，目的是降低相鄰 20MHz 通道間的訊號干擾。當將相鄰兩個 20MHz 通道捆綁以後，同一個 40MHz 通道中的資料將同時發送和接收，這兩個 20MHz 通道之間就沒有相互干擾問題。此時，原先 20MHz 之間的保護間隔就可以用於資料傳輸的頻寬資源。因此，40MHz 頻寬下的有效頻寬就大於兩個單獨 20MHz 通道的資料頻寬之和。

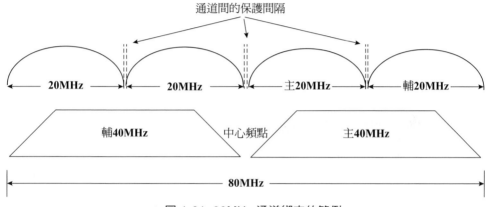

▲ 圖 1-21　80MHz 通道綁定的範例

　　通道捆綁帶來更大的頻寬和資料傳輸速率。但對於一些低速 Wi-Fi 控制裝置或物聯網裝置，比如支援 Wi-Fi 功能的空調遙控器等，並不需要高速的資料傳輸，20MHz 的工作頻寬完全可以滿足其基本需求。

　　而對於 Wi-Fi 資料封包中的管理或控制幀，它們沒有大頻寬的需求，但需要所有連接 AP 的 STA 都可以收到這樣的訊息，所以 802.11 標準規定管理幀或控制幀必須在主 20MHz 通道發送和接收，確保不支援通道捆綁的裝置也可以收到這些幀。

4）Wi-Fi 通道捆綁下的多 STA 競爭通道的問題

　　對於一個支援 80MHz 的 BSS，如果其中一個 STA 在主 20MHz 通道上給 AP 發送資料，同時另外一個 STA 在輔 40MHz 通道上給 AP 發送資料，則 AP 無法解析兩個不同步的資料。

　　因此，如果要使用 20MHz 以上的頻寬，802.11 標準規定 AP 或 STA 必須以 20MHz 為單位，在多個捆綁的通道上同時競爭無線媒介資源。只有同時競爭成功，才可以使用綁定頻寬。如果其中一個或多個 20MHz 的通道競爭不成功，則只能在競爭成功的通道中選擇包含主 20MHz 或主 40MHz 的頻寬上發送資料。

在圖 1-21 所示範例中,即使 STA 沒有競爭到第一個 20MHz 通道存取權,STA 仍然可以競爭獲取其他三個 20MHz 通道的無線存取權,但 STA 最後只能在後兩個 20MHz 捆綁的主 40MHz 通道上發送資料。至於是否可以將後面 3 個 20MHz 通道上捆綁起來組成 60MHz 頻寬上發送資料,將在 Wi-Fi 7 章節做進一步介紹。

此外,如果裝置競爭不到主 20MHz 所在的通道,但卻競爭到其他通道,則裝置放棄所有競爭到的通道,不能發送任何資料。

4. 物理層編碼調變技術

無線通道理論最大資料傳輸速率取決於無線通道的頻寬和通道的訊號雜訊比。使用免授權頻段的 Wi-Fi 技術,它的通道頻寬是有限的,例如 2.4GHz 頻段的通道頻寬最大是 40MHz,5GHz 頻段的通道頻寬最大是 160MHz。另外,短距離通訊的 Wi-Fi 在室內環境中碰到的主要技術挑戰是,來自其他無線訊號的干擾雜訊以及多徑傳輸下所引起的資料傳輸的位元錯誤率。

因此,基於 Wi-Fi 有限的通道頻寬,如何有效降低傳輸資料的位元錯誤率和持續提升傳輸資料的速率,是每次制定新的 Wi-Fi 物理層技術規範的關鍵部分。而作為物理層的核心技術,通道編碼和調變方式的改進是 Wi-Fi 標準迭代升級的重點。

1)Wi-Fi 的通道編碼

Wi-Fi 通道編碼演進的關鍵是如何提高**編碼效率**,即提升有效資訊長度在整個編碼信息長度中的比例。如果編碼效率的定義是 k/n,則對每 k 位元有用資訊,編碼器總共產生 n 位元的資料,其中 $n-k$ 位元是多餘的,k/n 越大,則編碼效率越高。

Wi-Fi 規範中的通道編碼技術的選擇,是從初期的以拓展頻帶寬度為主的擴充頻譜通信,演進到編碼效率更高、具備對數位訊號進行自動校正功能的通道編碼。

擴充頻譜通訊又簡稱擴頻通訊,是把較窄的訊號所佔有的頻帶寬度,在發送前擴充到遠大於所傳資訊必需的最小頻寬,這種方式有較強的抗干擾性和較低的位元錯誤率。

參考圖 1-22,早期 Wi-Fi 802.11b 規範採用了擴頻通訊中的直接序列擴頻(Direct Sequence Spread Spectrum,DSSS),這是指直接利用高碼率的擴頻碼序列,在發送端去擴展訊號的頻譜。而在接收端,用相同的擴頻碼序列去進行解擴,把展寬的擴頻訊號還原成原始的資訊。

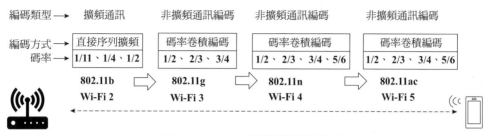

▲ 圖 1-22 Wi-Fi 物理層的編碼格式

在擴頻通訊中，假設傳輸的有效資訊長度為 k，編碼後產生一個長度為 n 的編碼序列。如果 m 為擴頻碼長度，則 $n=m \times k$，編碼效率 $R=k/n$。因此擴頻通訊的碼率 $R=k/(m \times k)=1/m$。在圖 1-22 中，802.11b 的編碼效率是 1/11、1/4 和 1/2。

為了提高 Wi-Fi 傳輸系統的可靠性，802.11g 規範之後的 Wi-Fi 物理層技術採用了具有對數位訊號進行自動校正的通道編碼，即校正編碼。

校正編分碼為分組碼和卷積碼兩大類。

- **分組碼**：把原資訊分割成多個組，在每個組後面加容錯進行檢錯或校正的編碼，組之間沒有任何聯繫，常見的分組碼有同位碼、漢明碼等。

- **卷積碼**：不是把資訊序列分組後再進行單獨編碼，而是由連續輸入的資訊序列得到連續輸出的已編碼序列。

802.11g、802.11n、802.11ac 採用的主要是**二進位卷積編碼**（Binary Convolutional Code，BCC），而 Wi-Fi 6 之後強制支援**低密度同位碼**（Low Density Parity Check，LDPC）。

- **二進位卷積編碼**：指將有效資料進行分組後，增加的容錯資訊不僅參考當前組的原始資訊，而且還包括之前組的原始資訊的編碼方式。

- **低密度同位碼**：是特殊的具有稀疏矩陣的線性分組碼。它有逼近香農極限的良好性能，接收端解碼複雜度較低，結構靈活，解碼延遲短，輸送量高。

Wi-Fi 的通道編碼的效率隨著新的規範的演進而不斷提升。從圖 1-22 看到，802.11n 和 802.11ac 的編碼效率包含了 1/2、2/3、3/4、5/6 多種情況，已經在 802.11g 規範上得到改進，多數都高於 802.11b 的編碼效率。

而 Wi-Fi 6 採用的 LDPC 碼是近年來通道編碼領域的研究熱點，已廣泛應用於深空通信、光通訊、4G/5G 無線通訊和將來的 6G 行動通訊等領域。

2）Wi-Fi 的通道調變技術

　　Wi-Fi 通道調變技術的不斷發展是圍繞著如何充分利用已有頻帶，提升每個傳輸訊號的符號所能承載的資訊位元的容量而展開的。單位時間內傳輸的訊號符號稱為**鮑率**，每秒鐘傳送鮑率的數目稱為**串列傳輸速率**。一個鮑率所承載的資訊位元的數量由調變方式來決定。

　　在 Wi-Fi 規範的初期，採用的調變方式是透過僅改變載波訊號的相位值來表示數字訊號 1 和 0 的**相移鍵控**（Phase Shift Keying，PSK）。

　　802.11b 使用的相移鍵控分別為**差分二進位相移鍵控**（Differential Binary Phase Shift Keying，DBPSK）和**差分正交相移鍵控**（Differential Quadrature Phase Shift Keying，DQPSK）。DBPSK 來自二進位相移鍵控（BPSK），BPSK 指的是二進位數字字訊號來控制載波訊號的相位變化，0 和 1 分別對應載波相位 0 和 π 而 DBPSK 是指利用前後鮑率的載波相對相位變化傳遞數位訊號資訊，DBPSK 中的每個傳輸訊號承載 1 位元的資訊。作為交換制方式的基本理解，圖 1-23 舉出 BPSK 的調變訊號的波形，圖中每一個週期的調變訊號表示 0 或 1 的二進位資訊，相位為 0 表示數字 0，相位為 π 表示數字 1。

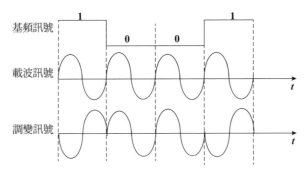

▲ 圖 1-23　基於 BPSK 調變方式的調變訊號

　　差分正交相移鍵控來自正交移相鍵控（QPSK），QPSK 也稱為四相移相鍵控（4PSK）調變，它利用 4 種相位來表示 00、01、10、11。而 DQPSK 指的是利用前後鮑率的載波相對相位變化傳遞數位訊號資訊，DQPSK 中的每個傳輸訊號承載 2 位元的資訊，參考圖 1-24 中所給的 DQPSK 的調變訊號的範例。

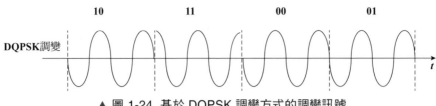

▲ 圖 1-24 基於 DQPSK 調變方式的調變訊號

數位調變可以用「星座圖」的直觀方式來表示調變訊號的分佈與數位資訊之間的映射關係。如圖 1-25 所示，BPSK 的相位 0 和 π 分別表示數字 0 和 1，而 QPSK 用另外 4 個相差 90º 的相位來表示 00、01、10、11。星座圖中的水平座標表示同相（In-phase，I）分量，垂直座標表示正交（Quadrature，Q）分量。

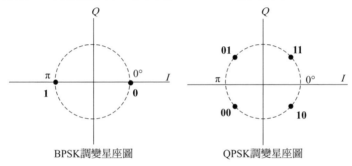

▲ 圖 1-25 BPSK 與 QPSK 的星座圖

802.11b 使用的相移鍵控的調變方式比較簡單，但調變效率不高。參考圖 1-26，從 802.11g 開始，除了相容 802.11b 的調變方式，Wi-Fi 規範中採用的主要是振幅和相位聯合的調變方式，稱為**正交振幅調變**（Quadrature Amplitude Modulation，QAM），每個傳輸訊號能承載的資訊支援 4 位元、6 位元和 8 位元，分別用 16-QAM、64-QAM 和 256-QAM 的方式來表示。16-QAM 中的 16 是從 2^4 換算過來的，其他的 QAM 標識都採用相同的二進制計算方式。

▲ 圖 1-26 Wi-Fi 物理層的調變方式

　　星座圖同樣來表示 QAM 調變中的訊號與數位資訊的映射關係。參考圖 1-27，分別表示 16-QAM 和 64-QAM，在 16-QAM 圖中，每一個星座上的訊號承載 4 位元資訊，而 64- QAM 中每一個星座上的訊號承載 6 位元資訊。802.11ac 支援 256-QAM，即每個傳輸訊號承載 8 位元的資訊，調變效率是 802.11b 的 4 倍或 8 倍，相應的資料傳輸速率也至少是 802.11b 的 4 倍以上。

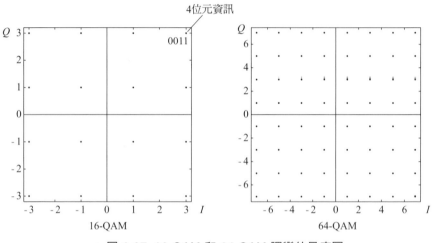

▲ 圖 1-27　16-QAM 和 64-QAM 調變的星座圖

3）正交頻分重複使用技術

　　正交頻分重複使用（Orthogonal Frequency Division Multiplexing, OFDM）是目前 Wi-Fi 標準中已經廣泛應用的通道調變技術。它的基本概念是 Wi-Fi 的通道被劃分成很多相同帶寬、相同週期但頻譜重疊的子載波，而子載波之間相互正交並且不會相互干擾。

　　如圖 1-28 所示，傳統的頻分重複使用（Frequency Division Multiplexing，FDM）在應用的時候，資料流程透過多載波技術被分解成多個位元流，組成多個低速率訊號在載波上並行傳送。兩個子載波之間有較大的頻率間隔作為保護頻寬來防止干擾，但是頻譜的使用率就受到限制。而子載波正交重複使用技術可以在頻寬相同時承載更多的子載波，能大幅度提高頻譜的使用率。

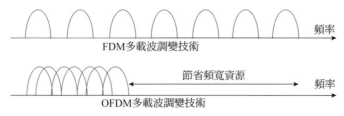

▲ 圖 1-28 FDM 與 OFDM 的頻譜利用的區別

4）OFDM 下消除 Wi-Fi 多徑干擾的方法

發射端透過天線將電磁波訊號向周圍輻射，在現實環境中，電磁波遇到物體阻擋或經過大氣層傳輸不可避免地產生折射或反射訊號，所以接收端在不同路徑上可以接收到相同的訊號，稱為**訊號或電磁波的多徑傳輸**。如圖 1-29 所示，接收端在路徑 1 上接收到直射訊號的同時，也透過路徑 2 和路徑 3 的反射路徑接收到相同的訊號。

▲ 圖 1-29 多徑傳播訊號的現象

OFDM 技術可以解決子載波相互之間的干擾問題，但在多徑傳播情況下，同一個 OFDM 符號在不同路徑上接收仍然存在前後符號間干擾（Inter Symbol Interference，ISI）問題。

OFDM 調變方式下，Wi-Fi 訊號由多個正交 OFDM 符號組成，接收端從多徑上接收到的同一個 OFDM 符號存在一定的時間差，對於訊號上相鄰的兩個 OFDM 符號，就存在路徑 2 的第 1 個 OFDM 符號與路徑 1 的第 2 個 OFDM 符號相互疊加，可能導致接收端不能正確解碼。如圖 1-30 所示，兩個路徑上的 OFDM 訊號出現了符號間干擾，即前一個符號的尾部與下一個符號的標頭重疊，使得疊加後的訊號解碼困難。

OFDM **符號保護間隔**（Guard Interval，GI）是一段不包含任何採樣訊號的空閒的傳輸時段，如果保護間隔的長度大於多徑傳播造成的 OFDM 符號最大延遲，可以使得

前一個符號的尾部在保護間隔中結束，而不會對下一個 OFDM 符號組成干擾。如圖 1-31 所示，每個 OFDM 符號之前插入保護間隔，可以改善符號間干擾問題。

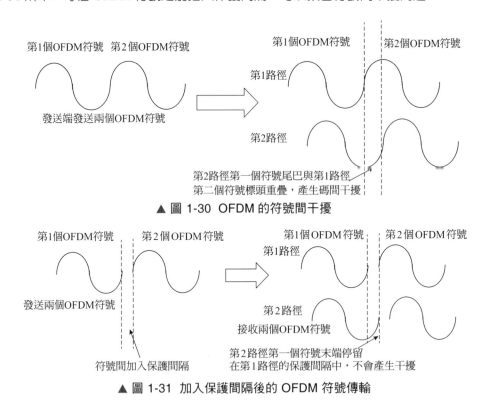

▲ 圖 1-30 OFDM 的符號間干擾

▲ 圖 1-31 加入保護間隔後的 OFDM 符號傳輸

802.11g 定義了時長為 800ns 的保護間隔，可以消除多徑情況下 OFDM 的符號間干擾。但較大的保護間隔會影響資料傳輸的輸送量。因此 802.11n 又引入了 400ns 的短保護間隔（Short Guard Interval，SGI），有助在實際場景中提高傳輸速率。

5. 多輸入多輸出技術

多輸入多輸出（MIMO）技術指在發射端透過多個天線發射訊號，並在接收端使用多個天線接收訊號，在不增加頻寬的情況下，成倍改善通訊品質或提高通訊效率。MIMO 技術可以分為空間分集增益、空間重複使用增益和波束成形（Beamforming）。

- **空間分集增益**：指在多天線上傳輸相同的資料，增強通道可靠性，降低位元錯誤率。

- **空間重複使用增益**：指在多天線上同時傳輸多路不同的資料，提高通道輸送量。

- **波束成形**：發射端對多天線訊號進行幅度和相位調整形成特定方向上的傳送；接收端對多天線收到的各路訊號進行加權合成，產生某些方向的訊號增強或衰減，從而在方向上取得較好的訊號品質。

本節先介紹空間分集增益和空間重複使用增益，下一節介紹波束成形技術。

1）空間分集增益

圖 1-32 是空間分集增益技術下透過多天線進行資料傳送的範例，相同的原始資料通過 2 根發射天線同時發送出去，然後接收端透過 2 根天線同時接收，接收端既可以選擇其中一個強訊號，也可以合成兩根天線的訊號。

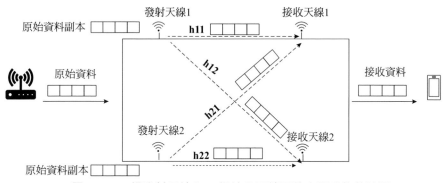

▲ 圖 1-32 2 根發射天線和 2 根接收天線下的空間分集的範例

在 Wi-Fi 通訊技術中，由於手機等終端設備的隨機移動、電磁波的多徑傳輸、多普勒效應影響，以及在傳輸路徑中出現的能量損耗，通道呈現一個與時間相關的隨機變化的特徵，通道的隨機性稱為衰落。顯然，通道衰落對任何調變技術都會帶來負面影響。空間分集增益技術就是透過多天線技術來解決通道衰落問題，又稱為抗衰落技術。

空間分集增益又分為**接收分集增益**和**發射分集增益**。

- **接收分集增益**：是指分集接收與單一天線接收的電位差。由於接收天線接收訊號的衰落特性相互獨立，則接收機可以選擇其中一個強訊號，或合成不同的訊號，送給解調器解調。如果分集接收與單一天線接收的電位差越高，則增益改善效果越好。接收分集增益與接收天線數量有關。

- **發射分集增益**：利用兩個以上的天線發射訊號，並設計發射訊號在不同的通道中保持獨立衰落，然後在接收端對多路訊號進行合併，從而減少衰落的嚴重性。發射分集增益透過此方式從接收中取得效果。

　　接收分集增益首先需要理解空間分集接收的概念。如果接收端透過兩根天線接收同一資訊，並且天線的間距大於半個波長以上，則接收端兩天線上的訊號相關性很小，接收機在每個天線上獨立接收訊號的副本，稱為訊號的**空間分集接收**。

　　發射分集可以採用延遲發送分集方式，即在多個天線上在不同時間發送同一訊號的多個副本，這種實現方法比較簡單，但在接收端有接收延遲。也可以採用空時發送分集方式，即將**資料編成空時分組碼**（Space Time Block Code，STBC），從兩個或多個天線上發送。STBC 的關鍵在於多天線傳輸的訊號向量需要相互正交，從而保證多天線發出的訊號不會相互干擾。使用 STBC 技術，即在具有 M 根發射天線與 N 根接收天線的系統中，最大分集增益為 M×N，參考圖 1-32，它是 2×2 MIMO 空間分集的範例。

2）空間重複使用增益

　　發射端將不同資料透過不同天線發射到無線通道中，接收端在不同天線上接收到不同的資料流程，以此提高傳輸的速率，這種技術稱為空間重複使用，帶來的傳輸速率的提高稱為空間重複使用增益。如圖 1-33 所示，對一個有 2 個發射天線的發射端和有 2 個接收天線的接收端組成的 MIMO 系統來說，最大可以獲得 2 倍於單天線系統的傳輸速率。

　　MIMO 包括單使用者 MIMO（Single User MIMO，SU-MIMO）和多使用者 MIMO（Multiple Users MIMO，MU-MIMO）。SU-MIMO 和 MU-MIMO 區別在於接收端的使用者個數，SU- MIMO 接收端為 1 個多天線使用者。MU-MIMO 接收端為多個使用者，其中每個使用者可以是 1 根天線，也可以是多根天線。利用 MU-MIMO，發送端透過多天線同時向不同的使用者發送不同的資料流程，從而提高通道輸送量，降低資料延遲。

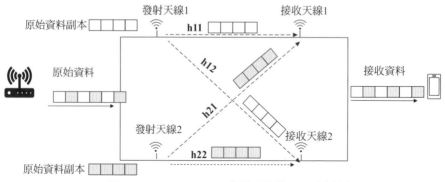

▲ 圖 1-33　2×2 MIMO 空間重複使用示意範例

3）Wi-Fi 關於 MU-MIMO 的規範定義

802.11ac 引入 AP 向多裝置終端同時傳輸資料的下行 MU-MIMO 技術。為了避免多個空間流之間相互干擾，需要 AP 獲取 STA 的通道資訊，以保證接收天線可以準確接收到相應的資料，這個過程也稱為**探測**（Sounding）。每次只獲取一個接收端的通道資訊，稱為**單使用者探測**（Single User sounding，SU-sounding），而如果同時獲取多個終端設備通道資訊，則稱為**多使用者探測**（Multiple Users sounding，MU-sounding）。

在下行方向，AP 透過探測過程中搜集各個 STA 回饋的通道資訊，合成一個發送矩陣，各個發送天線上的資料需要根據該矩陣的參數進行調整，保證 STA 只收到自己的資料。對多個 STA 發送上行資料來說，需要對這些裝置在發送速率、功率、時間同步等方面有嚴格的管控，這樣 AP 才可以解碼多筆流的資料。基於它的複雜性，802.11ac 並沒有支援上行多使用者的 MIMO 模式。圖 1-34 所示為 2 條流的 SU-MIMO 和 MU-MIMO 對比。

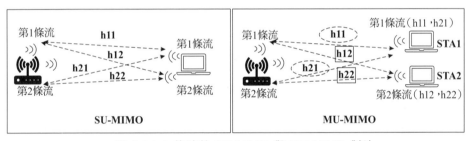

▲ 圖 1-34　2 條流的 SU-MIMO 與 MU-MIMO 對比

SU-MIMO：因為 AP 的兩條流的發送路徑（h11，h12，h21，h22）對於發送端和接收端都是已知的，SU-MIMO 不需要探測過程獲取接收端通道資訊，接收端在不同天線上解析出不同的流。

MU-MIMO：系統設計的目標是使 STA1 不會從路徑 h21 接收到任何訊號，同時 STA2 不會從路徑 h12 接收到任何訊號。此時需要利用探測過程在發送訊號時將通道矩陣考慮進去，儘量減少這些路徑上的功率，提高接收端的訊號雜訊比，從而使得接收端可以分別解析出自己的資訊，而不需要額外的通道資訊。

6. 波束成形技術

Wi-Fi 訊號透過全向天線向四周以電磁波的形式輻射到無線通道中，在 Wi-Fi 訊號覆蓋範圍之內的裝置都可以相互通訊，但是當裝置之間距離較遠時或出現嚴重遮擋

時，訊號品質將嚴重下降，如圖 1-35 左半部分所示，STA1 與 AP 之間存在障礙物遮擋，而 STA2 處於 AP 的訊號覆蓋範圍邊緣時，此時 STA1 或 STA2 接收到的 AP 的 Wi-Fi 訊號強度就會比較弱，從而降低了 Wi-Fi 資料傳送的速率。由於每個國家都對 Wi-Fi 裝置的最大發射功率做了嚴格限制，所以不能透過增加發射功率的方式來提升 Wi-Fi 的訊號強度和覆蓋範圍。

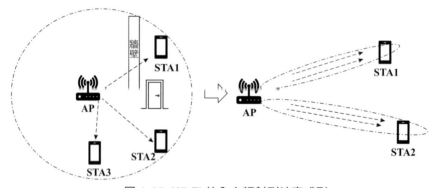

▲ 圖 1-35　Wi-Fi 的全向輻射到波束成形

　　從 IEEE 802.11ac（即 Wi-Fi 5）規範開始，Wi-Fi 標準引入了波束成形技術（Beamforming），用於改進 Wi-Fi 覆蓋的問題。基本原理是，在 Wi-Fi 發送裝置為多天線系統的情況下，發射裝置對多天線輻射的訊號進行幅度和相位調整，形成所需特定方向上的傳播，類似於把訊號能量聚集在某個方向上進行傳送，它被稱為**發送波束成形技術**。通過波束成形技術，可以擴大 Wi-Fi 傳輸距離和增強接收端的訊號雜訊比，降低其他方向上的干擾，理論上可以提高通訊雙方的最大輸送量。參考圖 1-35 右半部分，AP 向 STA1 或 STA2 的方向進行波束成形的傳送。

　　對於發送波束成形技術，為了保證訊號朝著特定的方向傳輸，需要知道接收端的通道資訊，然後根據接收端回饋的通道資訊對發送訊號做相應的處理，這是前面介紹 MIMO 時講的探測技術。

　　透過波束成形技術發送資料的裝置稱為波束成形發送端（Beamformer），接收波束成形資料的裝置稱為波束成形接收端（Beamformee）。Beamformer 和 Beamformee 利用物理層標頭欄位的互動通道資訊（Channel State Information，CSI）來實現探測過程。波束成形過程包括探測過程和發送波束成形後資料的過程，單使用者和多使用者的探測過程稍微有些差別，以 802.11ac 定義的通道探測過程為例，分別闡述如下。

1）單使用者通道探測的基本過程

單使用者通道探測過程包括發送端發起探測和接收端回饋通道資訊，如圖 1-36 所示，具體過程描述如下：

▲ 圖 1-36　單使用者通道的探測過程

（1）發送端的探測過程：發送端首先向接收端發送稱為空資料封包通告的控制幀，接著發送空資料封包，提供探測資訊給接收端。

（2）接收端回饋通道資訊：接收端根據接收到的發送端訊息中包含的通道資訊，向發送端發送通道回饋資訊，因為資料量比較大，所以需要壓縮傳輸。

2）多使用者通道探測的基本過程

在 Wi-Fi AP 支援多天線下的多輸入多輸出情況下，需要一個發送端與多個接收端共同完成探測過程。如圖 1-37 所示，具體過程描述如下：

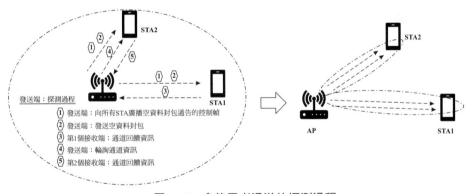

▲ 圖 1-37　多使用者通道的探測過程

（1）**發送端的廣播探測過程**：發送端要向多個接收端廣播空資料封包通告的控制幀，接著發送空資料封包，提供探測資訊給接收端。

（2）**接收端回饋通道資訊**：在控制幀所指示的第一個接收端發送通道回饋資訊。

（3）**發送端處理回饋的通道資訊**：發送端處理第一個接收端所回饋的通道資訊後，隨後發送端向第二個接收端發送報告輪詢幀（Beamforming Report Poll）查詢通道資訊。

（4）**接收端繼續發送回饋資訊**：第二個接收端發送通道回饋資訊。當所有的接收端都做了回饋之後，發送端完成整個探測過程。

（5）**發送端開始波束成形**：發送端根據通道回饋資訊生成控制矩陣，然後向接收端發送資料幀時加入該矩陣，此時即可實現波束成形。

此外，接收端可以透過對多天線收到的各路訊號進行加權合成，產生某些方向上的訊號增強或衰減，進而表現為某個方向上取得較好訊號品質的傳播，這個技術稱為**接收波束成形技術**。由於該技術和具體實現相關，802.11ac 協定中只定義了發送波束成形技術，但沒有定義接收波束成形技術。

1.2.3　Wi-Fi 物理層標準

Wi-Fi 標準在物理層上的迭代演進的主要關注點是持續提升傳輸速率，它的核心技術是通道編碼和調變方式的改進，並且透過支援更大的通道頻寬、增加空間併發資料流程的數量等方式組合，全方面提升 Wi-Fi 的傳輸速率。

另外，為了使支援新 Wi-Fi 標準的產品能與支援舊規範的裝置進行互通，新標準在物理層格式上的定義始終保持與舊規範的相容。這樣當 Wi-Fi 標準不斷推陳出新的時候，並沒有影響大量已有使用者終端的使用。

下面首先介紹 Wi-Fi 傳輸速率的計算方法，然後介紹 Wi-Fi 物理層格式。

1. Wi-Fi 傳輸速率的計算方式

Wi-Fi 理想情況下的最大傳輸速率的計算方式如式 1-1 所示：

$$傳送速率 = \frac{傳輸位元數量 \times 傳輸碼率 \times 傳載波數量 \times 空間流數量}{符號的傳輸時間} \quad （1\text{-}1）$$

其中，**傳輸位元數量**是指每個子載波調變一個鮑率所需要的位元個數。把它與載波符號的有效傳輸時間進行計算，就可以獲得單位時間所傳輸的位元數量，即組成了傳輸速率的最基本資訊。

　　傳輸碼率指的是編碼後的傳輸資料中有效資料佔總傳輸資料的比例,而資料子載波數量是指一個通道頻寬中承載資料的有效子載波的數量。把它們放在一起計算,就獲得了一個完整通道下的傳輸速率。

　　空間流數量即自由空間中同時傳輸的資料流程數量。在多天線的 Wi-Fi 裝置中,每增加一條空間流的傳輸,則傳輸速率就增加一倍。

　　圖 1-38 舉出了 Wi-Fi 傳輸速率的圖示。

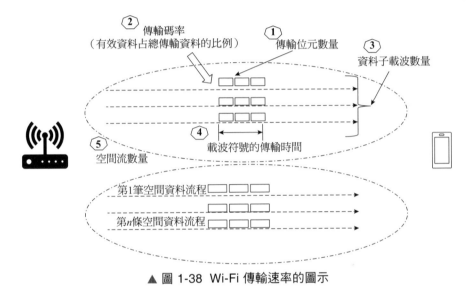

▲ 圖 1-38 Wi-Fi 傳輸速率的圖示

　　如果把傳輸一個載波符號比作一輛貨車,那麼傳輸位元數量就是每輛貨車承載的貨物,而資料子載波數量就像同一條馬路下的並行的車道,車道越多,運輸的貨物就越多。空間資料流程則是多層高架的立體交通,允許更多的車輛在各層的道路上運輸位元資料。

　　下面介紹各個標準下的速率計算的參數資訊,並舉出具體的計算範例。

1）傳輸位元數量

　　傳輸位元數量取決於所採用的調變等級。如前面通道調變方式中所提到的,在 16-QAM 中,16-QAM 中的 16 是從 2^4 換算過來的,即每個子載波傳輸一個符號所承載的位元數量為 4。而在 64-QAM 中,每個子載波傳輸一個符號所承載的位元數量為 6。不同 Wi-Fi 標準下的 QAM 調變等級以及位元數量如表 1-4 所示。

▼ 表 1-4 不同標準下的最高調變等級

支援 QAM 調變的標準	802.11g	802.11n	802.11ac
QAM 調變等級	64-QAM	64-QAM	256-QAM
傳輸位元數量（位元）	6	6	8

2）傳輸碼率

Wi-Fi 傳輸碼率指的是編碼後的傳輸資料中有效資料佔總傳輸資料的比例，也就是編碼效率。如果傳輸碼率或編碼效率的定義是 k/n，則對每 k 位元有用資訊，編碼器總共產生 n 位元的資料，其中 $n-k$ 是多餘的，k/n 越大，則傳輸碼率越高。不同 Wi-Fi 標準下的碼率和調變方式如表 1-5 所示。

▼ 表 1-5 不同標準下調變、編碼及碼率

調變方式	802.11b（DSSS）	802.11a/g	802.11n	802.11ac
DBPSK	1/11			
DQPSK	1/11			
DQPSK	1/4			
DQPSK	1/2			
DBPSK		1/2	1/2	1/2
DQPSK		1/2	1/2	1/2
DQPSK		3/4	3/4	3/4
16-QAM		1/2	1/2	1/2
16-QAM		3/4	3/4	3/4
64-QAM		2/3	2/3	2/3
64-QAM		3/4	3/4	3/4
64-QAM		5/6	5/6	5/6
256-QAM				3/4
256-QAM				5/6

3）資料子載波數量

資料子載波數量，即承載資料的子載波的數量。除此之外，子載波還包括用於邊界隔離的空子載波，以及用於相位和頻率偏移估算的導頻子載波。通道頻寬與資料子載波數量直接相關，通道頻寬就像車道的數量，通道越寬，車道數量越多，對應的資料子載波數量越多。不同 Wi-Fi 標準下通道頻寬與子載波數量如表 1-6 所示。

▼ 表 1-6　不同標準下的通道頻寬與資料子載波數量的關係

協定標準	802.11a/b/g	802.11n	802.11ac
頻寬（MHz）	20	40	80
資料子載波數量（個）	52	108	234

4）載波符號的傳輸時間

載波符號的傳輸時間包含兩部分，即傳輸每個載波符號所佔用的時間，以及載波符號間避免相互干擾的間隔時間。Wi-Fi 5 以及之前標準的載波符號時間 3.2μs，支援 0.4μs 短間隔或 0.8μs 長間隔的兩種方式。

5）空間流數量

空間流數量即自由空間中同時傳輸的資料流程數量。從 802.11b/g 到 802.11ac，空間流的數量從 1 條增加到最大 8 條，如表 1-7 所示。

▼ 表 1-7　不同標準下的空間流數量

協定標準	802.11a/b/g	802.11n	802.11ac
空間流數量（條）	1	4	8

6）Wi-Fi 傳輸速率的計算範例

根據上述對於傳輸速率的介紹，以 802.11n 和 802.11ac 為例，理想的最大傳輸速率如表 1-8 所示。

▼ 表 1-8　802.11n 和 802.11ac 最大傳輸速率及參數

協定標準	802.11n	802.11ac
空間流數量 / 條	4	8
傳輸位元數量 / 位	6	8
傳輸碼率	5/6	5/6
資料子載波的數量 / 個	108（頻寬 40MHz）	234（頻寬 80MHz）
載波符號傳輸時間 /μs	3.2μs +0.4μs 短間隔	3.2μs+0.4μs 短間隔
最大速率 /Mbps	600	3466

2. Wi-Fi 物理層格式

Wi-Fi 物理層格式由前導碼資訊、物理層幀標頭和淨荷資訊組成。各個 Wi-Fi 標

準的物理層格式與其所採用的物理層技術相關，發送端將其採用的編碼調變等資訊放在 PPDU 的物理層欄位中，接收端根據發送端所提供的物理層欄位資訊進行相應的解調、解碼和糾錯，大幅上保證物理層資料一致性。

Wi-Fi 物理層格式中的前導碼用於 Wi-Fi 訊號檢測、自動增益控制、時間同步等功能，物理層技術在調變方式、頻寬、空間流數量等上面的演進，直接影響了前導碼格式的定義。

另一方面，包含新的前導代碼段的物理層幀格式無法被遵循舊 Wi-Fi 標準的裝置識別，舉例來說，支援 802.11g 標準的裝置無法辨識 802.11n 定義的前導碼格式。因此，協定規定，在新的 Wi-Fi 標準制定的時候，除了包含新的前導碼格式，也要支援舊 Wi-Fi 標準的前導碼格式。

1）物理層格式的演進

參考表 1-9，每一個新標準都包含了相容舊標準的物理層格式，比如 802.11n 標準定義的物理層幀格式，它相容 802.11g 的 OFDM 物理層幀格式，因而遵循新標準的 Wi-Fi 裝置能夠與遵循舊標準的 Wi-Fi 裝置在相同的 Wi-Fi 網路中相互通訊。在 IEEE 標準中，802.11n 也稱為高輸送量（High Throughput，HT），而 802.11ac 則稱為更高輸送量（Very High Throughput，VHT），物理層格式中對應著有 HT 和 VHT 的術語。

▼ 表 1-9　Wi-Fi 標準的物理層格式類型

標準	物理層幀格式類型
802.11b	格式1：144 位元長前導碼，支援早期 1Mbps 和 2Mbps 的 Wi-Fi 裝置
	格式2：72 位元短前導碼，支援 2Mbps 及以上速率的資料傳輸
802.11g	格式1 和2：相容 802.11b 的長 PPDU 和短 PPDU 格式的兩種格式
	格式3：新的 OFDM 前導碼和物理層標頭的 PPDU 格式
802.11n	格式1：相容 802.11g 的 OFDM 物理層幀格式
	格式2：混合幀格式，既支援 802.11g，也支援 802.11n 擴充的 HT 標頭欄位
	格式3：特定幀格式，僅包含 802.11n 擴充的 HT 標頭欄位
802.11ac	新的 VHT 幀格式：相容 802.11n 三種格式，並支援多輸入多輸出技術

對應著表 1-9，圖 1-39 所示是 802.11g、802.11n、802.11ac 物理層前導碼演進的範例。802.11g 前導代碼段包含三部分，即傳統短訓練碼（Legacy Short Training Field，L-STF）、傳統長訓練碼（Legacy Long Training Field，L-LTF）和傳統訊號（Legacy Signal，L-SIG）欄位。

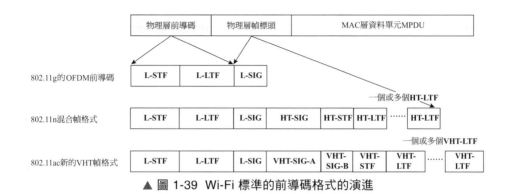

▲ 圖 1-39 Wi-Fi 標準的前導碼格式的演進

802.11n 和 802.11ac 的物理層格式包括兩部分：802.11g 的前導代碼段和新定義的前導代碼段。參考圖 1-39，802.11n 的前導碼前面三個欄位為 802.11g 的 L-STF、L-LTF 和 L-SIG，後面的欄位為新定義的 HT-SIG、HT-STF 和 HT-LTF 欄位。

同樣，802.11ac 的物理層前導碼格式的主要變化是把 HT 對應的欄位替換成 VHT 欄位。

其中，用於通道衰落估算的 HT-LTF 或 VHT-LTF 欄位的數量與空間資料流程的數量有對應關係，空間流為 1 或偶數時，前導碼包含相同數量的 HT-LTF 或 VHT-LTF 欄位；而當空間流為奇數 n 時，前導碼包含 n+1 個 HT-LTF 或 VHT-LTF 欄位。比如空間流為 3，則對應 4 個 HT-LTF 或 4 個 VHT-LTF 欄位。此外，當 PPDU 的接收物件為多個終端時，802.11ac 的前導碼裡面需要包含 VHT-SIG-B 欄位，用於指示每個終端的空間流位置分配資訊。

2）傳統前導碼的介紹

802.11g 的 L-STF、L-LTF 和 L-SIG 是後續標準相容的傳統前導代碼段，如圖 1-40 所示的基本格式，不同欄位之間插入保護間隔（Guard Interval，GI）進行保護。其中，

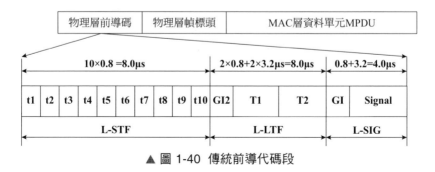

▲ 圖 1-40 傳統前導代碼段

L-STF包含 10 個固定編碼序列的OFDM 符號（t1 ～t10），每個符號時長 0.8μs，共計 8μs；L-LTF 欄位包含 2 個固定編碼序列的符號（T1、T2），每個序列時長 3.2μs，加上 2 倍的 GI 的長度（即 GI2）共計 8μs；而 L-SIG 則長度為 4.0μs。

傳統前導代碼段作用包括：

（1）**Wi-Fi 訊號檢測**：接收端根據 L-STF 欄位中固定編碼序列，判斷接收到的訊號是否為 Wi-Fi 訊號。

（2）**自動增益控制**：由於 Wi-Fi 訊號在通道傳輸過程中會出現不同程度的衰減，接收端在接收到訊號時，需要根據 L-STF 欄位測量輸入訊號幅度，並根據輸入訊號強度利用自動增益控制功能做相應的訊號放大，並保持訊號穩定性。

（3）**時間同步**：由於接收端需要以接收到的 OFDM 符號速率進行週期性的採樣、判決，因此接收端需要從接收到的 L-STF 欄位中提取，並同步與發送端相同的時鐘訊號，以獲得更精確的採樣時刻，降低解碼位元錯誤率。

（4）**頻偏估算**：Wi-Fi 訊號在無線通道的傳播過程中，多普勒效應可能會導致載波頻率發生偏移，因此需要利用 L-STF 和 L-LTF 欄位進行頻偏估計和糾正。

（5）**通道資訊估算**：接收端透過對 L-LTF 欄位多次採樣，提取出通道對於子載波的衰減和延遲的影響，然後估算通道中的平均雜訊和延遲，從而消除多徑中延遲的影響，進一步提高解碼率。

（6）**Wi-Fi 訊號時長估算**：利用 L-SIG 中包含的發送速率和 PPDU 長度資訊，可以估算出 Wi-Fi 訊號佔用無線資源的時間，並根據該時間設置下次先佔通道需要等待的最小時長。

3）新標準的前導代碼段

隨著物理層新技術的引入，比如，更高的頻寬、速率等，傳統前導代碼段中已沒有空間用於指示所採用的新技術，因此後續的 Wi-Fi 協定標準中都會參考傳統前導碼格式，重新定義 LSF、LTF 和 SIG 欄位。參考表 1-10 舉出的 802.11n 定義的前導碼 HT-STF、HT- LTF 和 HT-SIG 欄位，以及 802.11ac 定義的前導碼 VHT-STF、VHT-LTF 和 VHT-SIG 欄位。

▼ 表 1-10　802.11n 和 802.11ac 定義的前導代碼段作用

物理層標準	縮寫符號	對應的欄位	用途
802.11n	HT-SIG	HT 訊號欄位	提供 11n 定義的速率、編碼、調變、頻寬、MIMO 資料流程數量等資訊
	HT-STF	HT 短訓練代碼段	用於改進 11n 定義MIMO 系統的自動增益控制估計
	HT-LTF	HT 長訓練代碼段	MIMO 系統中，每個天線收發相同或不同的空間流，HT-LTF 提供 MIMO 使用的額外通道資訊。HT- LTF 個數隨著空間流的增加而增加，802.11n 空間流最大為 4，所以 HT-LTF 最大個數為 4
802.11ac	VHT-SIG	VHT 訊號欄位	包括 VHT-SIG-A 和 VHT-SIG-B 欄位兩部分。VHT-SIG-A 與 HT-SIG 功能類似，提供 802.11ac 支援的速率、編碼、調變、頻寬、MIMO 資料流程數量等資訊， 以及在多使用者通訊中用於指示每個使用者空間流的數量。VHT-SIG-B 用於在多使用者通訊時提供每個使用者的下行資料的長度和速率資訊
	VHT-STF	VHT 短訓練代碼段	與 HT-STF 功能類似，其主要差別在於裝置工作在 80MHz 頻寬時，VHT-STF 可以用於MIMO 改善自動增益控制估計
	VHT-LTF	VHT 長訓練代碼段	與 HT-LTF 功能類似。HT-LTF 最大支援估算 4 個空間流的通道衰落特徵，而 VHT-LTF 最大支援估算 8 個空間流的通道衰落特徵

1.2.4　Wi-Fi MAC 層標準

　　802.11 資料連結層包括通用的邏輯鏈路控制（Logical Link Control，LLC）子層和 802.11 媒體存取控制（Media Access Control，MAC）子層。LLC 層主要負責接收和處理乙太網資料封包，而 MAC 層的主要功能是處理 802.11 MAC 層資料封包，並為無線媒介提供存取控制功能、鏈路狀態的管理、裝置電源狀態管理等功能。在無線通道中，MAC 層利用資料幀實現資料的收發功能，利用控制幀和管理幀分別實現控制和管理訊息的傳遞。

　1）資料收發處理

　　參考圖 1-41，它舉出了 MAC 層的資料收發處理的方式。發送端的過程如下：

　　（1）LLC 子層增加乙太網標頭資訊，形成 MAC 服務資料單元（MAC Service Data Unit，MSDU），發送給 MAC 層。

（2）MAC 層支援對多個 MSDU 進行聚合，形成更大的 MAC 服務資料單元，稱為聚合 MAC 服務資料單元（Aggregate MSDU，A-MSDU）。

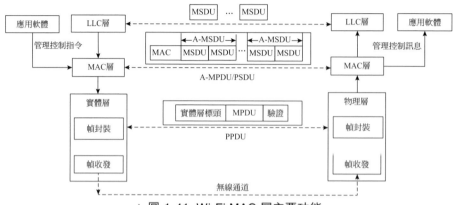

▲ 圖 1-41 Wi-Fi MAC 層主要功能

（3）MAC 層增加 MAC 協定頭等資訊，封裝成 MAC 協定資料單元（MAC Protocol Data Unit，MPDU），如果對多個 MPDU 進行聚合，則形成聚合 MAC 協定資料單元（Aggregate MPDU，A-MPDU），MPDU 和 A-MPDU 在物理層中又稱為物理層服務資料單元（PSDU）。

（4）物理層增加 PHY 前導碼、循環容錯驗證（Cyclic Redundancy Check，CRC）等資訊之後，形成物理層協定資料單元（PPDU），發送出去。

在接收端，裝置的 MAC 層將收到的 MPDU 或 A-MPDU 還原成對應的 MAC 服務資料單元（MSDU），然後再向上傳給 LLC 層。

2）控制與管理資訊處理

AP 與 STA 之間在 MAC 層的控制與管理是透過傳送相應的幀完成，控制幀用於 AP 或 STA 對無線媒介的連線控制。舉例來說，AP 與 STA 在發送資料之前確認無線媒介的控制權，接收端收到資料之後向發送端發送確認幀等。而管理幀用於實現 AP 與 STA 或 STA 相互之間管理資訊的互動。舉例來說，裝置發現、裝置連接和認證等功能。

對於發送端，MAC 層接收到上層的管理控制指令後，轉換成對應的管理幀和控制幀，經物理層封裝後傳輸。在接收端，MAC 層接收到控制或管理幀後，轉換成對應的管理控制訊息給上層處理。

本節主要介紹 MAC 層的幀格式、MAC 層定義的不同幀類型和 MAC 層資料收發流程相關的概念。

1. MAC 層的幀格式

前面已經介紹過，802.11 協定的基本幀是由包含前導碼的物理層標頭和 MAC 層的資料部分組成，這裡重點介紹 MAC 層格式資訊。MAC 層的幀格式定義如圖 1-42 所示。

在圖 1-42 所示欄位中，包含幀控制欄位（Frame Control）、MAC 層幀傳輸所需要的時間、標識資訊、位址資訊等欄位。其中，幀控制欄位用於提供 MAC 層主要的控制資訊，包含主要欄位的說明及用途，如表 1-11 所示。

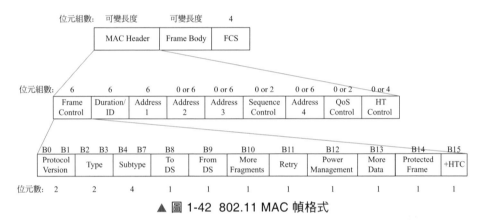

▲ 圖 1-42　802.11 MAC 幀格式

▼ 表 1-11　幀控制欄位

欄位	位元組數	說明及用途
Protocol Version	B0 和 B1	表示 MAC 協定版本，通常設置為 0
Type	B2 和 B3	表示幀的類型：B2 和 B3 賦值為 00 時，表示管理幀；為 01 時，表示控制幀；為 10 時，表示資料幀；為 11 時，表示擴充幀類型
Subtype	B4-B7	表示幀的子類型定義，用 4 個位元區分不同的子幀類型
To DS 和 From DS	B8 和 B9	指示幀傳輸的方向。To DS 或 From DS 為 00 時，用於 STA 之間的直接通訊；為 10 時，表示資料從 STA 到 AP；為 01 時，表示資料從 AP 到 STA
More fragment	B10	表示是否有分段。如果為 1，表示該幀後邊有其他資料或管理幀的分段內容，否則為 0
Retry	B11	表示是否為重傳的幀。如果為 1，表示是再次傳輸的資料或管理幀，重傳幀與原幀內容一致

欄位	位元組數	說明及用途
Power management	B12	表示 STA 的電源管理模式。如果為 1，表示 STA 將處於省電模式，為 0 則表示 STA 將處於活躍模式
More data	B13	用於快取資料指示。如果為 1，表示 AP 後續還有待發送給 STA 的快取資料，該指示資訊既可以用作單一傳播快取資料，也可以用作多點傳輸快取資料
Protected Frame	B14	表示是否加密。如果為 1，表示對幀進行加密；如果為 0，表示幀未被加密。如果 MPDU 中不包含使用者資料資訊，比如，用於探測過程的 NDP 幀，則不需要進行加密，在這些情況下該位元為 0
+HTC	B15	在管理幀中，該位元為 1 表示MAC 標頭包含HT 控制欄位，否則置為 0

除了幀控制欄位以外，其他欄位的說明如表 1-12 所示。

▼ 表 1-12 幀格式說明

欄位	位元組數	說明及用途
Duration/ID	2	表示幀在無線媒介中持續時間或標識資訊。如果表示時間，則 B15 為 0，B0 ～ B14 表示當前及後續所有幀（除了 PS-POLL 幀）的持續時間（單位毫秒）。如果表示標識資訊，則 B15 和 B14 均為 1，B0 ～ B13 表示在 PS-POLL 幀指示的 STA 連接 AP 後被分配的 ID，稱為連結辨識通訊埠（Association Identifier，AID），它的範圍為 1 ～ 2007。PS-POLL 幀的用法在 1.2.7 節將做介紹
Address1、Address2、Address3 和 Address4	0 或 6	表示位址域。包括 BSSID 資訊、來源位址（Source Address，SA）、目的位址（Destination Address，DA）、發送位址（Transmitter Address，TA）和接收位址（Receiver Address，RA）。不是所有類型的幀都會同時用這些位址，其長度為 0 或 6。根據目標接收端的數量，RA 又分為多點傳輸位址和單一傳播位址。如果 RA 所有位元均為 1，則表示廣播位址
Sequence Control	0 或 2	表示順序控制，包含 12 位元的順序編號（Sequence Number，SN）和 4 位元的分片編號（Fragment Number，FN）。SN 用於指示每一個 MPDU 幀的順序，FN 用於指示需要分片的 MSDU 的分片編號。接收端根據 SN 和 PN 來重新排序及過濾重複幀，控制幀不含該欄位
Frame Body	可變長度	表示幀體，包含要傳輸的資料資訊
FCS	4	表示 32 位元的循環容錯驗證，用於資料幀的檢錯

2. MAC 層的幀類型

802.11 MAC 層定義了管理幀、控制幀和資料幀來實現無線裝置之間的通訊。

1）管理幀

　　管理幀用於實現 AP 與 STA 或 STA 之間管理資訊的互動，實現裝置發現、裝置連接和認證等功能。根據用途，可以對管理幀分類，如表 1-13 所示。

▼ 表 1-13　管理幀的分類

管理幀類型	發送方	用途
信標幀（Beacon）	AP	AP 週期性地向外廣播發送信標幀來標識它的存在
探測請求幀（Probe Request）	STA	STA 主動發送探測請求幀來尋找周圍的 AP
探測回應幀（Probe Response）	AP	AP 發送探測回應幀來回應探測請求幀，STA 收到探測回應幀後，可以解析 AP 的資訊，包括 AP 的能力、鑑權方式、認證模式等
認證請求幀（Authentication Request）	STA	STA 向 AP 發起認證請求
認證回應幀（Authentication Response）	AP	AP 向 STA 發送認證回應幀，回應 STA 的認證請求
連結請求幀（Association Request）*	STA	STA 向 AP 發起連結請求幀，該幀用於說明 STA 的能力和選擇的認證模式
連結回應幀（Association Response）	AP	AP 根據 STA 提供的能力集及認證模式欄位，在關聯回應幀中做出回應，並在狀態位元指示 STA 連接 AP 的請求是否成功
解除連結幀（disassociation）	AP 或 STA	AP 或 STA 根據自身需要，斷開連結關係，向對方發送解除連結幀
特殊功能幀（Action）	AP 或 STA	用於特殊用途，例如 Block Ack 協商中，發起方發送 BA 增加請求幀（ADDBA Request），或接收方發送 BA 增加回應幀（ADDBA Response）

註：連結處理流程中有一種情況是重連結請求（Reassociation Request），它有單獨的重連結回應幀（Reassociation Response）。

　　此外，根據接收位址分類，管理幀分為單一傳播管理幀和多點傳輸管理幀，如表 1-14 所示。

▼ 表 1-14　根據接收位址分類的管理幀

管理幀類別	發送方	MAC 位址範圍	用途
單一傳播管理幀	AP 或 STA	接收 MAC 位址的第 48 位元為 0	AP 向單一的 STA 發送管理封包，或 STA 向 AP 發送管理封包
多點傳輸管理幀	AP	接收 MAC 位址的第 48 位元為 1	向特定組的 STA 發送管理封包
廣播管理幀	AP	接收 MAC 位址的所有位元都為 1	向所有 STA 發送管理封包

2）控制幀

控制幀用於 AP 或 STA 對無線媒介的連線控制。幀類型及用途說明如表 1-15 所示。

▼ 表 1-15　控制幀的類型

控制幀類型	發送方	用途
請求發送（Request To Send，RTS）幀	AP 或 STA	AP 或 STA 向對端發送請求，表明將向對端發送資料，同時檢測是否有衝突，如果沒有收到對端的 CTS 回應封包，則可以重複發送
清除發送（Clear To Send，CTS）幀	AP 或 STA	AP 或 STA 接收到 RTS 後，向對端發送 CTS，表示允許對端發送資料。其他準備發送幀的裝置收到 CTS 之後，將暫停回退視窗並根據 CTS 攜帶的 duration 欄位重新設置等待時間。透過發送端和接收端的 RTS/CTS 互動，發送端獲取媒介存取控制許可權
確認（Acknowledge，Ack）幀和區塊確認（Block Ack，BA）幀	AP 或 STA	接收端收到資料後，向發送端發送確認幀，其中 Ack 幀用於非聚合幀 MPDU 確認，BA 幀用於聚合幀 A-MPDU 確認
區塊確認請求（Block Ack Request，BAR）幀	AP 或 STA	發送端向接收端發送完 A-MPDU 後，如未及時收到對方回複的 BA，可以重傳整個 A-MPDU，或發送 BAR 幀，請求接收方對上次發送的 A-MPDU 接收狀態進行回應，BAR 方式佔用較小的無線資源
節電查詢（Power Saving Poll，PS-POLL）幀	STA	省電模式下，當 STA 發現 AP 有快取的單一傳播資料時，STA 向 AP 請求獲取這些快取的單一傳播資料
VHT 空資料封包通告（VHT Null Data Packet Announcement，VHT NDPA）	AP	在波束成形技術中，Beamformer 向 Beamformee 發送 VHT 空資料封包通告幀，表示發起通道資訊查詢過程
輪詢通道資訊幀（Beamforming Report Poll）	AP	在波束成形技術中，Beamformer 向多個 Beamformee 進行通道資訊查詢，從而完成探測過程

3）資料幀

網路中傳送的業務資料對服務品質（Quality of Service，QoS）有不同的要求，例如語音業務需要即時被傳送，它對延遲的大小很敏感。當 Wi-Fi MAC 層在同時傳輸語音業務和普通業務的資料時，語音業務就需要被高優先順序發送。

MAC 資料幀定義傳輸類別（Traffic Identifier，TID）欄位，用於指示業務優先順序。包含 TID 的 MAC 資料幀被稱為 QoS **資料幀**（QoS data）。不包含 TID 的 MAC 資料幀，則稱為非 QoS 資料幀（Non-QoS data）。

　　MAC 層把資料業務分為 8 個類型，用 TID 0 ～ 7 來表示不同業務類型的優先等級。MAC 層按照優先順序由高到低的次序傳輸不同的資料業務。

　　同時，從無線通道連線的角度，802.11 定義了 4 種無線連線類別（Access Category，AC），包括背景流業務（AC Background，AC_BK）、儘量傳輸業務（AC Best Effort，AC_BE）、視訊業務（AC Video，AC_VI）和語音業務（AC Voice，AC_VO），其中，AC_VO 優先順序最高，其次是 AC-VI，然後是 AC_BE 和 AC_BK，MAC 層標準規定了高優先級資料優先存取無線通道資源。業務資料的優先順序與無線連線類型的映射關係如表 1-16 所示。

▼ 表 1-16　業務資料優先順序與無線連線類型的映射

上層使用者資料優先順序	Wi-Fi 層優先順序	說明
1（背景流，background，BK）	1（AC_BK）	背景流等級
2（預設等級）	1（AC_BK）	上層使用者資料沒有指示優先順序時，採用該預設等級
0（儘量傳輸，Best effort，BE）	2（AC_BE）	儘量傳輸等級
3（普通，Excellent Effort）	2（AC_BE）	儘量傳輸等級
4（負載控制，Controlled Load）	3（AC_VI）	視訊流等級
5（視訊流，video，VI）	3（AC_VI）	視訊流等級
6（語音業務，voice，VO）	4（AC_VO）	語音業務等級
7（網路控制，network control）	4（AC_VO）	語音業務等級
註：在「上層使用者資料優先順序」和「Wi-Fi 層優先順序」中，數字越大代表優先順序越高。		

　　根據 MAC 資料幀包含 TID 的情況，表 1-17 列出了相應的資料幀分類。

▼ 表 1-17　資料幀類型

幀類型	用途
Data	不包含 TID 資訊的資料幀。如果收發雙方有一方不支援優先順序，舉例來說，舊的 802.11b/ g 裝置，則需要使用該類型收發資料
Null	不包含資料部分的 Data 幀，它一般作為查詢使用，舉例來說，AP 發送 Null 查詢每個 STA 的快取狀態。STA 也可以主動向 AP 發送 Null 來獲取 AP 上的快取資料
QoS Data	包含 TID 資訊的資料幀。收發雙方都需要支援優先順序資料封包。舉例來說，802.11n 及以後定義的裝置需要使用 QoS Data 收發資料
QoS Null	不包含資料部分的 QoS Data 幀。功能等於上面 Null 類型的資料幀

3. MAC 層資料發送和接收

Wi-Fi 資料收發流程採用一種訊息應答確認的機制，即發送端發送封包後，接收端根據接收到封包的狀態，在一定的時間間隔後，向發送端發送應答確認訊息。

- 如果發送端發送資料或管理幀，則接收端發送 ACK 幀進行確認。
- 如果發送端發送控制幀，例如 RTS 幀，表明將向對端發送資料，同時檢測是否有衝突，則接收端發送 CTS 幀進行確認，然後是正常的資料幀的發送和接收。

一次發送和接收資料幀或管理幀的完整過程需要佔用通道的時長稱為一次發送機會（Transmission Opportunity，TXOP）。

資料幀的發送方式包括兩種，一種是偵聽通道空間直接發送的方式；另一種是基於 RTS/CTS 機制偵聽通道空閒，先佔通道後發送資料的方式。RTS/CTS 幀長度較短，主要用於偵聽通道狀態，先佔通道和避免衝突，並不包含有效資料的發送，它需要和資料幀的收發聯合起來，形成一次有效的發送機會。

RTS/CTS 機制是透過發送端和接收端的訊息互動，使得發送端獲取媒介存取控制權限，降低其他裝置先佔無線媒介的衝突。但 RTS/CTS 幀互動也需要佔用額外的通道資源。

在實際應用中，開發者可以根據待發送的 MPDU 長度，來決定採用何種資料幀發送的模式。舉例來說，如果待發送的 MPDU 長度大於 1500 位元組，即一個 MSDU 的最大長度，則啟用 RTS/CTS 機制發送資料，使得一次 TXOP 中發送盡可能多的資料。

兩種模式發送流程參考圖 1-43。

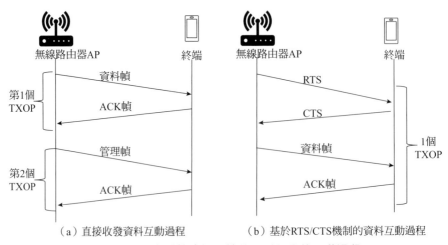

（a）直接收發資料互動過程　　（b）基於RTS/CTS機制的資料互動過程

▲ 圖 1-43 資料幀或管理幀的兩種收發的互動過程

　　圖 1-43 所示的基本流程中，一個 TXOP 中只包含一個資料幀和 ACK 幀的方式相對簡單。但如果發送端有大量資料發送，則它需要頻繁地先佔通道資源，以獲取相應數量的 TXOP，來實現資料的多次傳輸，將會直接降低資料傳送的效率。

　　為了提高資料傳輸的性能，MAC 層支援資料幀的聚合方式，即將多個資料幀聚合成一個「巨量資料幀」進行傳輸。如圖 1-44 所示，幀聚合包括 MSDU 聚合和 MPDU 聚合兩種不同的模式。

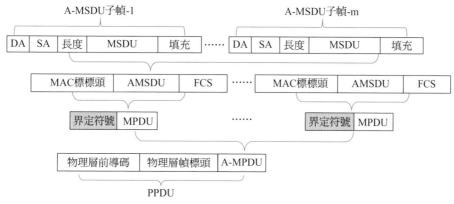

▲ 圖 1-44 PPDU 包含的 A-MSDU 和 A-MPDU 聚合技術

1）減少 MAC 幀標頭銷耗的 MSDU 聚合方式

　　MSDU 聚合是把多個 MSDU 透過一定的方式聚合成一個較大的資料封包，即 A-MSDU，原 MSDU 成為聚合後的 A-MSDU 子幀。如果 MSDU 是乙太網封包，在 MSDU 聚合過程中，相應的乙太網封包標頭將逐一被轉換成 802.11 MAC 層封包標頭，並在報文尾部增加 FCS 驗證資訊。

　　MSDU 聚合技術減少了 MAC 資料幀的數量，減少了 MAC 幀標頭銷耗，從而也就減少了 802.11 物理層前導碼的通道資源銷耗，提高了資料傳送效率。

2）減少物理層標頭銷耗的 MPDU 聚合方式

　　MPDU 聚合技術是指多個 802.11 MAC 資料幀 MPDU 聚合在一 起，形成一 個 A-MPDU，原來的 MPDU 變成了 A-MPDU 的子幀，每個子幀前面插入用於辨識邊界的 4 位元組界定符號，後面增加 0 ～ 3 位元組填充欄位，以滿足子幀 4 位元組對齊的要求。

A-MPDU 增加一個物理層前導碼，就形成了物理層 PPDU，然後發送到無線通道。這種方式減少了物理層前導碼的銷耗，提高了通道利用的效率。

A-MPDU 中既可以包含 A-MSDU 聚合，也可以只是單獨的 MSDU，即每個 MSDU 透過增加 MAC 標頭和 FCS 驗證資訊，分別形成 MPDU，然後增加界定符號，聚合成 A-MPDU，接著增加物理層前導碼，形成 PPDU，如圖 1-45 所示。

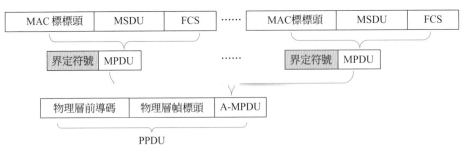

▲ 圖 1-45 PPDU 不含 A-MSDU 技術

802.11n 和 802.11ac 標準下的 A-MSDU 和 A-MPDU 最大長度如表 1-18 所示，在實際應用中，A-MSDU 及 A-MPDU 的最大長度根據 Wi-Fi 晶片的支援能力以及收發雙方的處理能力來決定。

▼ 表 1-18　不同標準下的 A-MSDU 和 A-MPDU 的最大長度

協定標準	A-MSDU 最大長度 / 位元組	A-MPDU 最大長度 / 位元組
802.11n	3839	65535
802.11ac	7935	4692480

1.2.5　Wi-Fi 的無線媒介連線原理

在 Wi-Fi 網路中，AP 與相連的終端都是共用相同的無線媒介進行資料通信。Wi-Fi 的無線媒介連線原理就是如何使各個裝置採取互相避讓的機制，按照平等競爭的方式依次獲得無線媒介的存取權，然後發送資料。

在 Wi-Fi 網路中，存在兩種 Wi-Fi 訊號衝突的情況：

- 一個 BSS 內部組成的衝突域：AP 與連接的 STA 共用同一個無線通道進行資料通信，當其中兩個裝置同時在該通道上發送資料時，資料的接收方無法解析出疊加在一起的調變訊號，如圖 1-46 所示。

- **相鄰 BSS 之間的衝突域**：一個 BSS 與臨近的 BSS 工作在同一通道時，這兩個 BSS 組成一個衝突域，當兩個 BBS 中的裝置同時發送資料時，接收方的訊號產生衝突。

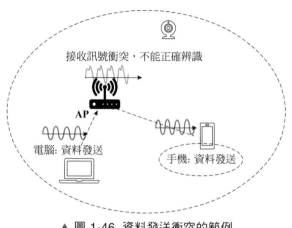

▲ 圖 1-46 資料發送衝突的範例

　　為了解決共用無線媒介的資料衝突問題，Wi-Fi 定義了載波偵聽多路連線 / 衝突避免（CSMA/CA），即當多個裝置同時使用無線通道發送資料時，每個裝置首先需要進行通道偵聽，確定通道空閒時，在一個幀間隔後，透過競爭時間視窗的方式，獲取向無線通道中發送資料的機會。

　　參考圖 1-47，CSMA/CA 的方式可以視為「先聽後發」。「聽」和「發」分別對應設備的監聽模式和發送模式，在監聽之後再進行發送，使得 Wi-Fi 裝置的接收和發送是非同步操作的。圖 1-47 中，在手機發送資料的時候，網路攝影機和電腦都在監聽無線媒介的繁忙情況，當手機結束資料發送的時候，網路攝影機和電腦就會競爭無線媒介的存取權。

CSMA/CA 機制包含的關鍵概念如下：

- **監聽無線媒介的方式**：發送資料之前，裝置透過物理載波和虛擬載波偵聽方式監聽無線媒介。
- **幀間隔概念**：上一個 Wi-Fi 幀結束之後與下一個 Wi-Fi 幀發送之前的間隔定義。
- **隨機回退機制（backoff）**：當兩個或多個裝置同時檢測到通道空閒時，隨機選擇一個回退時間（即回退視窗），在此基礎上，每經過一個時間槽時間減 1，回退視窗減為 0 並且此時通道仍然空閒，即可發送資料，因而避免資料發送衝突。

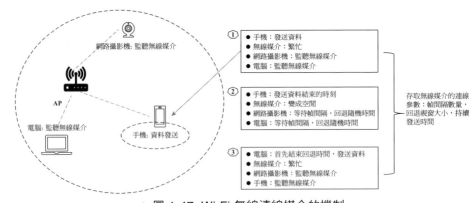

▲ 圖 1-47 Wi-Fi 無線連線媒介的機制

- **存取無線媒介的連線參數**：包括幀間隔數量、回退視窗大小和持續發送時間。

1. 無線媒介連線的通道偵聽

Wi-Fi 透過物理載波和虛擬載波偵聽兩種方式來判斷當前通道是否空閒。只要物理載波偵聽和虛擬載波偵聽有一個檢測為繁忙，則判斷媒介處於繁忙狀態。

1）物理載波偵聽

物理載波偵聽由物理層來完成。物理層提供空閒通道評估（Clear Channel Assessment，CCA）的能力，用於檢測無線通道的忙閒狀態。CCA 有以下兩種方式：

- 訊號能量檢測（CCA-Energy Detection，CCA-ED）：檢測非 Wi-Fi 訊號強度來判斷媒介是否繁忙。比如，透過 ED 方式檢測工作在同一通道的藍芽耳機、微波爐等裝置產生的非 Wi-Fi 訊號能量強度。
- 資料封包檢測（CCA-Packet Detection，CCA-PD）：接收端先透過 Wi-Fi 訊號的前導碼部分判斷出 Wi-Fi 的訊號特徵。比如，成功解析前導碼的 L-STF 和 L-LTF 字段固定編碼，然後再根據 Wi-Fi 封包訊號強度檢查，來判斷媒介是否繁忙。

其中，ED 預設門限值為 -62dBm，PD 預設門限值為 -82dBm。如果檢測到非 Wi-Fi 能量或 Wi-Fi 訊號能量大於指定的門限，則認為無線媒介繁忙，否則判斷媒介為空閒。

2）虛擬載波偵聽

虛擬載波偵聽由 MAC 層來完成。物理層在空中捕捉到 Wi-Fi 訊號的前導代碼段後，把對應的 MPDU 發給 MAC 層處理。MAC 層判斷 MPDU 的接收位址，如果不是

本機的位址，則認為是其他 Wi-Fi 裝置正在傳輸的訊號，並根據其 duration 欄位來設置虛擬載波偵聽的計時器**網路分配向量**（Network Allocation Vector，NAV）並倒計時。當裝置準備發送資料時，需要判斷 NAV 是否已經減到 0，如果為 0，則認為虛擬載波空閒，不然認為虛擬載波繁忙，需要等待其空閒後再嘗試發送。

在 NAV 倒計時期間，裝置可以進入瞌睡狀態，而不需要透過物理層 CCA 保持偵聽通道上傳輸的訊號，因此，透過虛擬載波攔截技術可以節約裝置的功耗。

圖 1-48 是空閒通道檢測技術的範例。AP1 檢測到藍芽喇叭大於 -62dBm 的訊號強度，同時 AP1 也檢測到 AP2 大於 -82dBm 的 Wi-Fi 訊號強度。AP1 向手機發送 Wi-Fi 訊號時，AP1 可以根據虛擬載波檢測機制來判斷 NAV 是否為 0，如果為 0，則 AP1 可以競爭無線媒介的存取權。

2. 幀間隔

傳輸兩個物理層幀之間的間隔稱為**幀間隔**（Interframe Space，IFS）。裝置需要在指定的幀間隔時間內透過載波偵聽的方式確認無線媒介是否空閒。幀間隔的單位為微秒 (μs)。

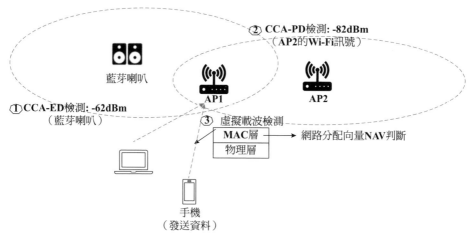

▲ 圖 1-48　空閒通道檢測技術

為了方便計算不同類型的幀間隔，802.11 標準定義了時間槽（Slot time）的概念，時間槽分為 9μs 短時間槽和 20μs 長時間槽，它包括電磁波在通道中的傳播延遲、MAC 層處理延遲、CCA 過程偵聽延遲和 Wi-Fi 收發模組切換延遲。短時間槽和長時間槽的應用場景取決於收發雙方晶片支援能力。802.11 標準中幀間隔的說明及關係如圖 1-49 所示。

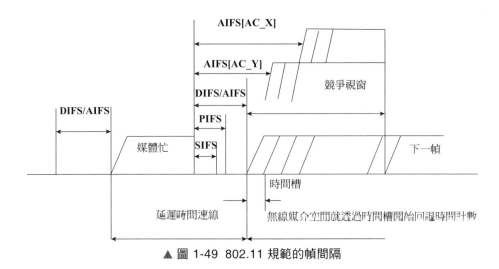

▲ 圖 1-49 802.11 規範的幀間隔

（1）短幀間隔（Short Interframe Space，SIFS）：無線媒介傳輸中前一個幀的最後一個物理層符號到下一個幀的第一個物理層符號之間的間隔。它是時間最短的幀間隔，主要用於幀與幀之間的互為確認和回應的場景。舉例來說，資料幀與對應的 ACK 回應幀，請求發送幀 RTS 和清除發送幀 CTS 之間的交握與回應等。

（2）優先順序幀間隔（Priority Interframe Space，PIFS）：PIFS 用於特殊情況下對無線媒介的優先存取。舉例來說，STA 在一個 TXOP 週期內重傳因對方沒有回應導致發送失敗的資料幀，或 AP 發送廣播類型的幀等。PIFS 計算如下：

$$PIFS = SIFS + 時間槽$$

（3）分布式協調功能幀間隔（Distributed Coordination Function Interframe Space，DIFS）：DIFS 為裝置檢測到無線媒介空閒的時候，並且此時回退視窗已經減小至零，此時裝置就可以使用 DIFS 間隔發送非 QoS 資料幀、管理幀或控制幀。DIFS 是最常用的幀間隔，DIFS 計算如下：

$$DIFS = SIFS + 2 \times 時間槽$$

（4）仲裁幀間隔（Arbitration Interframe Space，AIFS）：當裝置發送 QoS 資料封包時，為了保證 QoS 資料封包按照優先順序順序發送，802.11 協定為不同優先順序的 QoS 資料定義了不同的無線媒介連線參數。比如，高優先順序的 QoS 資料封包具有更短的幀間隔，QoS 資料封包對應的無線媒介存取權限的間隔稱為 AIFS。

AIFS 時間間隔由該 QoS 資料優先順序對應的仲裁幀間隔數量（Arbitration Interframe Space Number，AIFSN）即時間槽數量決定，AIFS[AC_X] 表示優先順序為 X 的 QoS 資料對應的幀間隔，X 及 AC_X 設定值參考表 1-19。AIFS 最小值為 DIFS 時間間隔。AIFS 計算如下：

$$\text{AIFS}[AC\_X] = \text{AIFSN}[AC\_X] \times \text{時間槽} + \text{SIFS}$$

（5）**擴充幀間隔**（Extended Interframe Space，EIFS）：除了上述的幀間隔定義，802.11 標準還定義了非常規情況下擴充的幀間隔，即 EIFS。舉例來說，當裝置 A 收到裝置 B 發送的錯誤幀時，如果裝置 A 在 EIFS 時間間隔後發現無線媒介仍然空閒，裝置 A 可以直接發送資料，而不用考慮 NAV 是否已經為 0。定義 EIFS 的目的是讓裝置 A 在發送資料之前，有足夠的時間對裝置 B 發送的錯誤幀進行確認。如果裝置 A 在 EIFS 時間內對接收幀完成校正，則裝置 A 需要終止 EIFS 時間間隔，並恢復到之前的無線媒介檢測狀態。EIFS 計算如下：

$$\text{EIFS} = \text{SIFS} + \text{DIFS} + \text{確認幀發送時間（非 QoS 資料幀）}$$
$$\text{EIFS} = \text{SIFS} + \text{AIFS}[AC\_X] + \text{確認幀發送時間（QoS 資料幀）}$$

3. 隨機回退機制

隨機回退機制是指 AP 或終端檢測到通道空閒，並經過一個幀間隔後通道仍然空閒，則裝置選擇一個隨機的時間長度並進行倒計時，同時監聽通道。當倒計時為 0 時，如果通道仍然一直保持為空閒狀態，則裝置可以發送資料。如果在倒計時過程中，裝置檢測到通道中存在傳輸的訊號，則倒計時暫停，等待通道中正在傳輸的訊號完成，並等待一個幀間隔後，恢復倒計時。

回退機制透過為不同的裝置選擇不同等待時間，解決了兩個裝置同時檢測到通道空閒需要發送資料而可能造成衝突的問題。

圖 1-50 所示範例中，終端 B 和終端 C 檢測到終端 A 發送完資料並且通道空閒後，等待一個幀間隔時間，並分別隨機選擇一個回退視窗 X 和 Y（Y>X），開始倒計時。終端 B 首先倒計時到 0 並發送資料給 AP，此時，終端 C 在其回退視窗內檢測到終端 B 發送資料，倒計時暫停。等待終端 B 發送完成以及一個幀間隔後，恢復剛才的倒計時（Y-X），倒計時為 0 後，發送資料給 AP。

隨機回退時間設定值範圍又稱為**隨機回退視窗**，以時間槽為單位來表示回退視窗大小。當裝置隨機回退視窗較小時，裝置更容易獲取到通道存取權限，但多個裝置在

較小的回退視窗內隨機到相同的回退時間而更容易產生衝突。當裝置隨機回退視窗設定值較大時，多個設備節點的回退時間衝突的機率降低，但容易引起裝置因長時間等待而造成輸送量下降的問題。為了平衡回退視窗設定值及高效率地使用無線媒介資源，802.11 定義了以下的隨機回退視窗選擇演算法。

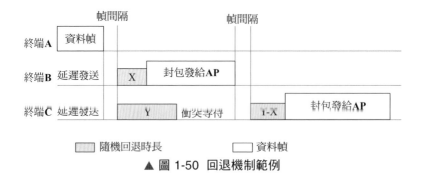

▲ 圖 1-50 回退機制範例

（1）**競爭視窗（Contention Window，CW）定義**：隨機回退視窗可以表示為 [0，競爭視窗]，裝置在該範圍內隨機設定值作為初始回退時間。

（2）**競爭視窗自動調整**：裝置回退值倒計時為 0 後，在無線通道上發送資料，但未收到對方確認，則認為發生了一次衝突，即同時有其他裝置在該通道上發送資料，競爭視窗按照二進位指數方式擴大，裝置在增加了一倍的區間內再次重新初始回退值，並倒計時直至資料發送成功。

由於競爭視窗大小按照 2 的指數方式增長，導致裝置高機率隨機到很大的回退視窗而長時間等待，不利於及時獲取通道資源並發送資料。因此，802.11 協定限制了競爭視窗取值的上下限，分別用最小競爭視窗（Minimum Contention Window，CWmin）和最大競爭視窗（Maximum Contention Window，CWmax）來表示，即 [CWmin，CWmax]。

CW 初始值等於 CWmin，因衝突導致發送失敗後競爭視窗重置為 CW =2×CW + 1；CW 最大設定值為 CWmax，當 CW 等於 CWmax 並且成功收到接收端回覆的確認幀時，CW 被重置為 CWmin，依此循環。

在圖 1-51 所示範例中，一個 STA 向 AP 發送視訊流時，其 CW 的預設設定值範圍是 [7，15]（參考表 1-19 中 AC_VI 項目），CW 的初始值為 7，相應的隨機回退視窗為 [0，7]，第 1 次傳輸失敗並進行第 1 次重傳時，CW 的設定值變成了 15，相應的隨機回退視窗為 [0，15]，此時 CW = CWmax。第 1 次重傳失敗並進行第 2 次重傳時，仍然保持最大值 15，重傳成功後，CW 重新賦值為 7。

4. QoS 資料幀無線媒介連線參數

為了提高 QoS 資料的傳輸品質，保證延遲敏感型的 QoS 資料（舉例來說，語音、視訊資料）優先發送，802.11 提供了一種增強型分散式通道連線機制（Enhanced Distributed Channel Access，EDCA）。它為不同優先順序的 QoS 資料定義了不同的無線媒介連線參數，稱為 EDCA 參數，然後 QoS 資料按照其對應的幀間隔、回退視窗等 EDCA 參數存取無線媒介資源。

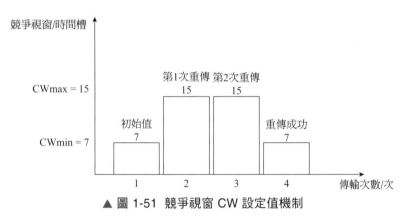

▲ 圖 1-51 競爭視窗 CW 設定值機制

EDCA 共定義四種不同的連線類別（Access Categories，AC），為 AC_BK、AC_BE、AC_VI 和 AC_VO，分別對應背景資料流程（BK）、普通資料流程（BE）、視訊（VI）和語音（VO）資料流程。

EDCA 參數包括仲裁幀間隔數量（AIFSN）、最小競爭視窗指數（Exponent form of CWmin，ECWmin）、最大競爭視窗指數（Exponent form of CWmax，ECWmax）和傳送機會限制（Transmission Opportunity Limit，TXOP Limit）四個參數，這些參數的解釋如表 1-19 所示。

▼ 表 1-19 EDCA 參數

EDCA 參數	參數長度（位元）	參數說明
仲裁幀間隔數量	8	在無線媒介上正在傳輸的 PPDU 完成並且等待 SIFS 時間間隔後，還需要等待 AIFSN 所定義的間隔數量，才可以啟動新的視窗或恢復之前回退視窗的計數。AIFSN 最小值為 2
最小競爭視窗指數	4	最小競爭視窗時間 CWmin =（2^{ECWmin} -1），CWmin 為非負整數，當 ECWmin 為 0 時，CWmin 為最大值32767，以微秒級的時間槽作為單位

EDCA 參數	參數長度（位元）	參數說明
最大競爭視窗指數	4	最大競爭視窗時間 $CWmax = (2^{ECWmax} - 1)$，CWmax 為非負整數，當 ECWmax 為 0 時，CWmax 為最大值 32767，以微秒級的時間槽作為單位
傳送機會限制	16	傳送機會限制是指裝置保持對無線媒介持續控制的時間，在控制時間內裝置進行資料傳送，傳送機會限制包括了裝置發送資料時間和對端回應所需的時間。傳送機會限制是非負整數，以 32μs 為單位。擁有無線媒介控制權的發送方應確保資料傳輸的持續時間不超過傳送機會限制。當某一優先順序佇列的傳送機會限制設置為 0 時，該優先順序佇列獲取到 TXOP 後，可以在 TXOP 時間內發送分片的 PPDU

　　802.11b/g 和 802.11n 的 EDCA 預設參數如表 1-20 所示，由此可見，優先順序越高的 QoS 資料，其 EDCA 參數將更有助獲取通道存取權。

5. 多個裝置競爭存取通道範例

　　多個裝置之間競爭視窗發送非 QoS 資料的範例如圖 1-52 所示，其過程解釋如下。

▼ 表 1-20　802.11b/g 和 802.11n 的 EDCA 預設參數

連線類別（AC）	最小競爭視窗指數	最大競爭視窗指數	仲裁幀間隔數量	傳送機會限制	
				802.11b/g PHY（非 OFDM）	802.11n PHY（OFDM）
AC_BK	aCWmin*	aCWmax*	7	0	0
AC_BE	aCWmin	aCWmax	3	0	0
AC_VI	（aCWmin +1）/2-1	aCWmin	2	6.016ms	3.008ms
AC_VO	（aCWmin +1）/4-1	（aCWmin +1）/2-1	2	3.264ms	1.504ms

註：aCWmin 和 aCWmax 只代表四種 AC 類型競爭視窗指數關係，協定中定義的預設值分別為 15 和 1023，具體值可由使用者配置。

　　（1）**多裝置的衝突回退**：當裝置 B、C、D 準備發送資料時，檢測到裝置 A 正在傳輸資料，則 B、C、D 需要根據 A 發送的資料幀的 Duration/ID 欄位重新設置 NAV，並且持續檢測無線媒介的狀態。裝置 A 的幀傳輸結束並經過一個 DIFS 間隔後，B、C、D 分別啟動各自的回退視窗並倒計時。

　　（2）**檢測空閒狀態下的資料發送**：當裝置 C 的回退視窗減小至零時，檢測無線媒介為空閒狀態，於是裝置 C 開始發送資料。此時裝置 B 和 D 需要停止回退視窗倒計時，並根據 C 發送資料幀的 Duration/ID 欄位重新設置 NAV 開始載波檢測。

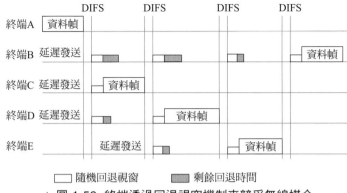

▲ 圖 1-52 終端透過回退視窗機制來競爭無線媒介

（3）衝突後的重新回退計時：裝置 E 加入並參與無線媒介的競爭，在裝置 C 的資料發送完成並等待 DIFS 時間間隔之後，裝置 B 和 D 恢復之前的回退視窗並重新倒計時，設備 E 需要選擇一個新的回退視窗並開始倒計時。

（4）檢測空閒狀態下的資料發送：在裝置 D 完成回退倒計時之後，此時檢測無線媒介為空閒狀態，立即發送資料。同理，裝置 E 和裝置 B 回退倒計時完成後分別發送資料。

1.2.6　Wi-Fi 裝置的發現、連接和認證過程

當一個裝置加入 Wi-Fi 網路的時候，即裝置與 AP 實現相互之間的連接，雙方需要經歷發現、連接和金鑰互動的四次交握過程。當裝置與 AP 斷開連接的時候，則需要解除關聯和解除認證過程。

1. 發現過程

根據 802.11 標準，裝置需要透過被動掃描或主動掃描模式發現臨近 AP 的存在，如圖 1-53 所示。

▲ 圖 1-53 Wi-Fi 裝置的發現過程

參考圖 1-53，被動掃描模式是裝置處於監聽 AP 訊息的狀態，而 AP 週期性發送信標幀，信標幀中包含了 AP 的能力集及基本資訊，比如最大支援頻寬、最高速率、工作通道等資訊。當裝置接收到信標幀之後，就知道了 AP 的存在。

主動掃描模式是指裝置主動發送探測請求幀，AP 接收到該請求幀後，在滿足一定應答條件下將立即回覆探測應答幀，因此主動掃描模式可以更快地發現 AP。

在主動掃描模式下，裝置的探測請求幀攜帶 AP 的 SSID 資訊。AP 接收到 STA 發送的探測請求幀，判斷其攜帶的 SSID 資訊是否與 AP 的 SSID 一致，如果 SSID 不匹配，則 AP 不會產生探測響應。如果探測請求幀攜帶的 SSID 匹配，或攜帶非指定 SSID，AP 在其工作通道上直接發送探測回應，探測請求和回應可以是單一傳播幀，也可以是廣播幀。

2. 連接過程

在裝置發現 AP 之後，需要完成雙方的相互連接過程，它的步驟分為認證、連結和密鑰相關的四次交握資訊互動，參考圖 1-54。認證過程主要完成雙方認證資訊的互動，防止未經允許的裝置加入網路中；連結過程主要完成雙方能力集資訊的交互，AP 對連結的 STA 進行裝置資訊分配；金鑰資訊互動過程主要完成雙方協商一組對等金鑰資訊，用於後續資料傳輸過程中的加密和解密。

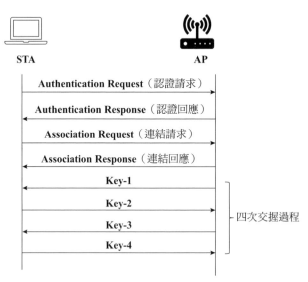

▲ 圖 1-54 Wi-Fi 的認證、連結和金鑰互動的連接過程

1) 認證過程

認證方式分為開放系統共享密鑰方式（Open System or Shared Key authentication）和快速 BSS 切換方式（fast BSS STA 向 AP 發送認證請求幀，當 AP 接收該請求時，向 STA 發送認證回應幀，並攜帶狀態位元為「successful」。開放系統認證方式幀格式如下：

- **認證請求幀格式**：STA 向 AP 發送認證請求幀範例，如圖 1-55 所示。可以看到，認證方式為開放系統共用金鑰方式，認證序號為 0x001，狀態為 successful。

```
∨ IEEE 802.11 Wireless Management
  ∨ Fixed parameters (6 bytes)
      Authentication Algorithm: Open System (0)
      Authentication SEQ: 0x0001
      Status code: Successful (0x0000)
```

▲ 圖 1-55 認證請求幀格式

- **認證回應幀格式**：AP 向 STA 發送認證回應幀範例，如圖 1-56 所示。可以看到認證方式同樣為開放系統共用金鑰方式，序列為在原先認證請求基礎上加 1，此時為 0x002。

```
∨ IEEE 802.11 Wireless Management
  ∨ Fixed parameters (6 bytes)
      Authentication Algorithm: Open System (0)
      Authentication SEQ: 0x0002
      Status code: Successful (0x0000)
```

▲ 圖 1-56 認證回應幀格式

2) 連結過程

連結過程主要完成 STA 和 AP 能力集資訊的互動，連接完成後，雙方將根據對方的能力集支援範圍調整發送速率、空間流數量等參數，完成資料的收發。

當認證過程成功後，STA 端向 AP 發送連結請求幀，連結請求幀中包含 802.11 定義的 STA 支援的速率、A-MSDU 和 A-MPDU 最大聚合度、收發天線工作速率、AP 的工作通道和 SSID、用於接收快取資料的偵聽間隔等資訊。

AP 接收到 STA 的連結請求後，向 STA 發送連結回應幀，該幀中包含用於指示是否關聯成功的狀態資訊，以及 AP 支援的速率、A-MSDU 和 A-MPDU 最大聚合度、收發天線工作速率、AP 為 STA 分配的連接 ID 資訊。

3）金鑰互動過程

金鑰互動過程主要用於收發雙方根據一定的金鑰演算法協商一組金鑰資訊，用於在通訊過程中，對於通道中傳輸的資料進行加密和解密，目的是防止竊聽，保護使用者資料安全。

在家用網路中，使用者在連接 AP 之前，需要輸入 AP 上配置的密碼資訊。在金鑰互動過程中，AP 和 STA 在 AP 的密碼基礎上計算出一個共用金鑰資訊，然後加入各自產生的隨機數發送給對方，雙方計算出一組唯一的臨時金鑰。第 3 章將進一步介紹。

3. 斷開連接過程

參考圖 1-57，斷開連接的過程包含 STA 與 AP 之間解除連結和解除認證的過程。STA 可以重新發現 AP，然後再經歷認證、連結和金鑰互動過程，完成與 AP 的連接。

▲ 圖 1-57　Wi-Fi 的連接斷開過程

1.2.7　Wi-Fi 省電模式管理機制

AP 通常由電源來供電，但 STA 可能是透過電池供電。電池的電能有限，STA 會經常進入節電模式以達到省電的目的。Wi-Fi 省電模式下的管理機制是指 AP 為處於節電模式的 STA 臨時快取資料，而 STA 週期性地醒來去獲取快取資料的過程。

為了支援這個管理機制，需要 AP 與 STA 進行訊息互動，即 AP 在信標幀中把資料緩存的狀態通知 STA，而 STA 需要發送查詢訊息，從 AP 那裡獲取快取的資料。同時，STA 需要與 AP 持續時間同步，能夠週期性地從瞌睡狀態醒來，接收到 AP 的信標幀，參考圖 1-58。

從 Wi-Fi 的省電模式的管理機制可以看到，它包含下面關鍵的技術內容：

（1）Wi-Fi 網路的時間同步機制：STA 週期性地接收 AP 發送的信標幀，實現STA 與 AP 之間的時間同步，並計算下次 STA 醒來的時間。

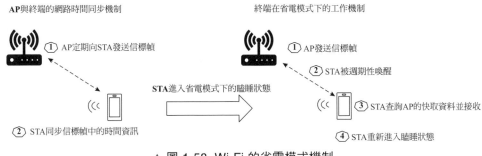

▲ 圖 1-58 Wi-Fi 的省電模式機制

（2）STA 獲取快取資料的過程：STA 根據 AP 信標幀中所攜帶的狀態資訊，判斷是否有快取資料，然後透過訊息查詢的方式，及時從 AP 那裡獲取快取資料。

（3）STA 的節電狀態管理：STA 需要維護正常執行和節電工作的兩種電源模式，並把當前的工作狀態及時告知 AP。

1. Wi-Fi 網路的時間同步機制

802.11 協定規定 STA 需要定期接收 AP 發送的信標幀，並同步信標中的時間，從而保證同一個 BSS 網路內所有裝置時間的一致性。AP 發送信標幀的方式有兩個和時間有關的術語定義，即**信標幀發送週期**和**信標目標發送時間**（Target Beacon Transmit Time，TBTT）。

參考圖 1-59，信標幀發送週期指的是 AP 定期發送信標幀的時間間隔，比如每隔 100ms 發送一個信標幀，其攜帶的 TSF（Timing Synchronization Function）域中的時間被設定為第一個資料符號發送到天線的時間。為了保證 TSF 數值精確，AP 需要校準發送路徑上的延遲，例如從 MAC 到 PHY 的延遲。

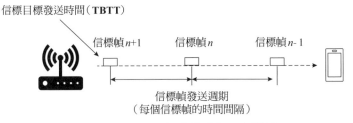

▲ 圖 1-59 Wi-Fi 網路的時間同步機制

信標目標發送時間（TBTT）是指信標幀發送的時間點。為了確保信標幀按照設定的時間點及時傳輸，在每個 TBTT 時間點上，AP 需要優先排程信標幀作為下一個要

發送的幀,在信標幀傳輸之後可以繼續發送其他幀。由於 Wi-Fi 的無線媒介的競爭機制以及擁擠的網路環境,信標幀的發送時間可能晚於預期時間,但後續信標幀的發送時間還是按照之前設定的時間發送。

為了接收到 AP 發送的信標幀,STA 也需要在 TBTT 時間被喚醒,提前等待需要接收的信標幀。STA 接收到信標幀後,自動從其中同步時間,並計算下次醒來的 TBTT 時間。如果 STA 發現沒有信標幀有對應的資料快取指示,則自動進入瞌睡狀態。

2. STA 的快取資訊指示

當 STA 進入節電模式的時候,AP 把發給 STA 的資料進行快取,直到 STA 被喚醒後來獲取資料。但 AP 快取資料的能力有限,如果發給 STA 的資料超山了快取的容量大小,則後續到達的資料將被丟棄。

802.11 為 AP 快取資料狀態定義了兩個術語,即**傳輸指示映射**(Traffic Indication Map,TIM)和**延遲傳輸指示映射**(Delivery TrafficIndication Map,DTIM),分別用於指示單一傳播快取資料和多點傳輸快取資料的狀態。單一傳播快取資料是指接收位址為特定 STA 位址的資料,多點傳輸快取資料是指接收位址為多點傳輸位址的多點傳輸資料或廣播資料,如圖 1-60 所示。

每個信標幀都有傳輸指示映射

週期性的延遲傳輸指示映射

單一傳播資料的快取

多點傳輸資料的快取

週期性的延遲傳輸指示映射

▲ 圖 1-60 單一傳播和多點傳輸資料快取指示的方式

1)傳輸指示映射 TIM

參考圖 1-60,傳輸指示映射欄位出現在 AP 發送的每一個信標幀中,用於指示是否有單一傳播資料的快取。TIM 包含欄位的長度、DTIM 當前值(count)、週期(period)和快取位元映射(Partial Virtual Bitmap)欄位等資訊。其中快取位元映射中的每一位元對應一個 STA 的緩存狀態,這裡用 STA 的連結識別字(Association ID)來表示。如果一個位元為 1,則表示 AP 上有對應 STA 的單一傳播快取資料。如圖 1-61 所示包含 TIM 欄位信標幀的範例,由於 AID=0x02 的裝置處於節電模式,需要 AP 快取封包資料,所以快取位元映射欄位對應的位元為 1,顯示為 $2^2 = 0x04$。

```
∨ Tag: Traffic Indication Map (TIM): DTIM 1 of 0 bitmap
    Tag Number: Traffic Indication Map (TIM) (5)
    Tag length: 4
    DTIM count: 1
    DTIM period: 3
  ∨ Bitmap control: 0x00
      .... ...0 = Multicast: False
      0000 000. = Bitmap Offset: 0x00
    Partial Virtual Bitmap: 04
    Association ID: 0x02
```

▲ 圖 1-61　TIM 欄位的範例

2）延遲傳輸指示映射 DTIM

DTIM 為特殊的 TIM，除了可以用快取位元映射欄位指示每個 STA 的單一傳播快取狀態外，還可以利用第一個位元指示是否有多點傳輸快取封包。802.11 協定設計為 DTIM 欄位在信標中週期性的出現，利用 DTIM 當前值和週期兩個值來表示其出現的時間點。如圖 1-62 所示，DTIM 當前值欄位為 0，表示該 TIM 為 DTIM；DTIM 週期為 3，表示以 3 個信標週期為一個週期。

```
∨ Tag: Traffic Indication Map (TIM): DTIM 1 of 0 bitmap
    Tag Number: Traffic Indication Map (TIM) (5)
    Tag length: 4
    DTIM count: 1
    DTIM period: 3
  ∨ Bitmap control: 0x00
      .... ...0 = Multicast: False
      0000 000. = Bitmap Offset: 0x00
    Partial Virtual Bitmap: 04
    Association ID: 0x02
```

▲ 圖 1-62　DTIM 欄位的範例

在 DTIM 時刻，如果 AP 上有快取多點傳輸和單一傳播的資料，則 AP 要優先排程快取的多點傳輸資料發送，快取的單一傳播資料在多點傳輸資料傳輸結束後才可以繼續發送。

STA 加入 BSS 之前，透過接收信標幀或探測回應幀獲取 AP 的信標幀週期和 DTIM 時間，STA 同時也設置接收信標的監聽間隔。

- DTIM 時間 = 信標週期 ×AP 端配置的 DTIM 間隔資訊
- 監聽間隔 = 信標週期 ×STA 端透過連結請求所配置的資訊

在業務空閒時，STA 不需要透過 TBTT 週期性地監聽並接收信標，只需要在自己的監聽間隔接收信標，並透過信標的 TIM 或 DTIM 欄位檢查是否有快取的資料——如

果有，則按照快取資料接收步驟來接收；如果沒有，則繼續瞌睡等待下一個監聽間隔，從而達到節電的效果。

對 AP 來說，AP 可以根據每個 STA 的監聽間隔設置快取資料的逾時時間，如果緩存資料逾時之後還沒有被發送，則可以直接丟棄處理。

3. Wi-Fi 網路的工作狀態管理

很多支援 Wi-Fi 功能的 STA 是行動裝置，例如手機、平板式電腦等，Wi-Fi 所引起的功耗大小對它們來說很重要。在 Wi-Fi 技術中，如何處理功耗模式或如何在省電模式下進行 Wi-Fi 資料封包的收發，是 Wi-Fi 標準中的重要部分。下面從 STA 的工作狀態和電源模式出發，介紹 Wi-Fi 技術下的節電模式管理。

1）STA 的電源模式和工作狀態

根據 STA 功耗狀態和資料收發情況，在任一時刻，正常執行的 STA 總是處於喚醒狀態（Awake）或瞌睡狀態（Doze）的兩種狀態之一。喚醒狀態的 STA 屬於正常功耗狀態，可以收發 Wi-Fi 訊息或資料幀；而瞌睡狀態的 STA 屬於低功耗狀態，不收發 Wi-Fi 訊息或資料幀。

為了讓 STA 與 AP 一起配合，在省電模式下進行資料傳送，802.11 又定義了兩種用於指示 STA 的電源工作模式，即活躍模式（Active mode）和節電模式（Power Save mode，PS mode）。兩種工作狀態和電源模式的對應關係如表 1-21 所示。

▼ 表 1-21　STA 電源模式和工作狀態

索引	STA 電源模式	STA 工作狀態
1	活躍模式	喚醒狀態
2	節電模式	既可以處於喚醒狀態，也可以處於瞌睡狀態

STA 透過資料幀或管理幀的電源管理欄位，向 AP 報告當前的工作模式。電源工作模式和工作狀態之間的關係請參考圖 1-63。

當 STA 向 AP 報告「活躍模式」的時候，AP 能向 STA 直接發送資料，此時 STA 處於喚醒狀態。

當 STA 向 AP 報告「節電模式」的時候，AP 不能直接給 STA 發送資料，此時 STA 既可以選擇喚醒狀態，也可以處於瞌睡狀態，STA 支援兩者之間的自行切換。如果 STA 處於喚醒狀態，則可以從 AP 那裡接收資料；如果處於瞌睡狀態，則不能從 AP 那裡接收資料。

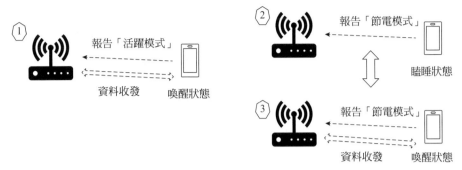

▲ 圖 1-63 STA 電源模式和工作狀態的關係

2）STA 獲取快取的單一傳播與多點傳輸接收範例

單一傳播快取與多點傳輸快取幀的接收流程範例如圖 1-64 所示，這裡假設 DTIM 為 3 個 TIM 週期。

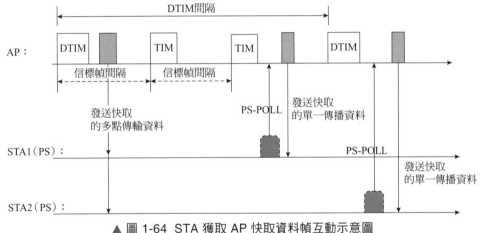

▲ 圖 1-64 STA 獲取 AP 快取資料幀互動示意圖

（1）處於節電模式的 STA1、STA2 在 TBTT 時間點之前醒來，等待並接收信標幀，並根據信標幀中 DTIM 攜帶的 bitmap 欄位資訊，發現 AP 端有快取的多點傳輸幀，但沒有快取的單一傳播幀。

（2）STA1、STA2 保持喚醒狀態直到所有快取多點傳輸幀接收完成後，轉入瞌睡狀態。

（3）STA1 在第 2 個 TIM 的 TBTT 時間醒來，接收信標幀，發現其對應的單一傳播快取指示置 1 後，向 AP 發送具有快取資訊查詢功能的 PS-POLL 幀，以獲取其單

一傳播快取資料，AP 收到 PS-POLL 幀，隨後向 STA1 發送其對應的單一傳播快取幀。

（4）同樣的，STA2 在第 2 個 DTIM 的 TBTT 時間醒來，接收到信標幀，發現其對應的單一傳播快取指示置 1，按照 STA1 類似的操作完成單一傳播資料的接收。

本章小結

本章介紹了 Wi-Fi 網路執行的基本原理、關鍵技術和相關標準，這些內容是後面學習 Wi-Fi 6 和 Wi-Fi 7 技術的基礎，也可作為 Wi-Fi 開發的基本指南，以及 Wi-Fi 業務應用的技術參考。

Wi-Fi 通訊的基本原理：Wi-Fi 網路就是 Wi-Fi AP 與多個 STA 組成的無線網路，所有裝置共用無線媒介的自由空間。建立 Wi-Fi 連接和通訊的前提是，各個裝置透過載波偵聽多路連線和衝突避免機制獲得無線媒介的存取權。Wi-Fi MAC 協定層的定義和管理幀的交互以這個機制為主要基礎，而 Wi-Fi 通訊的性能和效率也與裝置競爭無線媒介的機制密切相關。

物理層的關鍵技術：首先要掌握頻譜和通道的規範定義，它們是 Wi-Fi 通訊的前提條件，是物理層技術的核心概念。接著，802.11 為了持續提升 Wi-Fi 物理層上的性能，在調變技術上引入了正交振幅調變的 QAM 技術，在通道調變重複使用上引入了正交頻分重複使用的 OFDM 技術，以及支援多天線的多輸入多輸出的（MIMO）技術。在後面 Wi-Fi 6 和 Wi-Fi 7 技術介紹中，將看到 QAM、OFDM 和 MIMO 的規範定義將繼續往前演進，為 Wi-Fi 新技術的性能提升發揮更大的作用。

Wi-Fi 標準概述：物理層標準和 MAC 層規範的介紹佔了本章較大的篇幅，因為它們對於後續章節的技術理解以及 Wi-Fi 的開發指南都有非常重要的作用。Wi-Fi 技術標準的演進的關鍵想法是相容以前標準的基本概念和規範定義，從而確保升級為新 Wi-Fi 標準的 AP 或 STA 仍然能夠與原先的裝置進行互通。與舊裝置的相容是 Wi-Fi 普及率非常高的原因之一。

本章最後介紹了 Wi-Fi 網路的時間同步概念和省電模式的管理機制，對 Wi-Fi 開發者來說，如果花時間了解相關的細節，可以更有效地實現 Wi-Fi 產品開發和測試。

第2章

Wi-Fi 6 技術的性能轉型

第 1 章介紹 Wi-Fi 技術的基本概念和 Wi-Fi 網路的執行機制，本章主要介紹目前已經在市場上得到快速普及的 Wi-Fi 6 技術以及相應的原理和標準。

隨著全球寬頻連線的普及，Wi-Fi 無線區域網路也獲得了快速的發展，每年市場上新的 Wi-Fi 裝置層出不窮，辦公室、家庭、公寓或公共場所透過 Wi-Fi 連線的需求越來越多，在有限的數十公尺的空間內可能有幾十個甚至更多的 Wi-Fi 裝置在存取網際網路。高密度的 Wi-Fi 裝置使得 2.4 GHz 或 5 GHz 通道非常擁擠，它們為競爭空間資源而常常導致相互衝突，從而性能下降，使用者的體驗不可避免地受到了影響。

2019 年開始商業化的 Wi-Fi 6 標準對物理層和 MAC 層都進行了改進，其中主要目標之一就是關注高密集場景下的性能和業務品質。而後續的 Wi-Fi 7 又在 Wi-Fi 6 技術基礎上繼續全面提升高速率下的性能和使用者體驗。

透過學習本章 Wi-Fi 6 的內容，讀者可以理解 Wi-Fi 6 如何在傳統 Wi-Fi 技術上進行物理層和資料連結層的演進，從而可以同時支援更多的裝置連接，以及達到高密度場景的性能提升。本章主要涉及下面的內容：

- Wi-Fi 6 引入的正交頻分重複使用多址連線等關鍵技術。
- Wi-Fi 6 在物理層和 MAC 層規範上的變化。
- Wi-Fi 6 支援 6GHz 頻段所帶來的技術變化。

2.1 Wi-Fi 6 技術概述

Wi-Fi 6 之前的 Wi-Fi 裝置透過載波偵聽多路連線和衝突避免機制（CSMA/CA）獲得無線媒介的存取權。雖然 Wi-Fi 5 的 Wi-Fi 資料傳送速率可以達到 1Gbps 以上，但 Wi-Fi 通訊方式始終是典型的單使用者在有限的自由空間範圍內獨佔通道的連線。當一個 Wi-Fi 設備獲得無線媒介並傳送資料時，其他裝置只能等待通道空閒時才有機會競爭媒介存取權。如果在空間範圍內有許多 Wi-Fi 裝置，這種傳統的競爭通道的機制就會造成很大的網路擁塞和資料傳輸延遲。

Wi-Fi 6 之前的技術標準演進一直關注如何提高單一 Wi-Fi 裝置與 AP 之間的資料發送和接收速率，而 Wi-Fi 6 的技術標準更重視多個裝置同時連接時每個裝置具有的性能。在 IEEE 標準中，Wi-Fi 6 又被稱為高性能（High Efficiency，HE），從名稱中可以看到，Wi-Fi 6 標準更關注的是如何高效利用頻譜資源。Wi-Fi 6 對應著 IEEE 802.11ax 標準，參考圖 2-1 的 IEEE 標準制定和 Wi-Fi 聯盟認證 Wi-Fi 6 的歷史。

▲ 圖 2-1 IEEE 標準制定和 Wi-Fi 聯盟認證 Wi-Fi 6 的歷史

2013 年 3 月 IEEE 成立 802.11ax 的工作組，2014 年工作組開始正式標準研究和定義，2016 年 11 月 IEEE 發佈了 Wi-Fi 6 的 1.0 版本，再到 2019 年 1 月份發佈了 Wi-Fi 6 的 4.0 版本。

Wi-Fi 聯盟則在 2017 年 5 月成立 Wi-Fi 6 的認證測試小組，2019 年 9 月份開始對 Wi-Fi 6 的產品進行認證，2020 年 Wi-Fi 6 裝置在市場上成為 Wi-Fi 新一代產品的焦點。

此外，Wi-Fi 聯盟在 2020 年宣佈，在 6GHz 頻段執行的 Wi-Fi 6 裝置被命名為 Wi-Fi 6E。E 代表 Extended，即把原有的 2.4GHz 和 5GHz 頻段擴充至 6GHz 頻段。從 Wi-Fi 6E 開始，不管是 Wi-FiAP 還是 Wi-Fi 終端，都可以同時支援三個獨立頻段。

2020 年 4 月美國聯邦傳播委員會（Federal Communications Commission，FCC）率先放開 6GHz 頻段作為 Wi-Fi 的新免受權頻段。歐洲郵電管理委員會（Confederation of European Posts and Telecommunications，CEPT）緊接其後，宣佈 6GHz 的一部分頻段可以為 Wi-Fi 所使用。加拿大、巴西、韓國、阿拉伯聯合大公國等 39 個國家也先後宣佈支援 6GHz 頻段的免受權使用。其他國家或地區對於 6GHz 頻段是否開放為免受權頻段正處於研究階段。

2.1.1 傳統 Wi-Fi 技術上的侷限

通常傳統家庭中使用 Wi-Fi 的裝置主要包括幾部手機和電腦。但是隨著智慧家居的演進、物聯網的發展、居家辦公或學習的需求，家庭中支援 Wi-Fi 的產品逐年增加，比如，支援 Wi-Fi 連接的網路印表機、網路攝影機、智慧電視機、智慧音響、智慧門鎖、智能插座、更多的平板電腦或智慧型手機等，家庭 Wi-Fi 連接的裝置數量從寥寥幾個到數十個不等，參考圖 2-2。在這些裝置中，既有低速率的資料傳輸，也有大容量、高速率的多媒體流量的即時傳送，如何能保證更多終端數量下的 Wi-Fi 連接的性能，成為 Wi-Fi 技術發展要滿足的緊迫需求。

在城市公共場所，例如體育館、餐廳、機場、飯店公寓、咖啡吧等場所，人們隨時隨地都會使用智慧終端機連接 Wi-Fi 熱點，上網頁、影音娛樂、視訊通話等越來越頻繁的 Wi-Fi 連接需求，給 Wi-Fi 網路帶來了非常大的流量壓力。人們可能經常發現，雖然手機上顯示的 Wi-Fi 的訊號品質很好，但是 Wi-Fi 連接經常容易斷開，需要重新連接，或資料流量比較低。如何提升 Wi-Fi 連接的使用者體驗，成為 Wi-Fi 應用場景的關鍵話題。

然而，參考圖 2-3 的模擬測試的範例，對 Wi-Fi 裝置進行流量測試，在 Wi-Fi 的連接數量上升的情況下，發現 Wi-Fi AP 所支援的實際業務流量卻出現下降。連接數量越多，下降的幅度越明顯。

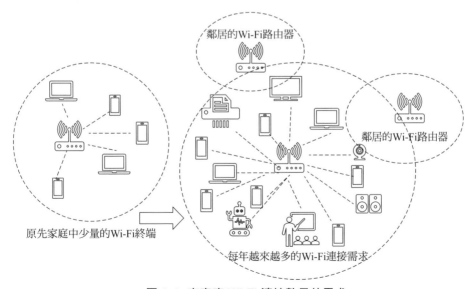

▲ 圖 2-2 高密度 Wi-Fi 連接數量的需求

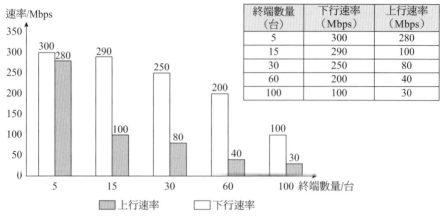

終端數量 （台）	下行速率 （Mbps）	上行速率 （Mbps）
5	300	280
15	290	100
30	250	80
60	200	40
100	100	30

▲ 圖 2-3 多終端數量下的 Wi-Fi 性能下降

從圖 2-3 中可以看到，在 5 個 Wi-Fi 終端連接到同一個路由器的情況下，下行速率是 300Mbps，上行速率是 280Mbps，但當 Wi-Fi 終端連接數量達到 30 個以後，Wi-Fi 性能已經有非常明顯的下降，下行速率的下降幅度超過了 15%，上行速率的下降幅度超過了 70%。

可見，Wi-Fi 終端數量越多，有效資料傳輸的總輸送量就越低。產生這種問題的關鍵原因是來自 Wi-Fi AP 或 Wi-Fi 終端的載波偵聽多路連線和衝突避免機制（CSMA/CA）機制，Wi-FiAP 或 Wi-Fi 終端在發送資料前對無線媒介進行監聽，判斷媒介是否處於忙碌狀態。如果是忙碌狀態，則需要繼續等待；如果是空閒狀態，則在一定的幀間隔時間之後，再等待一個隨機的退避時間，如果媒介仍然是空閒狀態，則 Wi-Fi 裝置開始發送資料。

在隨機退避的機制下，不同裝置有可能出現相同的退避時間。當 Wi-Fi 裝置數量較少時，不同的裝置選擇到相同退避時間的機率很低。但當 Wi-Fi 裝置數量上升的時候，不同的裝置之間選擇到相同退避時間的可能性就會增加，由此產生裝置之間發送資料的衝突，使得輸送量下降變得越來越明顯。

圖 2-4 舉出傳輸封包衝突的範例，具體步驟描述如下：

（1）終端 B 和終端 C 準備向 AP 發送資料時，偵聽到終端 A 正在發送資料。

（2）終端 B 和終端 C 等待終端 A 發送資料。

（3）在終端 A 發送資料完成之後，終端 B 和終端 C 經過 DIFS 幀間隔，兩者隨機選擇退避時間，然而它們有一定的機率選擇到了相同的退避時間。

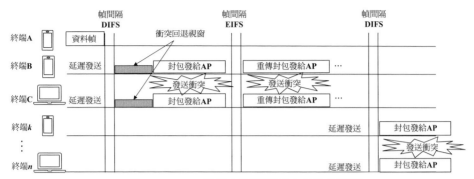

▲ 圖 2-4 Wi-Fi 裝置在隨機退避中的衝突問題

（4）在退避時間結束後，終端 B 和終端 C 同時向 AP 發送封包，封包間產生衝突，導致 AP 無法正常解析。

（5）在 EIFS 幀間隔後，終端 B 和終端 C 再次同時重傳，但 AP 仍然無法解析封包。

（6）經過一段時間後，終端 B 和終端 C 只能放棄發送，並重新隨機選擇一個更大的退避視窗。

由此可見，因為終端 B 和終端 C 選擇了相同的退避視窗，導致發送資料衝突，在一段時間內無線媒介沒有被有效使用，使得 Wi-Fi AP 的輸送量下降。同樣，終端 k 和終端 n 也出現了相同退避視窗，產生相同的輸送量下降問題。

從這個範例看到，如果要改進高連接密度下的 Wi-Fi 資料傳輸性能問題，就需要在新的 Wi-Fi 標準中引入新的無線媒介的存取機制。

2.1.2 Wi-Fi 6 標準的新變化與技術規格

以提高 Wi-Fi 頻譜效率為目標的 Wi-Fi 6 標準，核心技術就是利用已有的頻段和通道，透過新技術的引入或已有技術的改進，從而大幅地提升 Wi-Fi 連接的性能。Wi-Fi 6 帶來的新變化包括高速率、高併發、低延遲和低功耗的技術特點。

（1）高速率。

Wi-Fi 6 支援更高階的 1024-QAM 調變方式，這是指每個符號表示 10 個二進位的資料組合，即 $2^{10}=1024$。基於這種調變方式以及其他頻寬提升的技術組合，Wi-Fi 6 的最大連接速率可以達到 9.6Gbps，相比 Wi-Fi 5 速率提升了 39%。

（2）高併發。

Wi-Fi 5 之前，在每一時刻，每個裝置在發送資料或接收資料的時候，將佔據整

個通道的頻譜頻寬，裝置之間不能共用相同通道。而從 Wi-Fi 6 開始，單一通道所包含的數十個子載波可以分成不同的頻譜上的資源群組，不同的資源群組有不同數量的子載波，每一個設備佔用各自的資源群組而進行資料傳送，從而實現了多個裝置在頻譜上的併發。這種新技術稱為正交頻分多址（Orthogonal Frequency Division Multiple Access，OFDMA），它顯著提升了頻譜的利用效率。

（3）低延遲。

Wi-Fi 6 在提升速率和多使用者資料併發情況下，降低了資料在轉發過程中的等待時間，從而降低了 Wi-Fi 的資料傳送延遲。另外，如果在多個 AP 同時存在的情況下，Wi-Fi 6 引入的空間重複使用技術（Spatial Reuse，SR）可以減少 AP 相互之間的干擾。屬於不同 BSS 的 AP 或 STA，可以各自在空間中傳送資料，而彼此不受干擾，這樣就減少了多個 AP 情況下的資料傳送的延遲。

（4）低功耗。

Wi-Fi 6 支援基於目標喚醒時間（Target Wake Time，TWT），AP 與 STA 協商喚醒時間和資料傳輸週期的機制，AP 可以將 STA 分到不同的喚醒週期組，減少喚醒後同時競爭無線媒介的裝置數量。TWT 技術改進裝置睡眠管理的機制，從而提高裝置的電池壽命，降低終端功耗。

此外，Wi-Fi 聯盟從 Wi-Fi 6 開始支援 6GHz 頻段的產品認證，北美可以拓展使用 5925MHz 與 7125MHz 之間的頻段範圍，共有 1200MHz，而歐洲可以拓展使用 5945MHz 與 6425MHz 之間的頻段範圍，共有 480MHz。Wi-Fi 6 拓展支援 6GHz 頻段給高速率業務帶來非常好的前景。

相關的 Wi-Fi 6 技術規格參見表 2-1，詳細情況將在後面章節介紹。

▼ 表 2-1　Wi-Fi 6 主要的技術規格

類別	關鍵技術	Wi-Fi 6 技術規格	Wi-Fi 6 之前標準
物理層	調變方式	最高支援 1024-QAM	Wi-Fi 5 最高支援 256-QAM
	OFDM 訊號長度	12.8μs	3.2μs
	保護間隔（GI）	0.8μs、1.6μs、3.2μs（分別是 5%、10%、20% 銷耗）	0.4μs、0.8μs（分別是 10%、20% 銷耗）
	多輸入多輸出（MIMO）流的數量	8	Wi-Fi 4 是 4，Wi-Fi 5 是 8
	MIMO 併發使用者數量	8	4

類別	關鍵技術	Wi-Fi 6 技術規格	Wi-Fi 6 之前標準
物理層	頻譜寬度	2.4GHz 上最大支援 40MHz，在 5GHz 上支援 160MHz	802.11n 最大支援 40MHz，802.11ac 最大支援 160MHz
	物理層速率	9.6Gbps	6.9Gbps
MAC 層	基本通道存取	CSMA/CA，觸發方式	CSMA/CA
	多使用者連線方式	MU-MIMO，OFDMA	MU-MIMO（802.11ac）
	多使用者連線方向	支援上行和下行 MU-MIMO	支援下行 MU-MIMO
	A-MPDU 聚合度	256	64
	抗干擾處理	支援 兩個 NAV 以及 動態 CCA-PD 門檻值等	NAV，RTS/CTS， 靜 態 CCA-PD 門檻值

2.2 Wi-Fi 6 主要的核心技術

與高速率、高併發、低延遲時間和低功耗的典型特徵相對應，Wi-Fi 6 定義的核心技術包括 OFDMA（Orthogonal Frequency Division Multiple Access，正交頻分多址）連線技術、1024-QAM 的調變技術、支援上下行的多使用者輸入輸出技術（MU-MIMO）、空間重複使用和著色技術，以及基於目標喚醒時間（Target Wake Time，TWT）的低功耗技術等。

1024-QAM 的調變技術主要與物理層有關，其他核心技術的實現則涉及 Wi-Fi 的物理層和 MAC 層的幀格式、控制管理等變化。只有在 Wi-Fi AP 與終端之間訊息互動的配合下，這些核心技術才能發揮 Wi-Fi 連接下的效率與性能的提升，以及功耗降低的作用。

2.2.1 核心技術概述

Wi-Fi 6 核心技術與所支援典型技術特徵的關係參考圖 2-5。Wi-Fi 6 新的核心技術有兩個特點：

- 把其他領域的技術應用在 Wi-Fi 標準中，舉例來說，Wi-Fi 6 支援的 OFDMA 多址技術來自行動通訊。
- 在傳統 Wi-Fi 基礎上的技術演進和增強，舉例來說，Wi-Fi 6 支援 1024-QAM 的調變技術、支援上下行 MU-MIMO 技術、空間重複使用和著色技術、基於目標喚醒時間 TWT 的低功耗技術等。

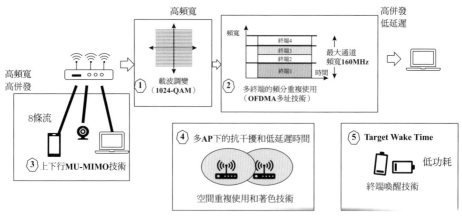

▲ 圖 2-5 Wi-Fi 6 主要的核心技術

1）OFDMA 連線技術

Wi-Fi 6 之前的標準採用 OFDM 調變技術，但每一個 Wi-Fi 終端在某一個時刻完全佔用整個通道的所有子載波並進行資料發送和接收。

而 OFDMA 是 OFDM 基礎上的多址技術，它可以給每一個連接的 Wi-Fi 終端分配通道中的或多個子載波的組合，這些 Wi-Fi 終端能夠利用這些子載波同時發送和接收資料，實現多個 Wi-Fi 終端在頻譜上的重複使用，並且相互之間不干擾，從而更高效率地使用有限的通道資源，提升 Wi-Fi 資料併發處理效率，並降低資料等待延遲。

OFDMA 技術來自蜂窩行動通訊，把它應用在 Wi-Fi 標準中，表示從 Wi-Fi 6 技術開始，Wi-Fi 已經向高容量、高性能的通訊技術演進，而不再僅是短距離的較簡易的資料連接技術。

2）1024-QAM 的調變技術

Wi-Fi 5 支援的最高調變等級為 256-QAM，每個 OFDM 符號對應 8 位元資料，即 $2^8=256$。Wi-Fi 6 進一步支援 1024-QAM 的調變方式，每個 OFDM 符號對應 10 位元資料，即 $2^{10}=1024$。僅從調變的角度來看，Wi-Fi 6 的性能可以提升 1.25 倍。

Wi-Fi 6 之後調變技術的最佳化依然是 Wi-Fi 標準演進的方向之一。

3）支援上下行的 MU-MIMO 技術

Wi-Fi 5 支援下行 MU-MIMO，這是指 AP 把多個空間資料流程同時發送給不同的 Wi-Fi 終端。在多天線配備的情況下，AP 透過波束成形技術，將不同空間資料流程的波束指向不同的終端，實現向不同終端同時發送不同的資料流程。而從 Wi-Fi 6 開始，

除了下行 MU-MIMO 技術外，還擴充支援上行 MU-MIMO，即 AP 可以處理不同的 Wi-Fi 終端同時發送過來的上行空間流資料，在有限的頻寬資源條件下，進一步實現不同終端的資料流程在空間上的併發傳送，提升 Wi-Fi 傳輸的輸送量。Wi-Fi 6 最多支援 8 個資料流程的 MIMO 技術。

Wi-Fi 6 之後的標準演進會繼續增加空間併發資料流程的數量，並把 MIMO 技術與多頻段技術相結合，從而持續提升 Wi-Fi 傳輸的性能。

4）空間重複使用和著色技術

隨著 Wi-Fi 路由器在家庭的廣泛普及，相鄰住戶的 AP 或終端之間可能會有訊號強度的重疊空間，即臨近的不同基本服務集（BSS）的電磁波訊號有交集，使得 Wi-Fi 網路的資料傳送干擾變得日益明顯。

根據 Wi-Fi 的載波偵聽多路連線和衝突避免機制（CSMA/CA）機制，當檢測到通道中有其他訊號時，AP 或終端需要進行退避和等待通道空間。從資料封包的角度上來看，每一個 AP 或終端會收到其他裝置的封包，它們透過 MAC 層進行封包分析，接收自己的封包，丟棄其他無關的封包。但干擾越多，AP 或終端處理無關封包的銷耗就越大。

Wi-Fi 6 定義的空間重複使用技術，是指一個 AP 或終端在檢測到一個臨近 BSS 的訊號後，如果該訊號的強度低於一定門限值，則該裝置仍可以在無線媒介中發送資料，而發送資料的訊號強度並不會干擾臨近 BSS 的正常執行。

Wi-Fi 6 定義的著色技術，則是透過在物理層封包標頭的 BSS 著色欄位來區分來自不同 BSS 的資料，Wi-Fi 裝置在物理層上辨識這個欄位，就可以在物理層上直接進行分析，而不必透過 MAC 層才知道是否臨近 BSS 的干擾封包。

這種空間重複使用與著色技術提升多 BSS 情況下 Wi-Fi 傳送資料的效率，降低 Wi-Fi 裝置發送和接收資料的延遲時間。

5）目標喚醒時間 TWT 的低功耗技術

Wi-Fi 5 的低功耗技術實現的是 Wi-Fi 終端在規定的時間內從低功耗的狀態中直接被喚醒。

而 Wi-Fi 6 的 TWT 技術是參考了 IEEE 802.11ah 標準，定義了 AP 與 STA 協商其喚醒時間和發送、接收資料週期的機制。該機制允許 AP 可以將 STA 分到不同的喚醒週期組，減少喚醒後同時競爭無線媒介的裝置數量。TWT 技術增加了裝置睡眠時間，從而提升電池壽命，降低終端功耗。

下面是這些核心技術的詳細介紹。

2.2.2 OFDMA 連線技術

OFDMA 屬於頻分重複使用的多址連線技術。多址連線是指通訊系統給多個使用者動態分配資源，使得它們能同時進行資料傳送。以頻分多址為例，頻譜資源劃分為多個互不重疊的子通道，當有使用者提出通訊需求的時候，系統就在可用的子通道中進行動態分配。

在大量 Wi-Fi 終端同時連接 AP 的情況下，終端利用傳統的自由競爭無線媒介機制使得 Wi-Fi 通道使用率明顯下降。在 Wi-Fi 頻譜頻寬不變的前提下，如何提高 Wi-Fi 頻譜的使用率，支援 Wi-Fi AP 所連接的大量 Wi-Fi 終端仍具有較好的資料傳送性能，這就是 Wi-Fi 6 引入 OFDMA 多址技術的關鍵原因。

OFDMA 在 OFDM 基礎上，它把通道中的子載波分成一個或多個組，每個組作為獨立的資源單元（Resource Unit，RU）承載資料並傳輸。在下行方向，不同的 RU 承載不同終端的接收資料；在上行方向，RU 承載不同終端的發送資料。

OFDMA 技術使得 AP 可以為每個 Wi-Fi 終端進行細顆粒度的通道資源配置，從而實現多個 Wi-Fi 終端同時透過不同的子載波組合進行資料傳輸，這種多使用者連線的方式其實就是 Wi-Fi 的頻分重複使用的機制。

參考圖 2-6，左面是 Wi-Fi 5 之前基於 OFDM 的單通道資料傳送方式，右面是 Wi-Fi 6 基於 OFDMA 方式的多址連線技術下的資料傳送方式，單通道頻寬是 80MHz。

從圖 2-6 可以看到，在 Wi-Fi 5 之前，每一個終端在一個時刻完全獨佔了整個通道，無線媒介中只有一個終端的資料在發送和接收。而 Wi-Fi 6 的 OFDMA 方式下，多個終端在一個時刻下共用了一個通道，但分別佔據通道的不同的頻率範圍，在高密度終端的 Wi-Fi 環境下，這種技術明顯提升了通道的使用率，提高了整個網路的性能，減少了資料傳送的等待延遲。

與 OFDMA 技術相關的內容主要包括資源單位的分配管理、基於 OFDMA 上下行接入方式以及聚合幀確認模式。

其中，基於 OFDMA 的下行連線方式（Down Link，DL）指的是 AP 透過不同資源單位元同時向多個終端傳輸資料，提高了單位時間內的資料輸送量，減少 AP 競爭通道導致的等待延遲和衝突次數。

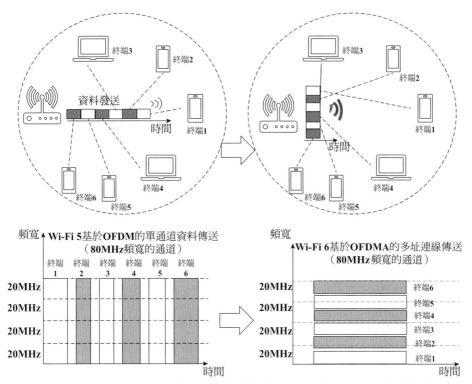

▲ 圖 2-6　Wi-Fi 5 之前的單通道資料傳送與 Wi-Fi 6 的 OFDMA 方式對比

　　而基於 OFDMA 的上行連線方式（Up Link，UL）指的是 AP 協調多個終端同時在不同資源單位中發送上行資料，終端不再透過傳統競爭通道方式使用無線媒介資源，減少 STA 由於通道競爭而導致的等待延遲和衝突次數。

　　根據是否由 AP 指定每個 STA 分配的 RU 位置和大小的區別，基於 OFDMA 的上行接入方式進一步分為 AP 指定 RU 分配方式和隨機 RU 分配方式。

1. OFDMA 下的資源單位 RU 分配

　　Wi-Fi 6 的 OFDMA 技術中的關鍵概念是多個連續子載波所組成的資源單位 RU。參考圖 2-7，這是 20MHz 通道中的所有子載波所組成的資源單位的範例圖。

　　圖 2-7 左面顯示的是通道中的相互正交的子載波，而圖的右面是不同數量的子載波構成的資源單位 RU。舉例來說，最上面一層是每 26 個子載波組成一個資源單位 RU，在 20MHz 的通道中，一共有 9 個以 26 個子載波為組的 RU，而其他各層分別是 52 個子載波、106 個子載波、242 個子載波所分別組成的 RU，其中 tone 表示為子載波。圖中的子載波分為三種類型：

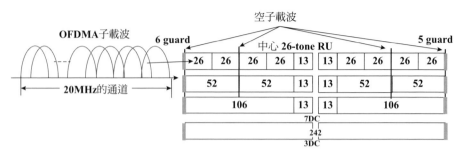

▲ 圖 2-7　20MHz 通道下的子載波與資源單位的關係

（1）**資料子載波**：用於承載使用者資料資訊。

（2）**導頻子載波**：用於承載物理層調製解調時需要的相位和頻率資訊，接收端利用導頻子載波進行相位和頻率偏移的估算和糾正。導頻子載波與資料子載波一起組成了 RU，圖中顯示的 26、52、106 和 242 個子載波，包含了資料子載波與導頻子載波，對應的 RU 分別稱為 26-tone RU、52-tone RU、106-tone RU、242-tone RU 等。

每種類型的 RU 包含的資料子載波和導頻子載波數量如表 2-2 所示。

▼ 表 2-2　RU 與資料子載波以及導頻子載波的數量關係

RU 類型	資料子載波數量（個）	導頻子載波數量（個）
26-tone	24	2
52-tone	48	4
106-tone	102	4
242-tone	234	8
484-tone	468	16
996-tone	980	16
2×996-tone	980×2	16×2

（3）**未使用子載波**：包括空子載波（Null Subcarriers）、直流子載波（Direct Current Subcarriers，DC）和邊界保護子載波（Guard Band Subcarriers）。這些子載波不承載任何資料資訊，而是分別用於消除子載波間的干擾、降低訊號的峰均比對功率放大器的影響和消除通道間的干擾。

根據 Wi-Fi 6 協定的規定，每個終端每次只能分配一個 RU。當通道頻寬越大時，同時併發的終端數量就可能越多，舉例來說，在 160MHz 的通道頻寬下，理論上可以支援 74 個終端在各自分配的 26-tone 的 RU 上同時傳送資料。RU 類型、RU 數量與

通道頻寬對應關系如表 2-3 所示，其中 N/A 表示不存在，例如 20MHz 頻寬無法分配 484-tone 的 RU。

▼ 表 2-3　RU 類型與頻寬之間的關係

RU 類型	20MHz 頻寬	40MHz 頻寬	80MHz 頻寬	80+80MHz 或 160MHz 頻寬
26-tone RU（個）	9	18	37	74
52-tone RU（個）	4	8	16	32
106-tone RU（個）	2	4	8	16
242-tone RU（個）	1	2	4	8
484-tone RU（個）	N/A	1	2	4
996-tone RU（個）	N/A	N/A	1	2
2×996 tone RU（個）	N/A	N/A	N/A	1

圖 2-8 是 80MHz 頻寬下的各種 RU 類型以及相應數量的範例。從圖中可以看到，如果 AP 要給一個終端分配一個 RU，那麼就需要 AP 把 RU 類型、RU 在通道中的位置告訴終端。

由圖 2-7 和圖 2-8 可知，在 RU 分配方式中，最簡單的分配方式是將所有的頻寬資源作為一個整體分配給一個使用者，而並不是 OFDMA 傳統的頻分多使用者技術，這種方式在 Wi-Fi 6 中稱為非 OFDMA 技術。

在 Wi-Fi 6 技術中，OFDMA 技術與非 OFDMA 技術都是基於頻寬為 78.125kHz 的子載波，但兩者的使用者數量不同，OFDMA 技術將頻寬在頻域上分配給多個不同使用者，而非 OFDMA 技術將頻寬資源在頻域上分配給一個使用者。

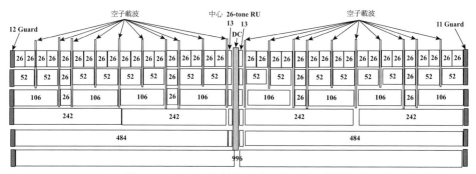

▲ 圖 2-8　80MHz 下的 RU 類型以及相應的數量

2. 基於 OFDMA 技術的無線媒介連線方式

基於 OFDMA 技術的無線媒介連線下的資料傳送方式，包括 AP 透過不同 RU 同時向多個終端傳輸下行資料，以及 AP 協調多個終端同時在不同 RU 中發送上行資料。

1）AP 向多個終端發送下行資料

在一個 Wi-Fi 6 的網路中，可能既有 Wi-Fi 6 的 AP 與 Wi-Fi 5 終端透過 CSMA/CA 競爭無線通道的連線方式進行資料傳送，也有 Wi-Fi 6 的 AP 與 Wi-Fi 6 終端透過 RU 方式進行資料互動。圖 2-9 舉出了基於 CSMA/CA 競爭無線媒介方式的下行資料傳送，以及基於 Wi-Fi 6 OFDMA 技術下的下行資料傳送的幀互動的範例。

（a）Wi-Fi 5 之前基於 OFDM 的單通道資料傳送

（b）Wi-Fi 6 基於 OFDMA 的多使用者下行傳輸方式

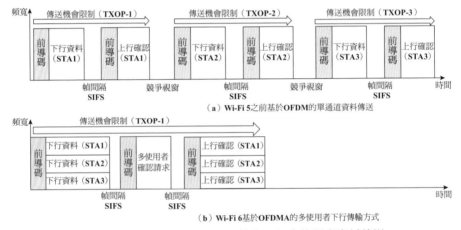

▲ 圖 2-9 OFDM 與 OFDMA 技術下行多使用者資料傳送

基於 CSMA/CA 競爭的資料連線：AP 向三個終端發送下行資料時，分別至少需要三次無線媒介競爭方式，並且只有在每次成功競爭到通道後，才可以獲得發送資料的機會，從而完成向三個不同 STA 傳送下行資料。這種競爭方式在高密度裝置連線的網路環境下，AP 成功競爭到通道的次數必然受到 STA 連線數量以及周圍 BSS 的影響，AP 需要透過多次嘗試後，才可以獲得通道並發送下行資料，導致下行資料的延遲顯著增加。

基於 OFDMA 技術的資料傳送：AP 在成功透過一次無線媒介連線的競爭後，即可利用分配 RU 的方式同時向三個 STA 發送下行資料。AP 利用資料幀前導碼中的 RU

資訊，指示每個 STA 所分配的 RU 的位置和類型。在 SIFS 幀間隔後，AP 向三個 STA 發送多用戶確認請求，並指示每個使用者確認資訊的 RU 資訊。STA 收到該幀並在 SIFS 幀間隔後，透過 RU 的方式一起向 AP 發送確認幀。

2）STA 向 AP 發送上行資料

參考圖 2-10，AP 首先向多個 Wi-Fi 6 的 STA 發送包含 RU 資源配置資訊的控制幀，稱為觸發幀（Trigger frame），它包含每個 STA 可用的 RU 類型和位置資訊，以及其他控制資訊。

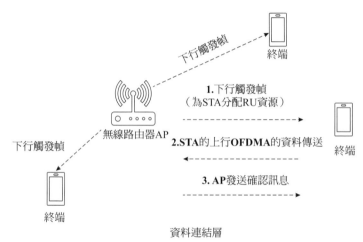

▲ 圖 2-10 觸發幀下的上行 OFDMA 資料傳送

STA 接收到觸發幀，並在 SIFS 間隔後，根據觸發幀中攜帶的 RU 分配資訊發送上行資料。AP 同時收到多個 STA 發送的上行資料後，在 SIFS 時間間隔後回覆確認訊息。

在 Wi-Fi 6 標準中，AP 觸發幀的 duration/ID 欄位表示 STA 可以使用的 TXOP 時間長度。AP 透過觸發幀，把它獲得的 TXOP 直接分配給 STA，STA 利用 AP 分配的 TXOP 時間，直接向 AP 發送上行資料。在這種情況下，STA 不再需要透過 CSMA/CA 機制獲得通道訪問權，避免由於無線媒介競爭而導致通道使用率下降的問題。

圖 2-11 所示為 STA 發送上行資料幀互動的範例。AP 發送觸發幀，為三個 STA 分配不同的 RU 資源，STA 收到觸發幀後，在 SIFS 時間間隔後，向 AP 同時發送 Wi-Fi 6 新定義的 TB-PPDU 物理幀格式的資料。

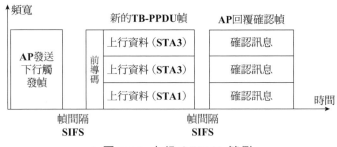

▲ 圖 2-11 上行 OFDMA 範例

　　AP 收到 STA 發送的上行資料之後，向 STA 回覆確認訊息，這裡的確認訊息既可以是傳統的壓縮區塊確認（Compressed Block Ack，C-BA）方式，也可以是 Wi-Fi 6 新定義的多使用者區塊確認（Multi-STA Block Ack，M-BA）方式。C-BA 和 M-BA 技術將在本節的「A-MPDU 聚合和確認技術」部分介紹。

　　透過上述兩個範例可以看到，在高密度裝置連線的網路場景下，利用上下行 OFDMA 技術可以減少競爭通道的次數，降低衝突的機率，從而提升網路效率和性能。

3. 上行 OFDMA 隨機連線技術

　　在 OFDMA 機制下，AP 向 STA 發送觸發幀來分配 RU 資源，然後 STA 利用分配的 RU 資源進行資料傳送。但由 AP 直接給 STA 配置 OFMDA 的 RU 資源的方式也有不足之處，參考圖 2-12 列出的三種情況，分別是 RU 資源配置不能滿足 STA 業務即時需求、RU 資源配置與 STA 通道狀態衝突，以及 RU 分配方式不支援無連接業務。

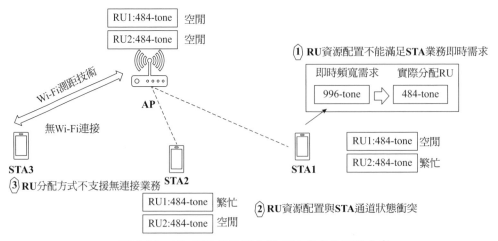

▲ 圖 2-12 AP 分配 OFMDA 的 RU 方式的不足之處

1）RU 資源配置不能滿足 STA 業務即時需求

AP 給 STA 分配固定的 RU 資源，但 STA 的應用業務多種多樣，舉例來說，STA 在檔案傳送時需要 996-tone 的通道頻寬，但 AP 給 STA 分配的是 484-tone，只是滿足初始的上網需求。AP 無法隨時獲取 STA 即時的資料快取資訊，所以 AP 分配的資源類型就無法滿足 STA 業務即時需求。

2）RU 資源配置與 STA 通道狀態衝突

在多個 Wi-Fi 網路，即多個 BSS 並存的無線環境中，不同位置的 AP 與 STA 檢測到的環境中的通道忙碌或空閒狀態並不完全一致，AP 與 STA 之間的距離越遠，兩者對通道狀態判斷的結果就越有區別。比如，圖 2-12 中，AP 判斷 RU1 和 RU2 都處於空閒狀態，然而 STA2 判斷 RU1 繁忙，STA1 判斷 RU2 繁忙。如果 AP 將 RU1 分配給 STA2，把 RU2 分配給 STA1，則 STA1 和 STA 2 都不能有效利用 RU 資源發送上行資料。

3）RU 分配方式不支援無連接業務

在 Wi-Fi 標準中，只有 STA 與 AP 建立連接之後，AP 給 STA 分配了連結 ID（Association Identifier，AID），然後 AP 才能透過觸發幀向 STA 分配 RU。但是，有些業務並不需要 STA 與 AP 建立連接，例如基於 Wi-Fi 測距技術的業務，STA 與 AP 之間雖然沒有建立連接，但可以透過不需連線的幀互動相互獲取位置和距離資訊。如果 AP 不能給 STA 分配 RU，那麼 STA 就不能利用 OFDMA 技術與 AP 互動位置等相關資料。

針對 AP 給 STA 直接分配 RU 的不足之處，Wi-Fi 6 協定定義了上行 OFDMA 隨機接入方式（UL OFDMA-based Random Access，UORA），即 AP 在觸發幀中提前預留可以隨機連線的 RU（Random Access Resource Unit，RA-RU），無論 STA 與 AP 是否已經建立連接，STA 可以根據自身業務需求先佔相應的 RU，並發送上行資料。

圖 2-13 透過範例舉出上行 OFDMA 隨機連線方式的特點。包括根據業務量競爭獲取 RU，根據通道狀態競爭獲取 RU，以及支援不需連線的 STA 使用 RU 資源。在圖 2-13 中，為了區分用途不同的 RA-RU，AP 將 RU1 對應的 RA-RU 的 AID 標記為 2045，表示該 RA-RU 僅供無連接 STA 使用；AP 將 RU3 對應的 RA-RU 的 AID 標記為 0，表示該 RA-RU 僅供建立連接的 STA 使用。

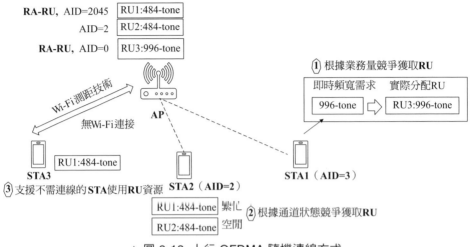

▲ 圖 2-13 上行 OFDMA 隨機連線方式

（1）根據業務量競爭獲取 RU：在圖 2-13 中，AP 透過觸發幀將 RU1 和 RU3 標記為 RA-RU 資源。其中 STA1 實際需要 996-tone RU 才能滿足業務需求，STA1 就競爭獲取 RU3，並發送上行資料。

（2）根據通道狀態先佔 RU：AP 在觸發幀中將若干 RU 資源標記為 RA-RU，STA 可以根據其通道狀態競爭獲取相應的 RA-RU。在圖 2-13 中，STA 獲取了空閒的 RU2，併發送資料。

（3）支援不需連線的 STA 使用 RU 資源：在圖 2-13 中，STA3 獲取 AID 標記為 2045 的 RU1，作為無連接情況下的資料傳送。

為了降低 STA 自由競爭 RU 所引起衝突的機率，Wi-Fi 6 標準規定以下的退避方法：

（1）隨機初始化回退值：每個需要先佔 RA-RU 的 STA 從 AP 處首先獲取回退值範圍，並在該範圍內隨機初始化一個整數回退值，回退值範圍為 [0,m]，m 範圍由 AP 廠商自訂。

（2）回退避免衝突：STA 接收到 AP 發送的觸發幀後，對當前回退值和 RA-RU 的數量進行比較，如果 RA-RU 數量大於或等於當前回退值，則 STA 自由競爭獲取 RU，並重新初始化回退值。

（3）重新計算回退值：如果 RA-RU 數量小於 STA 當前回退值，假設 RA-RU 數量為 n，當前回退值減去 RA-RU 數量，得到新的回退值 [0,m-n]。然後等待下一個觸發幀，再對其中的 RA-RU 數量進行比較。

4. A-MPDU 聚合和確認技術

第 1 章介紹過 A-MPDU 聚合技術，是將多個 MAC 層資料幀封裝在一個物理幀 PPDU 裡面，並透過一次發送機會（TXOP）將該 PPDU 傳輸出去的聚合技術。該技術顯著提高了通道使用率，降低競爭通道的次數並提高輸送量。

Wi-Fi 6 之前的 A-MPDU 聚合技術只能將相同優先順序的 MAC 層資料幀封裝成一個 PPDU。如果 AP 或終端執行不同優先順序的業務，A-MPDU 技術需要將不同業務資料分部封裝在不同 PPDU 裡面，透過多次競爭通道資源，分別傳輸出去。

Wi-Fi 6 進一步拓展，提出一種多業務 A-MPDU 聚合技術，即發送端將不同優先順序的業務資料聚合在一個 A-MPDU 中進行傳送，比如語音資料和視訊流資料聚合成一個 A-MPDU 進行傳輸，降低混合業務下的延遲，提高輸送量。參考圖 2-14，其中圖（a）是 Wi-Fi 6 之前的 A-MPDU 聚合技術下的不同業務分別進行傳送的範例，在 A-MPDU1 和 A-MPDU2 之間發送端需要透過競爭方式獲取無線媒介，而圖（b）是 Wi-Fi 6 標準中把不同業務類型的資料聚合在一起進行傳送。

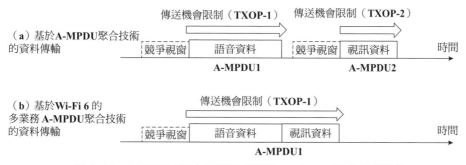

▲ 圖 2-14　A-MPDU 聚合技術和多業務 A-MPDU 聚合技術比較

相應的，Wi-Fi 6 定義了兩種對於多業務 A-MPDU 聚合幀的確認幀，分別為多業務區塊確認幀和多使用者多業務區塊確認幀。兩者的應用場景描述如下。

1）多業務區塊確認幀

多業務區塊確認幀是在傳統的壓縮區塊確認幀的基礎上，將多個不同業務流確認資訊聚合到一起形成一個區塊確認幀。以上行方向多業務為例，多業務區塊確認幀應用於單使用者多業務和多使用者多業務的應用場景，如圖 2-15 所示。

圖 2-15（a）所示是單使用者多業務場景，發送端在無線通道上傳輸多業務 A-MPDU，在幀間隔 SIFS 之後，接收端發送一個多業務區塊確認幀，其中包含對每個

業務流的確認資訊。

圖 2-15（b）所示是多使用者多業務場景，STA1 和 STA2 在 RU1 以及 RU2 上分別發送多業務資訊的聚合幀 A-MPDU1 和 A-MPDU2。在幀間隔 SIFS 之後，AP 在 RU1 和 RU2 上分別傳輸多業務區塊確認幀 1 和多業務區塊確認幀 2。STA1 和 STA2 接收多業務區塊確認幀，並解析各自的確認資訊。

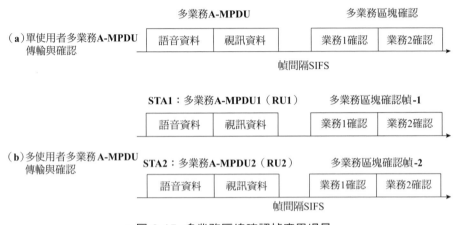

▲ 圖 2-15 多業務區塊確認幀應用場景

2）多使用者多業務區塊確認幀

多使用者多業務區塊確認幀又稱為多使用者區塊確認幀（Multi-STA Block Ack，M-BA）。每個 STA 將不同業務流聚合成一個 A-MPDU 後，透過分配的 RU 資源同時將各自的多業務 A-MPDU 發送給 AP。AP 發送一個包含多使用者多業務資訊的 M-BA 幀進行確認。

圖 2-16 舉出了多使用者確認幀的結構資訊和兩個 STA 發送多業務資料以及確認方式。STA1 和 STA2 在各自 RU 上發送語音和視訊業務的 A-MPDU1 和 A-MPDU2，經過幀間隔之後，AP 發送 M-BA 幀，STA1 和 STA2 從 M-BA 幀中獲得各自 A-MPDU 對應的確認資訊欄位，從而確認每個資料子幀的接收狀態。

當多使用者確認幀中只包含一個使用者資訊時，其應用方式與多業務確認幀相同。因此，多業務確認幀和多使用者確認幀均可以應用於單使用者和多使用者多業務場景，具體使用方式由廠商自訂。

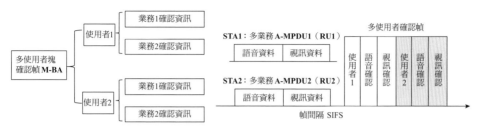

▲ 圖 2-16 多使用者確認幀結構與應用範例

2.2.3 多輸入多輸出技術

在 Wi-Fi 6 標準中，多輸入多輸出技術在 Wi-Fi 5 基礎上得到擴充，如圖 2-17 所示。

- Wi-Fi 6 支援更多併發的空間流數量，把原先只有下行的 MU-MIMO 拓展到了上行 MU-MIMO 技術；Wi-Fi 6 的 OFDMA 技術提升了波束成形過程中對多使用者的通道探測效率，AP 可以利用資源單位 RU 同時對多使用者進行資訊收集和接收回饋；Wi-Fi 6 標準支援 OFDMA 在頻域上的多使用者連線與 MU-MIMO 在空間上的多筆資料流併發技術的混合，使得每條天線的空間流都可以獨立傳送 AP 分配的多使用者的資源單位。

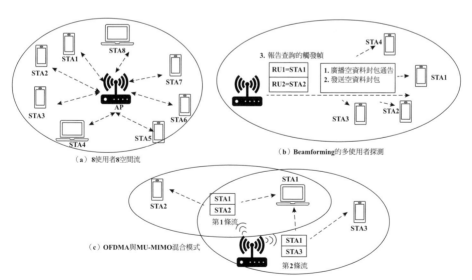

▲ 圖 2-17 Wi-Fi 6 多輸入多輸出技術的更新

（1）提高空域上併發使用者數量。

Wi-Fi 5 協定定義了 4 使用者 8 個下行空間流，MU-MIMO 僅支援下行方向，在此基礎上，Wi-Fi 6 協定支援上行和下行方向最多 8 使用者 8 個空間流，提高了空間重複使用的上行和下行並發使用者數量，降低多使用者在上行或下行傳送資料上的等待延遲，如圖 2-17（a）所示。

（2）提高通道探測過程的效率。

在 Wi-Fi 5 的通道探測過程中，AP 向多個接收端廣播空資料封包通告的控制幀，接著發送空資料封包，然後 AP 需要依次發送報告輪詢幀（Beamforming Report Poll，BFRP）查詢通道資訊，每個接收端也相應地舉出回饋。

而在 Wi-Fi 6 標準中，AP 發送 Beamforming 報告查詢的觸發幀為多使用者分配不同的 RU，多個使用者根據 BFRP 觸發幀中的 RU 分配資訊，同時向 AP 發送通道的回饋資訊。顯然，基於 RU 分配方式提高通道探測過程中的併發使用者數量，提升了通道探測過程的效率，如圖 2-17（b）所示。

（3）支援 OFDMA 與 MU-MIMO 技術混合。

OFDMA 和 MU-MIMO 分別是頻域和空間上的多使用者重複使用與連線，Wi-Fi 6 標準支援兩種技術的混合使用，空間上的每一筆獨立傳送的資料流程包含 AP 分配的多使用者的資源單位，每一個終端從對應的空間流中接收與自己相關的 RU。OFDMA 與 MU-MIMO 技術混合使得 Wi-Fi 6 標準具有更靈活的多使用者連線方式，如圖 2-17（c）所示。

本節將詳細介紹上行與下行 MU-MIMO、Beamforming 通道探測技術，以及 OFDMA 與 MU-MIMO 混合技術。

1. 下行與上行 MU-MIMO

Wi-Fi 5 支援的下行 MU-MIMO 是指 AP 在相同通道的情況下，透過不同空間流同時向多個 STA 發送下行資料。而 Wi-Fi 6 把 MU-MIMO 拓展至上行 MU-MIMO，這是指 AP 在相同通道的情況下，透過不同空間流同時接收多個 STA 發送的上行資料。因為空間流數越多，產品實現的複雜程度就越高，所以 Wi-Fi 6 議規定 MU-MIMO 的空間流總數不超過 8 條，每個 STA 分配的空間流數不超過 4 條，STA 總數不超過 8 個。

下行 MU-MIMO 與上行 MU-MIMO 在通道資訊獲取方式和空間流位置資訊指示兩個方面有區別。

1）通道資訊獲取方式

圖 2-18 舉出了下行 MU-MIMO 和上行 MU-MIMO 的範例，AP 透過兩筆空間流與 STA1 和 STA2 同時在上行和下行方向上傳送資料。

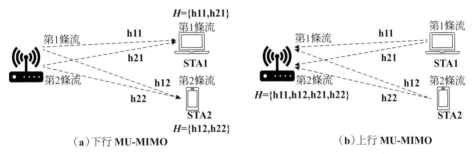

（a）下行 MU-MIMO　　　　　　（b）上行 MU-MIMO

▲ 圖 2-18　下行 MU-MIMO 與上行 MU-MIMO 通道矩陣資訊範例

在圖 2-18（a）中，AP 透過通道探測方式搜集各個 STA 回饋的通道資訊，合成一個發送矩陣，各個發送天線上的資料需要根據該矩陣的參數進行調整，保證 STA 只收到自己的資料。STA1 回饋的通道矩陣資訊為 $H=\{h11，h21\}$，即 STA1 能夠從 h11 和 h21 路徑上接收 AP 發送的兩條空間流，其中 h11 路徑上的空間流為 STA1 期望接收的資料，而 h21 路徑上的空間流為干擾資訊。同樣的，STA2 通道矩陣為 $H=\{h12，h22\}$，其中 h22 路徑上的空間流為 STA2 期望接收的資料，而 h12 路徑上的空間流為干擾資訊。

AP 接收到 STA1 和 STA2 回饋的通道資訊之後，AP 需要利用通道回饋資訊降低透過 h21 路徑發往 STA1 的空間流能量，降低透過 h12 路徑發往 STA2 的空間流能量。理想狀態 h21 和 h12 的空間流能量為 0，即完全沒有干擾。

上行 MU-MIMO 過程中，通道探測過程不是必需的，因為 AP 可以從 STA1 或 STA2 直接獲取到完整的通道矩陣資訊，如圖 2-18（b）所示，AP 獲取的通道資訊 H={h11，h12，h21，h22}，AP 可以利用該矩陣資訊解析出 STA1 和 STA2 發送給 AP 的任何空間流。

2）空間流位置資訊指示

在下行 MU-MIMO 過程中，AP 利用物理幀中的前導碼 HE-SIG-B 欄位指示空間

流資訊。AP 向多使用者發送 HE MU PPDU 格式（2.3.3 節中介紹 Wi-Fi 6 的 PPDU 格式和新的前導碼）的資料封包，其中 HE-SIG-B 欄位中包含每一個使用者的空間流位置和數量資訊，終端裝置根據 HE-SIG-B 欄位的指示資訊，調整對應的物理層接收參數，比如解調速率、解碼方式等，接收並解調解碼各自的下行資料。

上行 MU-MIMO 過程中，AP 首先發送觸發幀，透過 RU 分配資訊指示空間流資訊，然後多個 STA 根據觸發幀指定的空間流位置資訊同時傳輸上行資料。

2. Beamforming 通道探測技術

波束成形（Beamforming）支援通道探測技術，即獲取接收端的通道資訊，然後根據接收端回饋的通道資訊對發送訊號做相應的處理，從而保證 AP 朝著特定的方向發送訊號。

Wi-Fi 6 支援多使用者的 RU 資源配置，在通道探測過程中，根據 AP 是否發送觸發幀分配 RU 資源，Wi-Fi 6 通道探測技術包括兩種模式，即非觸發模式和觸發模式，非觸發模式用於 AP 與一個使用者完成通道探測過程，而觸發模式用於 AP 與多個使用者完成通道探測過程。

Wi-Fi 5 定義了 VHT 通道探測技術，為了與 VHT 通道探測技術區分，Wi-Fi 6 定義的通道探測技術稱為 HE 通道探測技術，相應的管理幀稱為 HE 空資料封包通告（HE Null Data PPDU Announcement，HE NDPA）、HE 空資料封包（HE Null Data PPDU，HE NDP）和 HE 通道回饋資訊（HE Compressed Beamforming）。

1）非觸發模式

在 Wi-Fi 6 非觸發模式中，單使用者通道探測過程與 Wi-Fi 5 定義的通道探測互動過程基本相同。

如圖 2-19 所示，發送端 Beamformer 首先發送空資料封包通告的控制幀，接著發送空格資料封包，其中，Wi-Fi 6 AP 在空資料封包的前導碼的 HE-LTF 欄位來傳遞通道資訊，接收端也是基於 HE-LTF 欄位計算通道資訊，而 Wi-Fi 5 AP 和接收端是基於空資料封包中 VHT-LTF 欄位完成通道資訊的傳遞和計算。在接收端完成通道資訊之後，向發送端發送通道回饋資訊。

中央系統

發送端：探測過程

① 發送端：空資料封包通告的控制幀

② 發送端：空資料封包
（**Wi-Fi 5：VHT-LTF或者Wi-Fi 6: HE-LTF**）

▲ 圖 2-19　單使用者通道探測過程

2）觸發模式

為了提高多使用者場景下通道探測技術的通道使用率，Wi-Fi 6 定義了基於 RU 分配通道資源的觸發模式，即 AP 向多使用者發送空資料封包通告的控制幀以及空資料封包之後，再次發送包含 RU 分配資訊的 Beamforming 報告查詢（BFRP）幀，不同使用者分配不同的 RU，當這些使用者收到 BFRP 幀後，將各自的通道回饋資訊按照 RU 位置指示同時發送給 AP。

如圖 2-20 所示，基於觸發模式的多使用者探測過程，與 Wi-Fi 5 定義的輪詢方式相比，降低了 Beamforming 報告查詢的通道銷耗，提高通道使用率。

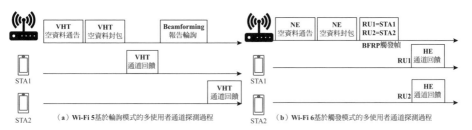

▲ 圖 2-20　多使用者通道探測過程

3. OFDMA 與 MU-MIMO 的混合模式

Wi-Fi 6 的 OFDMA 技術是多個終端連接情況下的資料流程在頻率上的併發重複使用，而 MIMO 技術是多天線下的多個終端的資料流程在空間的併發重複使用，在 Wi-Fi 6 標準中，把兩者結合起來的機制稱為 MU-MIMO + OFDMA **混合模式**，即 AP 將每個空間流中的頻寬資源分配給多個使用者，支援它們的上行和下行方向的資料傳輸。

從 Wi-Fi 6 開始支援 OFDMA，Wi-Fi 多使用者連線技術就有了更多選擇。參考圖 2-21 中的 4 個圖示，分別表示 Wi-Fi 6 支援的 4 種多使用者連線的方式：

- 圖（a）是 Wi-Fi 基於載波偵聽多路連線 / 衝突避免（CSMA/CA）的時分重複使用下的多使用者連線方式。
- 圖（b）是 Wi-Fi 5 之後在多天線配置下，基於多筆空間流的空間重複使用的多使用者接入（MU-MIMO）。
- 圖（c）是 Wi-Fi 6 透過 OFDMA 進行資源單位分配，支援頻分重複使用的多使用者連線。
- 圖（d）是 Wi-Fi 6 在多天線配置下，把空間重複使用與 OFDMA 混合在一起的多使用者連線技術。

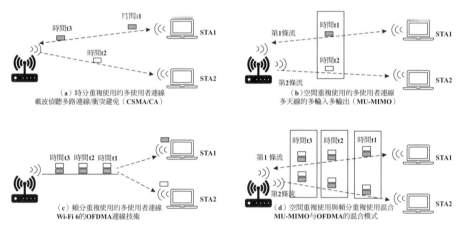

▲ 圖 2-21 Wi-Fi 6 支援的四種多使用者連線技術

　　圖 2-22 是 OFDMA 與 MIMO 混合模式下，支援 2 條空間流和 6 個終端透過 OFDMA 連線的範例。第 1 條空間流包含 STA1、STA2、STA3 和 STA4 的 RU 的分配，第 2 條流則包含 STA5、STA2、STA6 和 STA4 的 RU 的分配。

　　在 OFDMA 與 MIMO 混合模式下，Wi-Fi 標準規定每個空間流保持相互一致的通道中的資源單位 RU 的分配方式，但每個空間流的同一位置的 RU 可以分配給不同使用者。圖 2-23 是圖 2-22 中的多終端下的 RU 分配方式，可以看到，第 1 條空間流與第 2 條空間流的 RU 分配順序都是 484-tone、26-tone、242-tone 和 242-tone，但對應的 RU 可以分給相同或不同的終端（26-tone RU 除外）。圖中的 DL 是 Downlink，表示下行方向。

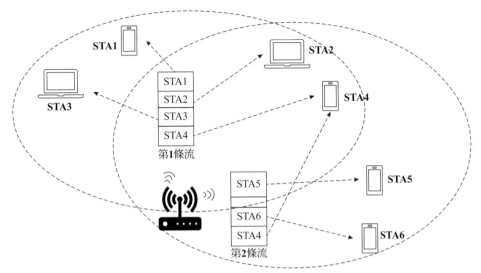

▲ 圖 2-22 Wi-Fi 6 支援的 OFDMA 與 MIMO 混合模式的連線技術

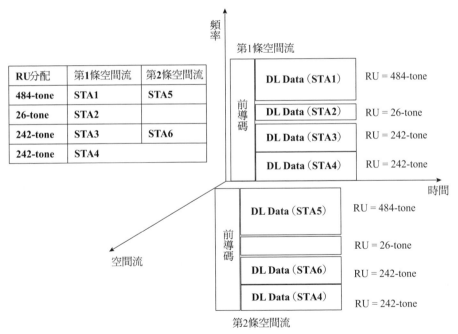

▲ 圖 2-23 MU-MIMO 與 OFDMA 混合模式下兩條空間流的 RU 分配

在 MU-MIMO+OFDMA 混合模式下，在晶片上基於 26-tone 或 52-tone RU 實現 MIMO 有較大的複雜度，Wi-Fi 6 協定規定混合模式下應用 MIMO 的 RU 要大於或等於 106-tone。

2.2.4 Wi-Fi 6 的低功耗技術

Wi-Fi 6 不僅為使用者上網提供了高速率和低延遲時間的 Wi-Fi 性能，而且也為電池供電的終端或物聯網裝置引入了更低功耗的電源節能技術，即目標喚醒時間（Target Wake Time，TWT）技術。透過 TWT 提供的機制，AP 可以與 STA 協商喚醒收發資料的時間，AP 將 STA 分到不同的喚醒週期組，這樣減少了多個 STA 喚醒後同時競爭無線媒介的衝突。

在傳統的 Wi-Fi 省電模式下，STA 在信標目標發送時間（Target Beacon Transmit Time，TBTT）週期性地醒來，接收 AP 廣播的信標幀，根據信標幀中的 TIM/DTIM 欄位來判斷是否有快取的單一傳播封包。如果有快取資訊指示，STA 就會發送 PS-POLL 幀向 AP 查詢快取資訊，然後 AP 將快取的下行資料發送給 STA，STA 接收完畢後，就會重新進入瞌睡狀態。

與傳統的節電方式相比，TWT 技術使得 STA 不用在固定週期醒來，而是可以協商周期更長的喚醒時間，這對於低功耗的物聯網裝置的節能效果尤其明顯。另外，不同的 STA 有不同的喚醒週期，有效減少了 STA 在喚醒過程中進行快取狀態查詢、訊息收發等的無線媒介競爭衝突。

1. Wi-Fi 6 TWT 技術與傳統省電模式的比較

圖 2-24 舉出了傳統 Wi-Fi 省電模式下 STA 週期性喚醒接收資料的過程。在多個 STA 同時醒來的過程中，它們會同時競爭無線媒介發送 PS-POLL 幀來獲取快取資料。但最多只能有一個裝置競爭無線媒介成功，而其他裝置只能等待下一個發送視窗再次競爭通道和發送 PS-POLL 幀。

▲ 圖 2-24 傳統 Wi-Fi 在省電模式下的週期喚醒方式

當 AP 發送下行快取資料的時候，所有醒來的 STA 需要再次競爭無線媒介。在高密度部署的網路中，在固定週期到來的時候，有更多喚醒的 STA 進行競爭視窗，使得 STA 需要更長的醒來時間完成快取資料的接收，從而降低了 STA 的省電效果。

　　圖 2-25 舉出了 Wi-Fi 6 TWT 技術下的 AP 與 STA 互動過程。AP 與不同的 STA 協商不同的喚醒時間，STA 彼此可以錯開喚醒週期。舉例來說，STA1 在 T1 的時間醒來，由於此刻沒有其他喚醒的 STA，STA1 發送前的競爭通道的等待延遲就可以忽略，STA1 向 AP 發送 PS-POLL 幀來獲取快取資料，而 AP 發送快取資料的時候，也不會與多個已經醒來的 STA 有通道競爭的衝突。之後，STA2 在 T2 的時間醒來，繼續同樣的過程。

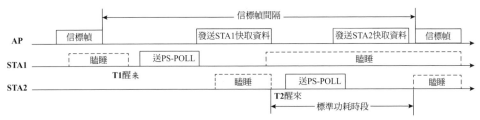

▲ 圖 2-25　Wi-Fi 6 TWT 技術下的省電模式的範例

　　TWT 技術就減少了喚醒的 STA 之間因為通道競爭而引起的額外功耗。另外 TWT 錯開 STA 喚醒週期的方式也提高了通道的使用率。

2. Wi-Fi 6 TWT 的三種關鍵技術

　　Wi-Fi 6 的目標喚醒時間 TWT 技術最初來自 802.11ah 協定，用於支援工作頻段在 1GHz 以下，且頻寬為 1MHz、2MHz、4MHz、8MHz 和 16MHz 等物聯網裝置的省電需求。Wi-Fi 6 引入了該技術，並在此基礎上結合自身的技術特點做了進一步的擴充，舉例來說，Wi-Fi 6 的 OFDMA 技術與它相結合，擴充為支援基於觸發幀的上行多裝置同時進行資料傳輸的 TWT 技術。

　　根據 AP 與 STA 進行協商喚醒時間的方式，參考圖 2-26，TWT 技術包含三種不同的喚醒協商情況。

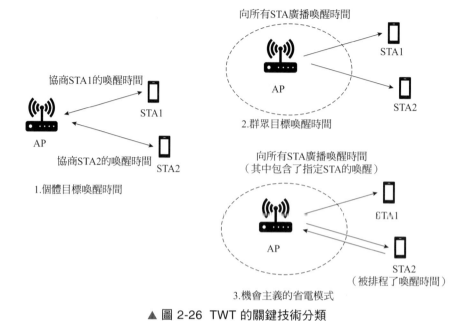

▲ 圖 2-26　TWT 的關鍵技術分類

- **個體目標喚醒時間**（Individual TWT，i-TWT）：每個 STA 與 AP 協商喚醒時間，該時間存放在 AP 維護的表格中，相互之間不重複，然後 STA 在相應的時間醒來，完成與 AP 的資料傳送。

- **廣播目標喚醒時間**（Broadcast TWT，b-TWT）：AP 事先劃分了多個不同的服務時間段，每個服務時間段為一個 TWT 組，然後 AP 利用信標幀將服務資訊廣播出去，STA 只能和 AP 協商加入某個 TWT 組，而不能協商具體服務時間段。

- **機會主義的省電模式**（Opportunistic Power Saving，OPS）：AP 與 STA 沒有協商過程，AP 在向所有 STA 發送 Beacon 幀的時候，為特定的若干個 STA 宣告一個 TWT 時間，STA 就在這個 TWT 時間醒來，完成與 AP 之間的資料發送和接收。

3. Wi-Fi 6 的個體目標喚醒時間技術

個體目標喚醒時間是 AP 和不同的 STA 單獨協商喚醒的時間。AP 需要本地維護一張服務時間表格，便於 AP 在對應的時間與相應的 STA 進行資料互動。STA 並不知道其他終端與 AP 協商的服務時間。

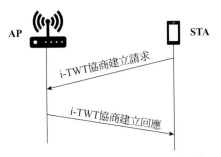

▲ 圖 2-27　i-TWT 服務時間協商過程

　　AP 與 STA 之間的協商過程可以在連接過程中完成，例如透過連結請求幀和連結回應幀攜帶 i-TWT 參數方式，同時完成 Wi-Fi 連接和 i-TWT 協商過程。另外，AP 與 STA 之間的協商過程也可以在連接完成之後再進行協商。如圖 2-27 所示，在連接完成之後，STA 作為 i-TWT 協商過程的發起端，向 AP 發送協商請求，AP 接收到請求後，舉出相應的回應。

1）i-TWT 的喚醒協商模式

　　根據協商過程中是否確認下一次的喚醒週期，i-TWT 分為顯式協商和隱式協商兩種方式。

　　（1）**顯式協商方式**：AP 與 STA 協商的喚醒時間是非週期性的，在 STA 喚醒收發資料並在進入瞌睡狀態之前，AP 與 STA 需要協商下一次喚醒的時間。

　　（2）**隱式協商方式**：AP 與 STA 協商的喚醒時間是週期性的，即每隔一段固定時間，STA 喚醒並與 AP 進行資料互動，而不需要協商下次的醒來時間。隱式協商的時間一般以 AP 的或多個信標幀間隔為單位。

　　顯式協商方式適合非週期性的業務。AP 可以靈活地根據快取大小和快取資料量與 STA 協商下一個喚醒時刻，舉例來說，當 STA 的業務資料量比較大時，AP 可以及時調整 STA 的喚醒時間，使得快取資料儘快發送給 STA。顯式協商的缺點在於每次都要佔用通道資源來協商喚醒時間。

　　隱式協商方式適合週期性的業務。舉例來說，當 STA 快取資料量比較穩定時，不需要每次調整 STA 的喚醒時間。這種方式減少了協商資訊對於通道資源的佔用，但它缺少靈活性，不能應對突發業務。具體使用顯示還是隱式協商方式，廠商根據實際業務情況而定義。

2）i-TWT 的通道連線方式

TWT 技術使得 STA 在不同時間喚醒，分別與 AP 進行資料互動，減少了喚醒 STA 相互之間的無線媒介的競爭衝突。但在一個 Wi-Fi 網路中，仍有 Wi-Fi 6 之前的 STA 以及不支援 TWT 功能的 STA，或附近有其他網路的 Wi-Fi 裝置在傳送資料，因此喚醒的 STA 或 AP 發送快取資料之前，需要與它們進行無線媒介通道競爭。

根據 STA 在喚醒之後獲取無線通道的方式，i-TWT 技術中通道連線方式分為基於 CSMA/CA 競爭通道連線方式和 Wi-Fi 6 定義的基於觸發幀連線方式。

（1）基於 CSMA/CA 競爭通道連線方式。

屬於 802.11ah 定義的傳統 TWT 方式，喚醒的 STA 透過競爭無線媒介方式獲得通道之後，就可以向 AP 直接發送資料，或發送 PS-POLL 幀向 AP 查詢快取資料，從而完成與 AP 資料互動的整個過程。

圖 2-28 所示是傳統通道連線方式下，兩個 STA 與 AP 之間支援 i-TWT 而進行互動的範例。

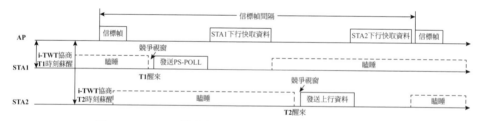

▲ 圖 2-28 i-TWT 技術的基於無線媒介競爭的通道連線方式

① STA1 與 AP 協商 i-TWT 服務時間，協商結果是 STA1 在 T1 時刻喚醒。隨後 STA1 進入瞌睡狀態，不再定期監聽信標幀。

② STA2 與 AP 協商 i-TWT 服務時間，協商結果是 STA2 在 T2 時刻喚醒，T2>T1。隨後 STA2 進入瞌睡狀態，不再定期監聽信標幀。

③ STA1 在 T1 時刻喚醒之後，STA1 透過競爭方式獲得通道存取權限，由於沒有上行資料發送，STA1 發送 PS-POLL 幀，查詢 AP 上的快取資訊，並從 AP 獲取快取的資料後，隨即進入瞌睡狀態。

④ STA2 在 T2 時刻喚醒之後，STA2 透過競爭方式獲得通道存取權限後，發送上行資料，並從 AP 獲取下行快取的資料後，隨即進入瞌睡狀態。

（2）基於觸發幀的連線方式。

STA 在喚醒之後，AP 透過競爭無線媒介方式先佔通道，然後向 STA 發送觸發幀實現 TXOP 的轉交，接著 STA 利用 AP 給予的 TXOP 發送上行資料，或 STA 可以直接發送 PS-POLL 幀向 AP 查詢快取資料，AP 隨後發送資料給 STA。這種方式節約了 STA 需要競爭通道而產生的額外功耗銷耗。

參考圖 2-29，STA1 與 STA2 分別與 AP 完成基於觸發幀的 i-TWT 互動。

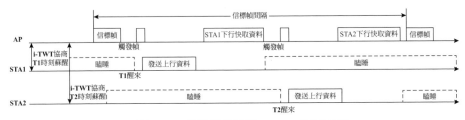

▲ 圖 2-29 基於觸發幀的 i-TWT 互動過程

在圖 2-29 中，首先 AP 與 STA1、STA2 分別協商 i-TWT 服務時間，在每個 i-TWT 服務時間開始的時候，AP 發送觸發幀，把通道存取權 TXOP 轉交給對應的 STA。然後 STA 利用這段 TXOP 的時間，發送各自的上行資料以及接收下行快取資料。

具體利用 CSMA/CA 還是觸發幀方式獲取 i-TWT 服務時間段的無線通道存取權，由廠商根據實際應用自訂。

4. 廣播目標喚醒時間

廣播目標喚醒時間是把 STA 放到不同的時間組來進行喚醒，即 AP 事先將整個傳輸時間段分成多個不同的服務時間段，每個服務時間段為一個 b-TWT 組，分別用 TWT_ID 來標識，然後利用信標幀將 b-TWT 服務資訊廣播出去，STA 透過與 AP 協商或非協商方式加入其中一個 b-TWT 組，但 STA 不能與 AP 協商具體服務時間段。

由於 b-TWT 技術中每個 TWT 組排程週期固定，所以，與 i-TWT 技術相比，AP 端不需要頻繁更新每個 TWT 組的排程週期，降低了在實際開發中 AP 端排程複雜度。而且 b-TWT 技術支援在每個 b-TWT 組服務週期內，利用 OFDMA 或 MU-MIMO 技術同時調度多個裝置，降低每個裝置的等待延遲。

如圖 2-30 所示，b-TWT 技術特點主要包括以下 4 個方面：

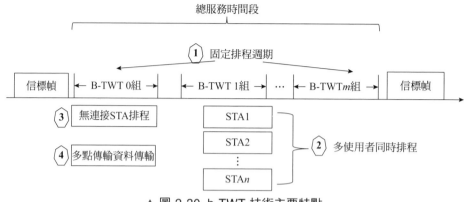

▲ 圖 2-30 b-TWT 技術主要特點

（1）**固定排程週期**。如果把兩個信標幀之間的時間間隔看作總的服務時長，那麼 AP 將整個服務時間分成多個 b-TWT 組，AP 週期性排程每個 b-TWT 組內的或多個使用者。

（2）**多使用者同時排程**。當多個使用者同時加入一個 b-TWT 組內時，Wi-Fi 6 的 AP 可以基於 OFDMA 技術或 MU-MIMO 技術同時排程多個使用者的上下行資料，提高通道使用率。

（3）**無連接 STA 排程**。與 AP 未建立連接的 STA 不需要與 AP 協商即可加入預留的 b-TWT 0 組，並與 AP 完成上下行的資料傳輸。

（4）**多點傳輸資料傳輸**。在 b-TWT 0 組中，AP 不但可以排程使用者的單一傳播資料，而且還支援 AP 向 STA 發送多點傳輸資料。

本節將從 b-TWT 的服務時間分組與廣播、STA 協商加組與退組、b-TWT 服務時間段通道連線方式以及支援無連接 STA 服務時間的 b-TWT 0 組 4 個方面，對這些技術點進一步說明，並在最後舉出兩個 b-TWT 技術應用的完整範例。

1）b-TWT 的服務時間分組與廣播

實現 b-TWT 技術的第一步，是 AP 以信標幀的發送週期為一個服務週期，將整個通信時間段分成多個互不重疊的服務時間段，每個服務時間段分配給一個 b-TWT 組，每個 b-TWT 組用一個 b-TWT ID 標識，比如 b-TWT 0 表示第 0 個分組。然後 AP 利用信標幀將 b-TWT 服務資訊集廣播出去，b-TWT 資訊集中包含每個 b-TWT ID 服務時間段及週期資訊。

舉例來說，在圖 2-31 中，AP 劃分了三段不同的 b-TWT 服務時間，每個組都包含服務起始時間及時長資訊，分別用 b-TWT 0、b-TWT 1 和 b-TWT 2 標識每個分組。

三個分組的服務時間段依次為 50ms、20ms 和 20ms。

▲ 圖 2-31　b-TWT 的服務時間分組與廣播範例

　　為了避免因為每一個信標幀攜帶 b-TWT 資訊導致過長問題，在實際應用中，Wi-Fi 協議允許廠商不必在每一個信標幀都包含 b-TWT 欄位，即允許 b-TWT 資訊欄位在間隔幾個信標幀之後攜帶。舉例來說，在圖 2-31 中，b-TWT 欄位只在第 1 個信標幀中攜帶。

2）STA 協商加組與退組

　　根據是否由 STA 主動發起協商或由 AP 直接指定 STA 加入 b-TWT 組過程，b-TWT 協商加組包括兩種方式，即全協商方式和半協商方式。具體採用哪種協商方式，由廠商自定義。

- 全協商方式：STA 發起 b-TWT 加組申請，加入一個不等於 0 的 b-TWT 組，AP 對該申請進行回應，允許或拒絕該申請，該協商過程需要兩次互動。幀互動過程如圖 2-32（a）所示。

- 半協商方式：AP 指定一個 STA 加入一個 b-TWT ID 不等於 0 的服務時間對應組。相對於全協商方式，半協商方式減少一個幀的互動，提高協商效率。幀互動過程如圖 2-32（b）所示。

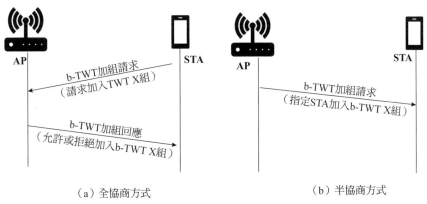

（a）全協商方式　　　　　　　　　　（b）半協商方式

▲ 圖 2-32　加入 b-TWT 組的兩種方式

在加組協商過程中，AP 給 STA 發送的幀中既可以直接攜帶 b-TWT 組分配的服務時間，也可以舉出包含 b-TWT 資訊集的信標幀的發送週期資訊。對於後者，STA 需要從下次攜帶 b-TWT 資訊集的信標幀中解析出對應 b-TWT 組的服務時間。兩種方式的應用由廠商自行定義。

與 b-TWT 加組操作相對應的操作稱為 b-TWT 退組操作，即 STA 從一個 b-TWT 服務組中離開。AP 或 STA 都可以向對方主動發出退組的訊息，完成 STA 的 b-TWT 退組操作。

3）b-TWT 服務時間段通道連線方式

b-TWT 服務時間段入通道連線方式與 l-TWT 相同，即支援基於無線媒介競爭的連線方式和基於 Wi-Fi 6 觸發幀的連線方式。

在實際場景中，多個 STA 可能申請加入同一個 b-TWT 分組，即一個 b-TWT 分組服務時間中有多個 STA 同時工作。在這種應用場景下，如果使用基於觸發幀的方式連線通道，可以降低多個 STA 競爭無線媒介而導致的衝突問題。

如圖 2-33 所示，STA1 和 STA2 加入到某一個 b-TWT 組，AP 首先向 STA1 和 STA2 發送觸發幀，分配的資源單位 RU 分別為 RU1 和 RU2，接著 STA1 和 STA2 在指定的 RU1 和 RU2 上發送上行資料給 AP，完成上行資料傳輸。隨後，AP 透過 RU1 和 RU2 向 STA1 和 STA2 發送下行資料，完成下行方向資料傳輸。

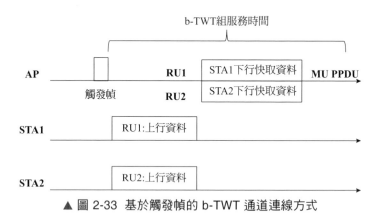

▲ 圖 2-33 基於觸發幀的 b-TWT 通道連線方式

4）支援無連接 STA 服務時間的 b-TWT 0 組

b-TWT 0 組為 b-TWT 技術中特殊的 b-TWT 組，它為不需連線的 STA 提供服務時間，STA 不需要協商即可加入該組。另外，b-TWT 0 組也用於傳輸多點傳輸資料。

通常 STA 只有與 AP 建立連接之後，才可以與 AP 協商是否能夠加入 b-TWT 組或退出該組，而沒有建立連接的 STA 則沒有辦法與 AP 進行協商。為了在 Wi-Fi 低功耗模式中支援無連接 STA，Wi-Fi 標準規定這些 STA 可以直接使用 b-TWT 0 組對應的服務時間，而不需要加組或退組的協商過程。

從 AP 角度來看，由於沒有 b-TWT 協商過程，AP 無法獲取需要提供服務的 STA 資訊，因此，對於觸發幀連線方式，b-TWT 0 組只能採用觸發幀攜帶隨機連線 RU（RA-RU）方式，實現非連接的 STA 上行資料傳輸。

具體來說，在服務時間開始時，AP 向 STA 發送攜帶 RA-RU 資訊的觸發幀，即觸發幀中不指定具體分配的 RU，允許非連接的 STA 自由競爭這些 RA-RU，然後發送上行資料，如果 AP 有對應 STA 的下行資料，就會接著向這些 STA 發送下行資料。

如圖 2-34 所示，AP 與 STA1 及 STA2 沒有建立 Wi-Fi 連接。AP 分配了兩個用於非連接 STA 傳輸上行資料的 RA-RU，即 RU1 和 RU2。STA1 和 STA2 進行競爭，分別獲得 RU1 和 RU2 之後發送上行資料。接著，AP 向 STA1 發送其快取的下行資料，從而完成與非連接 STA 的資料互動。

另外，Wi-Fi 標準規定只有 b-TWT 0 組可以用於傳輸多點傳輸資料，多點傳輸資料接收物件為所有 STA。b-TWT 0 服務時間段需要分配到 DTIM 後面，保證處於瞌睡狀態的 STA 在 DTIM 時刻醒來接收資料。

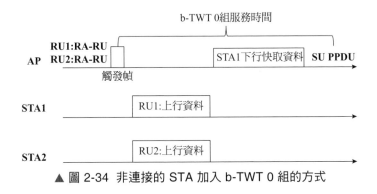

▲ 圖 2-34 非連接的 STA 加入 b-TWT 0 組的方式

5）Wi-Fi 6 的 b-TWT 技術的應用範例

本節透過以下兩個完整的範例，進一步說明 b-TWT 每個技術點的應用方法，以及在實際開發中如何使用 b-TWT 功能。

第一個範例，STA 透過協商和半協商方式加入一個 b-TWT 組。

如圖 2-35 所示，STA1、STA2 分別與 AP 透過全協商和半協商方式加入 b-TWT 1 組，並在該組對應的服務時間內完成資料互動，具體步驟如下。

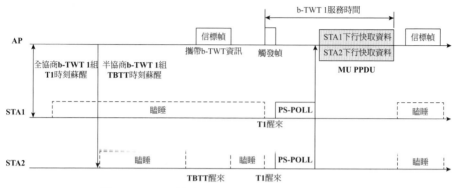

▲ 圖 2-35 STA 協商加入 b-TWT 組並完成資料傳送

（1）**全協商加組**。STA1 透過與 AP 協商方式加入 b-TWT 1 組，並且該組的服務開始時間為 T1，STA1 隨即進入瞌睡狀態。

（2）**半協商加組**。AP 通過半協商方式指定 STA2 加入與 STA1 相同的組 b-TWT 1 組，該組的具體服務時間資訊會在第二個信標幀中攜帶，STA2 隨即進入瞌睡狀態。

（3）**透過信標幀查詢服務時間**。STA2 在第二個 TBTT 時間醒來，接收信標幀資訊並查詢到 b-TWT 1 組的開始時間為 T1 後，再次進入瞌睡狀態。

（4）**基於觸發方式的通道連線**。STA1 與 STA2 在 T1 時間醒來，接收到 AP 發送的觸發幀後，按照觸發幀分配的 RU 資訊，分別在對應的 RU 上發送 PS-POLL 快取封包查詢幀，AP 接收到兩個 STA 的 PS-POLL 幀之後，將 STA1 和 STA2 的下行快取封包一起發送出去。STA1 和 STA2 收到各自的快取封包後，重新進入瞌睡狀態。

第 2 個範例，不需連線的 STA 透過非協商方式加入 b-TWT 0 組。

如圖 2-36 所示，STA1、STA2 為兩個未與 AP 建立連接的 STA，分別與 AP 透過非協商方式加入 b-TWT 0 組，並在該組對應的服務時間內完成資料互動，具體步驟如下。

（1）**非協商加組**。STA1 與 STA2 在攜帶 b-TWT 通道的信標幀發送之前的 TBTT 時間醒來，接收信標幀並獲取 b-TWT 0 組的排程資訊。

（2）**基於觸發方式的通道連線**。STA1 與 STA2 從信標幀中解析 b-TWT 0 組的排程資訊，隨機進入瞌睡狀態，並在 b-TWT 0 組服務時間開始前再次醒來，準備接收 AP 發送的觸發幀。

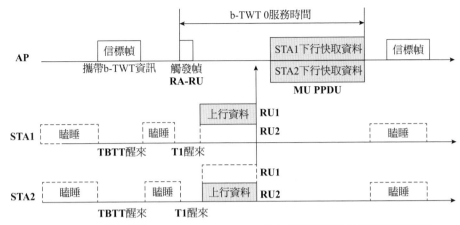

▲ 圖 2-36 非連接的 STA 加入 b-TWT 0 組完成資料互動及狀態轉換範例

（3）AP 透過 RA-RU 方式分配資源。AP 廣播發送觸發幀，並且攜帶的 RU 全部指示為 RA-RU，允許非連接的 STA 自由先佔資源單位。

（4）STA 競爭 RA-RU。蘇醒的 STA1 和 STA2 競爭 RA-RU，STA1 競爭到 RU1，STA2 競爭到 RU2，STA1 與 STA2 在各自的 RU 上發送上行資料給 AP，並且接收 AP 下發的下行快取資料，接著重新進入瞌睡狀態。

5. 機會主義省電模式

機會主義省電模式（Opportunistic Power Saving，OPS）是指利用 1.2.7 節中介紹的傳輸指示映射欄位 TIM，指示本次服務時間中哪些 STA 有機會被排程，哪些 STA 沒有機會被排程。

在服務週期開始前，AP 向所有 STA 廣播發送攜帶 TIM 欄位的 OPS 幀，其中被排程的 STA 所對應的 TIM 欄位中的位置為 1，沒有機會被排程的 STA 在 TIM 中的位置為 0。未被排程的 STA 將進入瞌睡狀態，並在下次服務時間時醒來，查看 OPS 幀中的對應位置的 TIM 欄位，這樣的 STA 不需要一直保持喚醒狀態，因而達到了省電的目的。

Wi-Fi 6 引入 OPS 主要為了最佳化 b-TWT 0 組無協商加組時的排程效率。在 b-TWT 0 的應用中，STA 不需要與 AP 進行協商就可以直接加入 b-TWT 0 組，這種方式雖然減少了加組退組的幀互動帶來的通道資源銷耗，但 AP 無法控制 STA 加組的規模，當 STA 加組數量超過 AP 排程能力時，AP 就不能對額外的 STA 及時排程，結果使得 STA 仍然長時間保持喚醒狀態，沒有造成省電的效果。

圖 2-37 所示的範例為 b-TWT 0 組的排程效率的限制情況。

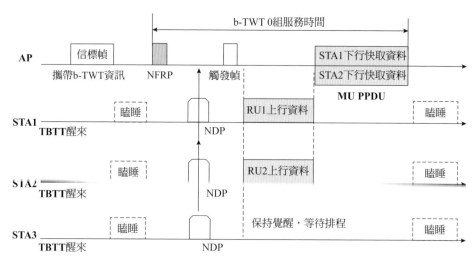

▲ 圖 2-37 b-TWT 0 組的排程效率的限制

在圖 2-37 中，AP 發送信標幀，其中 TIM 欄位指示 STA1、STA2 和 STA3 有下行快取資料。但 AP 不知道三個 STA 是否會醒來參與 b-TWT 0 組的排程，於是 AP 發了一個用於查詢 STA 當前工作狀態的 NDP 回饋資訊查詢（NDP Feedback Report Poll，NFRP）觸發幀，把 RU1、RU2 和 RU3 分別分配給 STA1、STA2 及 STA3。STA1、STA2 和 STA3 在各自分配的 RU 上均回覆了 NDP 幀。

由於 AP 快取的資料量較多，一次只能完成兩個 STA 的下行快取資料發送，因此在 b-TWT 0 組的服務時間開始的時候，AP 發送觸發幀，向 STA1、STA2 分配 RU1 和 RU2，當 AP 完成 STA1 和 STA2 的上行資料接收後，AP 向它們發送下行快取資料。而 STA3 在整個服務時間內沒有機會得到排程，只能保持喚醒狀態直到服務時間結束，沒有造成省電的效果。

Wi-Fi 6 引入 OPS 功能後，在 b-TWT 0 組服務時間開始前，AP 透過 OPS 幀向所有 STA 提前廣播本次排程計畫，沒有機會參與本次排程的 STA 隨即進入瞌睡狀態，而不用保持喚醒狀態一直等待排程。

如圖 2-38 所示，AP 在 b-TWT 0 組服務時間開始前，向所有 STA 廣播 OPS 幀中的調度計畫指示本次服務時間內只為 STA1 和 STA2 排程服務，STA1 和 STA2 收到 OPS 幀的排程資訊後，保持喚醒狀態直到服務週期結束，在這個過程中完成與 AP 的上下行資料交互。STA3 透過 OPS 幀提前獲知本次服務時間內沒有機會排程，隨即進

入瞌睡狀態，減少了不必要的功耗。

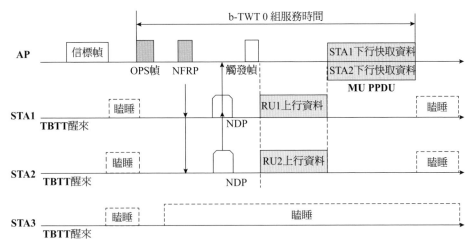

▲ 圖 2-38　OPS 功能最佳化 b-TWT 0 組存在的排程效率

2.2.5　空間重複使用技術

Wi-Fi 6 主要目標之一是關注高密集場景下的性能和業務品質。高密度場景有兩種情況，一種是有較多數量的終端同時連接到同一個 AP，另一種情況是有限距離的空間內多個 AP 同時工作，不同的 Wi-Fi 終端連接各自的 AP，屬於不同基本服務集 BSS 的 AP 和終端分別使用各自獨立控制的通道。舉例來說，在高密度 Wi-Fi 終端部署的商場、車站候車室等場景，在一個地方部署多個 AP 來為不同的終端提供網路服務，多 AP 部署的方案不僅降低了每個 AP 的負載，也擴充了 Wi-Fi 的覆蓋範圍。但如果不同 AP 選擇的是相同的通道，則相互之間可能因為距離較近而產生訊號衝突，因而影響資料傳送。

如圖 2-39 所示，AP1 與 AP2 所在的 BSS-1 和 BSS-2 部署在相同通道，彼此獨立傳送資料。但與 AP1 連接的 STA-2 處於兩個 BSS 訊號強度範圍的重疊覆蓋區，這個區域被稱為重疊基本服務集（Overlapping Basic Service Sets，OBSS）。STA2 收到的 BSS-1 內部的 Wi-Fi 訊號，不管是 AP1 發給 STA1，還是 STA1 發送給 AP1，都稱為本身 BSS 的物理層協定單元 PPDU，而收到的 BSS-2 的 Wi-Fi 訊號稱為鄰居 BSS 的 PPDU。STA2 在發送資料之前，必須檢測兩個 BSS 的無線媒介是否都處於空閒狀態，從而使得它傳送資料的效率下降。

　　Wi-Fi 6 引入的新技術 OFDMA，支援 AP 在同一通道上給不同終端分配資源單位，使得它們在相同通道上能同時傳送資料。但對於有限距離的空間內多個 AP 並行工作的場景，AP 相互之間不能協作資源單位的分配，不同 AP 給終端分配的資源單位在通道上可能有衝突。為了提高多 AP 在相同的空間範圍內傳送資料的效率和性能，減少 OBSS 帶來的干擾，Wi-Fi 6 提供的新技術稱為空間重複使用（Spatial Reuse，SR）技術。

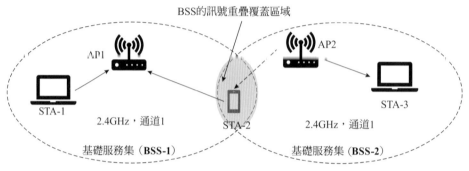

▲ 圖 2-39 相同通道的 BSS 帶來的訊號重疊區域

　　空間重複使用技術是指 Wi-Fi 物理幀中增加新的 BSS 著色（BSS coloring）欄位，不同的 BSS 有不同的著色定義，當 Wi-Fi 裝置接收到 Wi-Fi 資料封包的時候，透過物理層的 BSS 著色欄位就可以快速辨識這個 Wi-Fi 封包是否與自己所在的 BSS 一致，如果該封包來自其他 BSS，但訊號強度低於某個門限值，則允許 Wi-Fi 裝置不用競爭通道而直接傳送資料。

　　圖 2-40 舉出了兩個 BSS 情況下的無線媒介競爭方式以及空間重複使用技術引入後的變化。

　　在圖 2-40（a）中，相同通道並相鄰的 BSS1 和 BSS2，當 BSS1 中的裝置檢測到 BSS2 正在傳送資料的時候，只能等待通道上的來自 BSS2 的資料傳輸結束之後，才能再次在 DIFS 時間間隔後嘗試發送資料。

　　在圖 2-40（b）中，基於空間重複使用技術連線方式，當 BSS2 中正在傳送資料的時候，BSS1 內的裝置在檢查 BSS2 的訊號強度低於一定門限後，可以直接使用當前通道發送資料和完成確認，因而這種情況在物理空間中形成了空間資源重複使用，解決了重疊部署區域下的裝置性能下降的問題，從而提高了頻譜使用率和資料傳送性能。

（a）基於**CSMA/CA**的無線媒介競爭方式

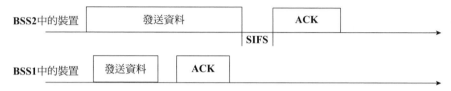

（b）基於空間重複使用技術使用通道方式

▲ 圖 2-40　空間重複使用技術提升多 BSS 下的資料傳送效率

1. 空間重複使用關鍵技術

　　空間重複使用技術工作流程如圖 2-41 所示，即在傳統的 CCA 檢測流程基礎上，增加了虛線所示的空間重複使用技術應用判斷流程，包括判斷正在傳輸訊號的來源、訊號強度以及兩個網路分配向量值的判斷流程，來決定是否可以使用空間重複使用技術發送資料。

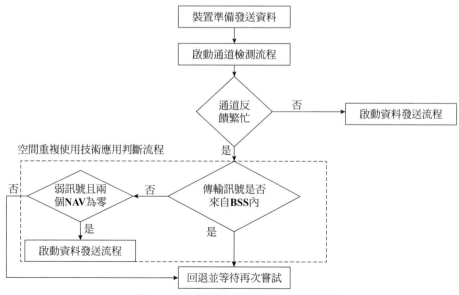

▲ 圖 2-41　空間重複使用技術工作流程圖

（1）訊號來源提前判斷。

裝置檢測正在傳送的 Wi-Fi 資料封包的前導代碼段，判斷它來自鄰近 BSS 還是本身 BSS，以及該封包的傳輸時間，如果資料封包來自臨近 BSS，則進一步判斷訊號強度是否滿足當前門檻值。

（2）動態訊號強度門限值。

如果正在傳送的鄰近 BSS 的資料封包的訊號強度低於一定的門限值，就可以採用空間重複使用技術發送本身 BSS 的資料封包，確保空間重複使用的 Wi-Fi 訊號不會對正在傳送的資料封包產生反向干擾。Wi-Fi 6 引入動態訊號強度門限值來界定這種較低的訊號強度。

（3）兩個網路分配向量。

當裝置辨識出來正在傳送的 Wi-Fi 資料封包的時候，需要利用兩個網路分配向量，分別用於更新本身 BSS 和鄰近 BSS 的資料封包傳輸時間，只有兩個網路分配向量計時均為零時，才可以真正啟動空間重複使用技術發送 PPDU。

以下將對三個技術點進一步介紹。

2. 訊號來源設計及判斷

判斷 Wi-Fi 訊號來自哪個 BSS 的技術是基於 Wi-Fi 6 引入的 BSS 著色技術。

AP 或 STA 發送的物理幀中增加了辨識 BSS 類型的欄位資訊，它被稱為 BSS 著色資訊，當其他 STA 接收到該幀的時候，把它帶有的 BSS 類型與本身 BSS 的資訊進行比較，就能判斷物理幀是否屬於該 BSS。

在 Wi-Fi 6 之前，Wi-Fi 裝置需要接收完整的資料封包，從 PPDU 中解析出 MPDU，然後根據 MAC 標頭上的 BSSID 資訊，判斷該 PPDU 是來自本身 BSS 還是鄰居 BSS。Wi-Fi 6 的 BSS 著色技術不再需要解析 MAC 層中的 BSSID 欄位資訊，因而節省了解析資料封包的額外銷耗，使得裝置可以儘快判斷能否使用空間重複使用技術傳送資料。

BSS 著色資訊欄位和 BSSID 資訊欄位的位置如圖 2-42 所示。

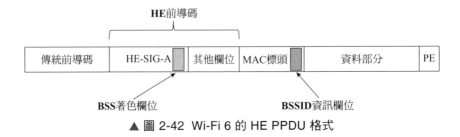

▲ 圖 2-42 Wi-Fi 6 的 HE PPDU 格式

BSS 著色技術最初來自 802.11ah 協定，在那裡被定義為 3 個位元，用來辨識最多 2^3=8 不同的 BSS，用來滿足物聯網裝置部署的需求。由於 Wi-Fi 網路的部署越來越密集，Wi-Fi 6 在此基礎上將 BSS 著色技術進一步擴充到 6 位元，用來標識最多 2^6=64 個不同的 BSS，可以滿足大部分場景需求。

在一個 BSS 內，AP 和 STA 的 BSS 著色需要保持一致。每個 AP 透過信標幀或探測響應幀指示其 BSS 著色值，當一個新的 AP 開始工作時，首先收集周圍相同通道 AP 的信標幀所攜帶的 BSS 著色值，然後配置一個不同的 BSS 著色值。而 STA 發送的 HE PPDU 中攜帶與連接的 AP 一致的 BSS 著色值。

AP 正常執行以後，可以透過主動收集，或透過連接的 STA 協助收集周圍 AP 廣播的信標幀以及探測回應幀，判斷是否存在 BSS 著色衝突。如果存在衝突，AP 就透過在信標幀、探測回應幀中攜帶的 BSS 著色修改通告欄位，告知連接的 STA 一起切換到一個新的 BSS 顏色值。如圖 2-43 所示，AP 所工作的 BSS4 發現它的著色值與 BSS7 相同，隨後 AP 啟動 BSS 著色切換流程，完成 BSS 著色切換。

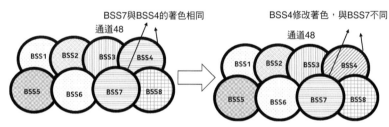

▲ 圖 2-43 相同 BSS 顏色的切換過程

由於 AP 和 STA 的覆蓋範圍並不一致，AP 可能無法檢測到較遠距離的 BSS 顏色，位於交叉區域的 STA 可以把相關的著色資訊告知 AP，然後 AP 進行著色切換。

3. 動態訊號強度門限值

在第 1 章已經介紹過，對於物理載波偵測，802.11 標準中為 CCA 設置兩個預設值，用於檢測能量強度的 CCA-ED 門限值為 -62dBm，用於檢測 Wi-Fi 訊號強度 CCA-PD 的門限值為 -82dBm。對於虛擬載波偵測，802.11 協定中設置了一個用於計算當前 PPDU 傳輸時間的計數器 NAV。只要高於一個物理載波偵測的門限值，或 NAV 不為 0，則判斷通道繁忙。本節首先討論物理載波偵聽門限值問題。

空間重複使用技術的核心之一是提高 CCA-PD 的門限值，最高可以提升到和 CCA-ED 一樣的 -62dBm 的門限值，拓展了對鄰居 BSS 的 Wi-Fi 訊號的強度範圍的限制，允許在更大範圍內判斷通道是否空間並使用無線媒介資源。

　　為了避免對正在傳輸的來自鄰居 BSS 的 PPDU 造成干擾，使用空間重複使用技術時需要控制 PPDU 的最大發射功率，依據 Wi-Fi 6 協定，定義參考最大發射功率為 21dBm，空間重複使用技術下的最大發射功率如式 2-1 所示：

$$TX\_PWR_{max} = TXPWR_{ref} - (OBSS\_PD_{level} - OBSS\_PD_{min}) \qquad （2-1）$$

　　其中，TX_PWR_{max} 為空間重複使用技術允許的最大發射功率，$TXPWR_{ref}$ 為空間重複使用技術參考發射功率，為 21dBm，$OBSS\_PDlevel$ 為 CCA-PD 調整的門限值，範圍為 [-82dBm，-62dBm]，$OBSS\_PDmin$ 為最低的 CCA-PD 門限值，為 -82dBm。

　　由式 2-1 可以看到，CCA-PD 調整的門限值越低，（$OBSS\_PD_{level}$ -$OBSS\_PD_{min}$）值越趨向於 0，可以允許使用空間重複使用技術的發射功率越高。

　　在圖 2-44 中，支援空間重複使用技術的 STA-2 將 CCA-PD 值調整到 -74dBm，STA-2 準備向 AP1 發射資料時，檢測到空間中 AP2 正在向 STA-3 傳輸資料，並且該 PPDU 的訊號強度為 -76dBm，滿足空間重複使用技術條件。STA-2 啟用空間重複使用技術計算最大的發送功率，為 21dBm-(-74dBm+82dBm)=13dBm，STA-2 利用該發送功率同時向 AP1 發送資料。

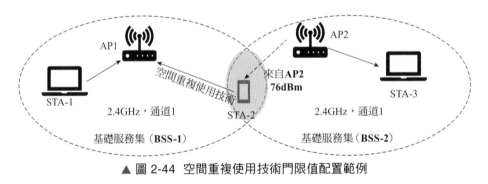

▲ 圖 2-44 空間重複使用技術門限值配置範例

　　Wi-Fi 6 協定還提供了另外一個與鄰居 BSS 的 PPDU 訊號強度無關的空間重複使用技術發送功率的公式，這為廠商具體實現提供了更加廣闊的操作空間，但不同廠商的裝置之間在部署的時候可能存在相容性問題，這裡不再具體討論。

4. 兩個 NAV 的設計

　　在 Wi-Fi 裝置應用空間重複使用技術前，需要判斷接收到的 PPDU，是來自本 BSS 的 PPDU 還是鄰居 BSS 的 PPDU。Wi-Fi 6 在原來一個 NAV 的基礎上，進一步擴充形成兩個 NAV，即內部 NAV（intra-NAV）和基本 NAV（Basic-NAV）。intra-NAV

用於記錄本身 BSS 的 PPDU 的傳輸時間，Basic-NAV 用於記錄鄰近 BSS 的 PPDU 的傳輸時間。如果有一個 NAV 不為 0，那麼就判斷虛擬媒介繁忙。

如果通道中傳輸的 PPDU 來自本身 BSS 的 PPDU，裝置就啟動 intra-NAV 並更新計數器，此刻無法使用空間重複使用技術。

如果通道中傳輸的 PPDU 來自鄰居 BSS 的 PPDU，裝置並不會立刻啟動 Basic-NAV 計數，而是判斷物理媒介是否空閒。如果物理媒介空閒，裝置就啟動空間重複使用技術流程，發送自己的資料；如果判斷物理媒介繁忙，即接收到的訊號強度高於定義的門限值，例如，檢測到的鄰居 BSS 的 PPDU 訊號強度為 -58dBm，大於原先定義的門限值 -62dBm，那麼就啟動 Basic-NAV 開始計數。

2.2.6　多 BSSID 技術

不同 Wi-Fi AP 建立不同的 BSS 網路，但一個 Wi-Fi AP 也可以同時支援多個 BSS 網路，它是透過建立多個 SSID 來標識不同的 BSS 的。SSID 作為 BSS 網路的連線的識別字，不同的 STA 連接這些 SSID，就形成各自的 BSS 網路，而每一個 BSS 網路也包含各不相同的 BSSID。

參考圖 2-45，AP 建立了兩個 BSS 網路，SSID 分別是「Home」和「Guest」。不同的終端連接至不同的 BSS 網路中，比如家裡的電腦、攝影機和家人的手機連接到 SSID 為「Home」的 BSS，可以進行網頁瀏覽、上傳資料、下載檔案等服務，而來訪客人的手機連接到「Guest」的 BSS，可以實現瀏覽網頁服務。

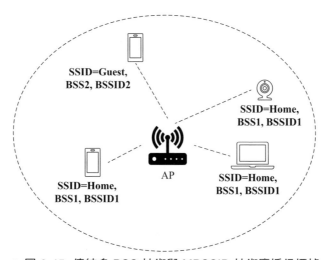

▲ 圖 2-45　傳統多 BSS 技術與 MBSSID 技術廣播信標幀

　　AP 支援多個 BSS 網路，不同的 BSS 可以設置不同的登入密碼，用於對不同的終端進行存取控制。這種多 BSS 的方式使得同一個 AP 可以對不同終端的存取進行分類，廠商可以開發 AP 上的應用，對終端設置不同的許可權控制，甚至實現不同業務品質的要求。

　　每一個 BSS 網路都是獨立並且同時工作在同一個通道上的，對應的終端仍然遵循載波偵聽多路連線和衝突免競免機制（CSMA/CA）機制，透過無線通道競爭的方式獲得資料傳送的無線媒介資源並依次發送資料。AP 需要週期性地為每一個 BSS 網路發送相應的 BSS 的信標幀。AP 建立的 BSS 越多，週期性的信標幀就會發送得越多，這樣對無線通道佔用得也就越多。

　　Wi-Fi 6 引入了多 BSSID 技術（Multiple-BSSID，MBSSID），是指把這些不同的 BSS 網路所傳送的信標幀都集中到一個 BSS 的信標幀中進行傳輸，同樣地，AP 也把不同的 BSS 所發送的探測回應幀集中到同一個 BSS 的探測回應幀中進行傳輸。這種在一筆訊息中匯聚不同 BSS 網路幀的方式降低了無線通道中的 BSS 信標幀和探測回應幀的數量，在不影響 BSS 基本功能的情況下，提高了無線通道的使用率。

　　MBSSID 最早在 2012 年發佈的 802.11V 協定中定義，由於其技術特點在於提高通道利用效率，符合 Wi-Fi 6 技術提升 Wi-Fi 效率的目標，因此 MBSSID 技術在 Wi-Fi 6 中得到進一步演進，Wi-Fi 協定也規定 Wi-Fi 6 的終端必須支援該技術。

　　Wi-Fi 聯盟制定的認證標準規定 Wi-Fi 6 AP 產品在每個通道上最多可以建立 16 個 BSS，不同 BSS 分別對應不同的 SSID、BSSID 和連接密碼。如圖 2-46（a）所示，AP 創建了 16 個 BSS，每個 BSS 需要定期發送信標幀來廣播各自的 SSID 等資訊，假設每個 BSS 發送信標幀的週期均為 100ms，間隔時間相同，那麼在無線通道中檢測到不同 BSS 的信標幀之間的週期為 100ms/16=6.25ms。

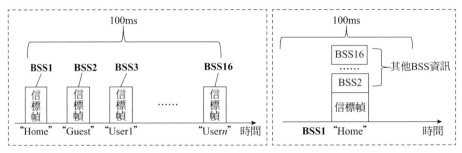

（a）傳統多BSS方式廣播信標幀　　　　（b）利用MBSSID技術廣播信標幀

▲ 圖 2-46　傳統多 BSS 技術與 MBSSID 技術廣播信標幀

利用 MBSSID 技術，可以將多個 BSS 定期發送的信標幀集中到一個 BSS 信標幀上進行傳輸，如圖 2-46（b）所示，將週期為 100ms 的 16 個 BSS 的信標幀資訊集中到一個信標幀中進行傳輸。於是在同樣的 100ms 內，無線通道上只有一個信標幀在傳送，顯然，MBSSID 技術降低了無線通道上信標幀傳輸的數量，即降低了週期性發送的信標幀對於無線資源的佔用。

1. MBSSID 關鍵技術

AP 在同一個通道上建立多個 BSS，然後利用其中一個 BSSID，攜帶其他 BSS 的信標幀或探測回應幀中的相關欄位資訊，這個 BSSID 被稱為傳輸 BSSID（Transmitted BSSID）。如圖 2-47 所示，BSS1 為傳輸 BSSID。相應地，被信標幀或探測回應幀中所攜帶的其他 BSS 被稱為非傳輸 BSSID（nontransmitted BSSID）。如圖 2-47 所示的 BSS2 至 BSSn 為非傳輸 BSSID。

▲ 圖 2-47 MBSSID 的傳輸與非傳輸 BSSID

802.11 設計了一個 MBSSID 欄位，用來存放非傳輸 BSSID 的資訊集，欄位中可以包括 MBSSID 欄位 ID、長度資訊、最大 BSSID 數量，以及一個或多個非傳輸 BSSID 資訊集，每個非傳輸 BSSID 資訊集相對獨立。

MBSSID 技術具有 MAC 位址推導、元素繼承和統一 AID 三個特點，其目的在於對 MBSSID 欄位的最佳化，降低 MBSSID 欄位對於信標幀增加的額外負載資訊。

1）MAC 位址可推導設計

由於每個 BSS 都有其唯一 48 位元的 MAC 位址，即 BSSID，為了降低非傳輸 BSSID 的 MAC 位址所佔用的位元組數，802.11 協定定義了一種可推導的 MAC 位址方式，這是指為每個非傳輸 BSSID 定義一個 8 位元長度的索引值，非傳輸 BSSID 的

MAC 位址可以透過傳輸 BSSID MAC 位址 + 索引值計算出來，以此解決 MBSSID 欄位中 MAC 位址長度帶來的容錯問題。

非傳輸 BSSID MAC 位址計算如式 2-2 所示：

$$A0\text{-}A1\text{-}A2\text{-}A3\text{-}A4\text{-}A5 = 傳輸 BSSID\ MAC\ 位址 \qquad (2\text{-}2)$$
$$B = A5 \bmod 2^n$$
$$A5(i) = A5 - B + ((B + i) \bmod 2^n)$$
$$BSSID(i) = A0\text{-}A1\text{-}A2\text{-}A3\text{-}A4\text{-}A5(i)$$

其中，2^n 為非傳輸 BSSID 的最大數量，$BSSID(i)$ 為第 i 個非傳輸 BSSID 的 MAC 位址資訊。

從式 2-2 可以看出，非傳輸 BSSID 的 MAC 位址只有最後一個位元組與傳輸 BSSID 的 MAC 位址不一樣。

舉例來說，如果傳輸 BSSID 的 MAC 位址資訊為 88:b3:62:36:05:5f，每個通道最多支持建立 16 個 BSSID，包括非傳輸 BSSID 與傳輸 BSSID，那麼根據式 2-2 可以計算出第 5 個非傳輸 BSSID 的資訊，即 2^n=16，B=f，A5(i)=54，所以其 MAC 位址 BSSID（5）=88:b3:62:36:05:54。

2）相同元素的繼承技術

非傳輸 BSSID 與傳輸 BSSID 建立在同一個通道上，則天線數量、最高速率等能力相關的欄位是相同的。802.11 協定定義了一種相同元素的繼承技術，即相同元素不再出現在非傳輸 BSSID 相應欄位中，比如工作通道、頻寬、射頻最高支援速率等資訊，而只攜帶與傳輸 BSSID 不同的欄位，比如服務裝置標識資訊 SSID 資訊、加密方式等資訊。透過相同元素繼承，可以減少 MBSSID 欄位多個非傳輸 BSSID 所攜帶的重複資訊。

舉例來說，如圖 2-48 所示，AP 工作在通道 36 和 80MHz 頻寬，建立三個 BSS，即 BSS1、BSS2 和 BSS3。圖 2-48 的左圖顯示三個 BSS 的基本配置資訊。利用相同元素繼承技術，即在 BSS1 發送的信標幀中，MBSSID 欄位只攜帶 BSS2 和 BSS3 的索引資訊和 SSID 資訊，而通道、頻寬等資訊從 BSS1 的資訊集中進行繼承，這種方式降低了 MBSSID 欄位的長度。

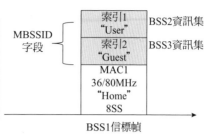

	BSS1	BSS2	BSS3
MAC位址	MAC1	MAC2	MAC3
工作通道/頻寬	36/80MHz	36/80MHz	36/80MHz
SSID	User	Guest	Home
最大空間流	8	8	8

▲ 圖 2-48 多個 BSS 廣播信標幀與 MBSSID 廣播信標幀對比

3）統一 AID 的處理方式

統一 AID 是指當 STA 連接傳輸 BSSID 或非傳輸 BSSID 對應的 BSS 時，為 STA 分配統一的 AID 資訊。這種方式在於利用傳輸 BSSID 對應的 BSS，統一維護記錄 STA 快取狀態的位元映射資訊，每個非傳輸 BSSID 對應的 BSS 不需要在 MBSSID 欄位中維護各自的位元圖資訊，降低位元映射欄位的銷耗。

在傳統方式中，STA 連接到 AP 後，AP 為其分配該 BSS 中唯一的 AID 資訊，並利用 TIM/DTIM 的位元映射欄位來指示連接其上 STA 的快取資訊，如圖 2-49（a）所示。在位元映射字段中，第 0 位元用來指示是否含有快取的多點傳輸資訊，其他欄位分別用對應的 AID 資訊指示不同的 STA 的快取單一傳播資訊。

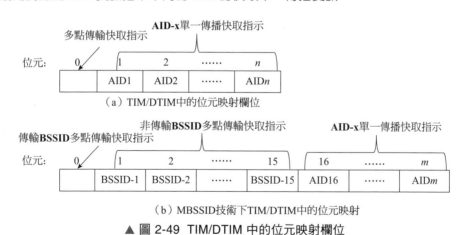

（a）TIM/DTIM中的位元映射欄位

（b）MBSSID技術下TIM/DTIM中的位元映射

▲ 圖 2-49 TIM/DTIM 中的位元映射欄位

在圖 2-49（a）所示的位元映射欄位基礎上，MBSSID 技術對於多點傳輸快取和單一傳播快取指示兩個方面進一步拓展。

（1）多點傳輸快取擴充。

位元映射欄位的前 n 個位元分別用來指示不同的 BSS 的多點傳輸快取狀態，n 的

設定值取決於射頻支援建立 BSS 的最大數量。

（2）單一傳播快取擴充。

STA 的 AID 統一分配，是從 n+1 開始統一分配，對應第 n+1 位元開始用於指示每個 STA 的快取狀態。如圖 2-49（b）所示，前 16 位元用於指示每個 BSS 的多點傳輸快取狀態，從第 17 位元開始即 AID16 為每個 STA 的單一傳播快取狀態。

2. Wi-Fi 6 對於 MBSSID 技術的改進

為了降低 MBSSID 技術在信標幀中的負載銷耗，提高通道使用率，Wi-Fi 6 對於 MBSSID 技術進一步最佳化，主要改進是定義增強型 MBSSID 欄位和信標幀中攜帶部分 BSS 的資訊集兩個方面。

1）增強型 MBSSID 欄位

增強型 MBSSID 欄位是指 BSS 資訊集中只包含每個非傳輸 BSSID 的索引資訊，終端設備接收並解析該欄位後，根據式 2-2 即可推算出每個非傳輸 BSSID 的 MAC 位址資訊。

與傳統的 MBSSID 欄位相比，增強型 MBSSID 欄位進一步減少其攜帶的每個非傳輸 BSSID 資訊量，壓縮 MBSSID 欄位所佔的位元組數，降低了該欄位在信標幀和探測回應幀的負載，提高了通道使用率。

圖 2-50 舉出了 MBSSID 與增強型 MBSSID 欄位的差別。

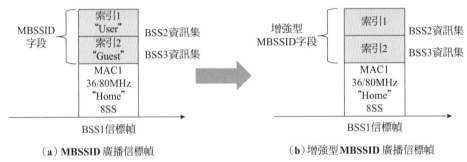

（a）MBSSID 廣播信標幀　　　　（b）增強型 MBSSID 廣播信標幀

▲ 圖 2-50　MBSSID 與增強型 MBSSID 欄位比較

如果 STA 需要從增強型 MBSSID 欄位獲取非傳輸 BSSID 的完整資訊，則需要進一步透過探測請求幀和探測回應幀互動。比如，STA 發送探測請求幀給 AP，並在其 MAC 標頭中 BSSID 欄位攜帶期望檢索的 BSSID 的 MAC 位址資訊，AP 根據該 MAC 位址資訊，提供對應的非傳輸 BSSID 的詳細資訊，填充到探測回應幀後發送給 STA。

2）MBSSID 欄位攜帶部分 BSS 資訊集

MBSSID 欄位攜帶部分 BSS 資訊集，是指不同信標幀中攜帶不同非傳輸 BSSID 資訊集並依次發送，STA 透過接收多個信標幀，並將這些信標幀中非傳輸 BSSID 資訊集進行整合，即可獲得完整的非傳輸 BSSID 資訊集。

與傳統的信標幀中攜帶完整的 BSS 資訊集相比，這種方式降低了非傳輸 BSSID 資訊在每個信標幀中的負載量，提高了通訊的效率。

圖 2-51 舉出了 MBSSID 欄位攜帶完整 BSS 資訊集與部分 BSS 資訊集的情況。

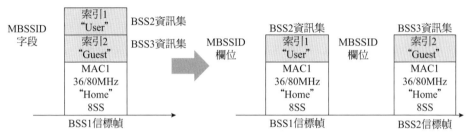

▲ 圖 2-51　MBSSID 欄位攜帶完整 BSS 資訊集與部分 BSS 資訊集

2.2.7　非連續通道捆綁技術

第 1 章介紹過 Wi-Fi 通道的捆綁技術，如圖 2-52 的左半部分所示，兩個相鄰的 20MHz 的通道綁定成一個 40MHz 頻寬的通道，兩個相鄰 40MHz 通道綁定組成一個 80MHz 頻寬的通道，甚至兩個相鄰 80MHz 通道綁定組成一個 160MHz 頻寬的通道，帶來的效果是增加了資料通道的頻寬。

Wi-Fi 6 增強了這種捆綁技術，在新引入的通道捆綁中，除了主 20MHz 通道必須保留以外，其他 20MHz 通道可以組合捆綁成新的通道頻寬。如圖 2-52 的右半部分所示，其中 1 個 20MHz 通道被遮罩掉，而其他 3 個 20MHz 通道組成了新的 60MHz 通道頻寬，尤其是第 2 種和第 3 種情況，3 個 20MHz 通道在非連續頻譜的情況下組成了 60MHz 通道，這種在連續頻譜中遮罩個別通道的技術被稱為前導碼遮罩技術（Preamble Puncturing）。

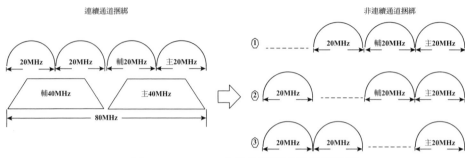

▲ 圖 2-52　Wi-Fi 6 支援非連續通道捆綁技術

Puncturing 字面意思是穿孔，從 Wi-Fi 訊號發射的角度來看，被遮罩的 20MHz 通道的訊號功率很低，接收端不能檢測和接收到被遮罩通道的資料。由於技術複雜度及製程成本問題，Wi-Fi 6 標準只要求 AP 在下行方向資料傳輸中支援該技術，而上行方向不支援。

1）前導碼遮罩技術提升 Wi-Fi 6 通道的使用效率

在 1.2.2 節介紹過，如果要使用 20MHz 以上的頻寬，802.11 標準規定 AP 或 STA 必須以 20MHz 為單位，在多個捆綁的通道上同時競爭無線媒介資源。只有同時競爭成功，才可以使用綁定頻寬。如果其中一個或多個 20MHz 的通道競爭不成功，則只能在競爭成功的通道中選擇包含主 20MHz 或主 40MHz 的頻寬上發送資料。

參考圖 2-53，在 5GHz 的 36、40、44、48 的連續 4 個 20MHz 通道中，如果 44 通道處於忙碌狀態，那麼即使 Wi-Fi 5 AP 在 36、40、48 通道上競爭成功，也只能使用主 20MHz 的 48 通道來發送資料，頻寬只有 20MHz。而 Wi-Fi 6 AP 則可以仍然捆綁 36、40 和 48 通道，形成 60MHz 頻寬並進行資料發送。

2）前導碼遮罩技術下的訊號功率

在 Wi-Fi 裝置中，調變後的訊號經過功率放大器和天線的增益之後，被傳送到無線媒介中。圖 2-54 是 80MHz 通道頻寬下的 Wi-Fi 訊號的發射功率的範例，可以看到 [-39.5MHz，39.5MHz] 的 79MHz 頻寬範圍內的功率密度保持在常值，而 [-40.5MHz，-39.5MHz] 或 [39.5MHz，40.5MHz] 範圍內的功率密度呈線性下降。

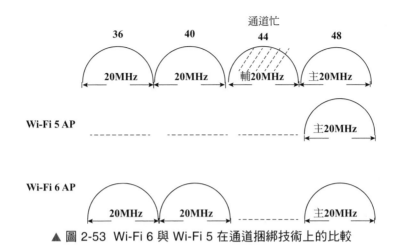

▲ 圖 2-53　Wi-Fi 6 與 Wi-Fi 5 在通道捆綁技術上的比較

　　圖 2-55 是基於前導碼遮罩技術下，Wi-Fi 發射訊號經過放大和濾波後的訊號功率密度圖，頻譜中 [-20MHz，0] 範圍內的 20MHz 頻寬的訊號被遮罩掉。但從圖中可以看到，遮罩的子通道上仍然有較低功率的訊號。這是因為在實際工程中，所採用的濾波器並不能完全過濾相鄰通道訊號，因而導致部分訊號洩漏到遮罩通道。Wi-Fi 6 標準規定，洩漏到遮罩子通道的訊號比正常訊號至少低 20dB 即可。

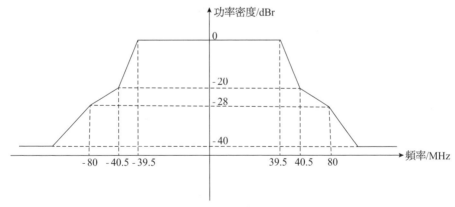

▲ 圖 2-54　80MHz 頻寬正常發射訊號功率密度圖

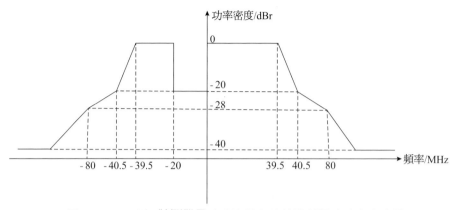

▲ 圖 2-55 80MHz 頻寬第二子通道遮卓後的發射訊號功率密度圖

2.3 Wi-Fi 6 物理層技術與標準更新

本章中介紹的 OFDMA 技術、空間重複使用技術、非連續通道捆綁技術、多輸入多輸出技術和新的 6GHz 頻段等都與 Wi-Fi 6 的物理層技術有關。但如果從物理層傳送 Wi-Fi 訊號的基本功能來看，Wi-Fi 6 標準在物理層上的主要更新是通道編碼、調變方式以及頻分複用的支援。

如圖 2-56 所示，Wi-Fi 6 裝置在物理層上依次對原始訊號進行通道編碼、載波調變和 OFDMA 下的多終端的資源單位 RU 重複使用，然後資料發送給接收端，接收端進行相應的解調和解碼過程，從而獲得發送的資料。

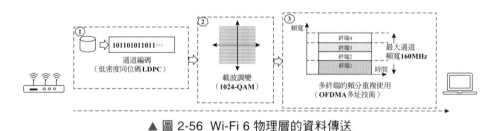

▲ 圖 2-56 Wi-Fi 6 物理層的資料傳送

與 Wi-Fi 5 相比，Wi-Fi 6 標準帶來的變化如下：

（1）**通道編碼**：Wi-Fi 6 採用低密度同位碼（LDPC），而 Wi-Fi 5 採用的是碼率卷冊積編碼。

（2）**調變方式**：Wi-Fi 6 最大可以支援 1024-QAM 調變方式，每個傳輸符號可以承載 10 位元資訊；而 Wi-Fi 5 最大支援 256-QAM 調變方式，每個傳輸符號承載 8 位

元的資訊。

（3）**頻分重複使用**：Wi-Fi 6 AP 支援 OFDMA 多址技術，給不同終端分配不同的 RU，這些 RU 佔據同一個通道的不同頻譜範圍，同時傳送資料；而 Wi-Fi 5 的終端需要佔用整個通道進行資料發送，不支援多址頻分重複使用。

Wi-Fi 6 的低密度同位碼使得接收端解碼複雜度較低，解碼延遲短且輸送量高；1024-QAM 的調變方式比 Wi-Fi 5 的 256-QAM 提升了 25% 的效率；OFDMA 多址技術提升了頻譜的利用效率，提高了密集場景下的多終端傳送資料的性能。

本節主要介紹 1024-QAM 調變技術和 OFDMA 給 Wi-Fi 6 標準帶來的變化，以及 Wi-Fi 6 所支援的新的 PPDU 格式。

2.3.1 Wi-Fi 6 物理層技術的特點

1. 1024-QAM 的通道調變方式

Wi-Fi 4 以後的技術都支援調變與編碼方式（Modulation and Coding Scheme，MCS），MCS 根據不同編碼、調變、通道頻寬、OFDM 符號間隔等參數，有不同等級的速率設定。Wi-Fi 6 支援 1024-QAM，則 MCS 要做相應的調整。圖 2-57 以一條空間流為前提，展示 Wi-Fi 4、Wi-Fi 5 和 Wi-Fi 6 所支援的 MCS 以及最大速率的演進。

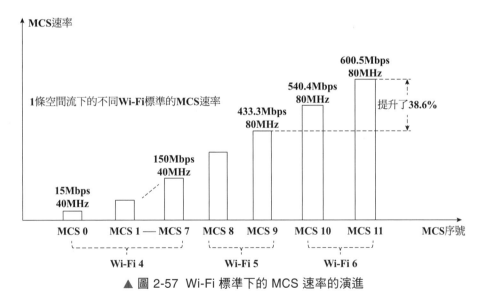

▲ 圖 2-57 Wi-Fi 標準下的 MCS 速率的演進

- Wi-Fi 4：支援 MCS 0 到 MCS 7 的 8 種速率，其中 MCS 7 的最高速率為 150Mbps。
- Wi-Fi 5：新增了 MCS 8 和 MCS 9，最高速率達到 433.3Mbps。
- Wi-Fi 6：在 1024-QAM 的情況下，新增了 MCS 10 和 MCS 11，最高速率達到 600.5Mbps，比 Wi-Fi 5 速率提升了 38.6%。

表 2-4 舉出了 Wi-Fi 6 的 MCS 10 和 MCS 11 在不同通道頻寬、不同 OFDM 符號間隔組合下的速率資訊。如果通道頻寬是 80MHz，OFDM 符號間隔是 0.8μs，且在一條空間流，則 MCS 11 的最高速率可以達到 600.5Mbps。

▼ 表 2-4　Wi-Fi 6 新引入的 MCS 值及對應的速率

物理層資料傳輸速率 /Mbps									編碼方式	調變方式
MCS	20MHz 頻寬			40MHz 頻寬			80MHz 頻寬				
GI/μs	0.8	1.6	3.2	0.8	1.6	3.2	0.8	1.6	3.2		
10	129.0	121.9	109.7	258.1	243.4	219.4	540.4	510.4	459.4	3/4	1024-QAM
11	143.4	135.4	121.9	286.8	270.8	243.8	600.5	567.1	510.4	5/6	1024-QAM

在 Wi-Fi 通訊系統中，發射端的性能容易受到射頻部分設計選擇、電路板版面配置和實現方法的影響，導致在調變過程中，在星座圖上出現的理想點位與實際發送點位存在一定的相對星座偏差，該偏差包括幅度偏差和相位偏差，進而導致接收端星座圖出現一定程度的「模糊性」。

在實際工程中，常採用向量誤差幅度（Error Vector Magnitude，EVM）或相對星座圖誤差（Relative Constellation Error，RCE）來量化實際星座點位與理想星座的點位的向量差。EVM 用百分比來衡量實際訊號點位與基準點位之間的偏差，在圖 2-58 所給範例中，基準訊號點位為 P1（I1，Q1），實際訊號點位為 P2（I2，Q2）。

計算 EVM 百分比如式 2-3 所示：

$$\text{EVM}（\%）= \frac{\sqrt{(I_2-I_1)^2+(Q_2-Q_1)^2}}{|P_1|} \tag{2-3}$$

由於 EVM 並不是只計算單一點位的偏差，而是計算多個點位的平均值，假設 Qi 為實際點位，P_i 為對應的基準點位，所以 EVM 多點平均誤差如式 2-4 所示：

$$\text{EVM}（\%）= \frac{\sqrt{\sum_{i=1}^{i=k}(Q_i-P_i)^2}}{\sum_{i=1}^{i=k}|P_i|} \tag{2-4}$$

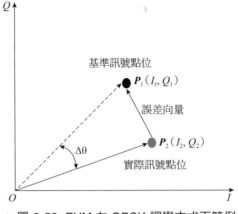

▲ 圖 2-58 EVM 在 QPSK 調變方式下範例

EVM 也可以用 dB 來表示，百分數與 dB 的換算如式 2-5 所示：

$$EVM（dB）= 20 \times \log EVM（\%）\qquad\qquad (2\text{-}5)$$

比如，在 BPSK 調變方式中，EVM 為 -5dB 時，根據式 2-5，可算出對應的 EVM（%）顯然，EVM 越大，發射端系統性能越差。對於低階調變方式，比如 QPSK 方式，每個象限只有一個星座點，點位邊界較大，允許採用較高的 EVM 值而不會影響系統判定。但隨著調變等級增加，每個點位允許誤差的邊界即判決區出現成倍縮小。圖 2-59 舉出了 256-QAM 與 1024-QAM 星座點位示意圖，可以看到，1024-QAM 星座圖中的點與點之間的距離（點距）比 256-QAM 中的點距縮小了 50%。

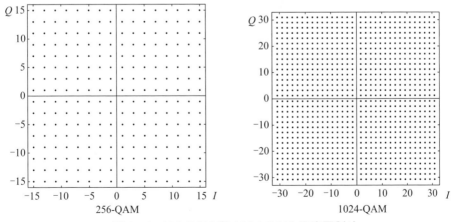

▲ 圖 2-59 256-QAM 與 1024-QAM 星座圖對比

　　EVM 允許的最大值不能超出每個點位的判決區，否則將導致解調出現錯誤。

　　圖 2-60 舉出了 Wi-Fi 標準中不同調變方式對於 EVM 的最低要求，可以看到，Wi-Fi 6 協定要求 1024-QAM 相對星座誤差值要小於等於 -35dB，即 EVM（%）= 1.77%；而 256- QAM 5/6 碼率的相對星座誤差值要小於等於 -32dB，即 EVM（%）= 2.5%，所以 Wi-Fi 6 對 PHY 層提出了更高的設計要求。

Wi-Fi協定	調變方式	EVM（dB）	EVM（%）
Wi-Fi 4	BPSK	- 5	56
Wi-Fi 4	64-QAM	- 27	4.4
Wi-Fi 5	256-QAM	- 30	2.5
Wi-Fi 6	1024-QAM	- 35	1.77

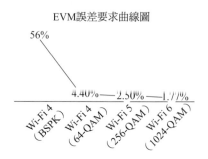

▲ 圖 2-60 Wi-Fi 不同標準下的 EVM 要求

2. Wi-Fi 6 OFDMA 帶來的新變化

　　Wi-Fi 6 之前協定定義的 OFDM 子載波間隔（即子載波頻寬）為 312.5kHz，而 Wi-Fi 6 OFDMA 子載波頻寬為 78.125kHz，顯然，OFDM 子載波頻寬為 OFDMA 方式的 4 倍。由於頻寬 = 子載波間隔 × 子載波個數，在相同頻寬下，OFDMA 方式的子載波個數更多，例如 20MHz 頻寬時，OFDM 方式資料子載波數量為 52 個，而 OFDMA 方式下資料子載波數量增加到 234 個，因而在頻域方向上劃分不同 RU 的方式將更加靈活，也更有利於多使用者的併發操作。

　　圖 2-61 舉出了 802.11a/g/n/ac 標準中 OFDM 技術子載波和 Wi-Fi 6（802.11ax）定義的 OFDMA 技術子載波間隔特點。

　　在時域方向上，一個 OFDM 符號是多個子載波正交而形成的，即一個 OFDM 符號是各個正交的子載波在延遲方向的疊加，子載波間隔的變化必然造成 OFDM 符號產生一定的改變。本節將介紹 OFDMA 技術為 OFDM 符號週期和 OFDM 符號間隔帶來的變化。

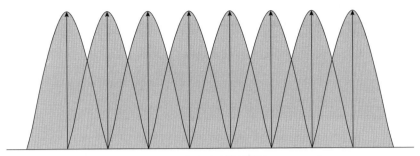

（a）802.11a/g/n/ac子載波（子載波間隔：312.5kHz）

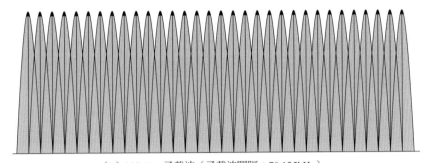

（b）802.11ax子載波（子載波間隔：78.125kHz）

▲ 圖 2-61 802.11ac 與 802.11ax 子載波對比

1）OFDM 符號週期變化

如圖 2-62 所示，相互正交的子載波調變公式可以表示為 $\{\sin(2\pi \times wt), \sin(2\pi \times 2wt), \sin(2\pi \times 3wt), \cdots, \sin(2\pi \times kwt)\}$，其中，$w$ 為初始子載波頻率，同時相鄰載波間頻率差值 $\Delta f = w$，第 k 個子載波調變頻率為第一個子載波調變頻率的 k 倍。一個 OFDM 符號週期需要選取在所有子載波歸零的位置，這樣才能夠保證子載波的正交性。當選取第一個子載波歸零位置 $wt=1$ 時，該位置上第 k 個子載波的振幅為 $\sin(2\pi \times kwt) = \sin(2\pi \times k) = 0$，即該位置也是第 k 個子載波的歸零位置。因此，第一個子載波的週期「$t=1/w$，也是一個 OFDM 符號週期。

綜上，子載波間隔 Δf 與一個 OFDM 符號週期的關係可以表示為式 2-6：

$$子載波間隔 = \frac{1}{OFDM符號週期}$$
（2-6）

由於 OFDM 和 OFDMA 子載波間隔分別為 312.5kHz 和 78.125kHz，根據式 2-6 分別計算出 OFDM 符號週期為 3.2μs，OFDMA 符號週期為 12.8μs。

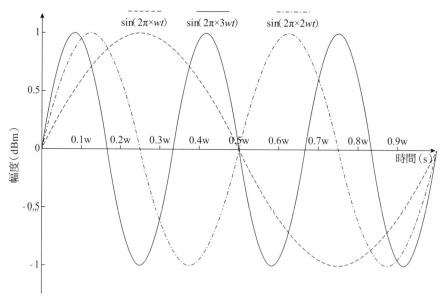

▲ 圖 2-62 一個 OFDM 符號內的正交子載波

2）OFDM 符號間隔變化

在第 1 章介紹過，OFDM 符號間隔（GI）用於解決多徑問題造成的 OFDM 符號間相互干擾的問題，符號間隔越大，抗干擾性越好，但會導致輸送量降低。Wi-Fi 5 及之前的協定分別定義 0.8μs 標準符號間隔和 0.4μs 短符號間隔，而後者用於干擾較小的環境。Wi-Fi 6 繼續沿用 0.8μs 符號間隔，並在此基礎上，擴充支援 1.6μs 和 3.2μs，用於多徑問題嚴重的室內環境或室外環境下傳輸 PPDU。

在室外環境下，Wi-Fi 訊號傳輸的距離比在室內環境下遠，對每個 OFDM 符號來說，透過多徑到達接收端有較大的時差。為了減少相同 OFDM 符號不同路徑造成的重疊及干擾，就需要更長的 GI 來作為 OFDM 符號之間的間隔。Wi-Fi 6 定義的三種 GI 的用法總結如表 2-5 所示。

▼ 表 2-5 Wi-Fi 6 下的 GI 類型和應用場景

GI 長度 /μs	場景用途說明
0.8	用於多數室內環境，與 12.8μs 的 OFDM 符號一起組成的符號長度為 13.6μs
1.6	在多徑現象比較明顯的室內環境或室外環境，與 12.8μs 的 OFDM 符號一起組成的符號長度為 14.4μs，從而確保上行 OFDMA 或 MU-MIMO 的可靠傳輸
3.2	用於室外環境下的通訊，與 12.8μs 的 OFDM 符號一起組成的符號長度為 16.0μs。更長的符號提供傳輸的可靠性

Wi-Fi 5 的 OFDM 技術與 Wi-Fi 6 定義的 OFDMA 技術參數，對比如表 2-6 所示。

▼ 表 2-6　Wi-Fi 5 OFDM 與 Wi-Fi 6 OFDMA 參數對比

參數類型	Wi-Fi 5	Wi-Fi 6
20MHz 頻寬子載波數量	64 個	256 個
20MHz 頻寬資料子載波數量	52 個	234 個
子載波間隔	312.5kHz	78.125kHz
OFDM 符號時間	1/312.5kHz=3.2μs	1/78.125kHz=12.8μs
SGI	0.4μs	不存在
GI	0.8μs	0.8μs
2×GI	不存在	1.6μs
4×GI	不存在	3.2μs
效率：OFDM 符號時間 /（OFDM 符號時間 +GI 時間）	80%，89%	80%，89%，94%

1.2.3 節中舉出過 Wi-Fi 理想情況下最大速率的計算公式，如下所示：

$$傳送速率 = \frac{傳輸位元數量 \times 傳輸碼率 \times 資料子載波數量 \times 空間流數量}{資料子符號的傳輸時間}$$

依據 Wi-Fi 6 的參數列表，對 Wi-Fi 6 的理想速率進行計算，如表 2-7 所示，可以計算 Wi-Fi 6 的最大速率為 9.6Gbps。

▼ 表 2-7　Wi-Fi 6 速率計算的相關參數

協定標準	802.11ax（Wi-Fi 6）
空間流數量（條）	8
傳輸位元數量（位元）	10
傳輸碼率	5/6
資料子載波的數量（個）	980×2（頻寬 160MHz）
載波符號傳輸時間 (μs)	12.8μs + 0.8μs 最小間隔
最大速率（Mbps）	9607

2.3.2　Wi-Fi 6 新的 PPDU 幀格式

由於 Wi-Fi 6 引入了 1024-QAM 調變技術、OFDMA 多使用者頻分技術等，需要引入相應的前導代碼段來指示這些新技術。Wi-Fi 6 定義的前導代碼段包括 HE-

SIG-A、HE- SIG-B、HE-STF 和 HE-LTF，另外 Wi-Fi 6 增加了位於物理幀尾部為接收端處理延遲而延伸的欄位 PE（Packet Extension）。

此外，Wi-Fi 6 定義包含了新的前導代碼段的物理幀格式來滿足不同場景下新技術的應用，共定義 4 種 PPDU 幀格式，分別為 HE SU PPDU、HE MU PPDU、HE TB PPDU 和 HE ER PPDU，並增加了一種新的 MAC 層的控制幀，即觸發幀。新的 PPDU 與新的前導碼的對應關係如表 2-8 所示。

▼ 表 2-8 Wi-Fi 6 的 PPDU 格式和新增的前導碼

Wi-Fi 6 PPDU 幀格式	包含新增的前導碼	對應的技術支援
HE SU PPDU	HE-SIG-A、HE-STF、HE-LTF 和 PE	單使用者場景下的上下行資料傳輸
HE MU PPDU	HE-SIG-A、HE-SIG-B、HE-STF、HE-LTF 和 PE	OFDMA 下行多使用者的資料傳輸以及上下行 MU-MIMO 的資料傳輸
HE TB PPDU	HE-SIG-A、HE-STF、HE-LTF 和 PE	支援 OFDMA 上行多使用者的資料傳輸
HE ER PPDU	HE-SIG-A、HE-STF、HE-LTF 和 PE	遠距離傳輸的 PPDU

1. Wi-Fi 6 的前導代碼段

如圖 2-63 所示，Wi-Fi 6 標準帶來的物理幀格式變化是分別替換 Wi-Fi 5 中的前導碼，並且增加物理幀尾部的延伸欄位 PE。

- HE-SIG-A：用於指示 Wi-Fi 6 的調變編碼技術、通道頻寬、空間重複使用技術等。
- HE-SIG-B：用於指示 Wi-Fi 6 的多使用者 RU 位置和大小。
- HE-STF 和 HE-LTF：用於 Wi-Fi 6 的 MIMO 系統下通道資訊評估。
- 延伸欄位 PE：為 Wi-Fi 6 接收端提供額外的處理延遲，欄位長度設定值為 0μs、4μs、8μs、12μs 或 16μs，具體時長取決於前面資料欄位內的填充欄位資訊和相應的參數。

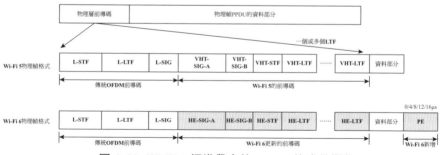

▲ 圖 2-63 Wi-Fi 6 標準帶來的 PPDU 格式的變化

下面說明 HE-SIG-A 和 HE-SIG-B 欄位的含義和用途,以及前導代碼段在 HE PPDU 中的頻寬設計。

1)HE-SIG-A 欄位

HE-SIG-A 欄位在不同 HE PPDU 格式中定義的基本功能類似,但相同位置的位元的含義不完全相同,以 HE MU PPDU 中的 HE-SIG-A 欄位為例,HE-SIG-A 用途如表 2-9 所示。

▼ 表 2-9 HE MU PPDU 中的 HE-SIG-A 欄位

欄位	位元	用途
UL/DL	B0	指示 MU PPDU 方向性,賦值為 1 表示上行,為 0 表示下行
HE-SIG-B-MCS	B1-B3	HE-SIG-B 欄位的 MCS 值,設置較高的 MCS 值有助提高輸送量
HE-SIG-B DCM	B4	賦值為 1 表示 HE-SIG-B 採用雙載波調變(Dual Carrier Modulation,DCM)模式,否則不採用 DCM 調變模式,參考 2.4.3 節
BSS 著色	B5-B10	指示 BSS 的顏色區分,參考 2.2.5 節
空間重複使用	B11-B14	指示空間重複使用技術採用的類型,參考 2.2.5 節
頻寬	B15-B17	指示該 PPDU 傳輸的頻寬,比如 20MHz、40MHz 等
HE SIG-B 符號數量或 MU-MIMO 用戶數量	B18-B21	指示 HE SIG-B 欄位中 OFDM 符號的數量。在不分配 RU 的情況下,例如每個 STA 獨佔所有頻寬資源,該參數表示 MU-MIMO 的使用者數量
HE-SIG-B 壓縮	B22	指示 HE-SIG-B 是否攜帶公共欄位,設置為 1 表示不攜帶,即不攜帶 RU 分配資訊
HE-LTF 中 GI 長度	B23-B24	指示 HE-LTF 欄位中的 GI 資訊,Wi-Fi 6 引入了 1.6μs 和 3.2μs
多普勒效應	B25	指示多普勒效應造成的影響,一般用於高速移動的裝置

2)HE-SIG-B 欄位

STA 根據 HE-SIG-B 欄位提供的資訊計算出其對應下行資料的 RU 位置和大小,從而篩選出對應的下行資料。HE-SIG-B 欄位包括兩部分:公共欄位和使用者特定欄位,如圖 2-64 所示,這兩個欄位的具體含義如下。

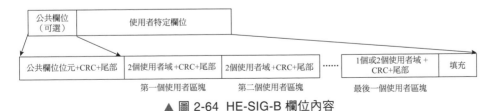

▲ 圖 2-64 HE-SIG-B 欄位內容

（1）公共欄位：包括公共欄位資訊、CRC 驗證資訊和尾部資訊。其中公共欄位主要包括 RU 的分配資訊，透過 8 個位元指示 RU 的不同組合方式，以及 MU-MIMO 中使用者數量資訊。需要注意的是，當使用者獨佔所有頻寬資源時，比如 MU-MIMO 模式下不再需要 RU 分配資訊，此時公共欄位不再出現在 HE-SIG-B 欄位中。

（2）使用者特定欄位：劃分成多個使用者區塊，為了減少前導碼的長度，每個使用者資訊區塊均包含 2 個使用者域、CRC 驗證欄位和尾部欄位。併發使用者數量為奇數時，最後一個用戶區塊只包含一個使用者域。其中，使用者域包含使用者 ID 欄位，指示使用者如何根據相關資訊解碼出相應的資料部分。

2. HE 四種 PPDU 幀格式

除觸發幀之外，Wi-Fi 6 還定義了四種新的幀格式，為 HE SU PPDU、HE MU PPDU、HE TB PPDU 和 HE ER PPDU 分別用於單使用者的上下行資料傳輸、多使用者上下行資料傳輸、多使用者上行資料傳輸和單使用者遠距離上下行資料傳輸。四種幀格式介紹如下。

1）HE SU PPDU

HE SU PPDU 用於 AP 與 STA 在 1 對 1 單使用者場景下的上下行資料傳輸，HE SU PPDU 幀格式圖 2-65 所示。其中 HE-SIG-A 部分為 8μs，HE-STF 為 4μs，HE-LTF 欄位個數與空間流數量有關，比如空間流數量為 8 時，HE-LTF 欄位為 8 個。

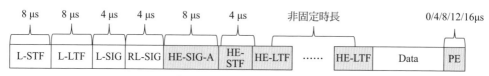

▲ 圖 2-65 HE SU PPDU 幀格式

2）HE MU PPDU

HE MU PPDU 主要用於支援 OFDMA 下行的單 / 多使用者的資料傳輸，以及上下行 MU-MIMO 的資料傳輸。如圖 2-66 所示，可以看到，和 HE SU PPDU 格式相比，HE MU PPDU 中多了一個使用者指示多使用者資訊的 HE-SIG-B 欄位。

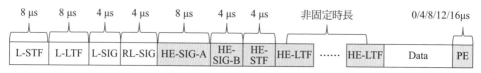

▲ 圖 2-66 HE MU PPDU 幀格式

3）HE TB PPDU

HE TB PPDU 主要用於支援 OFDMA 上行多使用者的資料傳輸，作為 STA 收到 AP 發送的觸發幀之後承載上行資料的回應幀。同時，為了保證 AP 能夠解析出多個 STA 透過各自的 RU 向 AP 發送承載資料 HE TB PPDU，HE TB PPDU 中同步資訊需要保持一致，比如傳輸速率 MCS、接收功率 RSSI、上行資料長度等。

TB PPDU 格式如圖 2-67 所示，與 HE MU PPDU 相比，區別包括兩個方面：

* HE TB PPDU 中缺少包含多使用者資訊及 RU 分配資訊的 HE-SIG-B 欄位，因為這部分內容在 AP 發送的觸發幀中已經包含。
* HE TB PPDU 中的 HE-STF 時間長度從 4μs 增加到 8μs，目的是為從多使用者同時接收 HE-STF 欄位提供足夠的時間容錯。

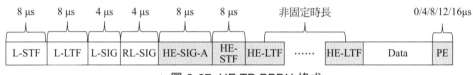

▲ 圖 2-67　HE TB PPDU 格式

HE TB PPDU 傳統前導碼部分以 20MHz 為單位對齊，便於傳統 STA 能夠辨識出 Wi-Fi 訊號。然而，Wi-Fi 6 定義的 HE 欄位在分配的 RU 頻段範圍內傳輸，而非以 20MHz 為單位傳輸，舉例來說，提供通道評估資訊的 HE-STF 和 HE-LTF 欄位。

當分配的 RU 小於 20MHz 時，傳統前導碼按 20MHz 頻寬來發送，此時不同終端的傳統前導碼在相同的 20MHz 頻寬上會出現重疊現象，由於 AP 在觸發中已經規定了傳統前導碼相關規則，即所有的 STA 發送的 HE TB PPDU 中的傳統前導碼都是一樣的，並且同時發送，所以重疊並不會影響 AP 對這部分資訊的解析。當 RU 大於 20MHz 時，比如 RU 大小為 484-tone，則在對應的兩個 20MHz 子通道上發送相同的傳統部分的前導碼。

如圖 2-68 所示範例中，工作在 20MHz 頻寬的 AP，給 STA1、STA2 和 STA3 分別分配了 106-tone、26-tone 和 106-tone 的 RU，每個 STA 實際發送 HE TB PPDU 的情況如圖 2-68（a1）、（a2）和（a3）所示，而 AP 端接收到的 HE TB PPDU 如圖 2-68（b）所示。

HE-SIG-A 和 HE-SIG-B 欄位也是以傳統前導碼方式發送，即以 20MHz 為單位在多個通道上複製多份進行傳輸，便於一些只能工作在主 20MHz 的裝置（例如低功耗的窄頻寬的物聯網裝置）正確解析 HE 訊號資訊。

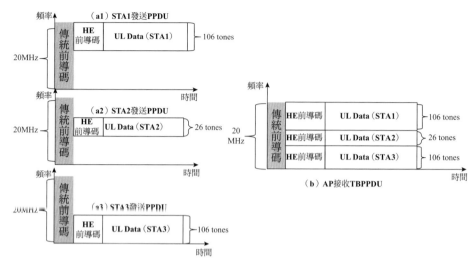

▲ 圖 2-68　HE TB PPDU 的發送（STA）和接收（AP）

　　STA 收到 AP 發送的非 MU-RTS 類型的觸發幀後，根據 RU 指示資訊把上行資料放到對應的頻寬資源上，並封裝在 HE TB PPDU 中發送出去，如果 STA 資料長度不足以填補觸發幀指示的長度，則需要加填充欄位，確保所有 STA 發送的 HE TB PPDU 對齊，以降低 AP 解調 HE TB PPDU 的難度。

　　如圖 2-69 所示，STA2 的上行資料比觸發幀指示的資料少，需要在資料部分末尾加填充欄位（Padding），保證 STA2 和其他 STA 發送上行資料的長度是對齊的。這裡的填充字段是資料部分的末尾，而非 PPDU 的末尾。在 1.2.4 節介紹過，MPDU 之後是驗證欄位，填充欄位需要在驗證欄位之前增加。

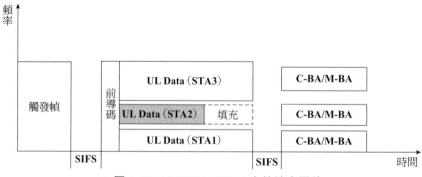

▲ 圖 2-69　UHE TB PPDU 中的填充欄位

4）HE ER PPDU

HE ER PPDU 用於遠距離傳輸的 PPDU，遠距離傳輸的特點是距離遠、訊號弱和通道衰落較大，接收端解調、解碼困難。協定規定 HE ER PPDU 採用 MCS0-MCS2 對應的編碼方式編碼，以提高發送功率。而工作頻寬限制在 20MHz，僅支援 242-tone 和 106-tone 兩種 RU 格式，並且只用於和單一 STA 通訊的遠距離場景，以提高傳輸可靠性。

HE ER PPDU 前導代碼段中關鍵欄位，舉例來說，協定規定，L-STF、L-LTF、HE-STF 和 HE-LTF 欄位增強 3db 發送，便於前導碼部分更容易被接收端成功解析，並根據前導碼訊息進一步解析後面的資料欄位部分，進而提高接收端的解碼性能。並且一些前導代碼段高功率發射並不會影響整個 PPDU 的發射功率，即不會違反當地無線電管理部門規定的功率限制。

HE ER PPDU 格式如圖 2-70 所示，由於 HE ER PPDU 的 HE-SIG-A 欄位前後都出現了高功率發送欄位，為了保證 HE-SIG-A 能夠被接收端成功解析出來，需要重複發送一次。因此，HE ER PPDU 的 HE-SIG-A 為 16μs，而其他欄位則沒有差別。

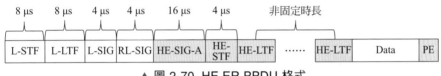

▲ 圖 2-70 HE ER PPDU 格式

HE ER PPDU 對自動增益控制（AGC）提出了特殊的處理要求，所以需要收發雙方都支援該功能才可以使用。

發送信標幀時採用 HE ER PPDU 格式的 BSS 稱為 HE ER BSS，顯然，HE ER BSS 將比普通的 BSS 具有更大的覆蓋範圍，但不支援 HE ER PPDU 格式的 STA 無法解析 HE ER BSS，針對這樣的問題，在實際應用中，一般在 HE ER BSS 所在的通道上，另外建一個普通 BSS，這樣不支援 HE ER PPDU 的 STA 可以連接到該射頻對應的普通 BSS 上，避免射頻資源浪費。

3. 觸發幀

Wi-Fi 6 定義了基本觸發幀和特殊觸發幀，用於滿足不同的應用場景下為上行方向資料分配 RU 資源。觸發幀的分類及用途說明如表 2-10 所示。

▼ 表 2-10 觸發幀類型的說明

觸發幀類型	欄位值	用途
基本類型	0	基本觸發類型，用於指示多使用者 RU 分配資訊，觸發多使用者發送上行資料
Beamforming 報告查詢（Beamforming Report Poll，BFRP）	1	用於多使用者通道資訊探測過程，AP 發送 BFRP 幀後，一次可以獲取多個使用者的通道回饋資訊
多使用者確認請求（Multi-User Block Ack Request，MU - BAR）	2	用於獲取多使用者的 BA 資訊，AP 利用 OFDMA 技術發送下行資料，隨後發送 MU-BAR，多個 STA 按照 MU-BAR 中所指示的 RU 位置發送各自的 BA 資訊
快取狀態查詢（Buffer Status Report Poll，BSRP）	4	用於 AP 查詢 STA 上行快取資訊以決定如何分配上行 RU 資源，STA 可以在發送的任何類型幀中回應 BSRP，上報當前上行資料快取狀態
重傳功能多點傳輸的多使用者確認請求（Groupcast with Retries MU-BAR，GCR MU-BAR）	5	與 MU-BAR 用法類似，但 GCR MU-BAR 只應用於 AP 向多個終端傳輸均有重傳功能多點傳輸幀的場景
頻寬查詢（Bandwidth Query Report Poll，BQRP）	6	AP 查詢 STA 每個 20MHz 子通道的繁忙與空閒情況，然後根據 STA 回饋情況分配上下行 RU，從而保證 STA 傳送資料時不會受到周圍裝置的干擾。AP 透過 BQRP 可一次向多個 STA 發送查詢資訊
NDP 反饋資訊查詢（NDP Feedback Report Poll，NFRP）	7	AP 利用 NFRP 查詢處於瞌睡狀態的 STA，如果 STA 回應了 NFRP，則 AP 認為該 STA 可以正常接收資料，AP 可以向其發送快取的資料

觸發幀基本格式如圖 2-71 所示，其中 MAC 標頭分與之前定義的幀格式一致，這裡重點關注觸發幀的公共資訊欄位（Common Info）和使用者資訊列表（User Info List）。

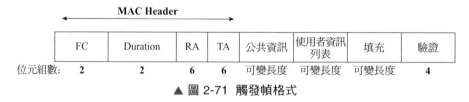

▲ 圖 2-71 觸發幀格式

1）公共資訊欄位

公共資訊欄位主要的欄位及說明如表 2-11 所示。

▼ 表 2-11 公共資訊欄位主要欄位說明

欄位	位元	說明及用途
觸發幀類型	B0-B3	觸發幀的具體類型，Wi-Fi 6 共定義了 7 種類型的觸發，參見表2-10
UL 長度	B4-B15	STA 發送 HE TB PPDU 的長度資訊
CS 要求	B17	如果該欄位為 1，則 STA 需要用 CCA-ED 探測通道是否空閒，如果空閒，則可以發送 HE TB PPDU。否則該 STA 不能在該 RU 上傳送任何資訊
UL BW	B18-B19	HE TB PPDU 的HE-SIG-A 填充的總頻寬資訊
UL STBC	B26	要求 STA 發送的 HE TB PPDU 是否採用 STBC 方式編碼，如果為 1，則要求採用該方式；如果為 0，則不要求
AP 發射功率	B28-B33	AP 發送該觸發幀時的發射功率。STA 接收到觸發幀以後，根據 AP 端的發射功率和實際接收功率，並根據公式（路徑損耗 = 發射功率 - 實際接收功率）計算出路徑損耗。然後根據 AP 要求 HE TB PPDU 的 RSSI 資訊，計算出 STA 需要發射 HE TB PPDU 的實際功率，從而保證 AP 從多個 STA 接收到的 PPDU RSSI 大致相同，才可以保證 AP 解調出所有的 HE TB PPDU

註：這裡提到利用 CCA-ED 直接探測通道上能量的方式判斷通道是否空閒，而非利用 CCA-PD 方式先探測是否為 Wi-Fi 訊號，再對比門限值的方式。這是因為觸發幀發送之後，給 STA 的判斷通道空閒的時間只有 16μs 的 SIFS 時間間隔，而 CCA-PD 方式需要接收完整傳送前導碼才可以判斷是否是 Wi-Fi 訊號，由於傳統前導碼至少佔 20μs，因此 STA 沒有足夠的時間做 CCA-PD 檢測。

2）使用者資訊列表

使用者資訊列表欄位格式如圖 2-72 所示。

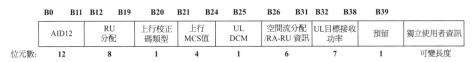

▲ 圖 2-72 使用者資訊列表欄位

其主要的欄位及說明如表 2-12 所示。

▼ 表 2-12 使用者資訊列表欄位主要欄位說明

欄位	位元	說明及用途
AID12	B0-B11	STA 的 AID 資訊，某一個 STA 根據 AID 即可知道是否可以發送 UL Data
RU 分配	B12-B19	RU 位置及大小資訊，STA 根據 Common 欄位的頻寬資訊和 RU 分配表即可算出其對應的 RU 的位置及大小資訊
上行向前改錯碼類型	B20	為 0 表示 BCC 方式，為 1 表示 LDPC 方式

欄位	位元	說明及用途
空間流分配 /RA-RU 資訊	B26-B31	作為空間流分配欄位時,在非 OFDMA+MIMO 模式下,SS 為 1;在 OFDMA+MIMO 模式下,則需要指定每個 STA 分配的空間流的數量和起始位置資訊
上行目標接收功率	B32-B38	上行目標 RSSI 資訊,觸發幀中的上行目標接收功率要保持一致,這樣才可以保證 AP 成功解析 HE TB PPDU

3)STA 的發射功率的設置

對 STA 來說,從觸發幀中獲取到 AP 的發送功率 TX power,以及實際接收訊號強度 RSSI,則可以計算出 AP 的功率在傳播路徑上的損耗,如式 2-7 所示:

$$路徑損耗(Path\ Loss)= TX\ power\text{-}RSSI \qquad (2\text{-}7)$$

AP 規定了它的接收功率 RSSI,那麼 STA 根據上述的路徑損耗以及 AP 對 RSSI 的要求,可以計算出 STA 發送 HE TB PPDU 所需要的發射功率,如式 2-8 所示:

$$TX\ power = Path\ Loss + RSSI \qquad (2\text{-}8)$$

由於 AP 到每個 STA 的路徑損耗並不一致,但又要求 AP 獲取 HE TB PPDU 時的 RSSI 一致,這樣的結果是每個 STA 的實際發送功率不一樣,根據式 2-9 所示:

$$Loss = 32.44 + 20\lg d\,(km) + 20\lg f\,(MHz) \qquad (2\text{-}9)$$

Lost 是傳播損耗,單位為 dB。d 為距離,單位為 km。f 為頻率,單位為 MHz。

可以看到,在同一通道即頻率相同時,路徑損耗與距離成正相關,所以在多個 STA 一起發送 HE TB PPDU 時,離 AP 越遠,實際需要的發射功率越高。

2.4 Wi-Fi 6 支援 6GHz 頻段的技術

Wi-Fi 聯盟把工作在 6GHz 頻段的 Wi-Fi 裝置命名為 Wi-Fi 6E。E 代表 Extended,即把原有的 2.4GHz 和 5GHz 頻段擴充至 6GHz 頻段。Wi-Fi 6 標準開始支援 6GHz 頻段,這意味著一個 Wi-Fi 6 的無線路由器或終端最多可以同時支援 2.4GHz、5GHz 和 6GHz 的三個頻段,參考圖 2-73 所示新的 Wi-Fi 6 裝置,它可以支援更多的終端透過不同的頻段同時連接到該裝置。

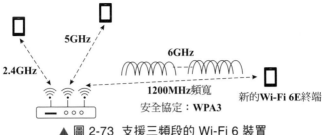

▲ 圖 2-73　支援三頻段的 Wi-Fi 6 裝置

與 Wi-Fi 裝置工作在 2.4GHz 或 5GHz 頻段相比，Wi-Fi 標準支援 6GHz 頻段有下面的技術特點。

（1）6GHz **頻段具有更大的頻寬。**

Wi-Fi 在 6GHz 上的總頻寬資源高達 1200MHz，包括 7 個可選的 160MHz 通道，能夠滿足更多高頻寬、低延遲的新興業務需求。

（2）6GHz **頻段有更好的性能最佳化。**

6GHz 是 Wi-Fi 新的免受權頻譜，原先工作在 2.4GHz 的大量非 Wi-Fi 裝置不再對 6GHz 頻段的 Wi-Fi 性能產生影響，同時 Wi-Fi 標準對於 6GHz 頻段的 Wi-Fi 發現、連接等過程中的訊息進行了最佳化，從而使得 6GHz 頻段的 Wi-Fi 執行效率更高。

（3）6GHz **頻段有更安全的資料傳送保障。**

工作在 6GHz 頻段的裝置都是最新的 Wi-Fi 6 AP 或 STA，它們直接支援最新的 WPA3 加密保護協定，不再需要相容前一代 Wi-Fi 裝置的安全協定，所以能夠為無線通道資料傳送提供更加安全的保障。

下面說明 Wi-Fi 6GHz 頻段的需求和定義、6GHz 頻段上的發現和連接過程、6GHz 頻段上的雙載波調變技術，從而介紹 6GHz 頻段的應用特點。

2.4.1　6GHz 頻段的需求和定義

頻譜資源一直是無線通訊發展的核心資源，獲得相應的頻段分配，就能讓無線通訊構建新的傳輸通道和建立新的業務。Wi-Fi 技術得以快速發展，關鍵原因之一是免授權頻譜的應用，許多廠商在低門檻的頻譜資源面前，開發了大量的 2.4GHz 或 5GHz 的 Wi-Fi 設備。然而，層出不窮的 Wi-Fi 裝置的商業化，各種新的無線業務的蜂擁而起，使得室內的資料流量急速增加，Wi-Fi 的應用面臨著越來越擁擠的通道資源的瓶頸，作為短距離的資料傳送的關鍵技術，Wi-Fi 在提升速率和降低延遲上面臨著巨大的技術挑戰，而拓展頻譜資源很自然地就成為很多國家關注的重點。

1. 當前 Wi-Fi 頻譜資源的緊缺

如圖 2-74 所示，以美國頻段資源劃分為例，在 2.4GHz 頻段上，只存在通道 1、通道 6 和通道 11 三個不重疊的 20MHz 頻寬的通道，在 5GHz 頻段上存在 25 個 20MHz 頻寬的通道，但只有 9 個非雷達天氣通道。對非雷達天氣通道，Wi-Fi AP 可以不受限制地使用所有資源。但對雷達天氣通道，AP 必須包含雷達天氣訊號干擾檢測功能，一旦檢測到雷達或天氣訊號後，就立刻停止使用該通道。所以，一方面對於不支援雷達訊號檢測功能的 AP 來說，無法使用這些通道；另一方面，對於部署在機場、空管部門或氣象站附近的 AP 裝置，即使具備雷達檢測功能，也因為雷達訊號的傳輸導致這些裝置只能使用非雷達天氣通道。

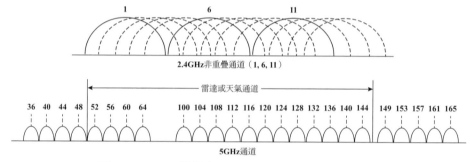

▲ 圖 2-74 Wi-Fi 裝置在 2.4GHz 和 5GHz 上的可用通道

另外，高速率或低延遲的新業務對 Wi-Fi 性能有很高的要求。舉例來說，擴增實境（Augmented Reality，AR）和虛擬實境（Virtual Reality，VR）需要透過 Wi-Fi 傳送資料，它們更適用於 80MHz 或 160MHz 頻寬。雖然 Wi-Fi 在 5GHz 頻段上的通道總頻寬高達 700MHz，但是只有 2 個不受雷達天氣影響的 80MHz 通道，並且沒有 Wi-Fi 可以完全獨立使用的連續 160MHz 頻寬。因此，對於 Wi-Fi 性能要求更高的新業務對新的頻段資源有迫切的需求。

2. 6GHz 頻譜與通道劃分

美國聯邦傳播委員會（FCC）率先放開了 6GHz 的免受權頻譜，範圍為 5.925 GHz ～ 7.125 GHz，共 1200MHz 頻寬，如圖 2-75 所示。

整個頻譜資源的用途劃分為：

- UNII-5（5925 ～ 6425MHz），固定微波服務工作，固定衛星服務。
- UNII-6（6425 ～ 6525MHz），行動服務，固定衛星服務。

- UNII-7（6525 ～ 6825MHz），固定微波服務工作，固定衛星服務。
- UNII-8（6875 ～ 7125MHz），固定微波服務工作。

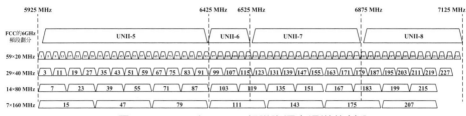

▲ 圖 2-75　FCC 在 6GHz 頻譜資源上通道的劃分

6GHz 頻段資源共劃分成 233 個通道，其中包括不重疊的 20MHz 頻寬通道 59 個、40MHz 頻寬通道 29 個、80MHz 頻寬通道 14 個和 160MHz 頻寬通道 7 個，FCC 規定 Wi-Fi AP 和 STA 分別使用部分或全部的頻譜資源，詳細分配情況參見後面介紹的 FCC 的標準內容。

在歐洲地區，歐洲郵政和電信會議（CEPT）在 6GHz 頻段上開放了 5945 ～ 6425MHz，總頻寬達到 480MHz。如圖 2-76 所示，共劃分成 93 個通道，包括不重疊的 20MHz 頻寬通道 24 個、40MHz 頻寬通道 12 個、80MHz 頻寬頻段 6 個和 160MHz 頻寬頻寬 3 個。

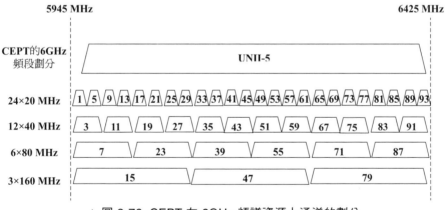

▲ 圖 2-76　CEPT 在 6GHz 頻譜資源上通道的劃分

由於 CEPT 在 6GHz 頻段上技術標準細則還未公佈，下面以 FCC 的標準為例，介紹 6GHz 頻譜資源的使用規則。

3. FCC 對於 6GHz 頻譜資源在 Wi-Fi 裝置上的分類

FCC 根據 Wi-Fi 裝置的發射功率，定義了兩種類型的 AP 裝置，即標準功耗裝置（Standard-power）和室內低功耗裝置（Indoor Low-power），FCC 也同時對連接到兩種 AP 的 STA 裝置定義了發射功率的要求。

- 標準功耗的 AP 和 STA：支援頻段 UNII-5 和 UNII-7，最大功率為 36dBm，最大功率密度（Power Spectral Density，PSD）為 23dBm/MHz。
- 連接到標準功耗 AP 的 STA：最大功率和最大功率密度比 AP 低 6dB，即 30dBm 和 17dBm/MHz。
- 室內部署的低功耗 AP：支援所有頻段，最大功率為 30dBm，最大功率譜密度為 5dBm/MHz。
- 連接到低功耗 AP 的 STA：最大功率和最大功率密度比 AP 低 6dB，即 24dBm 和 -1dBm/MHz。

四種 AP 和 STA 的詳細情況參見表 2-13。

▼ 表 2-13　FCC 規定的裝置分類情況

裝置分類	工作頻段	最大功率（dBm）	最大功率譜密度（dBm/MHz）	通道頻寬（MHz）/ 最大功率（dBm）
標準功耗 AP 和 STA（AFC 系統協調）	U-NII-5（5.925~6.425 GHz）U-NII-7（6.525~6.875 GHz）	36	23	320/36 160/36 80/36 40/36 20/36
連接到標準功耗 AP 的 STA		30	17	320/30 160/30 80/30 40/30 20/30
室內部署的低功耗 AP	U-NII-5（5.925~6.425 GHz）U-NII-6（6.425~6.575 GHz）U-NII-7（6.525~6.875 GHz）U-NII-8（6.875~7.125 GHz）	30	5	320/30 160/27 80/24 40/21 20/18
連接到低功耗 AP 的 STA		24	-1	320/24 160/21 80/18 40/15 20/12

4. FCC 定義的自動頻率協調系統

在標準功耗的 AP 所工作的頻段 UNII-5 和 UNII-7 上，已經存在了大量點對點的無線微波服務裝置，這些裝置的可靠傳輸率要求為 99.999% ～ 99.9999%，如果有任何裝置不經授權直接使用這些頻段，都有可能影響微波裝置的可靠性。為了避免 6GHz 放開之後更多的裝置引入對現有工作裝置造成干擾，FCC 定義了自動頻率協調

（Automated Frequency Coordination，AFC）系統，它是自動為標準功耗的 AP 提供 UNII-5 和 UNII-7 頻段上可用或不可用通道清單的系統。

如圖 2-77 所示，每個標準功耗的 AP 透過網際網路連接到 AFC 系統資料庫上。在使用 UNII-5 和 UNII-7 頻段之前，標準功耗的 AP 每隔 24 小時需要向 AFC 系統提出申請，並通報 AP 所處的物理位置、AP 的序號等資訊。AFC 根據 AP 所在的區域位置，查詢資料庫並判斷當地的無線通道使用情況，然後向 AP 發送 UNII-5 和 UNII-7 頻段上可用工作通道的列表，標準功耗的 AP 只能在可用工作通道列表中選擇一個工作通道。

這種方式可以保證標準功耗的裝置在不干擾微波產品正常執行的前提下，使用這些頻段中的通道資源，這些標準功耗的 AP 可以部署在任意地點，比如城市熱點地區、農村等。

室內低功耗 AP 不需要向 AFC 系統申請工作通道。低功耗的 AP 或 STA，比如筆記型電腦、桌上型電腦、智慧型手機和物聯網裝置等，可以像使用 2.4GHz 或 5GHz 頻段資源一樣，

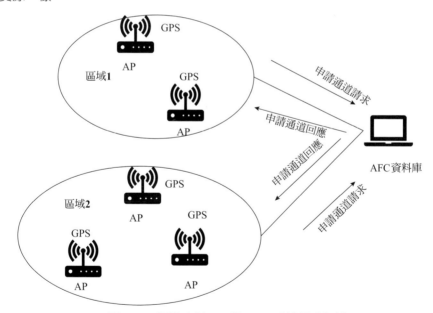

▲ 圖 2-77 標準功耗 AP 與 AFC 系統網路拓撲

2.4.2 6GHz 頻段上的發現和連接過程

6GHz 對 Wi-Fi 來說，是全新的高頻寬的免授權頻段，不再像 2.4GHz 或 5GHz 那樣需要相容原有的 Wi-Fi 裝置，所以 Wi-Fi 在 6GHz 頻段上面能夠最佳化原先的管理或控制消息，使得 Wi-Fi 工作效率更高、更安全可靠。Wi-Fi 6E 的裝置在 6GHz 頻段的發現和連接有以下特點，如圖 2-78 所示。

▲ 圖 2-78 Wi-Fi 6E 裝置的發現和連接的技術特點

（1）6GHz 通道上的發現過程的最佳化。STA 在 6GHz 的通道上透過主動掃描和被動接收信標幀等方式發現 AP，這種方式也稱為頻內發現（In-band Discovery），Wi-Fi 6 標準在 6GHz 通道上最佳化了這種發現過程，減少探測請求幀和回應幀的數量，提高了 Wi-Fi 在 6GHz 頻段上的發現和連接效率。

（2）支援非 6GHz 通道上發現 6GHz 的通道資訊。AP 在 2.4GHz 和 5GHz 信標幀中攜帶了 6GHz 頻段的連接資訊，STA 透過 2.4GHz 或 5GHz 就可以直接發現 6GHz 的通道等資訊，從而在 6GHz 上實現 Wi-Fi 連接，這種發現方式也稱為頻外發現（Out of Band Discovery），它減少了 STA 在 6GHz 頻段上的探測請求幀發送，最佳化了發現過程。

（3）6GHz 上的安全模式。Wi-Fi 6E 裝置在 6GHz 上只支援最新的 WPA3 安全模式，提高了 Wi-Fi 通訊的資訊安全性。

1. 6GHz 頻段上的頻內發現過程

STA 在 6GHz 頻段上的頻內發現過程，與 STA 在 2.4GHz 頻段或 5GHz 頻段上的主動、被動掃描方式基本相同，都是透過 AP 的信標幀接收、探測請求及探測回應幀的互動來發現 AP。但是 6GHz 頻段上只存在 Wi-Fi 6E 的裝置，所以可以用更有效率的方式來發現 Wi-Fi 6E 的 AP。為此 Wi-Fi 6E 標準做了新的規定，表 2-14 舉出了減少

通道上的探測請求和探測回應幀的數量的方式，從而提高 6GHz 的頻內發現過程效率和通道使用率。

▼ 表 2-14　6GHz 上探測請求和回應幀的規則

索引	探測請求和回應的規則	規則說明及目的
1	STA 只能發送指定 SSID 和 BSSID 的探測請求幀	所有 AP 會回覆非指定 SSID 和 BSSID 的探測請求幀。如果探測請求幀指定了 SSID 和 BSSID，則只有相關 AP 才回覆，因而減少了探測響應幀數量
2	如果 STA 已經收到該 AP 發送的探測響應幀或信標幀，則不能再次發送相同 BSSID 的探測請求幀	減少探測請求幀數量
3	STA 在 20ms 內只能發送一個指定 SSID 資訊的探測請求幀	減少探測請求幀數量
4	STA 在 20ms 內只能發送最多三個指定 BSSID 資訊的探測請求幀	減少探測請求幀數量
5	AP 發送的探測回應幀為廣播位址	該通道的 STA 都會收到探測響應幀，增加了 STA 發現 AP 的機率，減少 STA 發送探測請求幀數量
6	AP 每隔 20ms 廣播發送一個非請求的探測回應幀	增加 STA 發現 AP 的機率，減少 STA 發送探測請求幀的數量

此外，Wi-Fi 6 還定義了優先通道掃描（Preferred Scanning Channels），即每隔 4 個 20MHz 通道掃描一次。6GHz 頻段上共 59 個 20MHz 的通道，如果掃描每個通道需要 20ms，則在 Wi-Fi 6 的優先通道掃描的情況下，完成所有通道掃描的時間為 15×20ms=300ms；而如果依次掃描所有通道，則需要 59×20ms=1180ms。顯然優先通道掃描方式提高了掃描效率，可以快速發現 AP。

2. Wi-Fi 6 支援的頻外發現方式

Wi-Fi 6 透過引入鄰居節點報告技術（Reduced Neighbor Report，RNR）來實現頻外發現功能，它指的是 Wi-Fi AP 在一個頻段上廣播其他頻段上的報告資訊。舉例來說，AP 支援 2.4GHz、5GHz 和 6GHz 三頻段，它在 6GHz 上的資訊可以透過 2.4GHz 或 5GHz 上的信標幀或探測回應幀發送出去。

RNR 報告中只包含其他頻段的必要資訊，比如工作通道、BSSID、SSID，以及計算信標幀發送週期的 TBTT 差值等資訊。STA 根據這些資訊可以直接切換到相應的工作通道，然後進一步獲得 AP 的其他資訊，並計算相關信標幀的發送時間和週期。

頻外發現方式如圖 2-79 所示，三頻段 AP 在 2.4GHz、5GHz 和 6GHz 頻段上分

別創建了 SSID 為「Home」「Guest」和「User」的三個 BSS，對應的 BSSID 分別為 BSSID-1、BSSID-2 和 BSSID-3，其中

- BSSID-1：工作在 2.4GHz 的通道 4，20MHz 頻寬。
- BSSID-2：工作在 5GHz 的通道 36，80MHz 頻寬。
- BSSID-3：工作在 6GHz 的通道 233，80MHz 頻寬。

每個頻段的信標幀都廣播其他頻段的資訊。以工作在 2.4GHz 頻段上 BSSID-1 的信標幀為例，它的 RNR 欄位攜帶了分別工作在 5GHz 和 6GHz 頻段的 BSSID-2 和 BSSID-3 的資訊，比如 TBTT 差值、工作通道頻寬、SSID 及 BSSID 等。工作在 2.4GHz 頻段的 STA，就可以透過信標幀中的 RNR 欄位攜帶的資訊發現一個 6GHz 頻段的 BSS，然後就在 6GHz 頻段上發送探測請求幀，接著透過 AP 的探測回應幀獲取到更多資訊，進入下一步的連接操作。

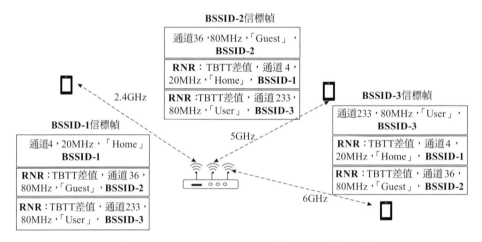

▲ 圖 2-79 包含 RNR 欄位的多頻段 AP 廣播信標幀

2.2.6 節介紹的 MBSSID 技術支援在一個頻段上建立多個 BSS，多個 BSS 傳輸的信標幀可以在和一個 BSS 的信標幀中進行傳輸，而 RNR 技術是在多頻段 AP 的不同頻段發送其他頻段的連接資訊，它們的差別可以參考表 2-15。如果一個多頻段 AP 在每個頻段上需要建立多個 BSS，那麼可以同時應用 RNR 技術和 MBSSID 技術來提高通道使用率。

▼ 表 2-15　MBSSID 與 RNR 技術特點對比

技術特徵	MBSSID 技術	RNR 技術
頻段與 BSS 關係	同一個頻段上建立多個 BSS	不同頻段建立不同 BSS
AP 發送信標幀和探測回應幀	只有傳輸 BSSID 可以發送信標幀和探測回應幀，非傳輸 BSSID 不能發送	在每個 BSS 中，都可以在相應工作通道上發送信標幀和探測回應幀
資訊完整性和可繼承性	傳輸 BSSID 攜帶完整的非傳輸 BSSID 資訊，相同資訊可以從傳輸 BSSID 繼承	RNR 中只攜帶其他頻段的部分資訊，STA 需要透過下一步的頻內發現過程獲取 AP 其他頻段的完整資訊
TBTT 時間差	同一個頻段上不存在 TBTT 時間差，但傳輸 BSSID 和非傳輸 BSSID 可以 有不同的信標間隔	不同頻段發送的信標幀週期不同，發送時間也不同，存在 TBTT 時間差

3. 6GHz 頻段上的連接安全性

Wi-Fi 在 6GHz 頻段上不再需要相容舊 Wi-Fi 裝置的安全協定，所以連接過程中具有更好的安全性。

（1）6GHz 頻段只支援 WPA3 模式。

為了支援 2.4GHz 和 5GHz 頻段上的舊 Wi-Fi 裝置能夠連接到 Wi-Fi 6 AP，AP 需要配置成相容舊裝置的安全模式，即 WPA3/WPA2 相容模式。當 Wi-Fi 6 AP 與舊的 Wi-Fi 終端通訊時，只能採用前一代的 WPA2 加密模式。詳細的安全模式介紹參考 3.5 節。

而在 6GHz 頻段上只有新的 Wi-Fi 6 裝置，所以工作在 6GHz 頻段的 AP 不再需要考慮相容性問題，AP 可以直接配置成最新的 WPA3 安全模式，WPA3 是比 WPA2 更安全的標準協定。

（2）6GHz 頻段上對管理幀進行加密。

Wi-Fi 6 之前使用 WPA2 加密技術，預設情況下僅支援資料幀的加密，而管理幀則通過明文傳輸。在 6GHz 頻段上，為了提升管理幀傳輸的安全性，Wi-Fi 聯盟規定 6GHz 的頻段上必須對管理幀進行加密。

2.4.3　雙載波調變技術

根據 FCC 對於 Wi-Fi 裝置的發射功率的規定，標準功耗裝置的最大發射功率 36dBm，而室內低功耗裝置的最大發射功率是 30dBm。顯然，當 AP 工作在低發射功率模式時，其最大覆蓋範圍也會比標準功率的 AP 覆蓋範圍縮小很多。

為了改善 AP 工作在低發射功率時的覆蓋情況，Wi-Fi 6 引入了基於雙載波調變（Dual Carrier Modulation，DCM）的傳輸方式，如圖 2-80 所示，基本原理就是將一

份相同的資料在兩個不相鄰的子載波上進行調變,接收端透過兩個子載波來解調同一份資料,從而降低位元錯誤率。

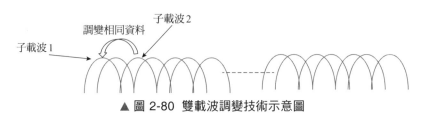

▲ 圖 2-80 雙載波調變技術示意圖

1. 雙載波調變技術原理

雙載波調變技術是一種基於子載波的頻率分集技術,即在一對子載波上調變相同的資訊,用於改善通道的選擇性衰落的影響。接收端收到 DCM 調變的 PPDU 後,透過將兩個子載波上的相同資訊疊加後進行解調和解碼,獲得原先發送的資料。為了減小相互間的干擾和增加分集效果,用於 DCM 的兩個子載波並不相鄰,而在頻域上要保持一定的距離。

參考圖 2-81,以 20MHz 通道頻寬為例,當多個終端利用 OFDMA 技術傳輸上行資料時,假定按照 26-tone 大小劃分成 9 個 RU,每個 STA 分得約 2MHz 頻寬。它們的前導碼佔用了 20MHz 頻寬,而資料部分則在分配的 RU 上進行傳輸。其中 STA1 支援 DCM 模式,它的資料在 RU 中的子載波上進行複製和傳送。

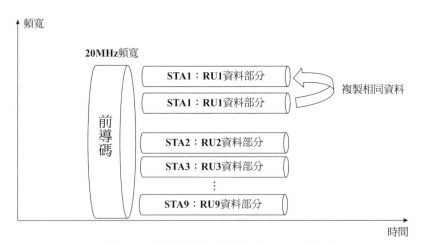

▲ 圖 2-81 雙載波調變技術下的 RU 分配方式

有模擬測試結果說明,利用 DCM 技術能夠在接收端獲得大於 3.5db 的增益,進而擴大了覆蓋範圍。但是,由於在一對子載波上承載相同的資訊,實際承載資料的容

量也就減少了一半。目前 Wi-Fi 6 標準只在 BSPK、DPSK 和 16-QAM 調變方式上支援 DCM 模式。

參考圖 2-82，這是 DCM 模式下以 26-tone 為 RU 的資料複製的示意圖，可以看到一個 RU 平均分成兩半，前後兩半 RU 上透過位元的一個複製而實現雙載波調變技術。

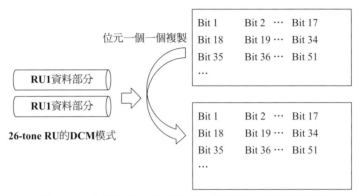

▲ 圖 2-82　支援 DCM 技術的 RU 資料部分的複製示意圖

2. DCM 技術在 HE PPDU 上的應用

在 2.3.2 節介紹了 HE SU PPDU、HE MU PPDU、HE TB PPDU 和 HE ER PPDU 的幀格式，這些 HE PPDU 支援部分或全部實現 DCM 調變方式。

如圖 2-83 所示，支援 40MHz 頻寬的裝置發送 DCM 模式的 HE SU PPDU 時，在輔 20MHz 通道上的資料部分重複主 20MHz 通道上資料部分內容，但前導代碼段並不複製。另外，在下行或上行的 OFDMA 情況下，如果有一部分 STA 支援 DCM 模式，則 AP 在該 STA 對應的 RU 中使用 DCM 模式。

如圖 2-84 所示，下面舉例說明在 OFDMA 上行和下行方向，對其中部分 STA 採用 DCM 技術，從而增強它的覆蓋範圍。

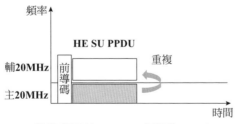

▲ 圖 2-83　DCM 技術應用於 40MHz 頻寬的 HE SU PPDU 示意圖

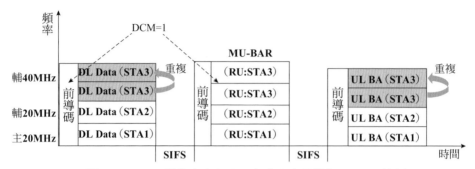

▲ 圖 2-84 DCM 技術在上行和下行方向應用於部分 STA 範例

（1）AP 在 OFDMA 下行方向上的資料發送。AP 支援 80MHz 頻寬，它向 STA1、STA2 和 STA3 發送 HE MU PPDU，透過 HE-SIG-B 欄位，指示 RU 分別為 242-tone、242-tone 和 484-tone，並且指示 STA3 的資料用於 DCM 方式傳輸，即 484-tone 由兩個相同的 242-tone 資料組成。

（2）STA 的資料接收。STA1 和 STA2 分別從 RU 中獲取到下行的資料，STA3 根據 DCM 模式指示資訊，將兩個 242-tone 的重複資料放在一起進行解析，獲取原先的發送資料。

（3）AP 發送觸發幀。AP 向所有 STA 發送 MU-BAR 觸發幀，同樣指示 STA1、STA2 和 STA3 的 RU 資訊分別為 242-tone、242-tone 和 484-tone，並且指示 STA3 的資料用於 DCM 方式傳輸。由於 MU-BAR 為控制封包，需要以 Wi-Fi 6 定義的觸發（Triggering）PPDU 方式在每個 20MHz 子通道上發送相同的 PPDU。

（4）STA 發送資料確認。STA1 和 STA2 根據 RU 位置資訊發送 BA 的確認訊息，STA3 根據 RU 位置資訊和 DCM 模式指示資訊，將 RU 分為兩個 242-tone 進行發送，而兩個 242-tone 中的資訊相同。

本章小結

Wi-Fi 6 以提高 Wi-Fi 頻譜效率為目標，透過新技術引入或已有技術改進，尤其關注高密度終端連接情況下的使用者場景，大幅地提升 Wi-Fi 連接的性能。其中，Wi-Fi 6 透過引入高階調變方式，進一步改善每個使用者的峰值速率；透過提高多使用者併發操作，降低每個使用者資料等待通道連線的延遲；透過提高通道利用效率，改善整個 Wi-Fi 網路系統的輸送量；Wi-Fi 6 引入新的省電技術，進一步降低電池供電裝置的功耗。因此，Wi-Fi 6 的核心技術特點是高速率、高併發、低延遲和低功耗，並且 Wi-

Fi 6 引入新的 6GHz 頻段，拓展了 Wi-Fi 頻寬，從此 Wi-Fi 進入三頻段的時代。

高速率：Wi-Fi 6 支援更高階的 1024-QAM 調變方式，Wi-Fi 6 單台裝置最大連接速率可以達到 9.6Gbps，相比 Wi-Fi 5 速率提升了 39%。在中間部分子通道繁忙狀態下，透過引入**非連續通道捆綁技術**，利用非連續通道發送下行資料，提高了捆綁通道利用效率及速率。

高併發：透過引入 OFDMA 技術，實現多個終端上下行資料在不同子載波同時傳輸，降低了每個裝置等待通道連線的延遲。同時，透過引入基於觸發幀的通道連線方式，降低了多裝置競爭通道導致衝突的機率。透過引入多 BSSID 技術，減少多 BSS 位於同一個物理 AP 時信標幀和探測回應幀的互動，提高通道利用效率。

低延遲：對於多個相鄰 AP 工作在相同通道的場景，Wi-Fi 6 引入的**空間重複使用**（Spatial Reuse，SR）**技術**，實現兩個 BSS 內的 AP 和 STA 在各自空間中傳送資料，而彼此不受干擾，降低了多個 AP 情況下的資料傳送的延遲。同時，透過引入 OFDMA 方式多使用者同時回饋通道資訊，降低了多使用者通道探測過程的延遲。

　　低功耗：Wi-Fi 6 支援基於目標喚醒時間（TWT），AP 與 STA 協商喚醒時間和發送、接收資料週期的機制，其中，AP 透過 i-TWT 技術與 STA 協商不同的喚醒時間，也可以通過 b-TWT 技術將 STA 分到不同的喚醒週期組，減少了喚醒後同時競爭無線媒介的裝置數量。TWT 技術改進了裝置睡眠管理的機制，STA 不需要定期醒來接收信標資訊以及查看快取資訊，從而提高了裝置的電池壽命，降低了終端功耗。

　　新頻段：Wi-Fi 6 支援 6GHz 頻段，新頻段上不存在 Wi-Fi 5 等傳統裝置，協定設計不需要考慮對於 Wi-Fi 5 等舊裝置的相容性，Wi-Fi 6 透過新的探測流程減少探測請求幀和響應幀的互動，提高通道使用率。6GHz 頻段上只支援 Wi-Fi 聯盟定義的 WPA3 認證方式，進　步提升裝置連線通道的安全性。

　　透過本章的學習，讀者可以初步掌握 Wi-Fi 6 技術演進方向和關鍵技術特點，為下一步學習 Wi-Fi 7 技術演進打下堅實的技術基礎。

第3章
Wi-Fi 7 技術原理和創新

從 2020 年左右開始，隨著全球逐漸開始部署基於 10Gbps 頻寬的光纖寬頻到戶，室內 Wi-Fi 終端就有了更高的網際網路連線速率，反過來又成為 Wi-Fi 技術向更高速率演進的場景需求。同時，8K 超高畫質視訊、AR/VR 等高頻寬的業務越來越吸引人們的關注和使用，基於元宇宙業務的擴充現實（Extended Reality，XR）也將在全球得到更多應用。這些設備對 Wi-Fi 技術的低延遲時間、高輸送量有非常高的要求，具有超高頻寬的 Wi-Fi 技術已經成為下一代 Wi-Fi 標準的核心需求。

IEEE 任務組在 Wi-Fi 6 的 OFDMA 多址連線機制及其他相關技術基礎上繼續尋找提升性能的方法，在調變方式、通道頻寬、頻帶或通道聚合等各方面進一步挖掘潛力，這個新一代的 Wi-Fi 標準被 IEEE 定義為 802.11be，IEEE 又把它稱為極高輸送量（Extremely High Throughput，EHT），Wi-Fi 聯盟則把 802.11be 命名為 Wi-Fi 7。

截至 2023 年 1 月，IEEE 已經完成了 802.11be 的第一階段技術的規範制定，在 2024 年將完成 802.11be 最後版本的發佈，同時 Wi-Fi 聯盟會在 2023 年同步制定相應的認證規範。圖 3-1 所示為 Wi-Fi 4 到 Wi-F 7 的各個標準演進。

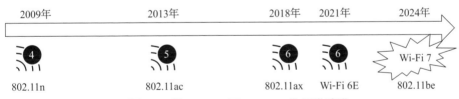

▲ 圖 3-1 從 Wi-Fi 4 到 Wi-Fi 7 的標準演進

本章主要介紹 Wi-Fi 7 第一階段的主要內容，也兼顧正在討論的第二階段中的部分關鍵技術的情況。透過本章的學習，讀者可以掌握以下 Wi-Fi 7 的主要技術內容。

- Wi-Fi 7 的核心技術概念和原理。
- Wi-Fi 7 的物理層和 MAC 層的規範定義。
- Wi-Fi 7 相對於 Wi-Fi 6 以及之前技術的區別和聯繫。
- Wi-Fi 7 對於 Wi-Fi 的安全以及無線網路拓樸技術的影響和變化。

3.1　Wi-Fi 7 技術概述

Wi-Fi 6 之前每一代技術演進關注的是頻寬的持續提升，Wi-Fi 6 則把重點為連接更多終端數量下的性能保證，引入的 OFDMA 技術使得 Wi-Fi 具備了一部分行動通訊的技術特徵，能夠支援高密度連接下的大量終端以頻分重複使用方式傳送資料，提升了終端併發的性能，而 Wi-Fi 7 技術在 Wi-Fi 6 的基礎上，同時提升頻寬和終端併發連接數量，在高帶寬、高併發、低延遲等性能領域全面超越已有的 Wi-Fi 6 技術標準。

3.1.1　Wi-Fi 7 技術特點

Wi-Fi 7 標準被稱為極高輸送量（EHT），這是指它作為短距離無線通訊技術，能達到極高的資料傳輸速率，因此 Wi-Fi 7 首要特點就是超高速率。

Wi-Fi 7 在提升速率的同時，也透過拓展通道頻寬和 OFDMA 下的資源單位分配等方式，以支援更多終端的同時連接以及相應的資料傳送性能。所以，Wi-Fi 7 的超高併發是與超高速率同時並存的兩個高性能技術特徵。另外，像高畫質視訊、虛擬實境、網路遊戲等業務，提升使用者體驗不僅需要更高頻寬，也需要更低延遲，作為下一代高性能 Wi-Fi 標準，Wi-Fi 7 把超低延遲也作為它的關鍵技術特點之一。

圖 3-2 是 Wi-Fi 7 的超高速率、超高併發和超低延遲的圖示，Wi-Fi 7 的最高速率可以達到 30Gbps，超過 Wi-Fi 6 最高速率 9.6Gbps 的 3 倍，超過 Wi-Fi 5 最高速率 6.9Gbps 的 4 倍；Wi-Fi 7 的最大終端連接數量能夠達到 Wi-Fi 6 的 2 倍；而 Wi-Fi 7 的超低延遲特點可以使語音、視訊等即時業務的延遲時間至少降低 50%。

▲ 圖 3-2　Wi-Fi 7 的技術特點

1. Wi-Fi 7 超高速率的特點

　　Wi-Fi 7 支援 30Gbps 的最高速率，將支援超寬頻連線下的家庭無線網路的快速發展，將極大提升人們在高性能業務下的 Wi-Fi 使用體驗，比如，Wi-Fi 7 在速率上可以匹配 10Gbps 或 25Gbps 以上的光纖寬頻連線，可以為行動 5G 在室內的無線覆蓋延伸提供更高頻寬的技術支撐，人們透過室內 Wi-Fi 無線連接的方式流暢地觀看 8K 超高畫質的直播節目，可以感受到 VR 的舒適甚至理想的使用者體驗。

　　Wi-Fi 7 超高速率主要來自通道頻寬擴充、調變效率提升以及多鏈路捆綁技術。

1）通道頻寬擴充

　　Wi-Fi 7 支援 2.4GHz、5GHz 和 6GHz 頻段，其中，6GHz 頻段可以支援最大頻寬為 320MHz 的通道。參考圖 3-3，Wi-Fi 4 最大通道頻寬是 40MHz，Wi-Fi 5 和 Wi-Fi 6 分別在 5GHz 頻段上達到 80MHz 和 160MHz 通道頻寬，而 Wi-Fi 7 在 6GHz 頻段上的通道頻寬則達到了 320MHz。

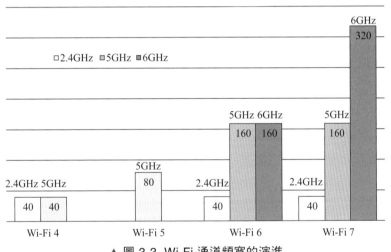

▲ 圖 3-3　Wi-Fi 通道頻寬的演進

　　圖 3-4 則舉出了 80MHz、160MHz 以及 320MHz 不同通道頻寬情況下對速率影響的範例，可以看到速率隨著通道頻寬增加而提高。而隨著室內距離的增加，不同通道頻寬的 Wi-Fi 訊號出現衰減，速率逐漸下降，但 320MHz 通道的性能在不同距離情況下一直高於 160MHz 和 80MHz。圖中速率資料僅為範例，實際速率由具體的 Wi-FiAP 配置來決定，舉例來說，增加 Wi-Fi 空間流數量、提升調變階數等都會影響速率。

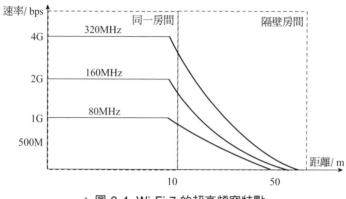

▲ 圖 3-4 Wi-Fi 7 的超高頻寬特點

2）調變效率提升

　　每次 Wi-Fi 技術的演進，都會在調變技術上進行突破，從而提升傳輸速率。Wi-Fi 4 引入的正交振幅調變（QAM），支援每個傳輸訊號最多承載 6 位元的資訊，即 $2^6=64$，表示為 64-QAM，Wi-Fi 5 和 Wi-Fi 6 則達到了每個傳輸訊號最多承載 8 位元和 10 位元資訊，實現了 256-QAM 和 1024-QAM。而 Wi-Fi 7 更進一步實現了每個傳輸訊號最多 12 位元資訊的承載，調變階數達到了 $2^{12}=4096$，即 4096-QAM，又稱為 4K-QAM，參考圖 3-5 的演進過程。

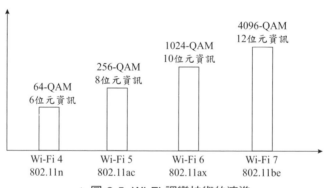

▲ 圖 3-5 Wi-Fi 調變技術的演進

　　調變資訊的增加，直接就對頻寬和速率產生影響，Wi-Fi 7 的 12 位元比 Wi-Fi 6 的 10 位元增加了 2 位元，這就表示物理層的最大理想速率增加了 20%。

3）多鏈路捆綁提升頻寬

Wi-Fi 6 之前的裝置可以同時支援 2.4GHz 和 5GHz 兩個頻段，Wi-Fi 6E 則增加了 6GHz 頻段。支援多個頻段的 AP 或 STA，被稱為多頻 AP 或多頻 STA。但多頻 AP 與多頻 STA 之間只能在一個頻段上的通道建立連接，只能在這一個連接上進行資料傳送。

而 Wi-Fi 7 的 AP 與 STA 支援同時在 2.4GHz、5GHz 和 6GHz 頻段上的通道上建立相應的連接，AP 與 STA 就在多筆連接上同時傳送資料，顯然 AP 與 STA 之間的輸送量將成倍增長。

每一個通道的物理通道稱為鏈路（link），Wi-Fi 7 支援多連接的資料傳送被稱為多鏈路同傳技術。對應於 Wi-Fi 7 引入的多鏈路概念，Wi-Fi 7 之前的多頻 AP 與 STA 之間只能在一個頻段上的通道建立連接，本書在後面就稱之為單鏈路連接方式。

圖 3-6 的左半部分是 Wi-Fi 6 之前的 AP 與每一個 STA 在一個頻段上建立連接，而右半部分則是 Wi-Fi 7 AP 與 STA 在多頻段上同時連接的多鏈路同傳技術。

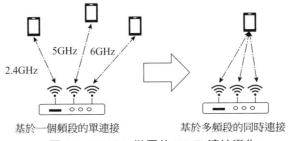

▲ 圖 3-6　Wi-Fi 7 裝置的 Wi-Fi 連接變化

多鏈路同傳技術類似於頻段捆綁，把 2.4GHz、5GHz 和 6GHz 頻段上的通道捆綁在一起進行資料傳送，使得 AP 與 STA 之間的資料通道得到更大拓展。但多鏈路同傳不等於頻寬直接變大，它帶來的資料傳送方式的影響、鏈路管理技術等的變化，是下面將要詳細介紹的內容。

2. Wi-Fi 7 超高併發的特點

併發數量是 Wi-Fi 作為短距離無線連線技術在實際場景應用中的關鍵指標，在人流密集的室內區域，比如體育館、機場、火車站、大型商場等地區，有大量的人群會使用 Wi-Fi 上網，都需要暢通的 Wi-Fi 連接體驗。Wi-Fi 7 支援超高併發的終端連接，可以為高密度人群所在區域提供非常實用的解決方案。

Wi-Fi 7 併發數量主要來自 OFDMA 技術下的頻分重複使用和通道捆綁技術的提升。

1）OFDMA 技術下的頻分重複使用

Wi-Fi 6 支援最多 74 個使用者資料透過 OFDMA 頻分重複使用方式併發傳送，每個使用者以 26-tone 為最小的資源單位（RU），具體可以參考 2.2.2 節關於資源單位（RU）的介紹。

Wi-Fi 7 在 Wi-Fi 6 基礎上增加了 1 倍的併發使用者數量，支援 148 個使用者併發操作，具有超高併發的技術特點。如圖 3-7 所示，Wi-Fi 6 在 160MHz 頻寬下，最多支援 74 個終端併發操作，而 Wi-Fi 7 在 320MHz 頻寬下，最多支援 148 個終端併發操作。

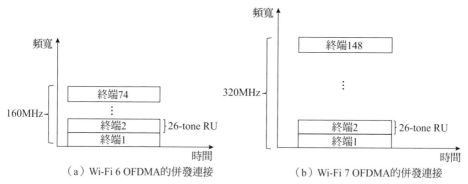

▲ 圖 3-7　Wi-Fi 6 和 Wi-Fi 7 的併發特點

2）通道捆綁技術的提升

通道捆綁是 Wi-Fi 4 之後拓展通道頻寬的關鍵技術，除了通道頻寬本身從 20MHz 拓展到 40MHz、80MHz、160MHz 以及 320MHz 以外，通道捆綁的方式也在不斷發展。

- Wi-Fi 4 和 Wi-Fi 5 的通道捆綁：多個子通道捆綁，每個以 20MHz 為單位，其中某個 20MHz 為主子通道，所有子通道必須在頻譜上連續。只有所有子通道都處於空閒狀態時，才可以使用該捆綁通道。當捆綁通道的一些子通道檢測到干擾訊號時，就只能使用主子通道所在的部分連續子通道的捆綁。

- Wi-Fi 6 的通道捆綁：第一次支援非連續通道捆綁技術，僅支援下行方向，每個子通道仍以 20MHz 為單位。如果下行方向出現子通道的干擾，Wi-Fi 6 能夠在頻譜中選擇沒有干擾、包含主子通道在內但允許非連續的子通道進行捆綁。

- Wi-Fi 7 的通道捆綁：支援下行方向和上行方向的非連續通道捆綁技術，並且

支援以資源單位（RU）為方式的通道組合，因而全面支援捆綁通道技術的各
種方式，提升干擾情況下的通道頻寬拓展和併發使用者數量。

圖 3-8 舉出了通道捆綁方式的技術演進，從圖中可以看到，基於 Wi-Fi 5 的技術
只能使用連續的空閒子通道傳輸資料，Wi-Fi 6 實現了下行方向上非連續通道捆綁和資
料傳輸，Wi-Fi 7 實現了雙向非連續通道捆綁和資料傳輸。

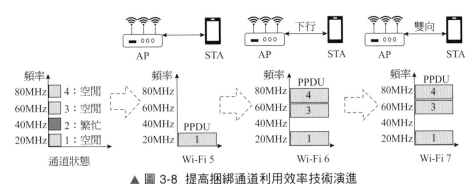

▲ 圖 3-8 提高捆綁通道利用效率技術演進

3. Wi-Fi 7 超低延遲的特點

隨著 VR、視訊、線上會議等對延遲敏感的業務越來越多，低延遲已經成為資料
傳送技術的關鍵指標。如果資料傳送存在延遲，人們就會發現視訊出現 lag、不流暢等
現象，直接影響人們對業務或服務的體驗和接受程度。舉例來說，VR 對於家庭 Wi-Fi
網路的延遲要求低於 10ms 甚至 5ms。演進的 Wi-Fi 新技術需要支援更低的延遲才能
勝任新的指標要求。

超低延遲技術和超高速率、超高併發技術密不可分。比如，Wi-Fi 7 在提升了資料
傳輸速率的同時，也就降低了資料等待連線通道的延遲，而多使用者併發技術提高同
時連線的使用者數量，也就表示降低了併發使用者之間的資料衝突，降低了使用者等
待通道連線的延遲。

另外，Wi-Fi 7 在**多鏈路同傳技術下的業務分類傳送、支援低延遲業務辨識和嚴格
喚醒時間技術**，使得 Wi-Fi 7 對低延遲技術的應用更加靈活和有效。

1）多鏈路管理技術實現業務分類傳送

Wi-Fi 7 之前的多頻 AP 與 STA 之間只能在一個頻段上的通道建立連接，即單鏈
路連接方式，不同業務資料都是在相同無線通道上依次傳送，物理通道不會區分它們
的優先級，不會對延遲區別對待。

而 Wi-Fi 7 的多鏈路同傳技術支援在多個頻段上進行連接和資料傳送，那麼 Wi-Fi 7 AP 就可以將不同業務資料映射到不同鏈路上進行傳輸。比如，低延遲業務在頻寬最大和通道狀態最好的 6GHz 鏈路上優先傳輸，從而保證低延遲業務的延遲要求，同時也保證其他業務在 2.4GHz 和 5GHz 上的正常傳輸。參考圖 3-9，Wi-Fi 7 支援視訊、語音和上網等業務分別在不同鏈路上同時進行傳送。

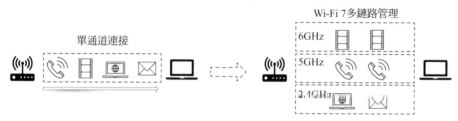

▲ 圖 3-9 Wi-Fi 7 多鏈路支援超低延遲

2）低延遲業務辨識技術支援分類排程

第 1 章介紹過傳統 Wi-Fi 技術支援 4 種存取類型來區分資料流程的優先順序，當語音、視頻、普通資料流程和背景資料流轉發到 MAC 層的時候，它們就會根據優先順序進入相應的隊列中等待發送。

但 4 種優先順序分類的方式較為簡單，沒有針對業務對於延遲的需求做進一步區分。Wi-Fi 7 支援**低延遲業務辨識技術**，它能基於業務來辨識最大延遲遲時間間、服務起止時間、服務間隔、最高封包錯誤率等業務參數，AP 根據低延遲業務特徵來進行排程，保證該業務資料在最小延遲內送達到接收端，提高使用者體驗。參考圖 3-10，左邊是傳統 Wi-Fi 的 4 種優先級佇列方式，右邊則是 Wi-Fi 7 AP 能辨識業務最大延遲和其他參數，然後根據低延遲業務特徵進行業務排程。

▲ 圖 3-10 Wi-Fi 7 支援低延遲業務辨識

舉例來說，一個使用者的手機可能包含不同延遲業務，透過低延遲業務辨識技術可以幫助 AP 辨識每個應用程式的最大傳輸延遲，並根據延遲資訊進行相應排程，進而保證應用程序與伺服器互動的流暢性，改善應用程式的使用者體驗。

3）嚴格喚醒時間技術

Wi-Fi 6 引入廣播目標喚醒時間 b-TWT 技術，支援 AP 與多個 STA 協商不同的服務時間組，不同的 STA 在指定的服務時間醒來，存取通道進行資料傳送和接收。

Wi-Fi 7 在 b-TWT 的基礎上，支援**嚴格喚醒時間技術**（restricted TWT，r-TWT），AP 仍然將整個服務時間分成多段，其中某些時間段專門用於低延遲業務資料傳輸，低延遲業務在這些時間段能夠被高頻次地排程，使得它們有更多機會存取通道和進行資料傳送，從而降低了業務資料傳送延遲。r-TWT 技術還為這些特殊的時間段增加了靜默時間視窗機制，在靜默時間視窗中不允許其他 STA 參與通道競爭，從而為 AP 排程低延遲業務提供了保護機制。

圖 3-11 是 Wi-Fi 7 基於 r-TWT 技術的低延遲業務存取通道的範例，圖中電話業務是低延遲的即時業務，它需要頻繁存取通道並傳輸資料。Wi-Fi 7 的 AP 可以根據電話業務的特點，增加相應的低延遲服務時長和頻次，從而保證該業務所需要的延遲要求。

▲ 圖 3-11 Wi-Fi 7 的通道連線機會分配

3.1.2 Wi-Fi 7 標準的演進

IEEE 對於 Wi-Fi 7 標準的時間規劃如圖 3-12 所示，從 2018 年 6 月成立 Wi-Fi 7 的研究組，至 2024 年 5 月發佈最終版本，前後經歷 6 年。其中，草案版本的主要發佈時間是從 2021 年 5 月至 2023 年 11 月。而對應的 Wi-Fi 聯盟認證專案是從 2021 年開始建立市場任務組，至 2023 年底預計完成認證專案。

▲ 圖 3-12 IEEE 對於 Wi-Fi 7 標準的時間規劃

從 Wi-Fi 7 標準演進的過程中可以看到，2023 年預計將有裝置廠商基於 Wi-Fi 7 晶片的演示產品，而 2024 年由於 Wi-Fi 聯盟認證專案就緒，市場上將逐漸開始出現商用 AP 和終端設備。

主要的時間路標說明如下：

- 2018 年 6 月，成立了 Wi-Fi 7 的研究組（Study Group，SG）。
- 2019 年 3 月，專案授權請求（Project Authorization Request，PAR）獲准投票並通過後，研究組變成了工作組（Task Group，TG），負責起草 Wi-Fi 7 的技術標準。
- 2020 年 9 月，Wi-Fi 7 工作組發佈草案 0.1 版本，包含新標準的基本框架。
- 2021 年 5 月，Wi-Fi 7 工作組辭佈草案 1.0 版本，完成基本功能的定義。
- 2022 年 5 月，Wi-Fi 7 工作組發佈草案 2.0 版本，對 1.0 版本中定義的新功能進行完善，並投票確認該版本是否可以進行發佈。
- 2022 年 11 月，Wi-Fi 7 工作組發佈草案 3.0 版本，初步包含一些複雜功能。
- 2023 年 11 月，Wi-Fi 7 工作組發佈草案 4.0 版本。
- 2024 年 5 月，Wi-Fi 7 工作組發佈最終版本。至此，Wi-Fi 7 標準研究製作的工作完成，工作組解散。

3.2　Wi-Fi 7 主要的核心技術

Wi-Fi 7 技術特點的核心是極高輸送量（EHT），它的技術特徵是超高速率、超高併發和超低延遲，它的核心技術和標準規範主要是圍繞著這三個特徵來進行定義的。Wi-Fi 7 不僅在物理層上對原有調變技術、頻寬等指標進行超越和提升，而且充分利用 Wi-Fi 7 設備的多頻段、多通道特點，進行技術創新和突破，從而為 Wi-Fi 7 裝置在傳統技術上的性能跨越和大幅度提升提供了關鍵支撐。

3.2.1　Wi-Fi 7 關鍵技術概述

IEEE 在制定 Wi-Fi 7 標準的時候定義了很多關鍵技術和對應的技術指標，並且把標準發佈分成兩個階段，分別包含相關的技術內容。從最新的標準制定進展來看，原先第二階段的主要內容放在後面的 Wi-Fi 8 標準中，本書介紹的 Wi-Fi 7 內容主要是原先第一階段的關鍵技術，而在最後的第 8 章將簡介一部分曾放在第二階段的關鍵技術。Wi-Fi 7 的關鍵技術如表 3-1 所示。

▼ 表 3-1　Wi-Fi 7 引入的關鍵技術

序號	分類	Wi-Fi 7 核心技術	對應的連結技術
1	超高速率	高階調變技術	支援 4096-QAM
2	超高速率 超高併發	超高頻寬的通道捆綁	6GHz 頻段的 320MHz 通道頻寬
3	超高速率 超低延遲	多鏈路同傳技術	多鏈路的發現、連接和認證方式；多鏈路安全技術；多鏈路 Mesh 網路拓樸等
4	超高併發	非連續通道捆綁	上行或下行方向捆綁
5	超高併發	多資源單位捆綁技術	上行或下行方向捆綁；多使用者輸入輸出技術與多資源單位技術的組合
6	超低延遲	低延遲業務的支援	低延遲業務辨識
7	超低延遲	低延遲業務的通道存取	嚴格喚醒時間技術（r-TWT）
8	超低延遲	緊急業務服務	緊急業務的優先順序連線

相關的 Wi-Fi 7 和 Wi-Fi 6 技術的物理層和 MAC 層規格參見表 3-2，詳細情況將在後面章節介紹。

▼ 表 3-2　Wi-Fi 7 和 Wi-Fi 6 技術規格

類別	關鍵技術	Wi-Fi 7 技術規格	Wi-Fi 6 技術規格
物理層	調變方式	最高支援 4096-QAM	最高支援 1024-QAM
	OFDM 符號長度	12.8μs	12.8μs
	保護間隔（GI）	0.8μs，1.6μs，3.2μs （分別是 5%、10%、20% 銷耗）	0.8μs，1.6μs，3.2μs （分別是 5%、10%、20% 銷耗）
	多輸入多輸出（MIMO）流的數量	8	8
	多輸入多輸出的併發用戶數量	8	8
	通道寬度	6GHz 頻段最大支援 320MHz	2.4GHz 頻段最大支援 40MHz，5GHz 頻段最大支援 160MHz
	OFDMA 併發使用者數	148	74
	物理層速率	30Gbps	9.6Gbps
MAC 層	基本通道存取	CSMA/CA，觸發方式	CSMA/CA，觸發方式
	多使用者連線方式	MU-MIMO，OFDMA	MU-MIMO，OFDMA
	多使用者連線方向	支援上行和下行 MU-MIMO	支援上行和下行 MU-MIMO
	A-MPDU 聚合度	1024	256
	抗干擾處理	支援兩個 NAV 以及動態 CCA-ED 門檻值，非連續通道捆綁	支援兩個 NAV 以及動態 CCA-ED 門檻值等

3.2.2 Wi-Fi 7 新增的多鏈路裝置

在 Wi-Fi 7 標準中，把具有多鏈路同傳的裝置稱為多鏈路裝置（Multiple Link Device，MLD）。其中，具有多鏈路功能的 AP 裝置被稱為多鏈路 AP（AP MLD），具有多鏈路功能的 STA 裝置被稱為多鏈路 STA（non-APMLD）。

如圖 3-13 所示，多鏈路 AP 與多鏈路 STA 建立了兩條無線鏈路的連接，並在兩筆鏈路上同時進行資料傳送。在多鏈路 AP 中，把兩條無線鏈路的端點分別標記為 AP1 和 AP2；而在多鏈路 STA 中，把相應鏈路的端點分別標記為 STA1 和 STA2。AP1 與 STA1 在鏈路 1 上進行資料發送和接收，AP2 與 STA2 在鏈路 2 上進行資料發送和接收。

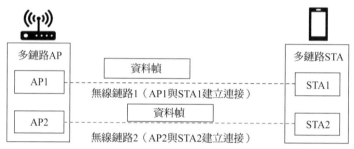

▲ 圖 3-13 多鏈路 AP 與多鏈路 STA 的多鏈路連接

多鏈路資料傳送的方式可分為同步和非同步兩種主要情況。多鏈路非同步同傳模式是指多鏈路裝置的每個鏈路獨立獲取通道並收發資料，相互之間不需要任何同步。多鏈路同步同傳模式是指多鏈路裝置的多個鏈路同時接收資料或同時發送資料，多個鏈路之間資料收發時間需要嚴格對齊。

多鏈路非同步或同步同傳模式在一定條件下可以相互轉換。舉例來說，當兩個鏈路工作通道在頻譜上距離比較近時，比如一個鏈路工作在 5GHz 頻段 36 通道，另外一個鏈路工作在 5GHz 頻段 100 通道時，會耦合其中旁波瓣與諧波過濾不徹底的訊號，從而對本鏈路上的通道偵聽產生干擾，此時兩個鏈路就建議工作在同步同傳模式。當兩個鏈路工作通道在頻譜上距離比較遠時，兩個鏈路之間互不干擾，比如一個鏈路工作在 2.4GHz 頻段，另外一個鏈路工作在 5GHz 頻段，此時該多鏈路裝置可工作在非同步同傳模式。

圖 3-14 舉出多鏈路裝置的鏈路在非同步情況下的訊號干擾範例。多鏈路裝置在兩個鏈路上同時進行隨機回退視窗並倒計時，鏈路 1 首先計數到零並發送資料，但裝置

的濾波器無法完全過濾鏈路 1 上的能量，而有訊號洩露到鏈路 2 上，導致鏈路 2 檢測到該訊號並反饋通道繁忙，因而等待下一次回退視窗恢復計數，無法實現非同步收發模式。但如果兩個鏈路上同時傳送訊號，則可以規避干擾問題。

　　參考表 3-3，為了降低設計複雜度，Wi-Fi 7 標準規定具有 MLD 功能的 AP 為多鏈路非同步同傳裝置。比如，家庭 AP、企業網 AP 等，而具有 MLD 功能的行動熱點為同步同傳裝置。

　　對終端來說，在只有一個物理鏈路進行資料收發的前提下，根據是否在多個邏輯鏈路上進行通道偵聽，又分為單射頻模式與增強單射頻模式。

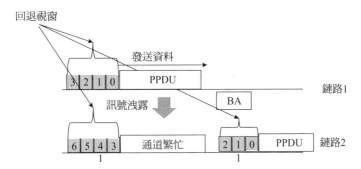

▲ 圖 3-14　非同步多鏈路 STA 發送 PPDU 時干擾其他通道 CCA 檢測範例

▼ 表 3-3　多鏈路裝置類型

索引	裝置類型	鏈路同傳分類	鏈路同傳功能說明
1	多鏈路 AP	非同步多鏈路同傳	不同鏈路分別獨立傳送或接收資料
2	多鏈路 AP	同步雙鏈路同傳	最多只支援兩個鏈路，雙鏈路發送或接收資料必須保證同步進行
3	多鏈路 STA	非同步多鏈路同傳	不同鏈路分別獨立傳送或接收資料
4	多鏈路 STA	非同步多鏈路同傳增強	支援動態調整每個鏈路上的天線數量並進行資料傳送
5	多鏈路 STA	同步多鏈路同傳	不同鏈路必須同步發送或接收資料
6	多鏈路 STA	單射頻模式	只支援一個物理鏈路層進行資料傳送，但包括多個邏輯鏈路
7	多鏈路 STA	增強單射頻模式	只支援一個物理鏈路層進行資料傳送，但支援在多個鏈路上同時進行通道偵聽

　　下面是 Wi-Fi 7 標準定義的多鏈路裝置的詳細介紹。

1）支援非同步多鏈路同傳的多鏈路 AP

非同步多鏈路同傳的多鏈路 AP 就是通常的多鏈路 AP，每個無線鏈路發送和接收資料的時候，在時間上不需要同步，分別按照實際需求競爭和使用通道。

在圖 3-15 舉出的範例中，多鏈路 AP 與多鏈路 STA 建立兩個鏈路，在時間段 t 範圍內，AP1 在無線鏈路 1 上向 STA1 發送資料。同時，AP2 在無線鏈路 2 上接收 STA2 發送的資料。

▲ 圖 3-15 非同步多鏈路同傳模式

2）支援同步雙鏈路同傳的多鏈路 AP

同步雙鏈路同傳的多鏈路 AP 又稱為同步行動多鏈路 AP，支援在兩筆鏈路上同步發送或同步接收資料，並且收發資料的起始時間和終止時間始終需要保持同步。它的典型應用場景是行動裝置的熱點，比如，手機作為 Wi-Fi 熱點，同時與多鏈路 STA 建立兩條鏈路，並在兩個鏈路上傳輸資料。

同步行動多鏈路 AP 支援的兩條鏈路分別稱為**主鏈路**和**輔鏈路**，主鏈路負責完成鏈路的連接過程和資料傳送，而輔鏈路只能與主鏈路一起同步收發資料，不能單獨工作。傳統單鏈路的 STA 也只能連接到主鏈路上並收發資料。

如圖 3-16 所示，同步行動多鏈路 AP 有主鏈路和輔鏈路，分別對應 AP1 和 AP2。AP1 和 AP2 在兩個鏈路同時傳輸資料，資料幀的發送和接收在時間上完全保持一致。

▲ 圖 3-16 同步行動多鏈路 AP 雙鏈路同傳

3）支援非同步多鏈路同傳的多鏈路 STA

支援非同步多鏈路同傳的多鏈路 STA 就是通常所說的多鏈路 STA，它與多鏈路 AP 一樣，在多鏈路上進行資料傳輸時不需要時間同步。

4）支援非同步多鏈路同傳增強型的多鏈路 STA

支援每個鏈路上的天線數量可動態調整的多鏈路 STA 稱為增強型非同步多鏈路 STA。相比每個鏈路上的天線數量固定的多鏈路 STA 更加靈活，以適應不同的應用場景。

如圖 3-17 所示，一個增強型非同步多鏈路 STA 在兩個鏈路共有 6 根天線，在 T1 時刻兩個鏈路上的天線分配方案為 3:3，而在 T2 時刻天線分配方案為 4:2，即把鏈路 2 的天線 4 分配給了鏈路 1。增強型非同步多鏈路 STA 在建立連接情況下動態調整每個鏈路天線數量時，需要提前與多鏈路 AP 進行訊息互動，便於雙方及時更新每個鏈路上的空間流數量、發送速率等資訊。

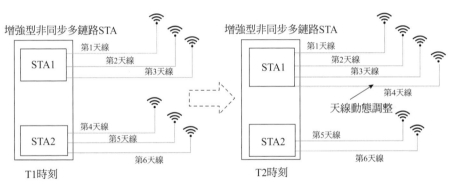

▲ 圖 3-17 增強型非同步多鏈路 STA 天線動態分配

5）支援同步多鏈路同傳功能的多鏈路 STA

與同步行動多鏈路 AP 類似，支援同步多鏈路同傳類型的多鏈路 STA 稱為同步多鏈路 STA，即在每個鏈路上連線通道並收發資料的時間需要保持一致。

如圖 3-18 所示，多鏈路 AP 與多鏈路 STA 在兩個鏈路上建立連接，AP1 和 AP2 在兩個鏈路同時傳輸資料，並且同時接收到 STA1 和 STA2 回覆的確認幀。

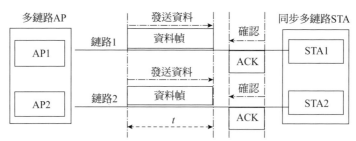

▲ 圖 3-18 多鏈路 AP 與同步多鏈路 STA 多鏈路同步同傳模式

6）單射頻多鏈路 STA

單射頻多鏈路 STA 是一種只有一個射頻模組，但又和多鏈路 AP 建立多個邏輯鏈路的多鏈路 STA。它只有一個物理層，同一時刻只能有 1 條鏈路在收發資料，其他鏈路處於瞌睡狀態。它的特點是支援多鏈路動態選擇功能，選擇通道條件最好的鏈路與多鏈路 AP 進行通訊，而又不需要重新建立連接。

如圖 3-19 所示，多鏈路 AP 與單射頻多鏈路 STA 在兩個鏈路上建立連接，在 T1 時間段，AP1 與 STA1 在鏈路 1 上進行資料通信，鏈路 2 處於瞌睡狀態；而在 T2 時間段，多鏈路 AP 與單射頻多鏈路 STA 切換到鏈路 2，AP2 與 STA2 在鏈路 2 上進行資料通信，鏈路 1 處於瞌睡狀態，即任意一個時刻只有 1 條鏈路在收發資料。

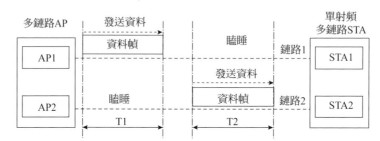

▲ 圖 3-19 多鏈路 AP 與單射頻多鏈路 STA 的多鏈路通訊

當單射頻多鏈路 STA 切換鏈路的時候，需要在該鏈路上先進行偵聽，等待通道空閒時才發送資料，單射頻多鏈路 STA 不支援在多個鏈路上同時偵聽通道狀態。如圖 3-20 所示，單射頻多鏈路 STA 在鏈路 1 上偵聽通道，如果通道繁忙，則切換到鏈路 2 上重新偵聽通道；如果通道空閒，則開始發送資料。

7）增強型單射頻多鏈路 STA

增強型單射頻多鏈路 STA 是一種支援多個鏈路上同時進行通道偵聽，但每次只能選擇一個鏈路進行資料傳輸的多鏈路 STA。

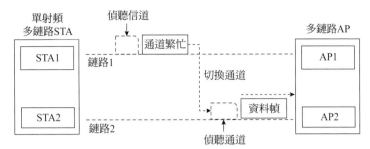

▲ 圖 3-20 單射頻多鏈路 STA 的鏈路切換方式

相對於單射頻多鏈路 STA 需要先偵聽通道再決定切換鏈路的侷限，增強型單射頻多鏈路 STA 支援多個鏈路上同時進行通道偵聽，然後選擇一個空閒的通道發送資料，節約偵聽通道所需要的等待延遲。

如圖 3-21 所示，增強型單射頻多鏈路 STA 在鏈路 1 和鏈路 2 上同時偵聽通道狀態，鏈路 1 上的通道繁忙，而鏈路 2 上的通道空閒，則選擇鏈路 2 發送資料。

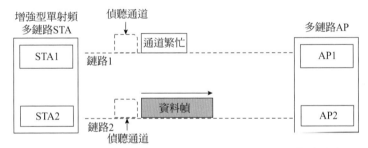

▲ 圖 3-21 增強型單射頻多鏈路 STA 的鏈路切換方式

如圖 3-22 所示，增強型單射頻多鏈路 STA 包含通道偵聽和資料收發兩種狀態。

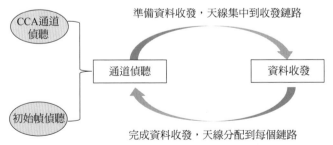

▲ 圖 3-22 增強型單射頻多鏈路 STA 狀態轉換

（1）**通道偵聽狀態**。對於上行方向，增強型單射頻多鏈路 STA 發送上行的資料之前，每條鏈路處於偵聽狀態，並且每個鏈路上至少分配一個天線，用來接收並檢查通道上的 Wi-Fi 和非 Wi-Fi 訊號，偵聽結束並檢查到一個通道空閒時，增強型單射頻多鏈路 STA 結束偵聽狀態，進入資料收發狀態。

對於下行方向，處於通道偵聽狀態的增強型單射頻多鏈路 STA 還可以接收和處理多鏈路 AP 發送的特定初始幀。在一條鏈路上接收到多鏈路 AP 發送的初始幀之後，增強型單射頻多鏈路 STA 從通道偵聽狀態切換到資料收發狀態，然後接收多鏈路 AP 發送的下行資料幀或觸發幀。

（2）**資料收發狀態**。首先將其他鏈路的天線切換到用於傳輸資料的鏈路上，然後進入資料互動狀態並發送資料，透過充分利用一個鏈路的多天線技術來提高輸送量。資料收發完成後，再次傳回通道偵聽狀態。

當一筆鏈路處於資料收發狀態時，其他鏈路由於沒有可用的天線而不能用於監聽通道，處於鏈路不可用狀態。

如圖 3-23 所示的範例中，處於通道偵聽狀態的增強型單射頻多鏈路 STA 在 STA1 上分配一個天線，在 STA2 上分配兩個天線，兩個 STA 分別在各自通道偵聽通道狀態或接收對應的 AP 發送的初始化幀。完成通道偵聽過程後，增強型單射頻多鏈路 STA 將 STA2 上的天線切換到 STA1，並轉換到資料互動狀態，然後與多鏈路 AP 透過 STA1 互動資料。

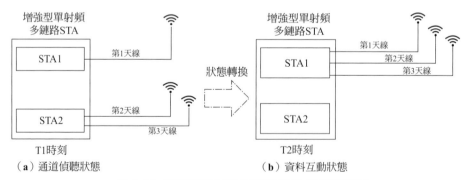

▲ 圖 3-23 增強型單射頻多鏈路 STA 狀態轉換圖

3.2.3 Wi-Fi 7 多鏈路同傳技術

多鏈路同傳技術是指多鏈路 AP 與多鏈路 STA 之間建立多筆 Wi-Fi 連接，從而實現資料併發傳送。不同於原先多頻 AP 與 STA 之間的單鏈路連接，多鏈路同傳技術有

新的資料傳送特點，參見圖 3-24。

（1）**負載平衡**：多鏈路裝置根據每條鏈路上的負載情況和當前通道條件，動態調整每個鏈路上的資料流量，實現鏈路的負載平衡。

（2）**多鏈路的資料聚合**：多鏈路裝置在多筆鏈路上同時發送或接收資料，從而提高資料傳輸的輸送量。

（3）**不同鏈路的上行或下行資料傳送**：多鏈路裝置在不同鏈路上分別實現上行和下行的資料傳輸，比如多鏈路 AP 在一筆鏈路上接收資料，在另外一筆鏈路上發送資料。

（4）**控制封包和資料封包傳輸在不同鏈路上**：不同鏈路上傳輸不同類型的幀，比如位於 2.4GHz 頻段的鏈路上傳輸控制和管理幀，位於 6GHz 頻段的鏈路上傳輸資料幀。

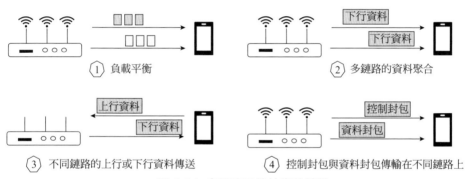

▲ 圖 3-24 多鏈路同傳技術的特點

多鏈路同傳技術特別注意 MAC 層架構的變化、MAC 層幀傳輸和重傳的特點、MAC 層的發現和連接過程、鏈路管理以及不同類型的多鏈路裝置同傳特點。其中多鏈路下的連接過程在 3.2.4 節中介紹。

1. 多鏈路同傳技術的 MAC 層架構

Wi-Fi 支援多鏈路同傳技術的同時，需要對原先的媒介存取控制（MAC）層的規範進行更新。圖 3-25 舉出了單頻 STA、雙頻 AP 以及雙鏈路 Wi-Fi 7 AP 的 MAC 層的圖示。

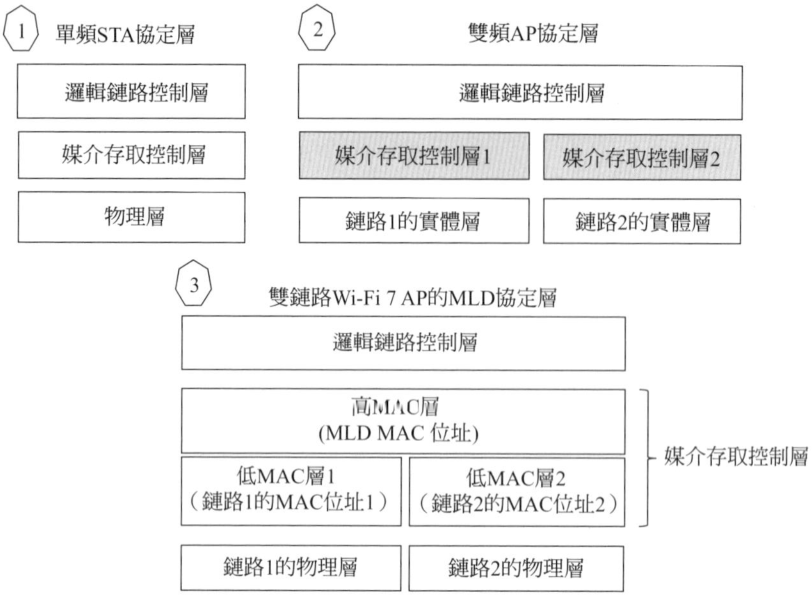

▲ 圖 3-25 三種不同 Wi-Fi 裝置的二層架構

（1）**單頻 STA 協定層**：具有單獨的媒介存取控制層與物理層。

（2）**雙頻 AP 協定層**：有兩個物理上獨立的頻段，所以有兩個對應的媒介存取控制層與物理層，各自完成 Wi-Fi 的連接和資料通信。

（3）**雙鏈路 Wi-Fi 7 AP 的 MLD 協定層**：仍然有兩個物理上獨立的頻段，有對應的兩個物理層，但媒介存取控制層只有一個，它分為一個高 MAC 層和兩個低 MAC 層，對應著一個 MLD MAC 位址和兩個低 MAC 層的 MAC 位址。

- **高 MAC 層**：又稱為公共 MAC 層，它與邏輯鏈路層對接，對資料封包進行成幀前的處理，或接收下層上傳的資料封包並做解析處理。舉例來說，A-MSDU 聚合、幀編號、幀加密、幀解密、幀排序等。它對應著多鏈路裝置的 MAC 位址，稱為 MLD MAC 位址。

- **低 MAC 層**：又稱為鏈路相關 MAC 層，它對應著每一個物理鏈路，主要處理資料封包收發直接相關的流程以及控制幀收發。舉例來說，填充 A-MPDU 的發送和接收位址，根據位址過濾 A-MPDU 封包，發送 RTS/CTS 等控制封包。每個低 MAC 層有對應鏈路的 MAC 位址，稱為鏈路 MAC 位址。

多鏈路 AP 支援在不同鏈路上建立不同的 BSS，分配不同的 BSSID，允許 Wi-Fi 7 之前的 STA 在任意一條鏈路上能與多鏈路 AP 建立連接，或允許多鏈路 STA 透過多個

鏈路連接到多鏈路 AP，實現多鏈路資料同傳。

如圖 3-26 所示，多鏈路 AP 與多鏈路 STA 在兩個鏈路建立連接，基本的資料幀封裝、資料幀解析的過程以及術語與第 1 章介紹的內容一致，區別在於發送端的 MLD MAC 層需要在兩個物理層排程資料並傳送，接收端的 MLD MAC 層也要從兩個物理層上同時接收資料，重新排序後發送給邏輯鏈路層。

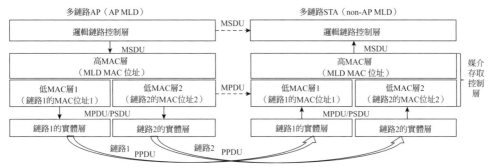

▲ 圖 3-26 MLD 多鏈路通訊模型

多鏈路 AP 既要與多鏈路 STA 進行通訊，也要相容與傳統只支援單鏈路 STA 的連接。在 Wi-Fi 7 標準中，多鏈路 MLD 裝置為每個鏈路分別增加一個高 MAC 層來處理傳統的單鏈路 STA 的連接以及資料傳送流程。

參考圖 3-27，在多鏈路 AP 的協定架構中，高 MAC 層有兩種情況。

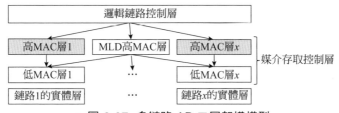

▲ 圖 3-27 多鏈路 AP 二層架構模型

- MLD 的高 MAC 層：支援多鏈路的公共 MAC 層，多鏈路 AP 中只有一個這樣的高 MAC 層，對應著所有的低 MAC 層。
- 每個鏈路對應的高 MAC 層：處理與其連接的傳統單鏈路 STA 的 MAC 層，AP 的每條鏈路有一個鏈路高 MAC 層，對應著相關的每一個低 MAC 層。

圖 3-28 表示多鏈路 AP 與多鏈路 STA 在每一條鏈路上建立連接，同時多鏈路 AP 也與傳統單鏈路 STA 建立連接，即 Wi-Fi 7 AP 與以前的 STA 保持連接的相容性。從

圖中右側虛線可以看到，資料在多鏈路 AP 的高 MAC 層、低 MAC 層以及單鏈路 STA 的 MAC 層之間進行傳送。

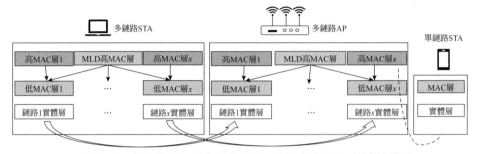

▲ 圖 3-20　多鏈路 AP 與多鏈路 STA 以及傳統 STA 的連接模型

2. 多鏈路上傳送 Wi-Fi 幀的特點

第 1 章介紹過 Wi-Fi 幀類型，幀分為資料幀、管理幀和控制幀。另外，根據幀的接收位址分類，資料幀和管理幀又分別分為單一傳播資料幀、多點傳輸資料幀和單一傳播管理幀、多點傳輸管理幀。

單一傳播資料幀具有重傳和聚合功能，到達接收端的次序可能不一致，因而接收端需要將亂序的單一傳播資料幀進行排序後轉發到上層協定層。

不同類型的幀在多鏈路傳送中有各自不同特點，參見表 3-4。

▼ 表 3-4　多鏈路裝置與單鏈路裝置的傳輸特徵差別

幀類型	幀來源	接收位址	是否重傳	多鏈路傳輸特徵	典型幀範例
資料幀	上層協定層	單一傳播	可重傳	任意鏈路傳送	業務資料幀
		多點傳輸	不重傳	每個資料幀複製到所有鏈路上進行傳輸	廣播 ARP 封包
控制幀	低 MAC 層	單一傳播	不重傳	當前鏈路傳送	CTS/RTS、ACK、BA 幀等
管理幀	高 MAC 層	單一傳播	可重傳	任意鏈路傳送	連接請求和回應幀等
管理幀	低 MAC 層	單一傳播	可重傳	當前鏈路傳送	探測請求和回應幀等
	低 MAC 層	多點傳輸	不重傳	當前鏈路傳送	信標幀

- **資料幀**：來自上層協定層，透過邏輯鏈路控制層發送給高 MAC 層，可以在多鏈路中的任一條上傳輸，如果傳輸失敗，單一傳播資料幀會重傳，但多點傳輸資料幀不會重傳。
- **控制幀**：在媒介存取控制層的低 MAC 層生成，比如 CTS/RTS、ACK、BA 幀等。控制幀只能在當前鏈路上傳輸，並且不支援重傳。

- 管理幀：部分管理幀在媒介存取控制層的低 MAC 層生成，比如信標幀、探測請求和回應幀。部分管理幀在高 MAC 層產生，比如連接請求和回應幀。單一傳播管理幀支援重傳。

多鏈路 AP 在發送多點傳輸資料時，接收端可能為傳統 STA 或多鏈路裝置，為了保證多鏈路 STA 和傳統單鏈路 STA 都可以收到同一個多點傳輸資料幀，Wi-Fi 7 標準規定多鏈路 AP 在所有鏈路上都複製同一個多點傳輸資料幀，並分別發送出去，這樣傳統 STA 在連接的鏈路上能收到該多點傳輸幀。而對於多鏈路 STA，能夠從任意一個連接的鏈路上接收該多點傳輸幀，也支援從多個鏈路上接收同一份多點傳輸幀，多鏈路 STA 在轉發給上層協定層之前，透過檢查機制丟掉重複封包。

在第 1 章和第 2 章介紹過，單一資料幀可以透過 A-MPDU 技術聚合成一個包含多個資料幀的 PPDU，在通道中傳輸到接收端，提高通道利用效率。同時，發送端資料幀在傳輸過程中可能因通道干擾導致傳輸失敗，進而重新傳輸該資料幀，因此到達接收端的先後次序存在隨機性，即存在「後發先到」的可能性。為了保證接收端按照次序接收所有的資料幀，並丟棄重複資料幀，發送端在發送資料前為每個幀進行編號，以便於接收端按照幀編號重新排序，並轉發給上層協定層。

另一方面，接收端接收到 A-MPDU 後，向發送端發送區塊確認幀（Block ACK，BA），來告知接收端 A-MPDU 中每個 MPDU 的接收狀態。

圖 3-29 舉出 A-MPDU 的發送與接收範例。其發送與接收的步驟如下。

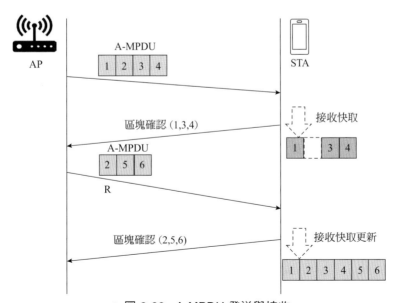

▲ 圖 3-29　A-MPDU 發送與接收

（1）**發送端發送 A-MPDU**：AP 向 STA 發送聚合幀 A-MPDU，包含編號 1、2、3、4 的資料幀。

（2）**接收端回覆區塊確認**：STA 向 AP 發送區塊確認幀，包含對編號為 1、3、4 的資料幀的確認，並本地儲存接收到的資料幀。

（3）**發送端再次發送 A-MPDU**：AP 向 STA 再次發送聚合幀 A-MPDU，包含編號 2、5、6 的資料幀，其中編號為 2 的資料幀標記為重傳類型。

（4）**接收端再次回覆區塊確認**：STA 向 AP 發送區塊確認幀，包含對編號 2、5、6 的資料幀的確認，並按照編號順序排序，轉發給上層協定層。

Wi-Fi 7 引入多鏈路同傳技術後，單一傳播資料幀在多鏈路上的幀編號、重傳和確認三個方面的變化如圖 3-30 所示，具體解釋如下。

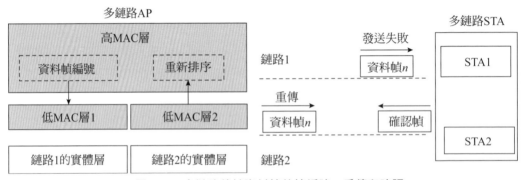

▲ 圖 3-30　多鏈路傳輸資料幀的幀編號、重傳和確認

（1）**幀統一編號**：待發送的單一傳播幀在 MLD 高 MAC 層統一編號，然後排程到不同鏈路上進行傳輸。由於每個鏈路的通道條件及發送速率並不一致，所以每個封包到達接收端對應鏈路的先後順序不一定按照封包的序號順序接收，接收端從多鏈路收到幀後，送到 MLD 高 MAC 層，然後按照幀編號順序重新排序並快取。確認無誤後，一起發送給上層。

（2）**多鏈路重傳**：當一個資料幀在一條鏈路上發送失敗時，不僅支援在該鏈路上重傳該資料幀，而且支援在另外一條鏈路上重新發送，為了保證重傳幀的唯一性，幀在重傳時保持幀編號不變。具體如何應用多鏈路重傳機制，由晶片或裝置廠商來定義。

（3）**跨鏈路確認**：當接收端從兩個或更多鏈路上接收到封包後，將在每個鏈路上分別發送區塊確認幀進行確認，區塊確認幀的位元映射資訊中包含當前幀的接收資

訊，也支援包含其他鏈路接收資訊，具體實現方式由廠商自訂，但多鏈路上傳輸的區塊確認幀的資訊要保證一致性。

圖 3-31 舉出單一傳播資料幀在多鏈路上傳輸和跨鏈路確認的範例。多鏈路 AP 在鏈路 1 和鏈路 2 上與多鏈路 STA 建立連接，多鏈路 AP 在兩個鏈路上分別競爭無線通道資源，獲取發送機會後在鏈路 1 上發送包含序號為 1、2、5 的資料幀的 A-MPDU，在鏈路 2 上發送包含序號為 3、4、6 的資料幀的 A-MPDU。

多鏈路 STA 在兩個鏈路上接收到資料幀後，分別回覆區塊確認幀，對接收到的資料幀進行確認。鏈路 1 的區塊確認幀中包含幀編號為 1、2、3 的幀確認資訊，鏈路 2 的區塊確認幀中包含幀編號為 4、5、6 的幀確認資訊。

多鏈路 STA 從兩個鏈路上接收的資料幀按照序號重新排序，併發送給上層協定層。

3. Wi-Fi 7 多鏈路管理方式

Wi-Fi 7 AP 與 STA 建立多鏈路連接後，為了實現不同業務類型的資料幀在不同鏈路上傳輸，保證延遲敏感性業務在通道狀態最好的鏈路上優先傳輸，同時降低行動終端的功耗，Wi-Fi 7 引入了多鏈路管理功能。競爭視窗多鏈路管理包括鏈路與業務類型綁定、鏈路狀態管理和快取資料在多鏈路上的傳輸三個方面，如圖 3-32 所示。

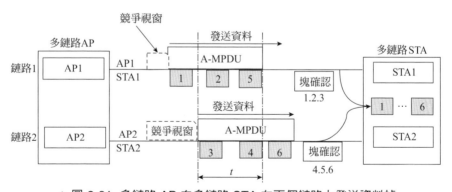

▲ 圖 3-31　多鏈路 AP 向多鏈路 STA 在兩個鏈路上發送資料幀

（1）**鏈路與業務類型綁定**：多鏈路 AP 和多鏈路 STA 透過協商，將業務類型和鏈路綁定，在某些鏈路上只允許特定業務資料傳輸，舉例來說，低延遲業務在鏈路狀態最好或頻寬最大的鏈路上傳輸，滿足特定業務對於低延遲需求。

（2）**鏈路狀態管理**：多鏈路 AP 透過將 1 條或多筆鏈路的狀態設置為禁用或啟用，實現在多鏈路上資料的排程和負載平衡的目的。

▲ 圖 3-32　多鏈路管理的類型

（3）快取資料在多鏈路上的傳輸：對於處於節電模式狀態的多鏈路 STA，根據多鏈路 AP 快取的不同業務資料狀態，從不同鏈路上獲取對應的快取資料，從而實現節電效果。

下面就這三部分內容做進一步介紹。

1）鏈路與業務類型綁定

在第 1 章介紹過，當 AP 或 STA 從上層協定層接收到不同業務類型的資料幀時，將按照業務類型對資料幀進行分類，並把不同類型的資料幀放入 BE（普通資料流程）、BK（背景流）、VI（視訊流）、VO（語音流）四個不同的優先順序佇列中，按照優先順序從高到低的順序進行排程，比如將語音資料作為高優先順序發送。

對於多鏈路 AP 與多鏈路 STA 建立的多鏈路，每個鏈路包括啟用和禁用狀態。當鏈路處於啟用狀態時，將不同業務類型態資料幀與鏈路綁定，實現不同鏈路上傳輸不同業務的資料幀，同一業務類型的資料也可以綁定到不同的鏈路上進行傳輸。當鏈路處於禁用狀態時，該鏈路上不綁定任何類型的資料幀，即不允許資料幀傳輸。

圖 3-33 舉出了多鏈路 STA 向多鏈路 AP 在不同鏈路上發送不同類型態資料的範例。

- 鏈路 1 與 BK、BE 類型的資料綁定。
- 鏈路 2 與 BE、VI、VO 類型的資料綁定。
- 鏈路 3 處於禁用狀態，無任何業務類型態資料綁定。

多鏈路 STA 透過鏈路 1 向多鏈路 AP 發送業務類型為 BK、BE 的資料幀，在鏈路 2 上發送 BE、VI、VO 類型的資料幀。多鏈路 AP 在對應的鏈路上接收到不同類型的資料幀後，放入相應的佇列中。

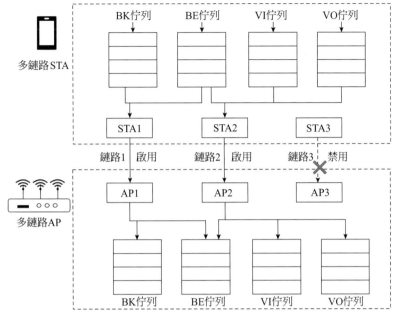

▲ 圖 3-33　鏈路與業務類型綁定及資料傳輸

預設情況下，每條處於啟用狀態的鏈路允許所有類型的資料進行傳輸，這種方式與傳統的單鏈路連接方式類似。多鏈路 AP 與多鏈路 STA 透過協商實現業務資料與鏈路進行綁定，這種協商方式包括兩種情況：

（1）多鏈路連結幀中攜帶鏈路與業務類型的綁定資訊。

多鏈路 STA 發送多鏈路連結請求，同時攜帶鏈路與業務類型捆綁資訊，這種方式節約了協商過程所需要的額外幀互動的銷耗，是一種典型高效的協商方式。

接收到多鏈路 STA 攜帶業務類型與鏈路捆綁資訊連結請求幀後，多鏈路 AP 發送多鏈路連結發送回應，並透過多鏈路欄位中的捆綁資訊相應欄位顯示允許或拒絕該請求。如果 AP 拒絕，則需要提供新的業務類型與鏈路捆綁資訊，供多鏈路 STA 參考，以便於多鏈路 STA 再次發起連結請求。

圖 3-34 舉出多鏈路 AP 和多鏈路 STA 透過連結幀協商綁定資訊的範例。多鏈路 STA 向多鏈路 AP 發起 3 條鏈路連結請求及綁定策略協商過程如下：

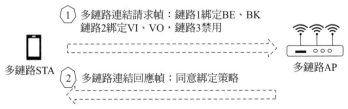

▲ 圖 3-34　基於多鏈路連結請求過程中的綁定策略的協商範例

（a）多鏈路 STA 發送多鏈路連結請求幀，其中多鏈路欄位顯示的綁定策略為：BE 和 BK 類型態資料綁定到鏈路 1，VI 和 VO 類型態資料綁定到鏈路 2，鏈路 3 處於禁用狀態。

（b）多鏈路 AP 接收到請求後，向 STA 發送多鏈路連結回應幀，在多鏈路欄位中顯示接受該綁定策略。

多鏈路 STA 與多鏈路 AP 建立多鏈路連接後，根據上述協商結果，在鏈路 1 和鏈路 2 進行資料發送，鏈路 3 處於禁用狀態，不能發送任何資料，直接進入瞌睡狀態。

（2）透過 action 幀協商鏈路與業務類型的綁定資訊。

多鏈路 AP 或多鏈路 STA 在連接之後，透過發送 action 請求和回應幀，進行業務類型與鏈路的綁定資訊協商，或對已有的綁定策略重新進行協商，實現動態繫結目的。

這種 action 幀方式用於資料傳輸過程中出現的突發狀態。舉例來說，當一條鏈路狀態由啟用狀態變為禁用狀態時，則與該鏈路相關的綁定策略也要隨之變化，透過重新協商，將原先鏈路上的資料業務綁定到處於啟用狀態的鏈路。

圖 3-35 舉出利用 action 幀重新協商綁定策略的範例。多鏈路 STA 與多鏈路 AP 建立三條鏈路，其當前的業務類型與鏈路的策略為：

- 鏈路 1 與 BK、BE 類型態資料綁定。
- 鏈路 2 與 VI、VO 類型態資料綁定。
- 鏈路 3 處於禁用狀態。

多鏈路 STA 為了節電，需要禁用鏈路 2，只在鏈路 1 上互動資料，就利用 action 幀發起重綁定請求。

（a）多鏈路 STA 發送 action 幀，綁定策略為 BE、BK、VI 和 VO 類型態資料綁定到鏈路 1，鏈路 2 和鏈路 3 上不綁定任何業務類型，處於禁用狀態。

（b）多鏈路 AP 接收到請求後，發送 action 幀作為回應，綁定策略欄位中顯示接受該綁定策略。

STA 與 AP 協商之後，鏈路 1 上發送所有類型的資料，而鏈路 2 和鏈路 3 處於禁用狀態。

2）鏈路狀態管理

鏈路狀態包括禁用和啟用兩種狀態。處於禁用狀態的鏈路，不能傳輸任何單一傳播資料幀和管理幀，但可以傳輸多點傳輸資料幀和管理幀。處於啟用狀態的鏈路，單一傳播資料幀和管理幀都可以傳輸，但要依據上述 AP 與 STA 之間對業務類型與鏈路

綁定的協商結果來進行。

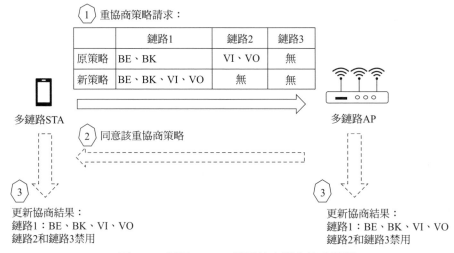

	鏈路1	鏈路2	鏈路3
原策略	BE、BK	VI、VO	無
新策略	BE、BK、VI、VO	無	無

▲ 圖 3-35 透過 action 幀重協商綁定策略範例

對多鏈路 AP 來說，同一條鏈路針對不同的多鏈路 STA，可能同時存在兩種不同的鏈路狀態。舉例來說，如圖 3-36 所示，多鏈路 AP 包含三條鏈路，分別對應 AP1、AP2 和 AP3。兩個多鏈路 STA，即多鏈路 STA-a 和多鏈路 STA-b，也分別包含三條鏈路，對應 STA1、STA2 和 STA3。

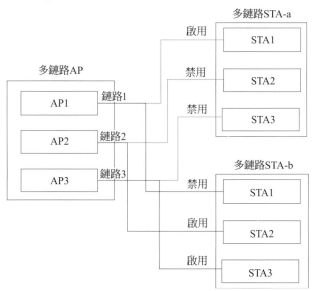

▲ 圖 3-36 多鏈路 AP 與多鏈路 STA 的鏈路狀態

兩個多鏈路 STA 與多鏈路 AP 在三條鏈路上建立連接，多鏈路 STA-a 的鏈路狀態分別為啟用、禁用和禁用狀態；多鏈路 STA-b 的鏈路狀態分別為禁用、啟用和啟用狀態，則多鏈路 AP 只能在鏈路 1 上向多鏈路 STA-a 發送管理幀和資料幀，在鏈路 2 和鏈路 3 向多鏈路 STA-b 發送管理幀和資料幀。

鏈路的兩個狀態之間可以相互切換，透過鏈路狀態的管理，多鏈路 AP 實現在不同鏈路上排程不同的多鏈路 STA。

此外，當多鏈路 STA 僅有少量資料需要與多鏈路 AP 互動時，多鏈路 STA 可以透過將一條鏈路設置為啟用狀態，保持與多鏈路 AP 的正常通訊，而其他鏈路狀態設置為禁用狀態，以節約電能。當多鏈路 STA 有大量資料需要與多鏈路 AP 互動時，多鏈路 STA 可根據需求隨時啟用處於禁用狀態的鏈路，而不需要重新建立連接。

3）快取資料在多鏈路上的傳輸

在第 1 章介紹過，處於節電模式中的 STA，相應下行的資料封包將快取在 AP 端，AP 透過 TIM 欄位指示快取狀態，STA 在 TBTT 時間醒來接收信標幀資訊，如果 STA 發現信標幀中指示有該 STA 快取資訊，則 STA 向 AP 發送 PS-Poll 或 QoS-Null 資料封包，從 AP 獲取快取的資料封包。

在 Wi-Fi 7 的多鏈路同傳機制下，處理節電 STA 快取資料的方式如下：

- 多鏈路 AP 在每條鏈路上發送信標幀，每個信標幀指示是否有多鏈路 STA 或傳統 STA 的快取資訊。
- 處於節電模式的多鏈路 STA，只需要在一條鏈路上定期醒來監聽信標幀，而其他鏈路處於深度休眠狀態，不需要週期性醒來接收信標幀資訊，從而儘量節電。
- 當多鏈路 STA 從信標幀發現多鏈路 AP 有對應的快取資訊後，可以在任何一個沒有業務類型限制的鏈路上，發送 PS-Poll 或 QoS-Null 資料幀，獲取快取資料。
- 如果某條鏈路上綁定了特定業務類型，多鏈路 STA 就只能從該鏈路上獲得對應業務的快取資料，而其他快取資料則只能從其他鏈路上獲取。

如圖 3-37（a）所示，多鏈路 STA 與多鏈路 AP 在三條鏈路上建立連接，鏈路與業務類型捆綁策略為：

- 鏈路 1 與 BK、BE 類型態資料綁定。
- 鏈路 2 與 VI、VO 類型態資料綁定。
- 鏈路 3 處於禁用狀態。

　　處於節電模式的多鏈路 STA 接收信標幀，發現多鏈路 AP 上有對應快取資料，就在鏈路 1 上發送 QoS Null 資料幀，接收 BK 和 BE 對應資料封包，而在鏈路 2 上發送 QoS Null 資料幀，接收 VI 和 VO 對應的視訊和語音資料。

4. 多鏈路同傳技術的類型

　　由於多鏈路 AP 和多鏈路 STA 包含多種不同類型的裝置，因此多鏈路同傳有各自不同的特點。參考圖 3-38，本節介紹幾種常見的多鏈路同傳方式，其中多鏈路 AP 分別與 4 種多鏈路 STA 連接，同步多鏈路 AP 與多鏈路 STA 連接。

1）多鏈路 AP 與多鏈路 STA 的同傳機制

　　圖 3-39 舉出多鏈路 AP 與多鏈路 STA 在兩筆鏈路上的資料傳送。多鏈路 AP 在鏈路 1 上競爭到通道，然後向多鏈路 STA 發送資料，並接收多鏈路 STA 在鏈路 1 上回覆的回應訊息。

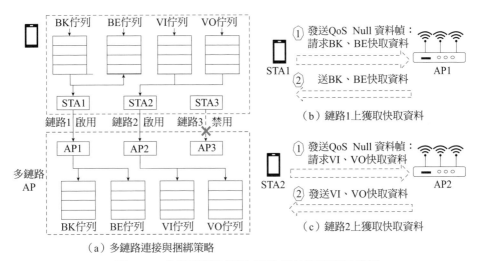

▲ 圖 3-37 多鏈路獲取節電 STA 的快取資料示意圖

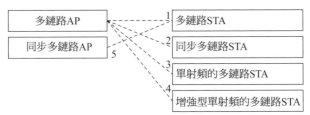

▲ 圖 3-38 不同類型的多鏈路 AP 與多鏈路 STA 的連接

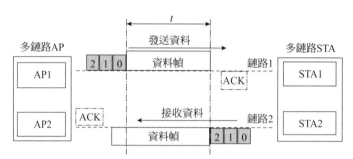

▲ 圖 3-39 多鏈路 AP 與多鏈路 STA 在兩筆鏈路上同傳資料

同時，多鏈路 STA 在鏈路 2 上競爭到通道，然後向多鏈路 AP 發送資料，並接收多鏈路 AP 在鏈路 2 上回覆的回應訊息。從圖 3-39 中可以看到，多鏈路 AP 與多鏈路 STA 在多鏈路上的通訊為非同步傳輸方式，每個鏈路各自獨立競爭通道資源，然後各自直接發送資料和接收資料，鏈路之間相互不影響。

2）多鏈路 AP 與同步多鏈路 STA 的同傳機制

多鏈路透過偵聽通道方式分別競爭通道存取權限，但獲取通道存取權的時間先後會有差異。另外，在傳輸資料幀結束的時候，由於每個鏈路速率、頻寬及幀長度並不一致，導致不能同時結束發送。

為了實現鏈路之間的發送時間同步和結束時間同步，Wi-Fi 7 標準採取以下兩種方式：

- **同步發送時間的計數器歸零延遲時間等待方式**：當一條鏈路的回退視窗計數器已經為 0 時，仍然保持 0 值狀態，直到其他鏈路的回退視窗計數器也為 0，以此保證多鏈路發送時間的完全同步。

- **同步結束時間的結尾填充方式**：如果一筆鏈路已經結束資料幀傳送，而其他鏈路正在發送資料，則在這條鏈路的 PPDU 末尾增加填充資訊，實現多鏈路 PPDU 結尾對齊。

圖 3-40 舉出同步多鏈路 STA 接收資料範例。多鏈路 AP 與同步多鏈路 STA 在兩個鏈路上建立連接，多鏈路 AP 在兩個鏈路上同時啟動 CCA 通道偵聽狀態，嘗試連線通道，鏈路 2 首先回退視窗減到 0，但仍保持為 0，同時等待鏈路 1 上的回退視窗倒計時為 0，接著兩筆鏈路同時發送資料。

在鏈路 2 上資料提前發送完畢之後，在末尾增加填充欄位，直到鏈路 1 發送結束。

同步多鏈路 STA 在兩筆鏈路上接收到資料，在 SIFS 時間間隔後，同時發送區塊

確認（BA）幀進行確認，從而完成一次雙鏈路上的資料同傳過程。

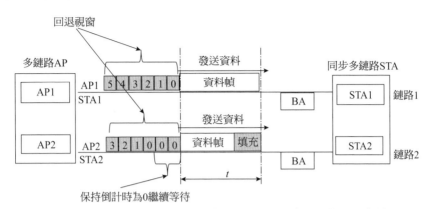

▲ 圖 3-40 多鏈路 AP 與同步多鏈路 STA 在多鏈路上收發資料

3）多鏈路 AP 與單射頻多鏈路 STA 的同傳機制

單射頻多鏈路 STA 在每一個時刻只能在一筆鏈路上收發資料，但它支援在不同時刻傳送資料的工作鏈路切換。

單射頻多鏈路 STA 在發給多鏈路 AP 的資料幀的 MAC 標頭欄位中，透過節電標識位元字段指示其當前發送資料的工作通道。多鏈路 AP 根據節電標識獲取每個鏈路的節電資訊，然後選擇處於正常執行模式的鏈路進行資料傳送。

如圖 3-41 所示，多鏈路 AP 與單射頻多鏈路 STA 在兩條鏈路上建立連接，在 T1 時段，多鏈路 STA 透過發送的資料幀指示鏈路 1 處於正常執行模式，鏈路 2 處於節電模式，於是多鏈路 AP 在鏈路 1 上與多鏈路 STA 互動資料。在 T2 時段，單射頻多鏈路 STA 透過發送的資料幀指示鏈路 2 處於正常執行模式，而鏈路 1 處於節電模式，於是多鏈路 AP 在鏈路 2 上與單射頻多鏈路 STA 互動資料。

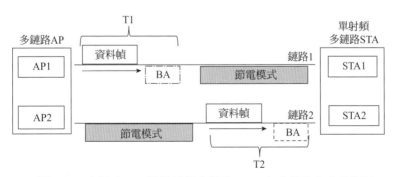

▲ 圖 3-41 多鏈路 AP 與單射頻多鏈路 STA 在多鏈路上收發資料

4）多鏈路 AP 與增強型單射頻多鏈路 STA 同傳機制

在單射頻多鏈路 STA 的基礎上，增強型單射頻多鏈路 STA 在所有鏈路上增加了 CCA 偵聽通道功能，它的工作狀態分為多鏈路同時通道偵聽狀態和單鏈路資料互動狀態。

- **多鏈路同時通道偵聽狀態**：在這個狀態下，增強型單射頻多鏈路 STA 在每個通道至少利用一個天線偵聽通道忙碌狀態，主要任務是接收和解析固定格式的初始化幀。
- **單鏈路資料互動狀態**：增強型單射頻多鏈路 STA 把所有天線集中在一條鏈路上，在這一單鏈路上正常進行資料收發，而其他鏈路由於沒有天線則處於不工作狀態。

Wi-Fi 7 標準定義了通道偵聽狀態和單鏈路資料互動狀態的相互切換過程。圖 3-42 是兩種工作狀態切換的範例，多鏈路 AP 與多鏈路 STA 在鏈路 1 和鏈路 2 上分別建立連接，多鏈路 AP 在鏈路 1 上向多鏈路 STA 發送資料。

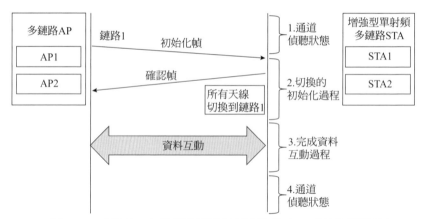

▲ 圖 3-42 多鏈路 AP 與增強型單射頻多鏈路 STA 資料互動過程

（1）**通道偵聽狀態**：多鏈路 STA 偵聽通道，並接收多鏈路 AP 發送的初始化幀。Wi-Fi 7 沿用了 Wi-Fi 6 中定義的具有觸發功能的兩種特殊初始化幀，即 MU-RTS 幀和 BSRP 幀，用於初始化增強型單射頻多鏈路 STA。晶片廠商和裝置廠商決定具體使用哪種初始化幀。

（2）**切換的初始化過程**：多鏈路 STA 接收多鏈路 AP 的初始化幀請求後，發送確認幀，並進行硬體初始化及把天線集中在一條鏈路上，以此實現最大輸送量。

（3）**完成資料互動過程**：多鏈路 AP 與多鏈路 STA 在切換初始化後的鏈路上進行資料互動，完成資料傳輸過程，此時其他鏈路處於不可用狀態。

（4）**通道偵聽狀態**：完成資料傳送後，多鏈路 STA 回到多鏈路通道偵聽狀態。

對於上行方向，當處於偵聽狀態的增強型單射頻多鏈路 STA 要向多鏈路 AP 發送資料時，如果它偵聽到某條鏈路空閒，就將所有天線切換到該通道，直接向多鏈路 AP 發送資料。

5）同步行動多鏈路 AP 與多鏈路 STA 的同傳機制

同步行動多鏈路 AP 包含主輔兩個鏈路，輔鏈路只能和主鏈路同步同傳資料，不能單獨傳送資料。輔鏈路的作用是透過同步同傳提高輸送量，並且節省裝置功耗。

同步多鏈路 AP 與多鏈路 STA 建立連接後，兩者既支援利用雙鏈路同步同傳資料，也支援只利用主鏈路發送資料。

如圖 3-43 所示，同步行動多鏈路 AP 與多鏈路 STA 在兩個鏈路上建立連接，其中 AP1 對應主鏈路，AP2 對應輔鏈路。圖 3-43（a）所示為多鏈路 AP 在主鏈路上向多鏈路 STA 發送資料；圖 3-43（b）所示為多鏈路 AP 在雙鏈路上同時向多鏈路 STA 發送資料。具體如何使用這兩種傳輸方式，由晶片廠商和裝置廠商來決定。

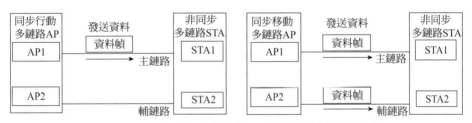

▲ 圖 3-43 同步行動多鏈路 AP 的兩種資料傳送方式

3.2.4 Wi-Fi 7 多鏈路下的發現、連接和認證過程

Wi-Fi 7 標準定義的多鏈路裝置在發現、認證和連接過程中，透過一條鏈路就完成多鏈路 AP 與多鏈路 STA 之間的操作，而非在每一條鏈路都重複相同的過程，從而提升多鏈路裝置的連接效率和造成省電的效果。而在需要進行資料傳送時，多個鏈路同時工作，提供整體輸送量。

圖 3-44 為 Wi-Fi 7 多鏈路裝置發現、認證和連接過程的參考示意。

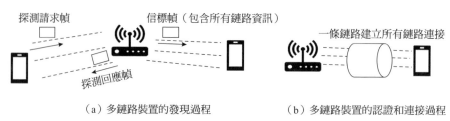

探測請求幀　　　　信標幀（包含所有鏈路資訊）　　　一條鏈路建立所有鏈路連接

探測回應幀

（a）多鏈路裝置的發現過程　　　　　（b）多鏈路裝置的認證和連接過程

▲ 圖 3-44　多鏈路裝置的發現、認證和連接過程的示意

多鏈路設備的發現過程：透過一條鏈路上的信標幀或探測回應幀，多鏈路 STA 就能發現多鏈路 AP 的所有鏈路的基本資訊。在此基礎上，透過一次多鏈路探測請求幀和回應幀的互動，可以獲取所有鏈路的所有資訊，從而快速建立連接。

- **被動偵聽方式**：多鏈路 STA 在一條鏈路上接收 AP 週期性廣播的信標幀，信標幀中攜帶了多筆鏈路的 AP 基本資訊，從而使得 STA 同時獲得多鏈路 AP 的所有資訊。

- **主動掃描方式**：多鏈路 STA 在一條鏈路上發送探測請求幀，透過探測回應幀獲取其他 AP 的基本資訊，然後在這條鏈路上透過多鏈路探測請求幀和多鏈路探測回應幀，實現所有鏈路的發現過程。

多鏈路裝置的認證連接過程：在 Wi-Fi 7 之前，一次認證連接過程只能實現一條鏈路的連接，而 Wi-Fi 7 在一條鏈路上能同時完成多個鏈路的認證和連接。

1. 多鏈路發現過程

為了實現多鏈路裝置的發現過程，在原先 Wi-Fi 的信標幀、探測響應幀等基礎上，Wi-Fi 7 標準做了相應的幀格式或內容的調整，包括多鏈路 AP 的信標幀和探測回應幀，以及多鏈路探測請求幀與回應幀，並且 Wi-Fi 7 標準也更新了多鏈路發現的互動過程。

1）多鏈路 AP 信標幀與探測回應幀的改進

Wi-Fi 7 標準在信標幀中增加了一個協定新定義的多鏈路欄位。並強制支援精簡鄰居報告（RNR）欄位，用於支援信標幀中攜帶多筆鏈路的 AP 基本資訊。

如圖 3-45 所示，Wi-Fi 7 信標幀在傳統信標幀的基礎上，增加的多鏈路欄位包含了多鏈路 AP 的公共資訊，而精簡鄰居報告欄位存放其他 AP 的基本欄位資訊，比如通道、帶寬、SSID、鏈路索引值等資訊。

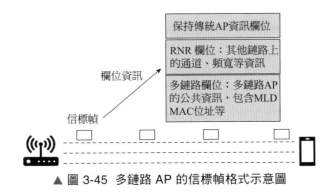

▲ 圖 3-45　多鏈路 AP 的信標幀格式示意圖

　　針對信標幀格式的變化，Wi-Fi 7 給多鏈路裝置的探測回應幀也做了相同定義，即多鏈路欄位包含多鏈路 AP 的公共資訊，而精簡鄰居報告欄位存放其他 AP 的基本欄位資訊。

2）多鏈路探測請求幀和回應幀的設計

　　多鏈路探測請求幀是在 STA 發送的探測請求幀中包含了多鏈路欄位，請求其他 AP 資訊。AP 在這條鏈路上收到多鏈路探測請求幀後，發送多鏈路探測回應幀作為回應，該響應幀不僅包含當前鏈路的 AP 資訊，而且包含所請求的其他 AP 資訊。

　　如圖 3-46 所示，多鏈路探測請求幀格式在傳統 STA 資訊集、能力集等相關欄位基礎上，增加了包含請求其他 AP 資訊的多鏈路欄位。而多鏈路探測回應幀格式在信標幀或探測回應幀格式的基礎上，在多鏈路欄位中增加了所請求 AP 的詳細資訊。

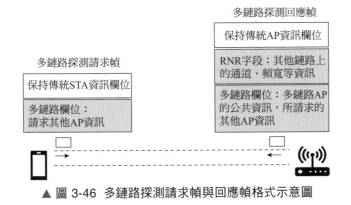

▲ 圖 3-46　多鏈路探測請求幀與回應幀格式示意圖

3）多鏈路發現互動過程

Wi-Fi 7 標準中的多鏈路裝置發現過程包括被動偵聽方式和主動掃描方式。多鏈路被動偵聽方式就是多鏈路 STA 在一條鏈路上接收 AP 發送的信標幀，從而發現所有鏈路的 AP 資訊。主動掃描方式則有兩種：

（1）一條鏈路的探測回應過程：多鏈路 STA 在一條鏈路上發送探測請求幀，並接收探測回應幀，獲取所有 AP 鏈路索引值，然後多鏈路 STA 在該鏈路上發送攜帶這些 AP 索引值的多鏈路探測請求幀，並接收多鏈路探測回應幀，從而獲取所有 AP 的詳細資訊。

（2）各筆鏈路的探測回應過程：多鏈路 STA 在每一條鏈路上發送探測請求幀，並在每一條鏈路上接收探測回應幀，獲取所有 AP 的詳細資訊。

圖 3-47 舉出多鏈路 STA 主動發現多鏈路 AP 的過程範例。多鏈路 STA 包含三條鏈路，分別用 STA1、STA2 和 STA3 表示。多鏈路 AP 也包括三條鏈路，分別用 AP1、AP2 和 AP3 表示。STA1 在 AP1 所在的鏈路上發起探測請求，互動過程描述如下：

（1）STA1 主動向 AP1 發送傳統的探測請求幀。

（2）AP1 發送探測回應幀作為回應，同時在 RNR 欄位中攜帶 AP2 和 AP3 的基本資訊。

（3）STA1 收到該探測響應幀後，獲得 AP2 和 AP3 的基本資訊，並解析每個 AP 相應的鏈路索引值後，並將 AP2 和 AP3 的鏈路索引值填入多鏈路欄位，然後發送多鏈路探測請求幀給 AP1。

（4）AP1 接收到多鏈路探測請求幀後，根據鏈路索引值獲取 AP2 和 AP3 的完整資訊，並將其填充到多鏈路欄位中，組成多鏈路探測回應幀，發送給 STA1。

自此，多鏈路 STA 獲取多鏈路 AP 所以鏈路的全部資訊，即可以發起認證和連結請求。

▲ 圖 3-47 多鏈路發現過程

2. 多鏈路裝置的連接過程

多鏈路裝置在一條鏈路上認證、連結和連接過程中，互動管理幀攜帶其他鏈路 AP 或者 STA 資訊，因此能夠同時完成多鏈路連接過程，而不在每條鏈路上重複相同的步驟。圖 3-48 中多鏈路 AP 與多鏈路 STA 在 2.4GHz 頻段上完成認證、連接過程，就實現了三筆鏈路的資料傳送。

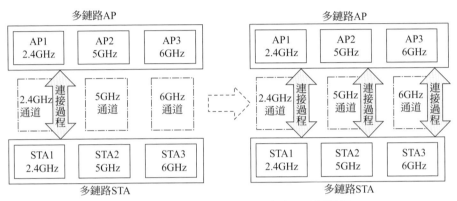

▲ 圖 3-48 MLD 裝置多鏈路連接和通訊過程

下面介紹多鏈路認證請求和回應幀的格式、多鏈路連結請求幀和回應幀的格式，以及多鏈路認證、連結的互動過程。多鏈路四次交握幀格式的設計及互動過程在 3.5 節中介紹。

1）多鏈路認證請求和回應幀的格式

多鏈路 STA 向多鏈路 AP 發送認證請求幀，其中除了攜帶當前鏈路對應的 STA 的資訊欄位，還攜帶了包含多鏈路 STA MLD MAC 位址的多鏈路欄位，用來表示該認證請求幀為多鏈路請求幀。

多鏈路 AP 接收到多鏈路請求幀後，向多鏈路 STA 發送多鏈路認證回應幀，其中攜帶了包含多鏈路 AP 的 MLD MAC 位址的多鏈路欄位。

參考圖 3-49 所示的多鏈路 STA 發送的認證請求幀格式和多鏈路 AP 發送的認證回應幀格式。多鏈路 STA 向多鏈路 AP 發送認證請求幀後，多鏈路 AP 向多鏈路 STA 發送認證回應幀。

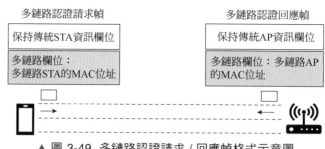

▲ 圖 3-49 多鏈路認證請求 / 回應幀格式示意圖

2）多鏈路連結請求和回應幀的格式

多鏈路 STA 向多鏈路 AP 發送連結請求幀，其中除了攜帶當前 STA 資訊及能力集以外，還攜帶了多鏈路欄位，該欄位中包含多鏈路 STA 的 MLD MAC 位址，以及請求其他鏈路上同時建立連接的 STA 的能力集和資訊集，用來表示該連結請求為多鏈路連結請求幀。

多鏈路 AP 接收到多鏈路 STA 的多鏈路連結請求後，向其發送多鏈路連結回應幀，其中該幀中除了攜帶當前 AP 的資訊以外，還攜帶了多鏈路欄位，該欄位中包含多鏈路 AP 的 MLD MAC 位址和其他鏈路上的 AP 的能力集、資訊集及狀態，其中，其他鏈路上 AP 的狀態用於指示是否允許在相應其他鏈路上建立連接，參考圖 3-50。

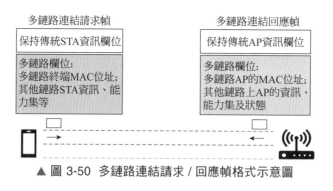

▲ 圖 3-50 多鏈路連結請求 / 回應幀格式示意圖

3）多鏈路認證、連結的互動過程

多鏈路認證、連結的互動過程包括多鏈路認證請求幀和多鏈路認證回應幀的互動，以及多鏈路連結請求幀和多鏈路連結回應幀的互動。

其中，多鏈路連結請求幀中透過多鏈路欄位指示顯示請求建立鏈路的數量及鏈路位置，多鏈路連結回應幀中則透過在多鏈路欄位中顯示標識在請求的範圍內所允許建

立鏈路的位置。如果多鏈路 AP 不允許連結請求幀所在的鏈路與其建立連接，那麼整個多鏈路關聯請求就失敗了。

圖 3-51 舉出多鏈路認證連結請求與回應互動範例。多鏈路 STA 包含三條鏈路，分別用 STA1、STA2 和 STA3 表示。多鏈路 AP 也包括三條鏈路，分別用 AP1、AP2 和 AP3 表示。

▲ 圖 3-51 多鏈路認證、連結幀的互動過程

多鏈路 STA 透過 STA1 向多鏈路 AP 的 AP1 發起多鏈路認證連結請求，互動過程如下：

（1）多鏈路 STA 透過 STA1 所在鏈路，向多鏈路 AP 發送多鏈路認證請求幀。

（2）多鏈路 AP 透過 AP1 所在的鏈路接收到該請求，並在該鏈路上發送多鏈路認證響應幀作為回應。

（3）多鏈路 STA 收到該認證響應幀後，向多鏈路 AP 發送多鏈路連結請求幀，其中多鏈路欄位包含多鏈路 STA 的 MAC 位址，以及所有 STA 的能力集等資訊欄位，表示請求建立三條連接。

（4）多鏈路 AP 在 AP1 所在的鏈路上接收到多鏈路連結請求後，向多鏈路 STA 回覆多鏈路連結回應。由於排程策略等原因，多鏈路 AP 只允許在 AP1、AP3 所在鏈路上建立連接，因此多鏈路連結回應幀中的 AP1 和 AP3 對應的狀態置位成功，表示允許 AP1 和 AP3 所在的鏈路建立連接，而 AP2 的狀態置位失敗。

（5）最後，多鏈路 STA 與多鏈路 AP 建立雙鏈路連接。

3.2.5 Wi-Fi 7 的多資源單位捆綁技術

頻譜通道的捆綁是 Wi-Fi 標準制定中的關鍵技術之一。Wi-Fi 6 之前，支援以 20MHz 為單位的連續通道進行捆綁，因此只有所有通道都空閒後才能夠發送資料。

　　Wi-Fi 6 定義的前導碼遮罩技術支援以 20MHz 在內的非連續通道捆綁。如果需要捆綁的頻譜通道中有子通道處於忙碌狀態，則 AP 或 STA 的前導碼遮罩技術能夠遮罩忙碌的子通道，然後將非連續的空閒通道捆綁在一起，進行資料發送。顯然，前導碼遮罩技術提高了通道利用效率和輸送量。

　　Wi-Fi 6 只支援 AP 給 STA 發送資料的下行方向的前導碼遮罩技術，在 AP 與 STA 建立連接之後，根據通道忙碌情況動態地進行非連續通道的綁定。

　　Wi-Fi 7 標準中的新通道捆綁技術有以下特點：

　　（1）支援多資源單元（Multiple Resource Unit，MRU）技術：Wi-Fi 7 在 OFDMA 的資源單位（RU）的基礎上，支援對不連續的多個 RU 進行組合捆綁，分配給一個 STA，或利用 MU-MIMO 技術分配給多個 STA。

　　（2）基於 MRU 技術的上行方向前導碼遮罩：AP 給 STA 發送觸發幀，其中含了前導碼遮罩子通道的 RU 資訊，然後 STA 根據所分配 RU 和前導碼遮罩資訊向 AP 發送上行資料封包。

　　（3）基於 MRU 技術的靜態前導碼遮罩：Wi-Fi 7 AP 將非連續通道捆綁資訊透過信標幀廣播出去，STA 與 AP 建立連接的時候就開始使用非連續通道捆綁。

1. Wi-Fi 7 前導碼遮罩技術的增強

　　圖 3-52 舉出了 Wi-Fi 7 的多資源單元技術與 Wi-Fi 6 標準之間的比較。Wi-Fi 6 利用三個非連續的 20MHz 通道進行通道捆綁，而 Wi-Fi 7 則以 RU 為單位，給 STA 分配不同數量的 RU，尤其是給 STA1 分配了 106 tone+26 tone 的 RU 綁定組合。可見，Wi-Fi 7 通道綁定技術具有更靈活的顆粒度和更高的通道使用率。

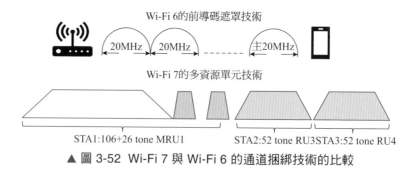

▲ 圖 3-52　Wi-Fi 7 與 Wi-Fi 6 的通道捆綁技術的比較

　　圖 3-53 是 Wi-Fi 7 上行方向的前導碼遮罩技術的範例，AP 在下行方向的資料封包中給 STA 分配頻寬為 80MHz 的 RU，其中有一個 20MHz 子通道被標識為遮罩。

STA 根據該 RU 分配及指示資訊，在不連續的 80MHz 頻寬上發送上行資料給 AP。

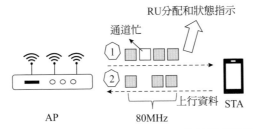

▲ 圖 3-53 Wi-Fi 7 支援上行方向的前導碼遮罩

　　圖 3-54 是 Wi-Fi 7 靜態前導碼遮罩技術的範例。AP1 和 AP2 為相鄰 AP，AP2 工作在第 2 個 80MHz 通道上，AP1 的靜態前導碼遮罩技術是將不連續的第 1、3、4 個 80MHz 通道捆綁在一起，形成 240MHz 的通道頻寬，並把非連續通道捆綁資訊透過信標幀廣播出去。之後 AP1 與 AP2 所在的 BSS 就可以避免通道衝突，在各自工作通道上同時進行資料傳送。

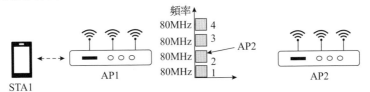

▲ 圖 3-54 Wi-Fi 7 的靜態捆綁技術的應用

　　AP 與 STA 建立靜態非連續通道捆綁進行資料傳送，它們也可以在這個新的通道基礎上，根據子通道的忙碌情況，動態地調整子通道的組合，形成新的前導碼遮罩方式。

　　圖 3-55（a）是在 320MHz 的頻寬中，遮罩掉第 2 個 80MHz 子通道，建立靜態非連續通道捆綁，並進行資料傳送。圖 3-55（b）是在圖 3-55（a）的基礎上，再動態遮罩掉第 3 個 80MHz 子通道後資料傳送的範例。

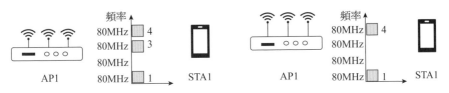

（a）基於靜態前導碼遮罩技術的資料傳輸　　（b）靜態＋動態前導碼遮罩技術的資料傳輸

▲ 圖 3-55 基於靜態前導碼遮罩技術的資料傳送方式

2. Wi-Fi 7 的多資源單元技術中的分配方式

在支援 Wi-Fi 7 的多資源單元技術的前提下，AP 可以給 STA 分配一個或多個不連續資源單元 RU，STA 根據實際通道狀態，使用相應的 RU 來發送上行資料給 AP。

每個 RU 透過索引值和類型兩個參數來指定，索引值指示了 RU 在整個頻寬中的位置，類型指 RU 包含子載波的個數，AP 透過這兩個參數為每個 STA 分配不重疊的 RU 資源。Wi-Fi 6 標準支援給每個 STA 只分配一個 RU 資源，而 Wi-Fi 7 標準的 MRU 技術支援給每個 STA 分配一個 RU 或一個 MRU。

Wi-Fi 7 支援 320MHz 頻寬，與 Wi-Fi 6 相比，RU 類型及分配變化如表 3-5 所示。

▼ 表 3-5　Wi-Fi 6 與 Wi-Fi 7 的 RU 類型區別

RU 類型	Wi-Fi 6 160MHz 頻寬下 RU 數量（個）	Wi-Fi 7 320MHz 頻寬下 RU 數量（個）
26-tone RU	74	148
52-tone RU	32	64
106-tone RU	16	32
242-tone RU	8	16
484-tone RU	4	8
996-tone RU	2	4
2×996 tone RU	1	2
4×996 tone RU	N/A	1

從表 3-5 中可以看到，Wi-Fi 7 增加了 4×996 tone 的 RU 類型。同樣，在 Wi-Fi 7 的 MU-MIMO 方式下，增加了 4×996 tone 的 RU 分配。

根據多資源單位（MRU）的容量特點，Wi-Fi 7 的 MRU 分為小 MRU 和大 MRU 兩種情況。

1）MRU 由 20MHz 內相鄰的 RU 組合而成

20MHz 內的 RU 包括 26 tone、52 tone 和 106 tone。圖 3-56 是 20MHz 的 RU 分布，可以看到，52 tone 與 106 tone RU 不相鄰。小 MRU 的定義是相鄰 RU 的組合，因此，20MHz 的小 MRU 的組合方式包括 52+26 tone MRU 和 106+26 tone MRU。

AP 將小 MRU 分配給一個 STA，該 STA 在 OFDMA 工作方式下，透過分配的小 MRU 進行資料發送和接收。

MRU 由不同類型和位置的 RU 來進行定義。在圖 3-57 所示範例中，MRU 106+26

tone 有兩種方式：106 tone RU1 與 26 tone RU5 組合，用 102+26 tone MRU1 表示；106 tone RU2 與 26 tone RU5 組合，用 102+26 tone MRU2 來表示。

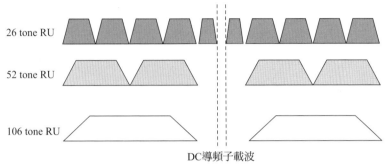

▲ 圖 3-56 20MHz 的 RU 分佈方式

Wi-Fi 7 同時支援 MRU 和 RU 分配，因此在 OFDMA 工作方式下，AP 給 STA 分配 20MHz 頻寬的時候，就可能出現小 MRU 和 RU 的混合分配方式。

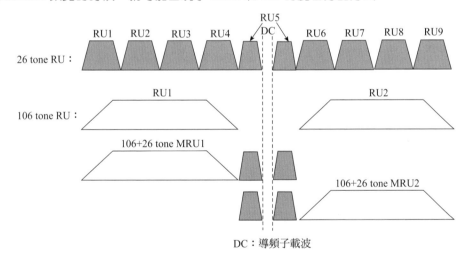

▲ 圖 3-57 106+26 tone MRU 在 20MHz 頻寬中位置分佈關係

如圖 3-58 所示，在 20MHz 頻寬資源有 9 個 26 tone RU，或 4 個 52 tone RU，或 2 個 106 tone RU，AP 分配 RU 和 MRU 的原則是相互之間不重疊，AP 給 STA1 分配 106+26 tone MRU1，給 STA2 分配 52 tone RU3，給 STA3 分配 52 tone RU4。AP 與 3 個 STA 同時進行資料傳送。

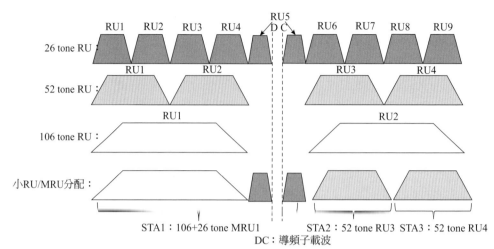

▲ 圖 3-58 20MHz 下混合分配 RU 和 MRU 的範例

2）大 MRU 由 20MHz 及以上的多個大 RU 組合而成

大 MRU 由多個大 RU 組合而成，大 RU 指頻寬在 20MHz 或以上的 RU，包括 242 tone、484 tone、996 tone 和 2×996 tone 的 RU。圖 3-59 給了 160MHz 頻寬下的 996+484 MRU 的不同組合的範例。大 MRU 也是由 RU 類型和位置索引兩個參數來指示和分配的，

在圖 3-59 中有 4 種情況，其中：

- 996+484 tone MRU1：由 996 tone RU2 + 484 tone RU2 組成。
- 996+484 tone MRU2：由 996 tone RU2 + 484 tone RU1 組成。
- 996+484 tone MRU3：由 996 tone RU1 + 484 tone RU3 組成。
- 996+484 tone MRU4：由 996 tone RU1 + 484 tone RU4 組成。

Wi-Fi 7 協定規定，在頻域方向上，一個大 MRU 分配給一個 STA。在 MU-MIMO 場景下，即空域方向上，支援分配給多個 STA。

在 2.2.2 節介紹過，在頻域方向上，將整個頻寬資源作為一個 RU 資源配置給一個終端的方式稱為非 OFDMA 模式；將整個頻寬分成多個 RU 資源配置給不同的 STA 的方式稱為 OFDMA 模式。對於 MRU 而言，整個頻寬資源上只有一個可用的 MRU，其他 RU 資源因通道繁忙而不可用，這種模式稱為非 OFDMA 模式 MRU 分配方式；另外一種是在整個頻寬資源上，除了切割出一個 MRU 給一個 STA 以外，還可以切割出其他 RU 資源分配給其他 STA，這種模式稱為 OFDMA 模式 MRU 分配方式。

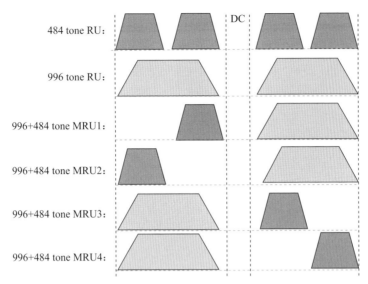

▲ 圖 3-59 160MHz 頻寬 996+484 MRU 分佈

圖 3-60 分別舉出非 OFDMA 模式與 OFDMA 模式下的 996+484 MRU3 分配範例，可以看到在圖 3-60（a）中，996+484 MRU3 分配給 STA1，最後一個 484-tone 因通道繁忙而被遮罩掉。在圖 3-60（b）中，996+484 MRU3 分配給 STA1，最後一個 484-tone 分配給了 STA2。

除了圖 3-60 範例中舉出的 996+484 tone MRU 以外，Wi-Fi 7 標準還規定以下 4 種大 MRU 的組合方式：

- 484+242 tone MRU
- 996+484+242 tone MRU
- 2 ×996+484 tone MRU
- 3 ×996+484 tone MRU

注意，996+484+242 tone MRU 只能用於非 OFDMA 模式下的資料傳送。

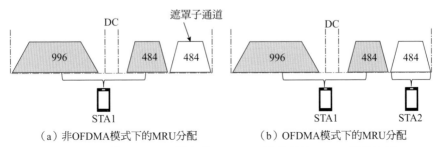

▲ 圖 3-60 非 OFDMA 模式與 OFDMA 模式下的 MRU 分配範例

3. Wi-Fi 7 基於大 MRU 的前導碼遮罩技術

在前面章節介紹過，在 80MHz、160MHz 和 320MHz 頻寬上，使用前導碼遮罩技術捆綁不連續的 RU 資源，以提高輸送量。前導碼遮罩技術以 20MHz 為單位，處於遮罩狀態的子通道不能分配給 STA，不能用於資料或前導碼資訊傳送。

對大 MRU 來說，AP 工作在 80MHz、160MHz 或 320MHz 時，可分別遮罩任意的 20MHz、40MHz 和 80MHz 頻寬資源後再分配 MRU 與 STA 互動資料。舉例來說，AP 工作在 160MHz 時，可能遮罩掉 8 個 242 tone 中任意一個 RU，然後組成一個大 MRU，即可支援 996+484+242 tone MRU。圖 3-61 所示為遮罩掉第 2 個 20MHz 後組成的位置為 MRU1 的 996+484+242 tone MRU，其中前導碼部分以 20MHz 為單位，因而看到第 2 個 20MHz 的前導碼和對應的 RU 缺失。

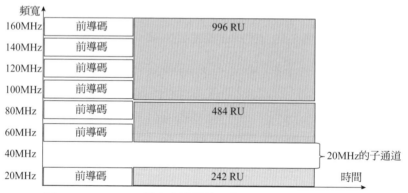

▲ 圖 3-61 160MHz 頻寬上遮罩第 2 個 20MHz 後的 MRU 位置

雖然前導碼遮罩技術在理論上支援遮罩多個非連續子通道，被遮罩的子通道不會有訊號發送出去，但為了減少任意子通道都能被遮罩的實現複雜度，Wi-Fi 7 標準對前導碼遮罩子通道的大小和位置定義了很多規則，如表 3-6 所示。

在表 3-6 的子通道遮罩規則基礎上，Wi-Fi 7 標準規定以通道起始位置開始通道捆綁，比如，在 80MHz 頻寬下，前兩個 20MHz 捆綁成 40MHz，後兩個 20MHz 捆綁成另外一個 40MHz，但不能中間任意兩個 20MHz 捆綁成 40MHz。

圖 3-62 舉出 320MHz 頻寬的情況下遮罩 40MHz+80MHz 的方式，圖 3-62（a）為遮罩非連續的 40MHz 和 80MHz 子通道的範例。圖 3-62（b）為遮罩連續的 40MHz 和 80MHz 子通道的範例。

▼ 表 3-6 前導碼遮罩技術應用規則清單

整個頻寬資源	遮罩子通道的頻譜	允許遮罩子通道的位置
80MHz	20MHz	任意 20MHz 子通道位置
	40MHz	不支援遮罩
160MHz	20MHz	任意 20MHz 子通道位置
	40MHz	任意 40MHz 子通道位置
	80MHz	不支援遮罩
320MHz	20MHz	不支援遮罩
	40MHz	任意 40MHz 子通道位置
	80MHz	任意 80MHz 子通道位置
	40MHz + 80MHz	80MHz 子通道遮罩只在第一個子通道或最後一個子通道位置；40MHz 子通道遮罩可以在任意位置
	160MHz	不支援遮罩

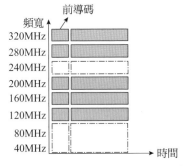
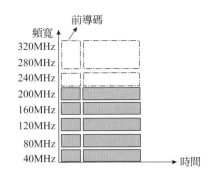

（a）遮罩非連續40MHz+80MHz子通道　　（b）遮罩連續40MHz+80MHz子通道

▲ 圖 3-62 遮罩 40+80MHz 子通道範例

4. Wi-Fi 7 標準中的 RU 預留方式

AP 在替 STA 分配 MRU 或 RU 資源的時候，可能有 RU 資源沒有全部分配給 STA。舉例來說，工作在 160MHz 頻寬的 AP 給 STA1、STA2、STA3 分配的 RU 資源分別為 996 tone、484 tone 和 242 tone，這樣就會出現 242 tone RU 資源被預留，沒有分配給任何 STA。

在 RU 資源被預留的情況下，雖然對應的子通道沒有資料傳送，但仍然存在前導碼訊號，如果其他 STA 檢測到預留 RU 的前導代碼段，就會進行退避而不會先佔該通道。

　　由於 Wi-Fi 7 分配 RU 及 MRU 的類型和位置有多種組合，Wi-Fi 7 標準規定了兩種 RU 資源的預留方式。

1）透過定義 RU 的 ID 來預留 RU 資源

　　Wi-Fi 7 標準規定，以 20MHz 頻寬為基本單位，使用不同 RU 的 ID 來指示不同的 RU 及 MRU 組合方式，一個 RU 的 ID 對應一組固定的分配方式。Wi-Fi 7 標準規定分配 RU 的 ID 為 0 時，則表示 20MHz 頻寬被分成 9 個 26 tone RU；而 RU 的 ID 為 27 時，則是沒有被分配的 RU 資源。

　　如圖 3-63 所示範例中，AP 工作在 160MHz 頻寬，向 STA1、STA2 和 STA3 發送下行資料，996 tone RU 分配給了 STA1，484 tone RU 分配給了 STA2，242 tone RU 分配給了 STA3，預留 242 tone RU，相應 RU 的 ID 為 27。注意圖中預留的 242 tone RU 是由前導碼傳送的。

▲ 圖 3-63　160MHz 頻寬上預留 RU 分配範例

2）透過定義 AID 的方式來預留 RU 資源

　　標準中規定 RU 的 ID 以 20MHz 為最小分配資源，即 242 tone RU，因此小於 20MHz 的 RU 不能透過這種方式來預留。標準提供了另外一種 AID 定義的方式，即將預留的 RU 資源配置給指定預留的 AID，來解決小於 20MHz 的 RU 預留問題。具體來說，AP 是利用 STA 對應的 AID 來分配 RU 資訊，但 2046 是預留 AID，即 AP 不會將該 AID 分配給任何連接的 STA，所以將 AID 2046 分配給預留的 RU，就可以實現 RU 資源預留。

　　AP 在分配 RU 資源的時，透過 RU 索引值和 STA 的 AID 的資訊綁定，實現將不同的 RU/MRU 分配給不同 STA。

3.2.6　Wi-Fi 7 的多使用者輸入輸出技術

　　由於 Wi-Fi 7 物理層引入了基於 MRU 技術的上行方向前導碼遮罩技術，因此 STA 可以使用非連續的捆綁通道與 AP 互動資訊。與 Wi-Fi 6 相比，Wi-Fi 7 的多使用者輸入輸出技術變化表現在通道探測過程和上行方向空間流傳輸方式兩個方面。

1. 通道探測過程的變化

　　Wi-Fi 7 通道探測過程的變化主要表現為：AP 和 STA 使用非連續捆綁通道完成通道探測過程。具體來說，原因包括兩個方面。

1）捆綁通道中間子通道不可用

　　Wi-Fi 6 支援非連續通道捆綁的下行方向，但不支援上行方向，所以通道探測過程中的 STA 回饋資訊不能使用非連續通道捆綁。而 Wi-Fi 7 的 STA 支援上行和下行的非連續通道捆綁，所以 STA 能在非連續通道上發送通道回饋資訊。當捆綁通道的部分子通道不可用時，Wi-Fi 7 的 AP 和 STA 在非連續捆綁通道完成整個通道探測互動過程。

　　圖 3-64（a）是非觸發模式下 Wi-Fi 6 的連續捆綁通道探測過程，圖 3-64（b）是 Wi-Fi 7 的非連續捆綁通道探測過程。在 Wi-Fi 6 探測過程中，空資料 NDP 通告封包為控制幀，在每個 20MHz 子通道上複製一份，空資料封包和通道回饋資訊在整個頻寬上進行傳輸。在 Wi-Fi 7 探測過程中，空資料通告封包只在可用的子通道上複製，而空資料封包和通道回饋資訊封包在可用非連續子通道捆綁後進行傳輸。

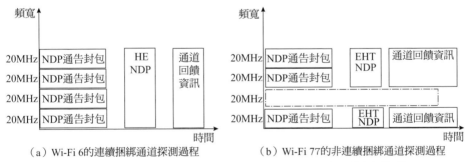

（a）Wi-Fi 6的連續捆綁通道探測過程　　　　（b）Wi-Fi 77的非連續捆綁通道探測過程

▲ 圖 3-64　Wi-Fi 6 與 Wi-Fi 7 非觸發模式下通道探測過程差別

2）降低通道探測過程資訊量

　　由於一個通道回饋資訊幀中最大承載資料量為 11454 位元組，超過該門限值後，通道回饋資訊幀將分成兩幀或兩幀以上依次傳輸。而通道回饋資訊幀中的資料量由頻

寬、空間流數量和壓縮精度三個因素決定，在非壓縮方式的通道回饋資訊中，Wi-Fi 協定舉出資料量計算方式如式 3-1 所示：

$$非壓縮資訊量（位元）=Nc×8+Ns×（2×Nb×Nc×Nr） \qquad （3-1）$$

其中，Nc 代表空間流數量，Ns 表示子載波數量，Nr 表示發射天線數量，Nb 表示為 MIMO 控制域的計算資訊量大小的位元數。

以最大空間流 8×8、最大頻寬 320MHz 為例，320MHz OFDM 方式下包含子載波數量為 1024，代入式（3-1）可以計算出非壓縮資訊量（位元）=8×8+1024×（2×8×8×8）= 1048640 位元，即 131080 位元組，遠大於門限值。

實際通道探測過程中，STA 傳回的是經壓縮的通道回饋資訊，該壓縮演算法比較複雜，這裡就不再具體介紹。

由式（3-1）可知，資訊回饋資訊量隨著空間流資料和頻寬增加而增加。因此，為了降低通道回饋資訊幀的資料量，Wi-Fi 7 協定允許 STA 只回饋部分 RU/MRU（包括頻率和空間資源）上的通道資訊，以降低資訊回饋資訊量，節約通道資源。

圖 3-65 舉出在非連續的 MRU 上回饋通道資訊範例。可以看到，AP 發出的 NDP 通告封包和 EHT NDP 封包在整個 80MHz 上傳輸，而通道回饋資訊在 484+242 MRU 上回饋，根據式（3-1）可知，通道回饋資訊量比全帶通道回饋資訊量減少了四分之一。

2. 上行方向空間流傳輸方式的變化

在上行方向空間流傳輸方式上，Wi-Fi 7 的 STA 在一個 MRU 或 RU 上透過若干空間流傳送上行資料，而 Wi-Fi 6 的 STA 只在一個 RU 上透過若干空間流傳送上行資料。

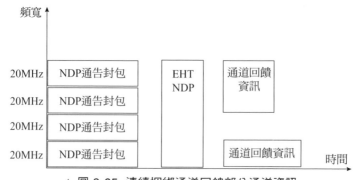

▲ 圖 3-65　連續捆綁通道回饋部分通道資訊

如圖 3-66 所示，工作在 160MHz 頻寬上的 AP，將 RU 和 MRU 分配給 STA1、STA2 和 STA3，其 RU/MRU 分配表如圖 3-66（a）所示，即 996+484+242 tone MRU 分配給 STA1 和 STA2，分別用於在第 1 和第 2 空間流上互動資料；分配 242 tone RU 給 STA3，用於在兩個空間流上互動資料。三個 STA 在頻域上基於分配的 RU/MRU 位置與 AP 互動資料如圖 3-66（b）所示，在空間流上基於分配的 RU/MRU 位置與 AP 互動資料如圖 3-66（c）所示。

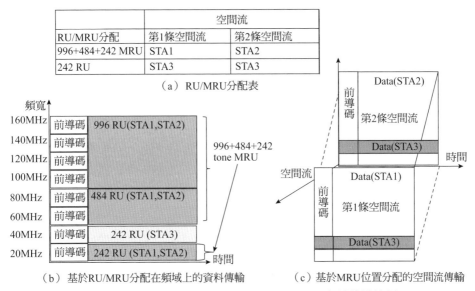

（a）RU/MRU分配表

（b）基於RU/MRU分配在頻域上的資料傳輸　　　（c）基於MRU位置分配的空間流傳輸

▲ 圖 3-66 MU-MIMO 下的 RU/MRU 分配及資料傳輸範例

3.2.7 Wi-Fi 7 支援低延遲業務的技術

延遲是指使用者發出一行指令並收到伺服器對應響應的整個過程的時間。比如，使用者瀏覽網頁時，按一下一個連結即向伺服器發出開啟連結的請求，伺服器根據連結位址為使用者加載相應的網頁內容即完成對應的回應。當整個過程花費時間較長時，將給使用者造成「網路 lag」的感覺。

影響延遲的要素包括傳輸距離、網路連接類型、網站載入內容和裝置入網方式四個方面，如圖 3-67 所示。

（1）傳輸距離。

傳輸距離是造成延遲的主要原因，資訊以光速在媒體中傳輸，比如透過光纖進行傳輸。當目標伺服器距離客戶很遠時，比如客戶筆記型電腦在中國上海，目標網站連

接的伺服器在美國芝加哥，兩地之間物理距離為 11385km，最小理論延遲為 s=75ms，

如果算上中間各級伺服器轉發處理資訊的時間，整體延遲將遠遠大於理論值。當目標服務器和客戶筆記型電腦處於同一區域網時，傳輸距離造成的延遲可以忽略不計。

▲ 圖 3-67 影響業務延遲的四個方面

（2）網路連接類型。

Internet 網路連接類型包括 DSL 撥號上網、同軸電纜、光纖和衛星通信，不同網路介質自身的延遲也不相同，比如相同物理距離透過光纖通信的延遲為 10 ～ 15ms，透過衛星通訊延遲在 600ms 左右。

（3）網站載入內容。

目標網站載入內容決定了目標網站處理資訊和傳輸資訊的時間。比如，當目標網站包含大量的大檔案資訊，比如圖片資訊、音視訊資訊時，目標網路需要利用一定的時間將相關內容傳輸給使用者。如果目標網站包含大量的需要從第三方伺服器獲取的資訊，比如需要載入第三方的廣告資訊，那麼等待收集第三方伺服器的資訊，再轉發給使用者也需要一定的時間。

（4）裝置入網方式。

一般家庭或辦公室環境下，使用者裝置透過乙太網或透過 Wi-Fi 連線網路。透過 Wi-Fi 網路連線 Internet 時，基於 CSMA/CA 方式連線通道造成的延遲和 AP 排程多裝置時等待延遲，對整體延遲也會造成一定的影響。

為了降低傳輸距離造成的延遲，大型公司採用目標伺服器和網站多地部署方式，方便客戶就近造訪網站；為了降低目標網站載入內容產生的延遲，客戶端設備對常用的網站採用本地快取方式，可以直接從本地獲取網站上顯示的資源。

本章將重點介紹使用者端透過 Wi-Fi 連接網路產生延遲的原理，以及 Wi-Fi 7 對於低延遲業務的解決方案。

1. 基於 Wi-Fi 連接產生的延遲

基於 Wi-Fi 連接產生的額外延遲和 Wi-Fi 通訊的兩個特徵緊密相關：基於 CSMA/CA 的通道存取延遲和多終端多業務下 AP 的排程延遲。

1）通道存取延遲

通道存取延遲是指 Wi-Fi 裝置透過 CSMA/CA 自由競爭時，需要等待通道空閒並重新競爭通道而產生的延遲。

在第 1 章介紹過，Wi-Fi 連線通道的基本方式是透過 CSMA/CA 自由競爭方式存取通道，即「先聽後發」方式，當通道空閒時，Wi-Fi 裝置可以立即存取通道並傳輸資料，通道存取延遲很低。當通道繁忙時，Wi-Fi 裝置需要等待通道空閒才能存取通道，該過程將產生一定的延遲。

為了進一步說明在實際應用中，在不同環境下因等待通道而產生的不同延遲，圖 3-68 舉出了測試延遲的網路拓撲，一台筆記型電腦透過 2.4GHz 頻段連接 AP，筆記型電腦 IP 位址為 HYPERLINK "192.168.18.3"；一台 IP 位址為 HYPERLINK "192.168.18.2" 的桌上型電腦透過有線方式連接到該 AP，在桌上型電腦上向筆記型電腦發送 PING 命令進行測試。

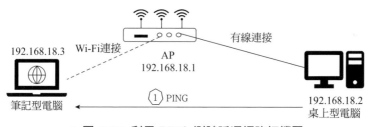

▲ 圖 3-68 利用 PING 測試延遲網路拓撲圖

PING 的命令從桌上型電腦透過有線網路發到 AP，再從 AP 透過 Wi-Fi 發到筆記型電腦電腦，之後筆記型電腦的回應訊息傳回給桌上型電腦。根據 PING 命令的往返時間，可以檢測網路的延遲。

圖 3-69 和圖 3-70 分別舉出了在遮罩環境下和開放環境下的延遲測試結果。可以看到，在遮罩環境下，沒有通道競爭環境，PING 的延遲穩定，延遲波動很小，平均延遲為 1ms。在開放環境下，有通道競爭環境，PING 的延遲上下波動劇烈，平均延遲為 12ms。

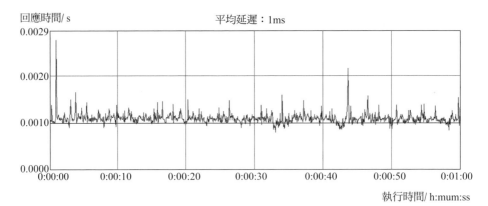

▲ 圖 3-69 遮卓環境下 PING 延遲測試

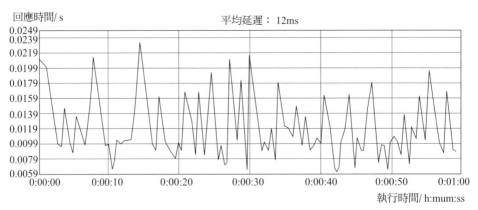

▲ 圖 3-70 開放環境下 PING 延遲測試

2）AP 排程延遲

AP 排程延遲是指當多裝置或多業務同時存取通道時，AP 每次需要排程不同裝置或不同業務進行資料傳送，沒有被排程的裝置或業務就需要等待下次被 AP 排程的機會，由此產生排程延遲。

對於多裝置排程方式，AP 可以透過 OFDMA、空分多址技術等方式支援多使用者的上下行併發排程，降低每一個使用者的等待延遲。

對於同一裝置多業務場景的延遲，參考圖 3-71（a），它在圖 3-68 基礎上，讓桌上型計算機額外向筆記型電腦發送 90Mbps 的使用者資料封包通訊協定（User Datagram Protocol，UDP）的資料流程。

圖 3-71（b）舉出資料流程和 PING 混合場景下各自的延遲結果，圖中上部的線條代表資料流程延遲，其平均值為 10ms，下部線條為 PING 延遲，其平均值為 6ms。

和圖 3-69 相比，PING 的延遲由 1ms 增加到 6ms，說明 PING 的命令傳送時間受到了相同裝置的其他資料流程排程的影響。

2. Wi-Fi 6 對於業務延遲的改進

Wi-Fi 6 的 OFDMA 技術提供了兩種改進 Wi-Fi 使用者延遲的方式。

- AP 提供基於觸發幀的通道連線技術，降低 STA 由於競爭而產生傳送資料的延遲。
- 多使用者基於資源單位（RU）的頻分重複使用方式，降低多使用者等待通道連線的延遲。

圖 3-72 舉出了 Wi-Fi 行業中的廠商在一個家庭環境下 OFDMA 技術對於業務延遲的測試範例，不同家庭因為室內環境不一樣，測試結果也不一樣。其中，表格中列出的是不同業務和最小速率需求，以及將所有業務累加後，對開啟和關閉 OFDMA 功能進行多次測試，並計算產生的平均延遲。圖 3-72（b）的右圖中是 OFDMA 技術對於上下行延遲的改善。從該範例中看到，OFDMA 功能關閉時，上行延遲為 76ms，下行延遲為 15ms。OFDMA 功能開啟後，上行延遲為 28ms，下行延遲為 9ms。因此，利用 OFDMA 技術，下行方向延遲降低了 40%，上行方向延遲降低了 63%。

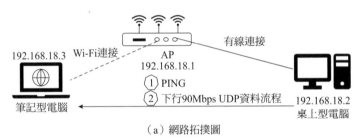

（a）網路拓撲圖

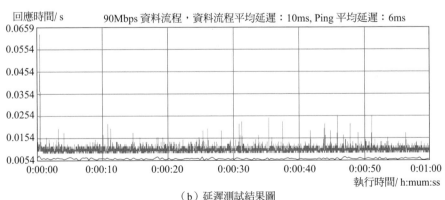

（b）延遲測試結果圖

▲ 圖 3-71　遮罩環境下，資料流程和 PING 混合場景下的延遲

使用者業務類型	所需速率 (Mbps)	平均延遲(ms)			
4部高畫質視訊電話	4×3	OFDMA關閉		OFDMA開啟	
4個多人互動遊戲	4×1.5(下行)	上行	下行	上行	下行
5個智慧管家攝影機	5×3	76	15	28	9
3人同時上網，瀏覽網頁	3×2				
2個檔案上傳任務	2×6（上行）				
1個郵件收發	1				
4個鄰居訊號干擾流	4×50				

（a）不同業務對於速率的需求及平均延遲

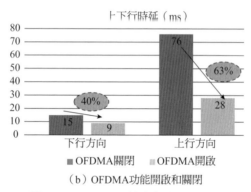

（b）OFDMA功能開啟和關閉

▲ 圖 3-72 OFDMA 技術對於延遲的改善

3. Wi-Fi 7 對於業務延遲的改進

隨著基於 Wi-Fi 連接的虛擬實境、網路遊戲等即時業務逐漸得到更多推廣，延遲指標在資料傳輸技術中得到很大的關注。Wi-Fi 7 在專案立項時，就初步制定低延遲目標。比如，改善虛擬實境業務、遠端辦公、線上遊戲和雲端運算等業務的延遲，對於即時遊戲，目標是實現低於 5ms 的延遲。Wi-Fi 7 標準中有以下改進延遲的對應技術。

1）透過增加頻寬來改進延遲

圖 3-73 舉出了 20MHz 通道與 80MHz 通道情況下的資料傳送情況的範例，增加頻寬表示增加 20MHz 子通道個數，因而增加單位時間內的資料傳輸數量，在原先 20MHz 通道情況下處於等待佇列中的資料封包，在 80MHz 通道頻寬情況下，可以減少等待時間和排程延遲，更快地被發送到對端，因而減少了 AP 與 STA 之間的傳輸延遲。

▲ 圖 3-73 拓展通道頻寬與減少等待排程延遲

80MHz 通道是 20MHz 通道資料流量的 4 倍,等待時間和排程延遲是 20MHz 的四分之一。Wi-Fi 7 支援 320MHz 通道頻寬,相比 Wi-Fi 6 的 160MHz 通道頻寬,等待時間和調度延遲減半。

2)多使用者併發場景下的延遲改進

Wi-Fi 支援頻分多址和空分多址技術實現同時排程多使用者上下行業務,降低多使用者並發場景下資料在發送等待佇列中的延遲。Wi-Fi 6 和 Wi-Fi 7 都在多使用者併發技術上做了提升,如圖 3-74 所示。

頻分多址基於 OFDMA 技術,Wi-Fi 7 在頻域上增加同時排程使用者數量。比如,Wi-Fi 6 最多支援 74 個使用者同時排程。而 Wi-Fi 7 在 320MHz 頻寬上支援 148 個 26-tone RU,理想情況下可以實現最多 148 個使用者的同時排程,併發使用者數量提高了一倍,相應地降低了多使用者之間的排程延遲。

空分多址是指 Wi-Fi 支援多個互不干擾的空間流而傳輸不同使用者資料,實現多使用者並發。比如,Wi-Fi 6 和 Wi-Fi 7 都定義了支援 8 使用者 8 條空間流的 MU-MIMO 技術。

3)Wi-Fi 7 新增加的改進延遲的技術

Wi-Fi 7 的多鏈路同傳技術下的業務分類傳送、支援低延遲業務辨識和專用服務時間連線技術都是新增加的改進延遲的技術。前面已經詳細介紹多鏈路同傳技術,下面介紹低延遲辨識技術和專用服務時間連線技術。

低延遲辨識技術是將低延遲業務與普通業務區分出來,並賦予被 AP 排程的高優先級,從而降低這些業務在等待佇列中的延遲。低延遲辨識技術不能改善整個 Wi-Fi 網路延遲,但可以改進特定業務的延遲。

專用服務時間連線技術是透過對低延遲業務增加存取通道的頻次而降低延遲。在 Wi-Fi 6 的 b-TWT 技術基礎上,Wi-Fi 7 定義了嚴格目標喚醒時間(restricted TWT,r-TWT)技術,將服務時間分成多段,在多個服務時間段上週期性地頻繁排程低延遲

業務，降低這些業務存取通道的延遲。

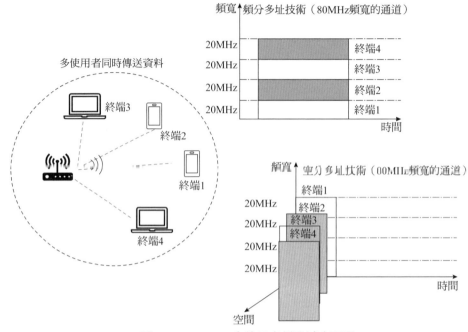

▲ 圖 3-74　Wi-Fi 7 多使用者併發減少延遲

　　下面進一步介紹 Wi-Fi 7 定義的基於流特徵的低延遲業務辨識技術和 r-TWT 通道連線技術。

4. 低延遲業務特徵辨識技術

　　Wi-Fi 7 標準定義基於每個業務流特徵的低延遲辨識技術，該技術幫助 AP 辨識資料業務流起止服務時間、最大延遲、傳輸速率、最大封包錯誤率等特徵，並根據流特徵進行相應調度，以確保即時業務在延遲要求的範圍內完成發送和接收。

　　第 1 章介紹的 Wi-Fi 增強型分散式通道連線機制 EDCA 中，把資料業務分為背景流、複製資料流程、視訊流和語音流四種業務類型，AP 根據業務類型的優先順序進行排程。比如，包含普通資料流程和語音流的資料封包同時到達 AP 的 MAC 層時，AP 優先排程語音流資料封包，滿足其對於延遲的要求。

　　由於使用者應用多種多樣，並且每種業務需要的延遲也各不相同，比如 AR/VR 延遲要求在 10ms 以內，線上遊戲延遲要求 50ms 以內，語音通話延遲要求在 60ms 左右，基於業務類型顆粒度排程方式無法滿足上層應用對於延遲的需求。

因此，2012 年 IEEE 802.11aa 協定提出基於流資訊的分類服務技術，進一步細化資料業務辨識的顆粒度。而 Wi-Fi 7 在此基礎上繼續演進，支援低延遲流特徵的辨識技術。

本節首先介紹流資訊分類服務技術和 Wi-Fi 7 定義的流特徵辨識技術特點，並舉例說明這兩種技術的實際應用方式。

1）流資訊分類服務技術

為了最佳化音訊和視訊流資料在 Wi-Fi MAC 層的排程，滿足多媒體延遲的需求，802.11aa 提出業務流資訊分類服務（Stream Classification Service，SCS）技術，這是指在業務流傳輸之前，STA 將業務流資訊包括流來源 MAC 位址、目的 MAC 位址、IP 層的五元組（來源 IP 位址、來源通訊埠、目的 IP 位址、目的通訊埠和傳輸層協定）等資訊提前告知 AP，AP 接收資料封包後，根據資料封包的特徵與業務流資訊匹配，一旦辨識成功，將相應的資料封包放入高優先順序佇列，並進行相應的排程，滿足這些業務的延遲需求。

圖 3-75 舉出 AP 與 STA 互動流資訊的過程，以及 AP 根據流資訊分類資料流程並排程，包括以下四個步驟。

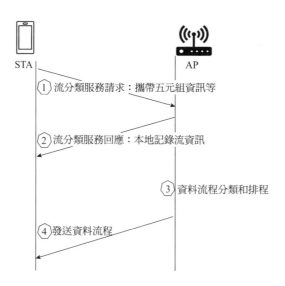

▲ 圖 3-75 基於流資訊辨識與排程流程

（1）流分類服務請求。STA 利用 action 幀向 AP 發送流資訊辨識請求，包含業務流的 IP 層資訊和 MAC 層位址資訊等。

（2）流分類服務回應。AP 接收到 STA 的請求後，利用 action 幀向 STA 發送流資訊識別回應。如果 AP 接受流資訊辨識請求，則本地記錄該流資訊。

（3）資料流程分類和排程。AP 接收網路側過來資料封包，根據資料封包的 MAC 層和 IP 協定標頭資訊，與本地記錄的流資訊進行比對辨識，如果與本地流資訊匹配，則放入高優先級佇列中排程；不然按照資料封包的預設業務類型排程。

（4）發送資料流程。AP 根據佇列優先順序排程資料，併發送給 STA。

2）低延遲流特徵辨識技術

在 802.11aa 定義的流分類服務技術基礎上，Wi-Fi 7 提出了針對業務品質特徵（QoS Characteristics）的辨識技術，這是指 AP 能夠辨識每個低延遲業務的特徵 包括最大延遲、業務起止時間、傳輸速率、封包錯誤率等資訊。

STA 把低延遲業務流特徵、流資訊以及 MAC 層位址資訊發送給 AP，AP 處理方式如下：

- **下行方向低延遲資料流程**：AP 接收網路側的資料封包，將 IP 封包標頭資訊與低延遲流特征資訊匹配，並進行相應的下行排程。
- **上行方向低延遲資料流程**：AP 根據 STA 流特徵請求資訊中對於通道存取時間的需求，排程上行資料傳輸，滿足上行資料對於延遲的要求。

圖 3-76 舉出了 AP 與 STA 互動流特徵的過程，以及 AP 根據流特徵資訊辨識資料流程並排程的過程。

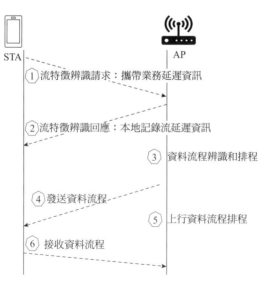

▲ 圖 3-76 基於低延遲流特徵的辨識和排程流程

　　該過程與 802.11aa 定義的基於流資訊辨識技術互動過程類似，但 Wi-Fi 7 定義的基於流特徵辨識技術同時支援下行方向和上行方向，該流程有以下步驟：

　　（1）流特徵辨識請求。STA 利用 action 幀向 AP 發送流特徵辨識請求，該請求中包含最小服務間隔、最大服務間隔、最小速率、最大延遲、最大 MSDU 長度、服務開始時間、MSDU 傳輸成功率和平均存取通道時間等參數，幀格式如圖 3-77 所示。其中第 2 排為可選欄位，由第 1 排的「控制資訊」欄位指示流特徵辨識請求幀中是否包含可選欄位。

位元組數：

1	1	1	4	4	4	3	3
欄位ID	長度	欄位ID擴充	控制資訊	最小服務間隔	最大服務間隔	最小速率	最大延遲

位元組數：

0或2	0或4	0或3	0或4	0或2	0或1	0或1	0或1
最大MSDU長度	服務開始時間	平均速率	迸發長度	MSDU生命週期	MSDU傳輸率	MSDU指數	媒介時間

▲ 圖 3-77　流特徵辨識幀格式

　　（2）流特徵辨識回應。AP 接收到流特徵辨識請求後，利用 action 幀向 STA 發送流延遲特徵辨識回應。如果 AP 接受流延遲特徵辨識請求，則本地記錄該流資訊。

　　（3）資料流程辨識和排程。AP 接收網路側的資料封包，根據資料封包的 MAC 層和 IP 協定標頭資訊，與本地記錄的流特徵進行比較，如果與本地記錄的流特徵匹配，則根據流特徵提供的參數進行相應排程，滿足該業務對延遲、存取通道和封包錯誤率等需求。

　　（4）發送資料流程。AP 排程低延遲資料流程併發送給 STA。

　　（5）上行資料流程排程。AP 根據記錄的流特徵中的服務間隔、服務時長等資訊，週期性發送觸發幀，排程 STA 的上行資料傳輸。

　　（6）接收資料流程。AP 透過發送觸發幀排程 STA 存取通道，接收 STA 的上行資料。

5. 嚴格目標喚醒時間 r-TWT 技術概述

　　Wi-Fi 6 引入的 b-TWT 技術中，AP 將一段服務時間，比如一個信標週期進行切片，分成更小的服務時間切片，對應不同的 b-TWT 組，並用不同的 b-TWT 組 ID 來指示服務時間片資訊，然後將該資訊透過信標幀廣播出去，STA 可以透過協商和非協

商方式加入一個 b-TWT 組。當 STA 需要與 AP 進行資料互動時，STA 在對應的 b-TWT 組服務時間內醒來，與 AP 互動上下行快取資料，在非對應的 b-TWT 組服務時間，STA 不需要週期性醒來偵聽信標資訊，也不需要透過 CSMA/CA 方式競爭通道資源並接收快取資料，因此降低了 STA 週期性醒來偵聽信標幀和先佔通道產生的功耗，實現超低功耗的目標。

Wi-Fi 7 在 b-TWT 技術基礎上，定義了嚴格目標喚醒時間（restricted Target Wake Up Time，r-TWT）技術來滿足低延遲、低功耗業務需求，基本原理是利用 b-TWT 技術，將通道資源按照服務時間進行切片，然後將這些時間切片週期性地分配給具有低延遲業務的 STA，排程業務資料在通道中傳輸，滿足業務的延遲要求，並且 r-TWT 技術在時間切片開始邊界增加保護措施，防止其他裝置佔用 r-TWT 服務時間段。

r-TWT 與 b-TWT 的區別如圖 3-78 所示，主要包括業務類型、低延遲資料排程頻率和通道連線方式三個方面。

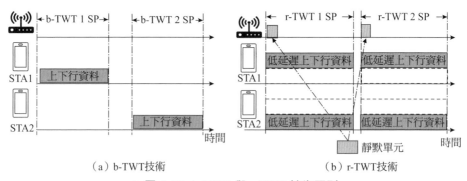

▲ 圖 3-78 b-TWT 與 r-TWT 技術區別

（1）排程業務類型。

b-TWT 協商物件不區分 STA 業務類型，任何 STA 都可以和 AP 協商加入一個 b-TWT 組，並進行上下行資料流程排程。

r-TWT 協商物件為包含低延遲業務的 STA，在協商過程中，STA 需要將低延遲業務資料流資訊告知 AP，便於 AP 在服務時間內做相應的排程。

（2）低延遲資料排程頻率。

為了滿足低延遲業務對於延遲的迫切需求，AP 需要在多個服務時間內頻繁排程同一個低延遲業務。而 b-TWT 服務物件為週期性業務，只需要在一個服務時間內週期內進行排程即可，不需要頻繁排程。

（3）通道連線方式。

由於 AP 排程 b-TWT 服務組之前，AP 需要與周圍的 STA 透過 CSMA/CA 通道競爭方式獲取通道資源，因此有可能 AP 無法及時獲取通道資源，導致 b-TWT 實際服務開始時間晚於預期時間。

為了解決這個問題，Wi-Fi 7 引入了靜默單元（Quiet Element）技術，這是指 AP 在信標幀裡面攜帶靜默單元來通知周圍的 STA，在靜默單元指定的時間視窗內，STA 不能競爭通道；並且在靜默時間開始前，STA 要及時結束資料的傳輸。

由於靜默時間視窗裡沒有 STA 參與通道競爭，AP 容易獲得通道存取機會，並且 AP 按預定的時間，排程低延遲業務的 STA，並為其提供傳輸資料服務。

此外，在靜默視窗到來前，其他 STA 要及時結束資料傳輸。為了減少靜默時間對無線通道佔用的影響，Wi-Fi 7 標準規定靜默單元的時間為 1ms。

圖 3-79 舉出了 r-TWT 服務時間和靜默單元範例，其中靜默單元處於每個 r-TWT 服務開始前，與 r-TWT 服務時間重疊。Wi-Fi 6 的 STA1 的 TXOP 在靜默單元前停止，接著支援 Wi-Fi 7 的 STA2 啟動與 AP 的資料傳送。

▲ 圖 3-79　r-TWT 服務時間及靜默單元

6. 低延遲特徵辨識技術與 r-TWT 技術應用範例

圖 3-80 舉出流特徵辨識技術和 r-TWT 技術應用範例，其中 STA1 上執行 AR/VR 即時業務，STA2 上執行週期性控制任務，具體步驟描述如下：

（1）流特徵協商。STA1 和 STA2 連接到 AP，在執行低延遲業務前，它們與 AP 協商低延遲流特徵。其中 STA1 下行流特徵中包含服務開始時間 30ms，上行流特徵中包含服務開始時間 60ms。STA2 下行流特徵中包含服務開始時間 30ms。AP 本地記錄各個低延遲流特徵。

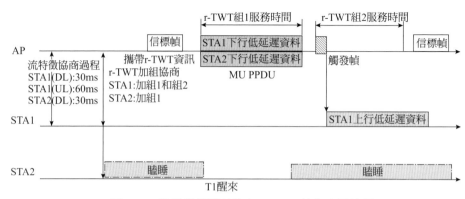

▲ 圖 3-80 流特徵辨識技術和 r-TWT 技術應用範例

（2）r-TWT 加組協商。r-TWT 組 1 和 r-TWT 組 2 服務時間間隔為 30ms，STA1 與 AP 協商，加入 r-TWT 組 1 和 r-TWT 組 2。STA2 與 AP 協商，加入 r-TWT 組 1。協商完成後，STA2 進入瞌睡模式以節約電能，並在 r-TWT 1 服務時間開始前醒來。

（3）r-TWT 服務排程 1。在 r-TWT 組 1 服務時間內，AP 透過多使用者併發技術，排程 STA1 和 STA2 的下行資料，STA2 接收到快取資料後，隨機進入瞌睡狀態等待下一個週期被排程。執行即時業務的 STA1 保持正常執行狀態。

（4）r-TWT 服務排程 2。AP 在 r-TWT 組 2 中，向 STA1 發送觸發幀，排程 STA1 上行資料傳輸。

3.2.8 Wi-Fi 7 增強點對點業務的技術

藍芽技術是兩個裝置之間點到點資料傳輸技術的典型範例。舉例來說，智慧型手機終端可以採用藍芽技術把檔案直接傳輸給電腦。Wi-Fi 點對點連接模式是指兩個 STA 之間建立連接並且可以相互直接傳輸資料，傳輸資料過程不需要 AP 參與。

相對於傳統 Wi-Fi 網路中必須透過 AP 才能轉發 STA 相互之間的資料，點對點模式提高了 STA 之間通訊的效率和通道使用率。

圖 3-81（a）以手機和無線螢幕之間的資料通信為例，STA 和無線螢幕都連接到同一個 AP。在傳統 Wi-Fi 網路中，當手機上有資料需要發送給無線螢幕時，手機需要透過路徑 1 將資料先發送給 AP，然後由 AP 透過路徑 2 將該資料發送給無線螢幕，反之亦然。

圖 3-81（b）STA 之間點到點通訊的方式，STA 和無線螢幕都連接到同一個 AP。手機和無線螢幕建立直接的 Wi-Fi 連接，當手機上有資料發送給無線螢幕時，手機透

過路徑 3 直接將資料發送給無線螢幕。可見點對點直傳方式明顯提高了系統通訊效率，降低了通訊延遲。

　　點對點技術具體包括 802.11 定義的 TDLS 技術和 Wi-Fi 聯盟定義的 P2P 技術。由於 Wi-Fi 7 引入了多鏈路技術，這就需要在傳統的基於單鏈路點對點技術基礎上，進一步擴展支援多鏈路點對點技術。

　　此外，第 2 章介紹過 Wi-Fi 6 基於觸發模式的通道連線技術，AP 透過觸發幀轉移 TXOP 給 STA，然後 STA 利用這個 TXOP 方式存取通道，避免了 STA 再次進行通道競爭，提高了通道使用率，但該方式只能應用於 STA 向 AP 發送上行資料。Wi-Fi 7 標準在這個基礎上引入 TXOP 共用技術，用於點對點連接通道連線。

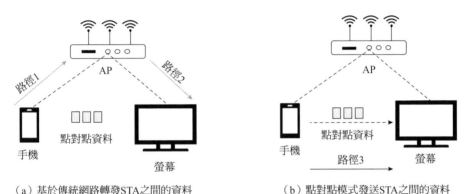

（a）基於傳統網路轉發STA之間的資料　　　　（b）點對點模式發送STA之間的資料

▲ 圖 3-81　基礎網路轉發 STA 之間資料與點對點模式直傳資料模式

　　本節將從點對點技術背景和特點，多鏈路 STA 之間的 TDLS 連接，多鏈路 STA 之間的 P2P 連接和 TXOP 共用技術四個方面介紹點對點技術。

1. 點對點技術背景和特點

　　常見的點對點連接包括兩種模式，IEEE 802.11 定義的隧道直接鏈路建立（Tunneled Direct Link Setup，TDLS）模式和 Wi-Fi 聯盟定義的點對點（Peer-to-Peer，P2P）連接模式。兩者的共同點是最終實現兩個 STA 之間的直接通訊，差別在於 TDLS 模式中兩個 STA 必須與同一個 AP 建立連接，其發現、連接過程的管理幀都需要 AP 轉發。而建立 P2P 連接的兩個 STA 可以連接到不同的 AP，其發現、連接過程的管理幀是直接在 STA 之間互動。

　　圖 3-82 舉出兩種技術的區別。可以看到在 TDLS 連接模式中，手機和無線螢幕都連接到同一個 AP。而在 P2P 連接模式中，手機連接到 AP1，而無線螢幕連接到

AP2。

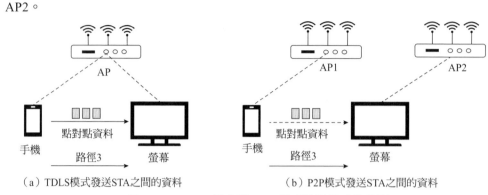

（a）TDLS模式發送STA之間的資料　　（b）P2P模式發送STA之間的資料

▲ 圖 3-82 TDLS 模式與 P2P 模式連接模式的差別

本節對 TDLS 技術和 P2P 技術特點進一步介紹。

1）802.11 的 TDLS 技術

2010 年 802.11z 定義了 TDLS 技術規範，目的是提高同一 AP 下的裝置之間資料傳送的通道使用率和輸送量。

由於在 TDLS 連接建立之前，STA 之間無法直接傳輸資料進行通訊，STA 之間的資料封包需要 AP 進行轉發。STA 將 TDLS 發現請求、連接請求和回應等封包封裝在資料封包中發送給 AP，AP 按照資料封包標頭攜帶的位址資訊轉發給目標 STA。在整個 TDLS 發現、連接建立的過程中，AP 不參與 TDLS 封包解析。

圖 3-83 所示為手機和無線螢幕連接到同一個 AP，它們相互之間建立 TDLS 連接的步驟如下：

（1）STA 發送 TDLS 發現請求。使用者在手機上啟動手機投螢幕的應用程式，顯示進入搜索模式。此時，手機根據本地快取的 ARP 資訊向連接到同一 AP 的使用者端發送 TDLS 發現請求。該請求封裝在資料封包中發送給 AP，目的位址為其他 STA 的 MAC 位址。

（2）AP 轉發 TDLS 發現請求。AP 收到手機的 TDLS 發現請求，就把資料封包轉發給接收的無線螢幕，接收 MAC 位址為無線螢幕的位址，而來源 MAC 位址則填寫手機位址。

（3）TDLS 發現回應。無線螢幕接收到 AP 轉發的 TDLS 發現請求，解析 TDLS 封包之後，不經過 AP 而直接向手機發送 TDLS 發現響應。此時，在使用者手機上將顯示螢幕的相關資訊，同時提示使用者搜索過程完成，可以進入下一步，建立連接。

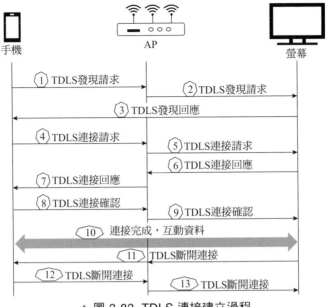

▲ 圖 3-83 TDLS 連接建立過程

（4）TDLS **連接請求、回應和確認**。後續的 TDLS 連接請求、回應和確認幀都屬於資料封包的內容，透過 AP 直接進行轉發。經過連接過程中的管理幀互動，手機和無線螢幕完成金鑰協商過程，如圖 3-83 中步驟 4 至步驟 9 所示。

（5）TDLS **連接完成，傳輸資料**。TDLS 連接建立完成後，手機和無線螢幕利用協商過程中產生的金鑰資訊對資料加密，然後直接進行資料互動，不再需要 AP 轉發兩者之間的通訊資料，如圖 3-83 中步驟 10 所示。

（6）TDLS **斷開連接**。手機和螢幕完成資料傳輸後，任何一方都可以向對方發起 TDLS 連接斷開請求，TDLS 連接斷開請求發送方式包括兩種：一種是手機或螢幕透過 TDLS 鏈路直接向對方發送 TDLS 連接斷開請求，該方式用於手機和螢幕兩個裝置沒有發生移動，相互可以收到對方發送的封包，如圖 3-83 中步驟 11 所示；另外一種是透過 AP 進行轉發，如圖 3-83 中步驟 12 和步驟 13 所示，該方式用於一台裝置發生了移動，導致無法透過 TDLS 鏈路接收到對方發送的封包。

2）Wi-Fi 聯盟的 P2P 技術

基於 TDLS 技術的點對點通訊只支援同一個 AP 下的兩個 STA 相互連接，既不支援多個 STA 相互通訊，也不支援不同 AP 下的 STA 之間的連接。2010 年 Wi-Fi 聯盟定義了 P2P 技術，擴充點到點通訊的功能。

P2P 技術不僅限於一對一的裝置之間的直連，而且支援一對多的裝置之間形成一個組。它的通訊方式實際就是 AP 和 STA 之間的連接，在 P2P 連接模式中，有以下兩個角色：

- **群組負責人**（Group Owner，GO）：具有 AP 的功能，它可以同時與多個裝置形成一個 P2P 組，建立 P2P 連接。
- **群組使用者端**（Group Client，GC）：具有 STA 的功能，與 GO 一起組成 P2P 連接。

Wi-Fi 聯盟定義的 P2P 技術廣泛應用於智慧終端機裝置，比如 Google 公司開放原始碼的 Android 系統中的 Wi-Fi 直連功能，蘋果公司開發的 iOS 系統中的隔空傳輸功能。

P2P 連接的基本原理是在每一個加入 P2P 組的終端為自己建立另外一個 STA，每個終端就有兩個邏輯上的 STA，然後終端利用新創的 STA 與其他終端建立連接，每個終端的兩個 STA 分時使用通道資源。

圖 3-84 舉出了基於 P2P 組的 3 個裝置之間的直連模型。

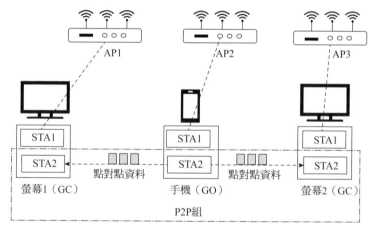

▲ 圖 3-84 基於 P2P 組多個裝置之間的直連功能

其中，每個裝置包含兩個 STA，螢幕 1 連接到 AP1，手機連接到 AP2，螢幕 2 連接到 AP3。同時，手機分別與無線螢幕 1 和無線螢幕 2 透過 STA2 建立基於一個 P2P 組的直連，手機作為 GO，無線螢幕 1 和無線螢幕 2 作為 GC，從而實現手機同時向兩個無線螢幕傳輸視訊資料。

整個 P2P 技術的應用過程包括 P2P 搜索、GO 協商、P2P 連接並互動資料、P2P

斷開連接四個階段，步驟如圖 3-85 所示。

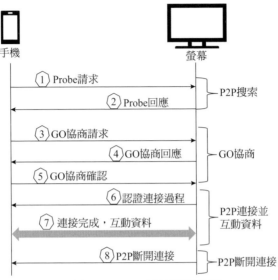

▲ 圖 3-85 P2P 連接通訊過程

（1）P2P 搜索階段：手機和無線螢幕利用 STA2 在所支援的頻段上相互發送、接收探測請求幀和探測回應幀。透過探測請求幀和探測回應幀的互動後，手機和無線螢幕相互發現對方，並將搜索到的裝置資訊呈現在使用者手機介面上，等待使用者下發連接操作。

（2）GO 協商階段：使用者在介面上選擇對端裝置並下發連接請求後，手機和無線螢幕將透過利用 GO 協商請求、GO 協商回應和 GO 協商確認幀協商出各自的角色，一個作為 GO，另一個作為 GC，並互動雙方的支援能力資訊。

（3）P2P 連接並互動資料階段：協商完成後，GC 向 GO 認證請求幀開始認證連接，P2P 連接建立完成後，GO 定期在所在通道上發送信標幀，類似於 AP 的功能。GC 接收 GO 發送的信標幀並同步時間，類似於 STA 的功能。

（4）P2P 斷開連接階段：P2P 通訊完成後，任意一方都可以向對方發起斷開請求，以斷開 P2P 連接。

2. Wi-Fi 7 的多鏈路 STA 之間的 TDLS 連接

Wi-Fi 7 引入多鏈路技術之後，多鏈路 STA 可以在任意鏈路上與多鏈路 AP 進行通訊，多鏈路 AP 也可以在任意鏈路上轉發兩個多鏈路 STA 之間的通訊資料，並且多

鏈路 STA 有可能與傳統 STA 之間進行通訊。因此，在 Wi-Fi 7 技術下，STA 裝置之間的轉發通訊介紹下面兩種情況，即兩個多鏈路 STA 之間的通訊、多鏈路 STA 與傳統 STA 之間的通訊。

（1）兩個多鏈路 STA 之間的點到點資料轉發。

如圖 3-86 所示，多鏈路 STA-a、多鏈路 STA-b 與多鏈路 AP 同時建立兩個鏈路的網路拓撲圖，多鏈路 STA-a 與多鏈路 STA-b 的資料互動可以透過四條路徑傳輸到對方。

（2）多鏈路 STA 與傳統 STA 之間的點到點資料轉發。

圖 3-87 舉出了多鏈路 STA 與多鏈路 AP 建立兩條鏈路，多鏈路 AP 與單鏈路 STA3 建立一筆鏈路的網路拓撲圖。多鏈路 STA 與 STA3 的資料通訊可以透過兩條路徑傳輸到對方。

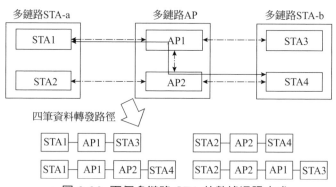

▲ 圖 3-86 兩個多鏈路 STA 的數據通訊方式

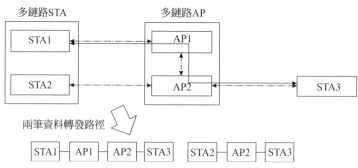

▲ 圖 3-87 多鏈路 STA 與傳統 STA 之間的通訊方式

針對多鏈路 STA 的資料轉發方式出現的變化，Wi-Fi 7 定義了兩個多鏈路 STA 之

間的 TDLS 連接方式，以及多鏈路 STA 與傳統單鏈路 STA 建立 TDLS 連接。本節將分別介紹這兩種不同的 TDLS 連接方式。

1）兩個多鏈路 STA 之間建立 TDLS 連接

與傳統的單鏈路 TDLS 發現和連接過程相比，多鏈路 STA 之間的 TDLS 發現和連接過程的主要區別是支援多筆傳輸路徑和 MLD MAC 位址應用。由於多鏈路 STA 的 MLD MAC 是唯一標識 Wi-Fi 7 裝置的 MAC 位址，因此，當兩個多鏈路 STA 通訊時，來源位址和目的位址分別填寫多鏈路 STA MLD MAC 位址。

此外，由於兩個多鏈路 STA 均與多鏈路 AP 建立多筆鏈路，TDLS 發現、連接請求和回應幀可以透過任意鏈路到達目的終端。

圖 3-88 舉出了兩個多鏈路 STA 建立 TDLS 的網路拓撲架構，具體過程描述如下：

（1）**手機發送 TDLS 發現請求。**

手機向連接到同一 Wi-Fi 7 AP 的筆記型電腦發送 TDLS 發現請求。參考圖 3-89，該請求封裝在資料封包中發送給 AP，從手機的 STA1 或 STA2 發出，來源位址是手機的 MLD MAC，發送位址是 STA1 或 STA2 的鏈路 MAC，接收位址是 AP1 或 AP2 的 MAC 位址，目的位址是筆記型電腦 MLD MAC。

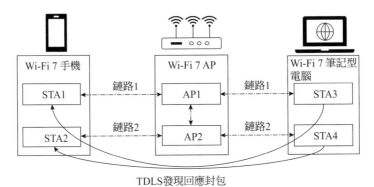

▲ 圖 3-88 兩個多鏈路 STA 建立 TDLS 的網路拓撲

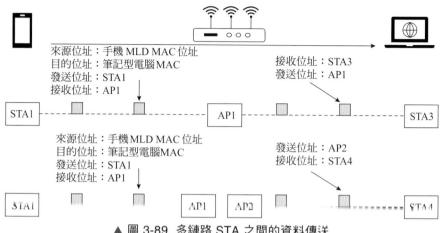

▲ 圖 3-89 多鏈路 STA 之間的資料傳送

　　AP1 或 AP2 上接收到 TDLS 發現請求，然後將該請求封包轉發給筆記型電腦，同時對 MAC 位址進行轉換。透過 AP1 轉發的封包，發送位址更新為 AP1，接收位址更新為 STA3；透過 AP2 轉發封包，發送位址更新為 AP2，接收位址更新為 STA4。

　　（2）筆記型電腦回覆 TDLS 發現回應。

　　筆記型電腦接收到 AP 轉發的 TDLS 發現請求後，解析 TDLS 封包，直接向手機發送 TDLS 發現回應，而不再需要經過 AP。

　　（3）TDLS 連接請求、回應和確認。

　　後續的 TDLS 連接請求、回應和確認幀均封裝在資料封包中，透過多鏈路 AP 的 AP1 或 AP2 進行轉發，封包轉發路徑與 TDLS 發現請求封包相同。透過連接過程中的三次幀互動，手機和筆記型電腦完成了金鑰協商過程。

　　（4）TDLS 連接完成後的資料傳送。

　　最後筆記型電腦和手機建立 TDLS 連接，兩者就可以直接進行資料互動，不再需要 AP 轉發。

　　（5）TDLS 斷開連接。

　　手機和筆記型電腦完成資料傳輸後，任何一方都可以向對方發起 TDLS 連接斷開請求。TDLS 連接斷開請求有兩種發送方式，一種是手機或筆記型電腦透過 TDLS 鏈路，直接向對方發送 TDLS 連接斷開請求，另外一種是透過多鏈路 AP 進行轉發。

　2）多鏈路 STA 與傳統單鏈路 STA 建立 TDLS 連接

　　傳統單鏈路裝置只有一個全球唯一的 MAC 位址，用來辨識該裝置。而多鏈路

STA 的 MLD MAC 是唯一標識 Wi-Fi 7 裝置的 MAC 位址。當多鏈路 STA 與傳統單鏈路 STA 進行資料傳送時，它們在資料封包中各自使用唯一標識自己的 MAC 位址。

　　圖 3-90 舉出了支援多鏈路功能的 Wi-Fi 7 手機與 Wi-Fi 6 筆記型電腦透過 Wi-Fi 7 AP 建立 TDLS 的網路拓撲圖，TDLS 連接建立步驟如下：

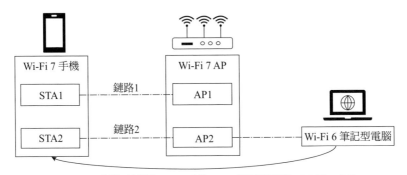

▲ 圖 3-90 多鏈路 STA 與傳統單鏈路 STA 建立 TDLS 的網路拓撲

（1）手機發送 TDLS 發現請求。

　　手機向連接到同一 AP 的筆記型電腦發送 TDLS 發現請求。參考圖 3-91，該請求封裝在資料封包中，從手機的 STA1 或 STA2 發出，來源位址是手機的 MLD MAC 位址，發送位址是 STA1 或 STA2 的鏈路 MAC 位址，接收位址是 AP1 或 AP2 的 MAC 位址，目的位址是筆記型電腦 MAC 位址。

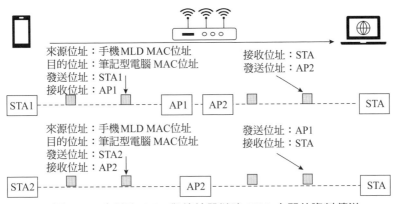

▲ 圖 3-91 多鏈路 STA 與傳統單鏈路 STA 之間的資料傳送

AP1 或 AP2 接收到 TDLS 發現請求，然後透過 AP2 將該請求封包轉發給筆記型

電腦，同時對 MAC 位址進行轉換。此時發送位址更新為 AP2，接收位址更新為筆記型電腦 MAC 位址。

（2）筆記型電腦回覆 TDLS 發送回應。

筆記型電腦接收到 AP 轉發的 TDLS 發現請求後，解析 TDLS 封包，直接向手機發送 TDLS 發現回應，而不再需要經過 AP。此時，發送位址為筆記型電腦 MAC 位址，接收位址為手機 MLD MAC 位址。

（3）TDLS 連接請求、回應和確認。

TDLS 連接請求、回應和確認幀均封裝在資料封包中，透過多鏈路 AP 的 AP1 或 AP2 進行轉發。封包轉發路徑與 TDLS 發現請求封包相同。透過連接過程中的三次幀交互，手機和筆記型電腦完成了金鑰協商過程。

（4）TDLS 連接完成後的資料傳送。

最後筆記型電腦和手機建立 TDLS 連接，兩者就可以直接進行資料互動，不再需要 AP 轉發。

（5）TDLS 斷開連接。

手機和筆記型電腦完成資料傳輸後，任何一方都可以向對方發起 TDLS 連接斷開請求。對於 TDLS 連接斷開請求，可以是手機或筆記型電腦透過 TDLS 鏈路，直接向對方發送 TDLS 連接斷開請求，也可以透過多鏈路 AP 進行轉發。

3. Wi-Fi 7 的多鏈路 STA 之間的 P2P 連接

為了將 Wi-Fi 7 多鏈路功能應用到 P2P 連接中，Wi-Fi 聯盟於 2022 年 6 月同意成立新的小組研究 P2P 協定對於多鏈路功能的支援，該協定計畫於 2023 年 7 月完成功能定義，2024 年開始產品測試。

可以預計，多鏈路 P2P 與傳統單鏈路 P2P 連接架構相似，即 Wi-Fi 7 終端各自建立另外一個多鏈路 STA，然後分別利用第二套多鏈路 STA 與對端建立多鏈路 P2P 連接。每個終端上兩個多鏈路 STA 分時使用通道資源。

圖 3-92 舉出了支援 Wi-Fi 7 的手機和筆記型電腦建立 P2P 連接的範例。可以看到 Wi-Fi 7 手機透過雙鏈路連接到 Wi-Fi 7 AP1，而 Wi-Fi 7 的筆記型電腦也透過雙鏈路連接到 Wi-Fi 7 AP2 上。此時，使用者在手機和筆記型電腦上開啟 Wi-Fi 直連功能，相應地，手機和筆記型電腦分別建立了包含 STA5 和 STA6 的多鏈路 STA-c、包含 STA7 和 STA8 的多鏈路 STA-d。多鏈路 STA-c 和多鏈路 STA-d 透過 P2P 多鏈路發現、協商、連接過程完成 P2P 多鏈路連接。

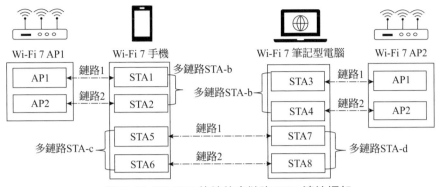

▲ 圖 3-92　Wi-Fi 7 終端的多鏈路 P2P 連接框架

4. Wi-Fi 7 支援點對點資料傳送的 TXOP 共用技術

　　Wi-Fi 6 標準支援基於觸發機制的 TXOP 共用方式，AP 事先獲取每個 STA 的上行資料量、速率、距離等資訊，然後 AP 綜合這些資訊，並透過觸發幀的方式把 TXOP 參數分享給一個或多個 STA，接著 STA 就能用該 TXOP 發送上行資料。

　　Wi-Fi 7 在 Wi-Fi 6 基礎上對 TXOP 共用技術進行拓展，AP 仍然透過觸發幀把它的 TXOP 轉交給 STA 使用，但該觸發幀除了指定 STA 可用 TXOP 時間長度資訊以外，不指定其他參數。TXOP 共用技術使用的觸發幀為 MU-RTS 傳輸機會分享（TXOP Sharing，TXS）幀，即在 Wi-Fi 6 定義的 MU-RTS 幀的基礎上增加 TXOP 長度資訊以及其他參數。

　　STA 除了使用該 TXOP 向 AP 發送上行資料，也可以向其他 STA 進行點對點資料傳送，參考圖 3-93。

▲ 圖 3-93　Wi-Fi 7 的 TXOP 共用技術範例

相比 Wi-Fi 6 的 TXOP 共用方案，Wi-Fi 7 技術改進的地方如下：

（1）最佳化 AP 性能要求。

Wi-Fi 6 AP 透過觸發幀指定 STA 的發送功率、MCS 值、RU 大小和位置等參數，這對實際 AP 產品的性能要求很高，導致上行 OFDMA 可能無法達到理想的低延遲高輸送量的效果。而 Wi-Fi 7 則把觸發幀參數簡化成 TXOP 時間長度，有利於 TXOP 共用技術實施。

（2）支援點到點資料傳送。

Wi-Fi 6 的 TXOP 共用只支援 STA 向 AP 發送上行資料，而 Wi-Fi 7 則額外增加了對 STA 點對點通訊的支援。由於 AP 在實際先佔通道能力和降低干擾方面比 STA 更有優勢，所以把基於觸發機制的通道連線方式擴充到點對點技術上，可以降低點對點應用場景下的傳輸延遲並提高輸送量。

Wi-Fi 7 標準規定 AP 利用 MU-RTS 觸發幀向 STA 轉移 TXOP 參數，並指定該 TXOP 用於上行傳輸或點對點傳輸。MU-RTS 觸發幀不包含額外的控制資訊，舉例來說，發射功率、MCS 值等，STA 根據實際需求自主控制。

Wi-Fi 7 與 Wi-Fi 6 在 TXOP 共用技術上的區別如表 3-7 所示。

Wi-Fi 7 標準中的 TXOP 共用技術支援上行或點對點資料傳輸兩種模式，下面透過舉例介紹對應的流程。

▼ 表 3-7 Wi-Fi 7 與 Wi-Fi 6 在 TXOP 共用技術上的區別

區別項	Wi-Fi 6 中相關內容	Wi-Fi 7 中相關內容
觸發幀類型	基本觸發幀、MU-RTS 和特殊用途觸發幀	MU-RTS TXS 幀
觸發幀參數	上行傳輸速率，傳輸功率，PPDU 長度，編碼方式	所分配的時間
資料幀類型	基於 OFDMA 的 TB PPDU	基於非 OFDMA 方式
傳輸方向	僅支援上行資料傳輸	模式 1：支援上行資料傳送 模式 2：支援點對點資料傳送
多使用者併發	頻分重複使用	時分重複使用或頻分重複使用

1）支援模式 1 的上行方向資料傳送

上行方向的 TXOP 共用技術 AP 透過 MU-RTS 觸發幀將 TXOP 分配給 STA，然後 STA 直接在該 TXOP 持續時間內多次與 AP 進行資料互動，當剩餘的 TXOP 不足以滿足 STA 發送一幀資料時，AP 就在 PIFS 時間間隔後，利用剩餘的 TXOP 時間向其他 STA 發送下行資料。

舉例來說，如圖 3-94 所示，STA1 和 STA2 透過 Wi-Fi 連接到 AP 上，STA1 向 AP 申請利用 TXOP 共用技術傳輸上行資料，互動步驟如下：

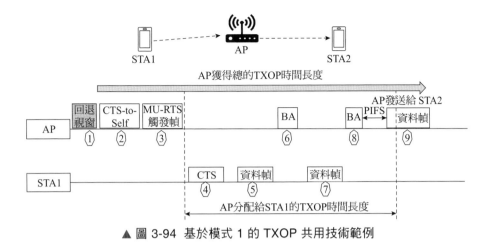

▲ 圖 3-94 基於模式 1 的 TXOP 共用技術範例

（1）AP 透過 CSMA/CA 競爭機制獲取 TXOP。

（2）AP 發送 CTS-to-Self 控制幀，獲取 TXOP 參數所表示的持續時間。

（3）AP 向 STA1 發送 MU-RTS 觸發幀，將 TXOP 轉移給 STA1 使用。該幀中模式欄位設置為 1，並設置共用給 STA 的 TXOP 長度。共用的 TXOP 長度應小於 AP 獲取的 TXOP 總長度。

（4）STA1 收到 MU-RTS 觸發幀後，向 AP 發送 CTS 進行回應。

（5）STA1 向 AP 發送非 TB PPDU 格式的資料幀。

（6）AP 向 STA1 發送區塊確認幀 BA，對收到的資料幀進行確認。

（7）在共用的 TXOP 時間完成之前，重複步驟（5）和（6）。

（8）當剩餘共用的 TXOP 不足以 STA 發送一個資料幀時，為了保證 TXOP 得到充分利用，AP 在 PIFS 時間間隔後，向 STA2 發送資料幀，實現與 STA2 進行資料互動。

2）支援模式 2 的上行和點對點混合的 TXOP 共用技術

模式 2 與模式 1 的不同之處在於 STA 獲取 AP 共用的 TXOP 後，不但支援發送上行資料，而且支援向其他 STA 發送點對點資料。此外，AP 需要向其他 STA 傳輸資料時，需要等待共用的 TXOP 結束後，再經過 PIFS 間隔後才可以傳輸資料幀，而不能利用剩餘的 TXOP 向其他 STA 傳輸資料。

圖 3-95 舉出模式 2 的應用網路拓撲。STA1 和 STA3 透過 Wi-Fi 連接到 AP 上，STA1 與 STA2 建立點對點連接，STA1 向 AP 申請利用 TXOP 共用技術傳輸上行和點

對點資料。

▲ 圖 3-95 基於模式 2 的 TXOP 共用技術網路拓撲

圖 3-95 所示的網路拓撲所對應的互動步驟如圖 3-96 所示,描述如卜:

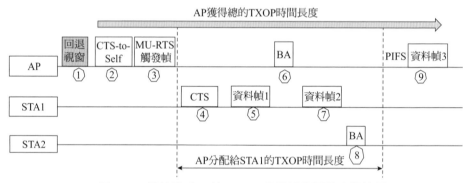

▲ 圖 3-96 基於模式 2 的 TXOP 共用技術互動步驟範例

(1)AP 透過 CSMA/CA 競爭機制獲取 TXOP。

(2)AP 發送 CTS-to-Self 控制幀,獲取 TXOP 參數所表示的持續時間。

(3)AP 向 STA1 發送 MU-RTS 觸發幀,將 TXOP 轉移給 STA1 使用,該幀中模式欄位設置為 2,並設置共用給 STA1 的 TXOP 長度。共用 TXOP 長度不大於 AP 獲取的 TXOP 總長度。

(4)STA1 收到 MU-RTS 觸發幀後,向 AP 發送 CTS 進行回應。

(5)STA1 向 AP 發送非 TB PPDU 格式的資料幀。

(6)AP 向 STA1 發送區塊確認幀 BA,對收到資料幀進行確認。

(7)STA1 向 STA2 發送非 TB PPDU 格式的資料幀。

(8)STA2 向 STA1 發送區塊確認幀 BA,對收到的資料幀進行確認。

(9)重複步驟(5)和(6)或步驟(7)和(8),直到剩餘 TXOP 不足以 STA

發送一個資料幀為止。

（10）TXOP 結束後，AP 在 PIFS 間隔後向 STA3 發送資料幀，與 STA3 進行資料互動。模式 1 與模式 2 相比，模式 1 中只有 AP 和 STA1 進行通訊，如果 STA1 在 PIFS 時間內沒有發送新的封包，即可判定 STA1 沒有快取幀發送，然後 AP 可以直接使用通道發送資料。

而在模式 2 中，針對點到點場景，如果 AP 與 STA2 距離較遠，相互為隱藏節點，AP 可能無法偵聽到 STA2 發送的點到點資料封包。為了避免在 STA1 處產生封包碰撞衝突，AP 只能等共用的 TXOP 結束之後的 PIFS 時間後再次先佔通道。

3.3　Wi-Fi 7 支援的應急通訊服務技術

針對面對自然災害、突發戰爭等緊急狀態下的業務通訊需求，Wi-Fi 7 支援應急通訊服務（Emergency Preparedness Communications Service，EPCS）的通道連線優先順序，保證緊急業務優先排程和傳輸，進而降低應急通訊的傳輸延遲。

在應急通訊服務下，相關部門能夠透過現有的無線網路為民眾提供及時準確的疏散信息，確保民眾生命財產安全。比如，政府或交管部門向手機使用者以簡訊的方式發送一些臨時通知資訊。

隨著 Wi-Fi 網路逐步連線各家各戶，智慧家居提供的便利極大方便了人們的日常生活，這為應急通訊部門透過 Wi-Fi 網路將緊急資訊傳遞給民眾提供了另外一種選擇。

由於應急通訊服務面對的通訊資料具有突發性、不可預測性、偶然性以及高優先順序等特點，隨著越來越多的智慧裝置透過 AP 連線網際網路，在突發狀態下，不可避免地出現網路壅塞等問題。

如圖 3-97 所示，突發颱風導致 4G/5G 訊號塔中斷，應急通訊部門就透過有線網路將緊急疏散資訊傳遞給公寓大樓的寬頻連線閘道，並利用 Wi-Fi 通知人們緊急避險。但如果 Wi-Fi 網路出現壅塞，應急部門的疏散資訊將無法及時傳遞給樓宇裡面的人群，民眾也無法透過 Wi-Fi 網路向外界及時傳遞求救資訊。

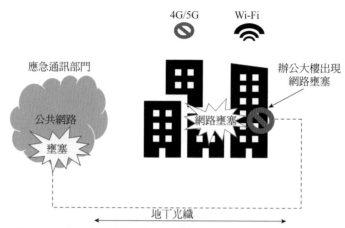

▲ 圖 3-97　在突發情況下應急部門透過壅塞的網路環境發送資訊

因此，Wi-Fi 7 定義應急通訊服務規範的目的在於將應急通訊資料以高優先順序方式在壅塞網路中傳遞出去。

在 1.2.5 節介紹過，QoS 資料按照資料型態分為四種，每一種資料型態對應一種無線媒介連線參數，包括仲裁幀間隔數量、最大競爭視窗指數、最小競爭視窗指數和 TXOP 限制，其中前面 3 個參數決定了資料存取通道的優先權和機會。Wi-Fi 7 透過調整應急通訊服務資料的無線媒介連線參數，保證應急通訊資料有更高的優先順序存取通道，使得這種類型的資料優於其他資料進行傳輸。

1. 應急通訊服務過程

圖 3-98 舉出了應急通訊服務互動過程，可以看到，應急通訊服務由多鏈路 STA 端或者網路端發起。

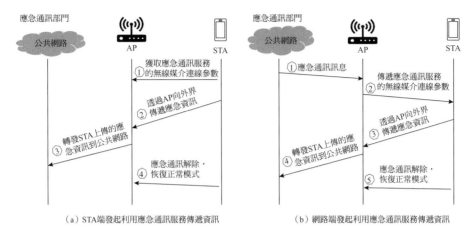

（a）STA端發起利用應急通訊服務傳遞資訊　　　　（b）網路端發起利用應急通訊服務傳遞資訊

▲ 圖 3-98　應急通訊服務過程

多鏈路 STA 發起利用應急通訊服務傳遞資訊的過程（圖 3-98（a））如下：

（1）**獲取應急通訊服務無線媒介連線參數**：當多鏈路 STA 需要利用應急通訊服務傳遞緊急資訊時，多鏈路 STA 與 AP 透過幀互動，獲取應急通訊服務需要的無線媒介連線參數。

（2）**利用應急通訊服務傳輸緊急資料**：多鏈路 STA 接收到多鏈路 AP 傳遞的無線媒介連線參數後，即可利用該無線媒介連線參數競爭通道，並傳遞應急通訊資料給多鏈路 AP。

（3）**應急資料轉發**：多鏈路 AP 將多鏈路 STA 的應急通訊資料轉發到公共網路，由網路發送到目的地。

（4）**應急通訊解除**：應急狀態解除後，由多鏈路 AP 或多鏈路 STA 向對方發起解除應急通訊狀態，利用正常的無線媒介連線參數競爭通道。

網路端發起利用應急通訊服務傳遞資訊的過程（圖 3-98（b））如下：

（1）**網路端下發緊急通訊資訊**：當應急通訊部門需要將緊急資訊發送到使用者時，應急通訊部門透過公共網路，傳輸資訊到目標多鏈路 AP。

（2）**傳遞應急通訊無線媒介連線參數**：多鏈路 AP 接收到緊急資訊後，與多鏈路 STA 透過幀互動，傳遞應急通訊服務需要的無線媒介連線參數。

（3）**向外界傳遞應急通訊資訊**：多鏈路 STA 利用從多鏈路 AP 端獲取的無線媒介連線參數競爭通道，並發送上行應急通訊資訊到多鏈路 AP。

（4）**轉發應急通訊資訊到網路端**：多鏈路 AP 將上行應急通訊資訊轉發到網路端。

（5）應急通訊解除：應急狀態解除後，由多鏈路 AP 或多鏈路 STA 向對方發起解除應急通訊狀態，利用正常的無線媒介連線參數競爭通道。

2. 應急通訊服務技術特點

應急通訊服務技術特點包括兩個方面：第一是通訊服務商根據實際需求自訂裝置的通道連線參數，便於裝置獲取通道的存取權；第二是利用 action 幀傳遞應急通訊服務的通道連線參數。具體介紹如下：

1）應急通訊服務無線媒介連線方式

應急通訊服務連線方式和傳統連線方式一致，即支援採用 AP 利用觸發幀進行排程，也支援利用 CSMA/CA 機制競爭通道方式排程，區別在於應急通訊服務承載的是緊急使用者資料，所以用於競爭通道的 CSMA/CA 參數更加有利於獲取通道。比如，設置更小的回退視窗、更小的幀間隔，當網路發生壅塞時，更容易獲取通道的存取權，至於具體參數配置，由通訊服務商或應急通訊部門來設定。

2）action 幀對話模式訂閱應急通訊服務

多鏈路 STA 和多鏈路 AP 之間透過發送 EPCS action 幀方式，互動訂閱應急通訊服務請求，以及允許使用該服務回應，並提供相應的無線媒介連線參數，以便於多鏈路 STA 發送應急通訊資訊時使用這組參數連線通道。

Wi-Fi 7 協定定義的 EPCS action 幀格式如圖 3-99 所示。可以看到，EPCS action 幀中包含公共資訊長度、多鏈路 AP MAC 位址，以及和每個鏈路相關的鏈路資訊長度、鏈路 ID、鏈路的 EDCA 參數資訊。

公共資訊長度	多鏈路AP MAC位址	鏈路X資訊長度	鏈路ID-X	鏈路X的 EDCA參數	⋯⋯	鏈路Y資訊長度	鏈路ID-Y	鏈路Y的 EDCA參數

▲ 圖 3-99　EPCS action 幀格式

只有在緊急情況下，應急通訊保障部門才會授權使用者採用應急通訊服務方式發送緊急資料，在緊急情況恢復正常時，並不會產生應急通訊相關資料。因此，當緊急狀態產生或者將要產生時，由多鏈路 AP 或多鏈路 STA 發起訂閱應急通訊服務，在緊急狀態解除時，可由多鏈路 AP 或多鏈路 STA 發送 action 幀來取消應急通訊服務。

圖 3-100 舉出了多鏈路 STA 發起訂閱和取消訂閱應急通訊服務的互動流程，步驟描述如下：

（1）**訂閱請求**。多鏈路 STA 向多鏈路 AP 發送應急通訊服務訂閱請求。

（2）**訂閱回應**。多鏈路 AP 向多鏈路 STA 回應訂閱回應，該回應幀中將攜帶應急通訊服務需要的通道連線參數。

（3）**傳輸資料**。接著，多鏈路 AP 與多鏈路 STA 使用新的通道連線參數存取通道資源，並互動應急通訊服務資料。

（4）**取消訂閱**。應急狀態解除後，多鏈路 STA 向多鏈路 AP 發送一個 action 幀來取消訂閱，釋放相關資源。

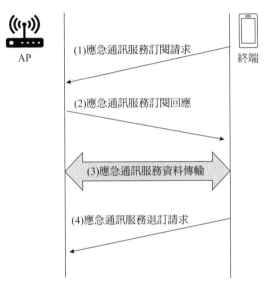

▲ 圖 3-100　應急通訊服務訊息及資料互動示意圖

3.4　Wi-Fi 7 物理層標準更新

圖 3-101 舉出了 Wi-Fi 7 物理層更新。與 Wi-Fi 6 相比，主要變化包括調變方式改進、帶寬增加和引入多資源單位（MRU）技術三個方面，進一步提高 Wi-Fi 7 性能和併發使用者數量。

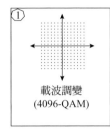 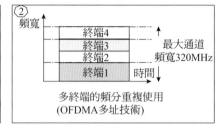 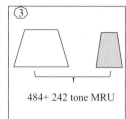

▲ 圖 3-101 Wi-Fi 7 物理層更新

（1）調變方式：Wi-Fi 7 最大可以支援 4096-QAM 調變方式，每個傳輸符號可以承載 12 位元資訊，而 Wi-Fi 6 最大支援 1024-QAM，每個傳輸符號承載 10 位元的資訊。因此，每個符號承載資訊的容量提高了 20%。

（2）頻寬增加：Wi-Fi 7 在 6GHz 頻段上最大支援 320MHz 頻寬，而 Wi-Fi 6 最大支援 160MHz 頻寬。因此，透過提升頻寬最大輸送量可以直接提高 1 倍。

（3）多資源單位（MRU）技術：基於 MRU 技術，Wi-Fi 7 可以將多個非連續的資源單位分配給一個 STA，用於上行資料傳輸。而 Wi-Fi 6 只支援每次分配一個資源單位。因此，MRU 技術有效提高了通道資源的利用效率，STA 使用子通道的方式也更加靈活。

本節主要介紹 4K-QAM 調變技術、320MHz 頻寬和 Wi-Fi 7 支援的新 PPDU 格式。

1. 4K-QAM 調變方式

4K-QAM 調變方式表示星座圖中包含 4K 個星座點位，每個點位代表一種不同的調制方式，與 Wi-Fi 6 定義的 1024-QAM 調變方式相比，點位之間的距離和邊界縮小一倍。圖 3-102 舉出了兩種星座圖的對比變化。

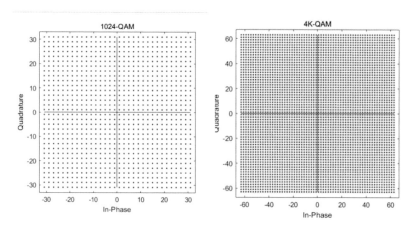

▲ 圖 3-102 1024-QAM 與 4K-QAM 星座圖

　　針對 4K-QAM 調變方式，Wi-Fi 7 分別定義了 MCS 12 和 MCS 13 兩種速率。圖 3-103 舉出了在不同通道頻寬、不同 OFDM 符號間隔組合下的速率資訊。當通道頻寬是 80MHz，OFDM 符號間隔是 0.8μs 時，在一個空間流的情況下，MCS 13 的最高速率可以達到 720.6Mbps。

	物理層資料傳輸速率（Mbps）									編碼方式	調變方式
MCS	20MHz 頻寬下			40MHz 頻寬下			80MHz 頻寬下				
GI(μs)	0.8	1.6	3.2	0.8	1.6	3.2	0.8	1.6	3.2		
12	154.9	146.3	131.6	309.7	292.5	263.3	648.5	612.5	551.3	3/4	4K-QAM
13	172.1	162.5	146.3	344.1	325.0	292.5	720.6	680.6	612.5	5/6	4K-QAM

▲ 圖 3-103 4K-QAM 對應的速率

　　更高的調變等級表示更高的向量誤差幅度（EVM）的門檻值，在 Wi-Fi 6 引入的 1024-QAM，EVMdb 門檻值為 -32dBm，對應 EVM% 為 1.77%。而 4096-QAM 要求最低 EVMdb 值達到 -38dBm，對應 EVM% 為 1.2%。為了改善 EVM 值，提高 SNR，從而使用 4096-QAM 高階調變技術和提高輸送量，在實際應用中經常有以下兩種方式：

　　（1）縮短 AP 與 STA 之間通訊距離。

　　由於裝置接收訊號的誤差隨著距離增加而增加，使得資料傳輸不能以高階調變方式工作。為了達到 4069-QAM 的調變效果，就需要縮短 AP 與 STA 的通訊距離，從而保證接收訊號的強度，降低訊號誤差值。

（2）獲取額外天線增益。

當 AP 的天線數量大於 STA 的數量，並且 AP 僅向一個 STA 傳輸資料時，AP 可利用天線增益技術進一步提高訊號品質，從而使得資料傳輸可以使用高階調變方式。

2. 支援 6GHz 頻段上的 320MHz 頻寬

Wi-Fi 7 支援的 320MHz 頻寬由 6GHz 頻譜上兩個連續的 160MHz 頻寬組成。歐洲 6GHz 頻譜上分給免授權頻段的可用頻寬為 480MHz，因此歐洲只有一個不重疊的 320MHz 頻寬可用。而美國 FCC 分配的 6GHz 頻譜，免授權頻段的可用頻寬為 1.2GHz，如圖 3-104 所示，有三個不重疊的 320MHz 頻寬可用。

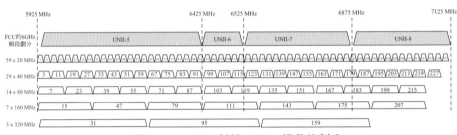

▲ 圖 3-104 FCC 對於 6GHz 頻段的劃分

Wi-Fi 7 新支援的 320MHz 頻寬給 Wi-Fi 標準帶來的變化如下：

（1）資源單位擴充。

在 OFDMA 方式下，利用 MRU 技術，AP 可以為每個使用者分配的 RU/MRU 資源高達 200MHz（996×2+484 tone）或 280MHz（996×3+484 tone）。因此，每個使用者可在更大頻寬下獲得更高輸送量和更低延遲。

（2）頻寬查詢報告技術擴充。

Wi-Fi 6 中引入頻寬查詢報告（Bandwidth Query Report，BQR）技術，用於 AP 查詢 STA 端可用的子通道資源繁忙情況，然後 AP 根據 STA 的 BQR 回饋資訊分配相應的 RU 資源。

為了支援 320MHz 頻寬，Wi-Fi 7 擴充了 BQR 技術。圖 3-105 分別舉出了 Wi-Fi 6 和 Wi-Fi 7 定義的 BQR 訊號格式。Wi-Fi 6 定義的 BQR 中每個位元代表一個 20MHz 頻寬，共計 8 位元，代表 160MHz。Wi-Fi 7 標準由一個 BQR 擴充成兩個 BQR，分別表示第一個 160MHz 和第二個 160MHz 中每個 20MHz 子通道上的繁忙與空閒情況。

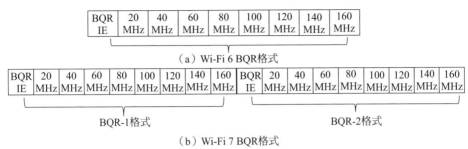

（a）Wi-Fi 6 BQR格式

BQR-1格式　　　　　　　　　　　BQR-2格式

（b）Wi-Fi 7 BQR格式

▲ 圖 3-105　Wi-Fi 6 與 Wi-Fi 7 BQR 格式對比

（3）單筆鏈路上最大頻寬提升。

320MHz 頻寬和 4K-QAM 調變方式直接提升最大速率。1.2.3 節中舉出過 Wi-Fi 理想情況下最大速率的計算公式，如下所示：

$$傳送速率 = \frac{傳輸位元數量 \times 傳輸碼率 \times 資料子載波數量 \times 空間流數量}{載波符號的傳輸時間}$$

依據 Wi-Fi 7 的參數列表，對 Wi-Fi 7 的理想速率進行計算，如表 3-8 所示，可以計算出 Wi-Fi 7 每個鏈路的最大速率為 23.05Gbps。

▼ 表 3-8　Wi-Fi 7 速率計算的相關參數

參數	Wi-Fi 7 協定下的參數值
空間流數量	8
傳輸位元數量	4K-QAM 調變下的 12 位元
傳輸碼率	5/6
資料子載波的數量	980×4（頻寬 320MHz）
載波符號傳輸時間 (μs)	12.8μs + 0.8μs 最小間隔
最大速率（Mbps）	23.05Gbps

（4）整個裝置等級的頻寬提升。

一個典型的 Wi-Fi 7 裝置包括三個鏈路，分別工作在 2.4GHz、5GHz 和 6GHz 頻段，假設其工作頻寬分別為 40MHz、80MHz 和 320MHz，空間流數均為 8，其理論最大速率計算方式如表 3-9 所示，因此，支援三個鏈路的 Wi-Fi 7 裝置最大理想速率為 31.56Gbps，也被粗略稱為「30Gbps」。

▼ 表 3-9　Wi-Fi 7 裝置速率計算的相關參數

參數	2.4GHz 頻段下的參數值	5GHz 頻段下的參數值	6GHz 頻段下的參數值
空間流數量	8	8	8
傳輸位元數量	12	12	12
傳輸碼率	5/6	5/6	5/6
資料子載波的數量	468（頻寬 40MHz）	980（頻寬 80MHz）	980×4（頻寬 320MHz）
載波符號傳輸時間 (μs)	12.8μs + 0.8μs 最小間隔	12.8μs + 0.8μs 最小間隔	12.8μs + 0.8μs 最小間隔
最大速率（Mbps）	2.75Gbps	5.76Gbps	23.05Gbps
三個鏈路速率共計（Gbps）	2.75Gbps+5.75Gbps+23.05Gbps=31.56Gbps		

3. Wi-Fi 7 支援的新 PPDU 幀格式

Wi-Fi 7 物理層技術的改進，需要 Wi-Fi 7 定義新的前導代碼段來支援。Wi-Fi 7 定義的新前導代碼段分別為 U-SIG、EHT-SIG、EHT-LTF 和 EHT-STF 欄位，並且定義了兩種支援這些新前導代碼段的 EHT PPDU 格式，分別為 EHT MU PPDU 和 EHT TB PPDU，參見表 3-10。

▼ 表 3-10　Wi-Fi 7 的 PPDU 格式和新增的前導碼

Wi-Fi 7 PPDU 幀格式	新增的前導碼	對應的技術支援
EHT MU PPDU	U-SIG、EHT-SIG、EHT-LTF 和 EHT-STF 欄位	OFDMA 下行多使用者的資料傳輸以及上下行 MU-MIMO 的資料傳輸
EHT TB PPDU	U-SIG、EHT-LTF 和 EHT-STF 欄位	支援 OFDMA 上行多使用者的資料傳輸

（1）U-SIG 欄位。

U-SIG 欄位用於指示物理層基礎技術資訊，主要作用是提供 PPDU 的工作頻寬、編碼速率、BSS 著色等資訊，功能與 Wi-Fi 6 的 HE-SIG 欄位類似，不同之處在於 U-SIG 擴充支援 4K-QAM 對應的 MCS12、MCS13 及 320MHz 頻寬。

U-SIG 分為兩段，分別用 U-SIG-1 和 U-SIG-2 來標識。U-SIG 欄位在 EHT MU PPDU 和 EHT TB PPDU 中的大部分欄位定義相同，個別欄位有細微差別，這裡就以 EHT MU PPDU 欄位中 U-SIG 為例來介紹，每個欄位的用途如表 3-11 所示。

▼ 表 3-11　EHT MU PPDU 中的 U-SIG 欄位

U-SIG 欄位	欄位	位元	用途
U-SIG-1	PHY 版本	B0 ～ B2	0 表示 EHT PHY
	頻寬	B3 ～ B5	指示該 PPDU 傳輸的頻寬，比如 20MHz、40MHz 等
	UL/DL	B6	指示 MU PPDU 方向性，賦值為 1 表示上行，為 0 表示下行
	BSS 著色	B7 ～ B12	指示 BSS 的顏色區分，參考第 2 章
	TXOP	B13 ～ B19	指示 TXOP 長度資訊
	預留	B20 ～ B25	預留位
U-SIG-2	PPDU 類型和壓縮方式	B0 ～ B1	指示 OFDMA、NDP 等幀類型
	預留	B2	預留位
	前導碼遮罩資訊	B3 ～ B7	指示前導碼遮罩參數，如頻寬、位置等
	預留	B8	預留位
	HE-SIG MCS	B9 ～ B10	EHT-SIG 欄位的 MCS 值，設置較高的 MCS 值有助提高輸送量
	EHT-SIG 符號數量	B11 ～ B15	指示 EHT-SIG 符號數量
	CRC	B16 ～ B19	對於 U-SIG 欄位前面的 0~41 位元檢驗值
	尾部	B20 ～ B25	特殊編碼全 0 指示欄位尾部

（2）EHT-SIG 欄位。

EHT-SIG 功能與 Wi-Fi 6 定義的 HE-SIG-B 欄位類似，分為使用者公共資訊欄位和使用者專用資訊欄位，提供多使用者的 RU 及空間流的分配資訊，如圖 3-106 所示。

- **使用者公共資訊欄位**：提供了所有使用者的基本資訊，包括空間重複使用技術、符號間隔大小和 RU 分配資訊。
- **使用者專用資訊欄位**：包含每個使用者的 AID 資訊，為使用者根據自己的 AID 資訊來尋找各自的 RU 位置及大小。

與 Wi-Fi 6 的 HE-SIG-B 相比，Wi-Fi 7 標準的 EHT-SIG 擴充支援前導碼遮罩技術、MRU 技術以及 320MHz 下的 RU 分配方式等。

為了相容只能工作在 20MHz 頻寬的 Wi-Fi 7 物聯網裝置，Wi-Fi 7 標準規定 U-SIG 和 EHT-SIG 採用傳統前導碼編碼模式，即以 20MHz 頻寬為單位進行編碼。如果通道頻寬大於 20MHz，則 U-SIG 和 EHT-SIG 欄位在多個 20MHz 上進行複製。

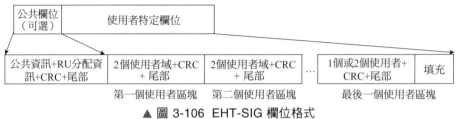

▲ 圖 3-106 EHT-SIG 欄位格式

（3）EHT-LTF 及 EHT-STF 欄位。

這兩個欄位與 Wi-Fi 6 定義的 HE-LTF 和 HE-STF 功能類似，分別用於提供通道衰落資訊和自動增益控制資訊。與 Wi-Fi 6 不同在於，EHT-LTF 擴充支援非連續捆綁通道衰落資訊，EHT-STF 擴充支援 320MHz 頻寬自動增益控制資訊。

（4）Wi-Fi 7 新的 PPDU 格式。

為了將以上新前導代碼段應用於 Wi-Fi 7 物理幀傳輸，Wi-Fi 7 引入了兩種新的 PPDU 格式，即 EHTMUPPDU 和 EHTTB PPDU，分別用於傳輸下行和上行的單使用者或多使用者資料。

如圖 3-107 所示，U-SIG 和 EHT-SIG 按照傳統的前導碼傳輸方式，即以 20MHz 頻寬為一個單位方式，在多個 20MHz 子頻寬上複製和傳輸，以確保這樣只能工作在 20MHz 的裝置能按照 U-SIG 和 EHT-SIG 提供的參數，來接收和解析後面的前導碼和資料。而 EHT- STF 和 EHT-LTF 欄位按照實際頻寬進行傳輸。

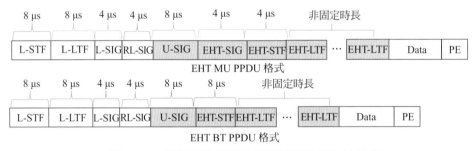

▲ 圖 3-107 EHT MU PPDU 和 EHT TB PPDU 格式

EHT MU PPDU 與 EHT TB PPDU 的主要差別如下：

- EHT MU PPDU 包含一個 EHT-SIG 欄位，用於指示多使用者 RU 分配和位置資訊。

- EHT MU PPDU 的 EHT-STF 欄位長度為 4μs，而 EHT TB PPDU 的 EHT-STF 欄位長度為 8μs，額外的 4μs 容錯能更容易同步和接收多使用者發送 TB PPDU。

3.5 Wi-Fi 7 技術的安全性

資訊安全是通訊技術規範制定的核心之一，Wi-Fi 作為主流的室內短距離資料通訊技術，不管是作為寬頻連線的家庭上網方式，還是公共場合中的 Wi-Fi 熱點，如何確保人們在使用 Wi-Fi 過程中的資料安全性，是 Wi-Fi 新標準在演進過程中的關鍵話題。

Wi-Fi 通訊是由終端設備與路由器之間的資料傳送，從資訊安全的角度來說，要使得路由器與合法的終端建立連接，要確保路由器與終端之間的傳送資料被截獲後不能直接看到原始資訊，要保證接收端收到資料後仍是原先發送的資料。因而 Wi-Fi 相關的安全性就包括了認證、資料加密和資料完整性檢查三種情況。圖 3-108 舉出了 Wi-Fi 網路安全技術的基本內容。

▲ 圖 3-108 Wi-Fi 網路的安全技術

為了確保合法的終端在使用 Wi-Fi 網路，終端首先需要向路由器發送認證訊息，由路由器進行認證鑑權，認證成功之後，終端就實現了 Wi-Fi 網路中的登入過程。接著路由器與終端相互之間進行資料通信，資料需要在發送前被加密，在接收的時候被解密，同時接收端需要對資料進行完整性檢查，確保資料沒有被非法修改。

如果 Wi-Fi 網路沒有提供一定安全等級的認證、資料加密和資料完整性檢查的機制，那麼駭客就可以透過偽造合法終端登入、監聽共用的無線通道上所傳輸的資料、篡改傳送的資料內容等方式，從而獲取使用者隱私資訊，影響使用者業務，破壞 Wi-Fi 網路的正常執行等，導致嚴重的網路安全問題。所以保證 Wi-Fi 網路的安全性，是制定 Wi-Fi 規範的重要內容。

Wi-Fi 7 支援多鏈路技術,為傳統的 Wi-Fi 安全技術帶來了新的變化。本節先概要介紹 Wi-Fi 安全標準的演進過程、相關的安全技術的比較和區別,然後再介紹與 Wi-Fi 7 相關的安全措施和規範定義。

3.5.1 Wi-Fi 安全標準的演進和發展

Wi-Fi 網路的安全性是 Wi-Fi 產品得以大規模普及的關鍵,而相應的 Wi-Fi 安全規範也在產品推廣過程中逐漸得到完善,每次發佈的新規範,就會對上一個舊規範的薄弱環節進行改進,提供增強性的加密演算法或引入其他更完整的安全機制等。

參考圖 3-109,Wi-Fi 的安全規範起初來自 1999 年 IEEE 802.11 標準的一部分,稱為有線等效保密(Wired Equivalent Privacy,WEP),目的是希望對無線傳輸達到有線連接一樣的安全效果。

WEP 的主要內容是使用 RSA 資料安全性公司開發的 RC4 演算法,對傳輸資料進行加密,並使用 32 位元的循環容錯驗證(CRC-32)來保證資料的正確性,還提供了開放式系統認證(Open System Authentication)和共用認證(Shared Key Authentication)兩種認證方式。

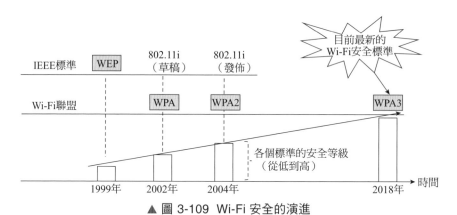

▲ 圖 3-109 Wi-Fi 安全的演進

但 WEP 的安全性比較薄弱,加密演算法與金鑰管理都存在漏洞,為了彌補 Wi-Fi 安全性的不足,並且針對 WEP 加密機制的缺陷進行改進,IEEE 開始制定新的無線安全標準,稱為 IEEE 802.11i 規範,該規範在 2004 年 7 月完成。它提供了 TKIP(Temporal Key Integrity Protocol)、CCMP(Counter-Mode/CBC-MAC Protocol)和 WRAP(Wireless Robust Authenticated Protocol)三種加密機制,並且規定使用 802.1X

連線控制，實現無線局域網的認證和金鑰管理方式，從而達到 802.11i 中定義的堅固安全網路（Robust Security Network，RSN）的要求。Wi-Fi 安全標準的情況參見表 3-12。

▼ 表 3-12　Wi-Fi 安全標準的列表

安全標準	發佈年份	安全等級	資料加密機制	資料完整性檢查機制	認證方式	鑑權方式
WEP	1999 年	較低	RC4	CRC-32	開放式系統認證；共享認證	無
WPA	2002 年	一般	TKIP	MIC	開放式系統認證	預共用金鑰或 802.1X 鑑權方式
WPA2	2004 年	較高	AES	CCMP-MIC	開放式系統認證	
WPA3	2018 年	最高	CNSA	GCMP-MIC	對等實體同時驗證	

　　802.11i 標準的制定前後花了 4 年時間才完成。Wi-Fi 聯盟為了加快給商業化的 Wi-Fi 產品提供安全功能，沒有等待 802.11i 規範全部完成，就採用了制定過程中的 802.11i 草案。Wi-Fi 聯盟在 2002 年發佈了 Wi-Fi 網路安全連線（Wi-Fi Protected Access，WPA）規範，這個規範實現了 802.11i 的大部分內容。舉例來說，包含了向前相容 RC4 的加密協定 TKIP，使用了稱為 Michael 演算法的更安全的訊息完整性檢查（Message Integrity Check，MIC）機制。WPA 是 802.11i 規範完成之前替代 WEP 的過渡方案。

　　後來在 802.11i 制定完畢之後，Wi-Fi 聯盟又經過修訂，在 2004 年 9 月推出了與 802.11i 規範相同功能的下一代 WPA 標準（Wi-Fi Protected Access 2，WPA2）。舉例來說，高級加密標準（Advanced Encryption Standard，AES）取代了 WPA 的 TKIP，更安 全的 CCMP 規範替代了 WPA 中 MIC 明文傳輸方式等，此後 WPA2 一直是保證 Wi-Fi 安全的標準配置。

　　2017 年，比利時研究員發表了針對 WPA2 的重安裝鍵攻擊（Key Reinstallation Attack）的研究，該研究表明駭客可以在 Wi-Fi 訊號附近發起漏洞攻擊，透過讓接收者再次使用那些應該用過即丟的加密金鑰，就有辦法竊聽或篡改使用者的資訊內容。這份研究使得 Wi-Fi 的安全性再次引起人們的廣泛關注。

　　2018 年 6 月，Wi-Fi 聯盟發佈了 WPA2 的後續規範 WPA3（Wi-Fi Protected Access 3），它在 WPA2 基礎上，包含了更多安全性改進，舉例來說，在企業網中，WPA3 從原先 128 位元的密碼演算法提升至 192 位元的美國商用國家安全演算法（Commercial National Security Algorithm，CNSA）等級演算法；在家庭網中，新的

交握重傳方法取代了 WPA2 的四次交握；對開放 Wi-Fi 環境下的每台裝置的資料通信進行加密，增加了字典法暴力密碼破解的難度，如果密碼多次輸錯，將鎖定攻擊行為等安全機制。並且，擴充支援利用伽羅瓦 / 計數器模式協定（Galois/Counter Mode（GCM）Protocol，GCMP）並行方式計算 MIC 值，相對於 CCMP 串列方式計算 MIC 值，提升加解密的效率。

3.5.2　Wi-Fi 網路安全的關鍵技術

不同版本的 Wi-Fi 的安全技術在商業化一段時間之後，就會發現有繼續完善和改進的地方，人們在使用 WEP 技術 3 年左右，就開始遷移到 WPA 以及後續的 WPA2，而如今的 WPA3 是迄今 Wi-Fi 安全技術中最完整的標準，下面是 Wi-Fi 安全技術的主要特點和區別。

1. WEP 的資料加密傳輸技術

WEP 是最早的 Wi-Fi 安全技術，它的資料加密方式如圖 3-110 所示，它採用稱為 RC4 的對稱加密演算法對資料進行加密，金鑰長度固定為 64 位元或 128 位元，並且發送端和接收端的金鑰相同。

▲ 圖 3-110　WEP 的資料加密技術

RC4 演算法的實質是利用流密碼對資料進行逐位元元互斥運算，即發送方利用一串偽隨機資料流程作為密碼，與原始資料進行逐位元互斥運算生成加密，接收方採用相同的虛擬亂資料流作為密碼，與加密資料進行逐位元互斥運算還原出明文資訊。WEP 的方式適用一個 Wi-Fi 無線區域網路內，所有使用者可以共用同一個金鑰。

由於資料幀的幀標頭資訊比較固定，攻擊者可以根據 RC4 演算法的特點和資料幀標頭特徵資訊發現加密的規律性，因此可以破解加密資料，從而導致使用者資料遭到竊聽。為了破壞加密的規律性，WEP 引入了初始向量，初始向量是每個資料封包的隨機數，和金鑰資訊一起生成密碼流，由於初始向量具有隨機性，並且對每個幀設定值

都不同,因此同一金鑰將產生不同的密碼流。表 3-13 列出了 WEP 安全薄弱環節和可能遭受攻擊的方式。

▼ 表 3-13 WEP 的安全隱憂

WEP 安全技術特點	薄弱環節	遭受攻擊的方式
初始向量	只有 24 位元長度	當 AP 與 STA 傳輸的資料量達到 5000 個左右時,會出現初始向量重複的問題,導致相同密碼流,進而容易被破解
金鑰	連接 Wi-Fi AP 的 STA 共用一個金鑰,並且從不更新	長期使用有被破解的安全隱憂
CRC-32 循環容錯	完整性檢查的強度不夠	透過位元翻轉方式竄改封包內容,從而繞過完整性驗證而不會被發現

另外,攻擊者可以透過一直捕捉加密的封包,不經任何處理,再次發送給接收者,造成接收方接收到重複的資料,對上層應用產生不可預測的影響,這種攻擊又稱為重放攻擊。

2. WPA 的資料加密傳輸技術

為了解決 WEP 加密解密演算法的安全性問題,Wi-Fi 聯盟於 2003 年推出了 WPA 安全協定標準,WPA 中採用臨時金鑰完整性協定(Temporal Key Integrity Protocol, TKIP),雖然該協定的核心演算法仍然是 RC4 演算法,TKIP 並不是直接採用 AP 與 STA 協商的金鑰,而是基於該金鑰資訊生成一個臨時金鑰,對每個資料幀加密,而且不同的資料封包對應的加密金鑰均不相同,如圖 3-111 所示。

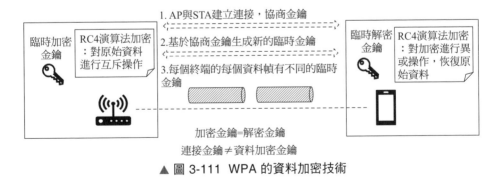

▲ 圖 3-111 WPA 的資料加密技術

這樣保證監聽者即使透過大量運算解析出一個資料幀的金鑰資訊,該金鑰資訊也

無法應用於其他資料幀，監聽者不得不放棄最終的偵測攻擊。

　　另一方面，為了對抗偵測者對加密的資料修改後重新發送給接收者，WPA 在加密資料後面增加了訊息完整性程式（Message Integrity Code，MIC）欄位，該欄位用於對資料欄位的完整性進行檢查，和資料部分採用相同的密碼。

　　相比 WEP 方式採用基於 CRC-32 演算法的驗證方式，MIC 方式採用專門防止駭客惡意篡改幀資訊而制定的 Michael 演算法，比如接收者發現接收到的封包中 MIC 發生錯誤的時候，認為資料很可能已經被篡改，並且系統很可能正在受到攻擊。WPA 還會採取一系列對策，比如立刻更換組金鑰、暫停活動 60 秒等，來阻止駭客的攻擊，因此具有較高的安全特性。

3. WPA2 的資料加密傳輸技術

　　Wi-Fi 聯盟在 2004 年制定了 WPA2 安全標準，其中一個重要變化是採用密碼區塊連接訊息認證協定（Cipher-block Chaining Message Authentication Protocol，CCMP）替代 TKIP。參考圖 3-112，WPA2 的 CCMP 協定利用 AES 金鑰區塊運算，替代 TKIP 中 RC4 的流運算，把待加密資料分成大小為 128 位元的資料區塊，AES 用 128 位元的金鑰對資料區塊進行加密運算。

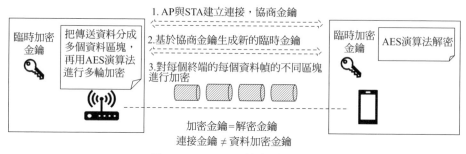

▲ 圖 3-112　WPA2 的資料加密技術

　　另外，加密的資料幀除了包含原有的上層資料以外，還增加了 CCMP 標頭欄位，以及對資料完整性檢測的 MIC 欄位加密。這些欄位與資料幀的 MAC 標頭欄位和幀編號有關，用於對抗偵測者利用修改標頭資訊欄位來向接收者發送重複封包的重放攻擊，WEP、WPA、WPA2 資料幀的結構變化如圖 3-113 所示。

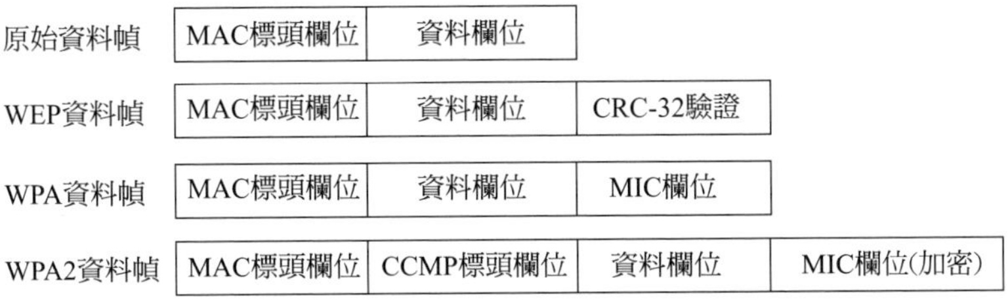

原始資料幀
MAC標頭欄位
資料欄位
WEP資料幀
MAC標頭欄位
資料欄位
CRC-32驗證
WPA資料幀
MAC標頭欄位
資料欄位
MIC欄位
WPA2資料幀
MAC標頭欄位
CCMP標頭欄位
資料欄位
MIC欄位(加密)

▲ 圖 3-113 WEP、WPA 和 WPA2 資料幀的結構變化

4. WPA 和 WPA2 基於預共用金鑰的認證協商

除了資料加密傳輸安全技術以外，Wi-Fi 的另一個重要安全技術是 AP 與 STA 建立連接之前的認證協商過程。在這個過程中，AP 對 STA 的合法性進行認證和鑑權，然後才能進入下一階段的資料傳送。在 Wi-Fi 安全技術發展中，Wi-Fi 標準中的認證協商也經歷了從簡易操作到較高安全的過程。

WEP 支援的是共用金鑰認證，前提是 STA 和 AP 配置相同的共用金鑰，參見圖 3-114，它的過程如下：

（1）STA 向 AP 發起認證請求。

（2）AP 回應 STA，並發送一串隨機字元。

（3）STA 用金鑰進行加密，併發回給 AP。

（4）AP 用金鑰進行解密，如果結果與原始資料相同，則完成 WEP 認證。

WEP 的共用金鑰認證方式比較簡單，攻擊者透過持續捕捉資料進行分析，有可能發現規律並計算出金鑰。

1.STA向AP發起認證請求
2.AP回應STA，並發送一串隨機字元
3.STA用金鑰進行加密，併發回給AP
4.AP用金鑰進行解密，完成WEP認證

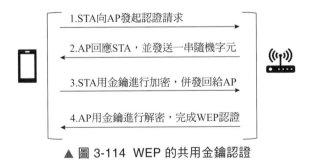

▲ 圖 3-114 WEP 的共用金鑰認證

作為對共用金鑰認證方式的演進，WPA 和 WPA2 支援預共用金鑰（Pre-Shared Key，PSK）以及 802.1X 的認證方式。

預共用金鑰操作比較簡單，目前廣泛應用於家用網路和小型企業網。它的前提是

AP 端配置一個共用的密碼，參見圖 3-115，所有 STA 在發起連接請求的時候使用該密碼，然後透過該密碼計算出成對主金鑰（Pairwise Master Key，PMK），接著再經過 AP 與 STA 四次交握過程，雙方最後計算生成一對金鑰，用於單一傳播資料封包的加密傳輸，它被稱為成對臨時金鑰（Pairwise Transient Key，PTK）。

▲ 圖 3-115 Wi-Fi 的預共用金鑰技術計算成對

主金鑰的方式如式 3-2 所示：

$$主金鑰 = PBKDF2(密碼 ,SSID,SSID 字串長度 ,4096,256)$$ （3-2）

- PBKDF2：一個偽隨機函數，經過多次雜湊計算，得出主金鑰。
- 密碼：AP 端配置的 8 位元以上字串類型的密碼資訊。
- SSID 及 SSID 字串長度：為 AP 端配置的 SSID 資訊。
- 4096：代表密碼經過 4096 次雜湊計算。
- 256：代表最終生成 256 位元的主金鑰。

計算成對臨時金鑰的生成方式如式 3-3 所示：

$$PTK = PRF(PMK,ANonce,SNonce,AA,SPA)$$ （3-3）

- PRF：雜湊演算法，用於最終生成 PTK 成對臨時金鑰的函數。
- PMK：之前根據共用密碼已經生成的成對主金鑰。
- ANonce 和 SNonce：分別為 AP 和 STA 生成的隨機數。
- AA 和 SPA：分別為 AP MAC 位址和 STA MAC 位址資訊。

四次交握過程保證了生成金鑰的唯一性和隨機性，並且不能透過生成金鑰反推成對主金鑰資訊，進而保證了金鑰生成過程的安全性。

參考圖 3-116 的在四次交握過程，其中四次交握資訊在圖中分別用 key1、key2、

key3 和 key4 幀的方式來說明，步驟描述如下：

▲ 圖 3-116 四次交握金鑰協商過程

（1）第一次交握。

AP 端生成稱為 A-Nonce 的隨機數，併發送給 STA。

（2）第二次交握。

STA 生成稱為 S-Nonce 的隨機數，併發送給 AP。

至此，STA 和 AP 利用成對主金鑰、S-Nonce、A-Nonce 以及雙方 MAC 位址資訊分別計算出本地的成對臨時金鑰 PTK。

其中，PTK 根據演算法生成 EAPOL 幀確認密鑰（EAPOL-Key Confirmation Key，KCK）、EAPOL 幀加密金鑰（EAPOL-Key Encryption Key，KEK）和臨時金鑰三部分。

EAPOL 是 Extensible Authentication Protocol Over LAN（基於區域網的擴充認證協定）的縮寫，用於 AP 和 STA 之間進行金鑰協商時的幀格式。KEK 和 KCK 用於四次交握中的金鑰互動過程，臨時金鑰就是用於單一傳播資料的加密傳送。

另外，AP 端生成多點傳輸主金鑰（Group Master Key，GMK），並產生用於多點傳輸資料的組播臨時金鑰（Group Transient Key，GTK）。

（3）第三次交握。

AP 利用 KCK 生成 MIC 欄位，並利用 KEK 對 GTK、訊息完整性程式 MIC、堅

固安全網路欄位（Robust Security Network Element，RSNE）等資訊加密，併發送給 STA。

（4）第四次交握。

STA 利用本地計算的 KEK 對 AP 發送幀解密，並透過 MIC 欄位還原出 KCK 資訊。

接著，STA 根據 KEK 和 KCK 推算出 AP 生成的 PTK，同時驗證幀中的 RSNE 資訊，判斷是否與 STA 所支援的 RSNE 資訊匹配。如果本地計算的 PTK 與推算出 AP 的 PTK 相同，並且 RSNE 資訊匹配，則 STA 向 AP 發送確認資訊，其中包含由本地 KCK 生成的 MIC 欄位。

AP 從 STA 資料幀的 MIC 還原出 KCK 資訊，最後確認 STA 是否生成相同的 PTK，協商到此結束。

5. WPA 和 WPA2 基於 802.1X 的認證協商

802.1X 是基於通訊埠的使用者端 / 伺服器模式下的存取控制協定，被廣泛應用於企業有線區域網和無線區域網。基於通訊埠是指伺服器在通訊埠等級對終端設備進行認證，通訊埠分為受控通訊埠和非受控通訊埠，預設情況下，受控通訊埠處於關閉狀態，非受控通訊埠處於開啟狀態。

終端透過非受控通訊埠與伺服器通訊，非受控通訊埠只允許基於區域網的擴充認證協定（EAPOL）下的資料通信。如果認證成功，受控通訊埠開啟，終端才可以存取區域網資源，傳送業務封包。

802.1X 認證方式網路拓撲如圖 3-117 所示，路由器透過有線網路與認證伺服器連接，路由器負責中轉終端設備與認證伺服器的認證資訊，認證資訊透過 EAPOL 幀封裝。

▲ 圖 3-117 802.1X 認證方式網路拓撲

802.1X 包含一組不同認證方式的子協定，終端認證資訊可以是伺服器分發給每個終端的使用者名稱密碼資訊，也可以是安裝在終端上的證書資訊，或是終端的 SIM 卡資訊等。具體使用哪種方式，由營運商或網路維護人員透過設定的子協定類型來決定。

不同的終端連線管理方或網際網路業務供應商，根據實際情況選擇不同的認證方式。但 802.1X 這些子協定都需要架設一個認證伺服器，為每個終端分配一個不同的密碼作為認證資訊。

802.1X 身份鑑定和預共用金鑰方式的差別在於，裝置在完成 802.1X 認證方式後，每個裝置將有不同的主工作階段金鑰（Master Session Key，MSK），即成對主金鑰 PMK，而預共用金鑰方式是 AP 和 STA 端透過共用的密碼，分別計算出相同的 PMK。

6. WPA 和 WPA2 認證協商中的金鑰生成樹

在 802.1X 或預共用金鑰方式中，生成多種不同類型金鑰，這種過程類似於樹狀結構，因此又稱為金鑰生成樹。金鑰生成樹包含單一傳播金鑰生成樹和多點傳輸金鑰生成樹兩部分。

1）單一傳播金鑰生成樹

如圖 3-118 所示，對於單一傳播金鑰，在 802.1X 認證方式中，頂端的是 MSK，而在預共享金鑰方式中，金鑰生成樹頂端的是 PSK，經過一定方式變換後，兩者都可以生成 PMK。PMK 經過四次交握協商後生成 PTK。根據一定的演算法，PTK 最終生成 EAPOL 幀確認密鑰、EAPOL 幀加密金鑰和臨時金鑰三部分。

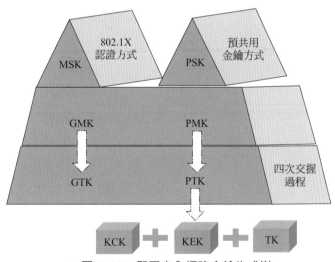

▲ 圖 3-118 堅固安全網路金鑰生成樹

由於每個 STA 獲得的 PTK 都不相同，即使攻擊者獲取到一個 STA 的 PTK 資訊，

也無法推算出上層的 PMK 及其他 STA 的 PTK 資訊，從而保證了 PMK 及其他 STA 的安全性。

2）多點傳輸金鑰生成樹

在圖 3-118 的左半邊，用於多點傳輸加密的金鑰位於生成樹頂端，稱為多點傳輸主金鑰（GMK）。GMK 進一步生成用於多點傳輸資料的多點傳輸臨時金鑰（GTK）。在四次交握過程中，AP 將 GTK 透過 KEK 加密後發送給 STA，STA 使用 GTK 對傳送的多點傳輸資料幀進行解密。

同一個 AP 下的所有 STA 都使用相同的 GTK。如果其中一個 STA 的 GTK 被竊取，那麼多點傳輸資料將不再安全。所以 AP 端需要定期透過 GMK 生成新的 GTK，併發送給所有連接的 STA。

3.5.3　Wi-Fi 的 WPA3 安全技術

自從 2018 年 6 月，Wi-Fi 聯盟正式發佈 WPA3 安全協定之後，WPA3 就正式成為下一代安全協定標準，它對現有網路提供了全方位的安全防護，增強公共網路、家用網路和 802.1X 企業網的安全性。

市場上很多終端設備並不支援 WPA3 安全協定，如果 AP 端配置成 WPA3 模式，會導致傳統終端無法連接 AP。為了相容這部分裝置，AP 端可配置成 WPA2/WPA3 混合模式，允許不支援 WPA3 的終端仍然採用 WPA2 的方式，這種相容方式可以讓傳統終端有足夠時間逐步升級並過渡到支援新的協定。

WPA3 的核心為對等實體同時驗證方式（Simultaneous Authentication of Equals，SAE），即通訊雙方利用本地私密金鑰和對方傳輸的公開金鑰計算出金鑰資訊，並根據該金鑰資訊計算出各自的雜湊值，互動給對方驗證，完成認證後，最終為每個使用者每次連接生成唯一的 PMK。

該演算法最早由 Dan Harkins 於 2012 年引入 802.11s 協定中，用於保護 AP 之間連接和通訊安全。在此基礎上，後續協定版本對其進行更新，引入基於離散對數和橢圓曲線的 SAE 協定，該協定重點解決離線字典攻擊問題。

本節重點介紹 WPA3 的主要技術特點和 SAE 協定互動過程。

1. WPA3 的主要技術特點

WPA3 之所以成為下一代安全協定，在於其對現有的 Wi-Fi 網路，比如部署在使用者家裡的家庭網，部署在辦公室、工廠環境下的企業網，以及部署在醫院、機場等

公共環境下的開放網路提供全方位的安全升級。具體來說，WPA3 主要技術特點表現在以下三個方面。

（1）對於家庭網安全的增強。

家用網路使用 WPA3 安全技術，使得攻擊者不能推算 STA 和 AP 之間的金鑰資訊。

WPA2 的預共用金鑰方式，使所有 STA 在連接 AP 時使用相同密碼，並計算出相同的 PMK。一旦攻擊者獲取一個 STA 的 PMK，則可以反向推導出 AP 的密碼，這表示攻擊者獲取了整個網路金鑰資訊。

而在 WPA3 的 SAE 技術情況下，STA 與 AP 利用四次交握，相互進行身份驗證，最終為不同的 STA 生成不同的 PMK，同時，同一個 STA 利用 SAE 技術每次連接 AP 生成的 PMK 也不相同。另外，該金鑰的橢圓曲線演算法，能夠確保攻擊者不能根據 PMK 反向推導 AP 的密碼。

（2）對於企業網安全的增強。

企業網中使用 WPA3 安全技術，可以降低攻擊者透過離線字典攻擊方式的安全風險。

在四次交握過程中，PTK 生成 EAPOL 幀確認金鑰 KCK，KCK 生成 MIC 資訊。攻擊者可以透過離線字典攻擊，不斷嘗試新的 PMK 來計算相同的 MIC 資訊，一旦成功匹配 MIC，攻擊者就可以根據 PMK 推導並獲取資料加密用到的 PTK 資訊。

WPA2 規定的 KCK 的長度為 128 位元。在基於 802.1X 認證方式的企業網中，WPA3 規定的 KCK 的長度為 192 位元。透過離線字典攻擊，猜測使用者密碼計算量將由 2128 增加到 2192 次，從而大幅度增加了攻擊者透過離線字典攻擊而獲取金鑰的難度。

（3）對於公共網路安全的增強。

公共網路使用 WPA3 技術，即讓使用者不輸入密碼進行連接，也可以提供 Wi-Fi 加密服務。

在公共網路中，比如醫院、機場和咖啡館等公共場所，使用者經常不需要輸入金鑰，就可直接連接 Wi-Fi 網路，然後透過使用者手機及驗證碼資訊獲取上網服務。在這種方式下，需要應用程式負責使用者通訊資料的加密，而 Wi-Fi 不提供任何安全保障。

WPA3 支援相同的開放式使用者體驗，但為 AP 和 STA 之間的資料傳送進行加

密。AP 和 STA 透過連結請求幀和連結回應幀攜帶的公開金鑰資訊，利用私密金鑰和對方發送的公開金鑰生成相同的 PMK，並透過四次交握過程為每個使用者生成一組 PTK，在 AP 和 STA 傳送使用者資料時進行加密，從而提升了 Wi-Fi 安全保障。

2. SAE 協定

在 WPA2 預共用金鑰方式中，如果攻擊者獲取了連接 AP 的密碼資訊，就可以計算出 PMK 資訊，接著透過探測四次交握過程，攻擊者就可能獲取到 STA 的 PTK，進而解碼所有的資料封包。

SAE 技術透過交握協商，在相同密碼情況下，為每個 STA 生成不同的 PMK，這樣即使攻擊者透過其他方式獲取 AP 密碼，也不能進一步計算出 STA 的 PMK 資訊。

SAE 的交握協定又稱為蜻蜓（Dragonfly）協定，蜻蜓協定的核心演算法是迪菲－赫爾曼金鑰交換（Diffie–Hellman Key Exchange，DHKE）協定，該協定是美國密碼學家惠特菲爾德·迪菲和馬丁·赫爾曼在 1976 年合作發明並公開的，它被廣泛用於多種電腦通信協定中，比如 SSH、VPN、HTTPS 等，堪稱現代密碼基石。在介紹 SAE 協定之前，下面先簡單介紹迪菲－赫爾曼金鑰切換式通訊協定。

1）迪菲－赫爾曼金鑰切換式通訊協定

參考維基百科中的介紹，迪菲－赫爾曼金鑰切換式通訊協定用到了數學上原根和離散對數兩個概念，本節先介紹這兩個資料概念，在此基礎上，進一步介紹迪菲－赫爾曼金鑰交換生成過程以及安全缺陷。

（1）原根。

如果 g 是質數 p 的原根，那麼滿足 $K_1 = g \bmod p$，$K_2 = g^2 \bmod p$，…，$K_n = g^{n-1} \bmod p$ 為各不相同的整數，並且滿足 $[K_1, K_2, ..., K_{n-1}] \in [1, 2, ...(p-1)]$。

（2）離散對數。

對於一個整數 K，質數 p 的原根 g，可以找到唯一的指數 i，使得 $K = g^i \bmod p$，其中 $i \in [0, (p-1)]$，那麼指數 i 稱為 K 以 g 為基數模 p 的離散對數。

迪菲－赫爾曼金鑰切換式通訊協定安全性表現在已知原根 g、離散對數 i 和大質數 p 時，計算 K 非常容易。但已知參數 K、原根 g 和大質數 p 時，幾乎不可能獲取到式中的離散對數 i。

（3）迪菲－赫爾曼金鑰交換生成過程。

圖 3-119 舉出了迪菲－赫爾曼金鑰交換生成過程，具體步驟如下：

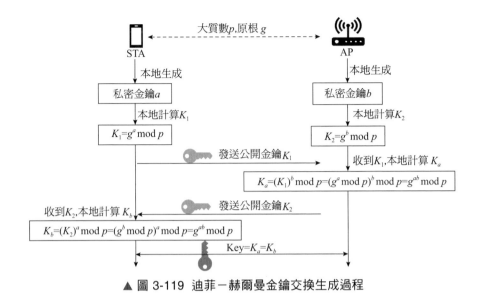

▲ 圖 3-119 迪菲－赫爾曼金鑰交換生成過程

①**獲取質數** p **和原根** g。STA 和 AP 均可以獲取兩個公開的參數 p 和 g，其中 g 是 p 的原根。

②**生成私密金鑰及公開金鑰** K_1 **和** K_2。STA 和 AP 分別本地生成私密金鑰 a 和 b，並將私密金鑰代入式 $K = g^i \bmod p$，分別得到公開金鑰 $K_1 = g^a \bmod p$，$K_2 = g^b \bmod p$。

③**交換公開金鑰** K_1 **和** K_2。STA 發送計算的 K_1 給 AP，AP 發送計算的 K_2 值給 STA。

④**分別本地生成金鑰** K_a **和** K_b。AP 收到 K_1 後，將 K_1 作為原根代入式 $K_a = (K_1)^b \bmod p = (g^a \bmod p)^b \bmod p = g^{ab} \bmod p$。同樣 STA 收到 K_2 後，將 K_2 作為原根代入式 $K_b = (K_2)^a \bmod p = (g^b \bmod p)^a \bmod p = g^{ab} \bmod p$，顯然，AP 和 STA 計算出的 K_a 和 K_b 是相同的，即 Key $= K_a = K_b$ 作為金鑰用於雙方通訊時加密和解密資料。

（4）迪菲－赫爾曼金鑰切換式通訊協定安全缺陷。

迪菲－赫爾曼金鑰切換式通訊協定可以抵禦偵測者攻擊，偵測者無法透過互動過程中的參數即質數 p、原根 g、公開金鑰 K_1 和公開金鑰 K_2 推算出 Key。但由於互動過程中通訊雙方傳輸 p、g 時並沒有驗證身份，攻擊者有機會獲得到 p 和 g，並利用自己的公開金鑰進一步替換掉傳輸過程中生成的公開金鑰 K_1 和 K_2。圖 3-120 舉出了公開金鑰替換攻擊過程。

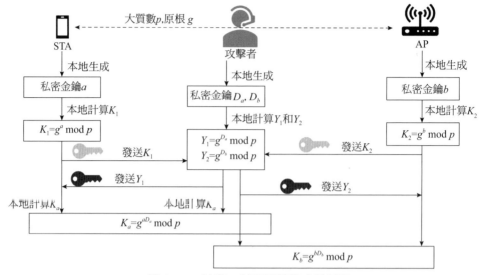

▲ 圖 3-120 迪菲－赫爾曼替換攻擊過程

①攻擊者截獲 STA 發送給 AP 的公開金鑰 K_1，利用自身的私密金鑰 D_b 以及大質數 p、原根 g，計算出偽公開金鑰 Y_2，發送給 AP。

②同樣，攻擊者截獲 AP 發送給 STA 的公開金鑰 K_2，利用自身的私密金鑰 D_a 以及大質數 p、原根 g，計算出偽公開金鑰 Y_1，發送給 STA。

③ STA 和攻擊者本地計算出相同的 K_a 作為金鑰，AP 與攻擊者本地計算出的相同 Kb 作為金鑰。

2）SAE 協定互動流程

SAE 協定的金鑰對話模式如圖 3-121 所示，其本質也是一個基於離散對數計算困難的原理，這一點與迪菲－赫爾曼金鑰切換式通訊協定非常類似。相對於迪菲－赫爾曼金鑰交換協議，其改進主要表現在以下三個方面：

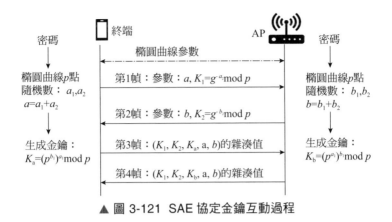

▲ 圖 3-121 SAE 協定金鑰互動過程

（1）對於原根 g 進行保護。

原根 g 不再明文傳輸，而是利用 AP 端配置的連接密碼，如預先定義的式（3-4）所示，生成橢圓曲線上的唯一的點記作 g，解決了中間人替換公開金鑰的攻擊。

$$hashed\_password = H(Max(AP\_MAC,STA\_MAC)| Min(AP\_MAC,STA\_MAC| Passphrase|$$
$$counter)；x = ((KDF(hashed\_password,len))mod (p-1))+ 1；$$
$$y = sqrt(E(x))；P = (x,y) \qquad (3\text{-}4)$$

其中，hashed_password 表示密碼雜湊值，H 代表雜湊演算法，STA-MAC 為 STA 端 MAC 地址，AP-MAC 為 AP 端 MAC 位址資訊，Passphrase 為 AP 端配置的密碼資訊，counter 是為了尋找橢圓曲線上的點而循環的次數，KDF 為預先定義式子，p 為大質數，sqrt(E(x)) 為根據橢圓曲線 x 值尋找對應的 y 值，P 為橢圓曲線點，座標為 (x,y)，即原根 g。

（2）金鑰生成演算法改進。

①將 AP 和 STA 生成的私密金鑰進一步拆解成 a1 、a2 和 b1 、b2，並且 a= a1 + a2 ，b= b1 + b2 ； a1 、b1 分別作為各自的私密金鑰本地儲存。

②在第 1 幀：STA 發送給 AP 的封包中包含 a 和 $K_1 = g^{-a_2}$ mod p。

③在第 2 幀：AP 發送給 STA 的封包中包含 b 和 $K_2 = g^{-b_2}2$ mod p。

④在 STA 方向，由於本地生成了 g、a_1 以及從第 2 幀中獲取到了 b 和 $K_2 = g^{-b2}$ mod p，構造式子 $K_a = (g^b \times K_2)^{a1}$ mod $p = (g^b \times g^{b_2})^{a1}$ mod $p = (g^{b-b2})^{a1}$ mod $p = (g^{b_1})^{a1}$ mod p。

⑤在 AP 方向，由於本地生成了同樣的 g、b_1 以及從 STA 發出的第 1 幀中獲取到

了 a 和 $K_1 = g^{-a_2} \bmod p$，構造式子 $K_b = (g^{-a} \times K_1)^{b_1} \bmod p = (g^a \times p^{-a_2})^{b_1} \bmod p = (g^{a-a_2})^{b_1} \bmod p = (g^{a_1})^{b_1} \bmod p$。

⑥ Key $= K_a = K_b$，因此兩端生成的 Key 值相同，這個 Key 即 PMK。

（3）生成金鑰雙方驗證。

STA 和 AP 根據預先定義的式子，將金鑰以及已知參數生成一個雜湊值發送給對方驗證，雙方驗證對方的雜湊值成功後，即證明生成相同的金鑰。雙方認證方式進一步提高安全性。

具體來說，在第 3 幀，STA 利用生成的 K_a、a、b、K_1 和 K_2 計算出一個雜湊值發送給 AP 驗證。在第 4 幀，AP 利用生成的 K_b、a、b、K_1 和 K_2 計算出一個雜湊值發送給 STA 驗證。

3.5.4　Wi-Fi 7 的安全技術

Wi-Fi 7 在安全領域方面的改進主要與引入的多鏈路特徵有關。比如，為了支援一次協商過程完成多鏈路的連接，協商過程需要做相應的修改；為了支援單一傳播資料幀在不同鏈路上傳輸，需要對金鑰生成過程做相應的修改。本節將從多鏈路裝置中單一傳播和多點傳輸的金鑰特徵、多鏈路裝置的單一傳播和多點傳輸金鑰互動過程，以及 CCMP 協定在 MLD 裝置上的變化做介紹。

1. 多鏈路裝置中單一傳播和多點傳輸的金鑰特徵

在 3.2.3 節介紹過，多鏈路裝置單一傳播資料傳輸的特點是在任意鏈路上傳輸資料和重傳失敗的資料。而多點傳輸資料傳輸的特點是一份多點傳輸資料在所有鏈路上複製並傳輸。相應地，多鏈路裝置單一傳播金鑰特徵為多鏈路共用一組單一傳播金鑰，多點傳輸金鑰特徵為每個鏈路分別管理各自的金鑰。

1）多鏈路裝置的加密單一傳播資料傳送

在 Wi-Fi 技術中，發送端發出資料幀之後，將等待接收端的確認回覆。如果發送端沒有接收到確認資訊，或接收到傳送失敗的回覆，發送端將重傳該資料幀。

在 Wi-Fi 7 定義的多鏈路裝置上，資料幀不僅可以在當前鏈路上傳輸和重傳，也可以在不同鏈路上重傳，這就要求所有鏈路使用相同的 PTK，對單一傳播資料幀進行加密和解密。當該單一傳播資料幀在其他鏈路上重傳時，只需要在資料幀標頭更新對應鏈路資訊，而不需要處理封包加密部分，節約了資料封包重傳所需要的時間。

　　圖 3-122 舉出了兩條鏈路的單一傳播幀重傳範例，多鏈路 STA 與多鏈路 AP 在 2.4GHz 和 5GHz 頻段上建立兩條鏈路，分別對應鏈路 1 和鏈路 2。重傳步驟描述如下：

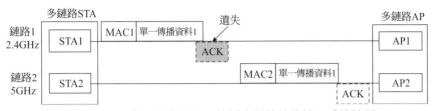

▲ 圖 3-122　多鏈路上的單一傳播資料幀的傳輸和重傳範例

　　（1）發送單一傳播資料幀 1。多鏈路 STA 利用 PTK 加密單一傳播資料幀 1 後，增加 MAC1 位址資訊，即接收位址為 AP1 和發送位址為 STA1，並在鏈路 1 上傳輸。多鏈路 AP 接收到該資料幀後發送 ACK，但在傳輸過程中 ACK 幀遺失。

　　（2）重傳單一傳播資料幀 1。多鏈路 STA 將單一傳播資料幀 1 的 MAC1 位址資訊替換成 MAC2 位址資訊，即接收位址 AP2 和發送位址 STA2，並在鏈路 2 上傳輸。該過程不需要重新解密 / 加密單一傳播資料 1。多鏈路 AP 接收成功後，回覆 ACK。

　　（3）接收 ACK。多鏈路 STA 接收到 ACK 幀後，確認單一傳播資料 1 被多鏈路 AP 成功接收。

2）多鏈路裝置的加密多點傳輸資料傳送

　　多鏈路 AP 是在所有鏈路上傳送相同的多點傳輸資料幀。每個鏈路上分別管理和使用不同的 GTK，對多點傳輸資料進行加密和傳送。

　　由於多個鏈路上傳輸的多點傳輸資料都一樣，多鏈路 STA 可以選擇在任意一筆鏈路上接收多點傳輸資料幀，或在多筆鏈路上接收多點傳輸資料幀，然後透過檢查幀序號，檢測並刪除重複的多點傳輸資料。

　　舉例來說，如圖 3-123 所示，多鏈路 STA 與多鏈路 AP 在 2.4GHz、5GHz 和 6GHz 頻段上建立三條鏈路，分別對應鏈路 1、鏈路 2 和鏈路 3。同時，多鏈路 AP 在 6GHz 頻段上與單鏈路 STA4 建立連接。多鏈路 AP 在三筆鏈路上分別使用 GTK1、GTK2 和 GTK3 對組播資料幀 1 加密，並發送出去。

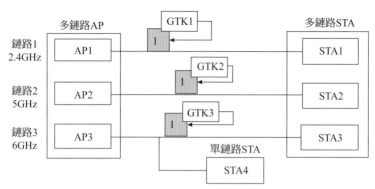

▲ 圖 3-123 多鏈路上的多點傳輸資料幀的傳輸

　　由於每個鏈路的通道條件不同，而且某個 STA 可能處於睡睡狀態，導致對應鏈路的多點傳輸資料幀延遲傳輸。因此，多點傳輸資料幀 1 在每條鏈路上的發送時間可能不同步。

　　多鏈路 STA 可以在任何一筆或多筆鏈路上接收多點傳輸資料。STA 在多筆鏈路的接收如下：

　　（1）多鏈路 STA 從多鏈路上接收多點傳輸資料幀。

　　（2）多鏈路 STA 利用每個鏈路對應的 GTK，解密接收到的多點傳輸資料。

　　（3）多鏈路 STA 利用每個幀攜帶的幀號碼，刪除重復資料後轉發給上層應用程式。

　　多鏈路 STA 只在一條鏈路接收多點傳輸幀的過程與傳統單鏈路 STA 接收過程一致，如圖 3-123 所示，單鏈路 STA4 在鏈路 3 上接收多點傳輸資料幀 1，解密後直接轉發給上層應用程式。

2. 多鏈路裝置的單一傳播和多點傳輸金鑰互動過程

　　參見圖 3-124，多鏈路 AP 與多鏈路 STA 進行 WPA3 認證，金鑰協商過程與單鏈路裝置一致，透過 SAE 交握過程生成 PMK，然後經過四次交握過程生成 PTK，接著 AP 和 STA 利用該 PTK 進行單一傳播資料幀的加密和解密。但多鏈路 AP 與多鏈路 STA 在連接中，需要使用兩者的 MLD MAC 位址作為金鑰的計算參數，而非鏈路 MAC 位址，因此產生的金鑰是適用於所有鏈路的。

▲ 圖 3-124 多鏈路裝置的單一傳播金鑰互動過程

另外，在四次交握過程中，AP 端生成 GTK，AP 把 GTK 加密後發送給 STA，STA 利用該金鑰對接收到的多點傳輸資料封包進行解密。同時在 AP 給 STA 發送的幀中，需要攜帶 RSNE 資訊供 STA 驗證。

而對於 Wi-Fi 7 的多鏈路裝置在四次交握過程中，多鏈路裝置需要把所有鏈路的 GTK 以及鏈路 RSNE 資訊發送給 STA 驗證。

下面具體介紹多鏈路裝置給 WPA3 的 SAE 技術和四次交握過程所帶來的變化。

1）對等金鑰同時驗證 SAE 認證方式變化

當多鏈路 STA 連接多鏈路 AP 時，在 SAE 認證過程中，涉及 MAC 位址計算的地方，需要利用多鏈路 APMLD MAC 位址和多鏈路 STAMLD MAC 位址。

例如：SAE 認證雙方計算 p 值時，需要利用式（3-4）計算密碼雜湊值資訊，即

$$hashed\_password = H(Max(AP\_MAC,STA\_MAC)|\ Min(AP\_MAC,STA\_MAC|\ Passphrase\ |\ counter)$$

對 MLD 裝置來說，這裡的 AP_MAC 即對應多鏈路 AP MLD MAC 位址；同樣，STA_MAC 對應多鏈路 STAMLD MAC 位址。

2）四次交握協商過程中的方式變化

多鏈路裝置在四次交握過程中的變化主要是 MLD MAC 位址的使用、多鏈路 RSNE 資訊的驗證，以及多點傳輸金鑰的處理。

（1）MLD MAC 位址作為生成金鑰的輸入參數。

在認證連接完成後，進入四次交握階段協商生成 PTK 過程中，AP 和 STA 根據式（3-3）生成 PTK 資訊，即

$$PTK = PRF(PMK,ANonce,SNonce,AA,SPA)$$

對於 MLD 裝置而言，這裡的 AA 即對應多鏈路 AP MLD MAC 位址；同樣地，SPA 對應多鏈路 STAMLD MAC 位址。

（2）多鏈路 RSNE 資訊作為輸入參數的驗證。

在四次交握過程中，AP 需要發送 RSNE 資訊給 STA 進行驗證。

RSNE 資訊包括身份鑑定方式、單一傳播和多點傳輸加密運算演算法選擇、管理幀是否加密等資訊。其中，每條鏈路的 RSNE 身份鑑定方式、單一傳播和多點傳輸運算演算法選擇資訊是一致的。但每條鏈路不一定都保持是否強制支援管理幀加密資訊。

舉例來說，在 2.4GHz 和 5GHz 頻段上，多鏈路 AP 可能配置成非強制管理幀加密模式，從而相容不支援管理幀加密模式的 STA。但在 6GHz 頻段上，多鏈路 AP 可以配置成強制管理幀加密模式。

（3）多鏈路多點傳輸金鑰的分發。

多鏈路的每條鏈路分別管理本鏈路的多點傳輸金鑰，用於多點傳輸資料的加密和解密，多鏈路 AP 需要在四次交握中將所有鏈路的多點傳輸金鑰都發送給多鏈路 STA，實現一次互動完成多個鏈路連接下的多點傳輸金鑰分發操作。

對於多鏈路的 RSNE 資訊驗證和多點傳輸金鑰處理，多鏈路 AP 需要在四次交握過程中向 STA 發送定義為 MLO RSNE 的欄位資訊，MLO RSNE 中包含每個鏈路的鏈路編號和對應的 RSNE 資訊。同時，多鏈路 AP 向 STA 發送定義為 MLO GTK 的資訊，MLO GTK 包含每個鏈路的鏈路編號和對應的 GTK 資訊。

相應幀格式如圖 3-125 所示，MLO GTK 欄位和 MLO RSNE 欄位位於 EAPOL 幀的負載部分。

▲ 圖 3-125　四次交握中多鏈路 AP 向多鏈路 STA 發送的多點傳輸金鑰資訊

3. CCMP 協定在 MLD 裝置上的變化

下面將主要介紹 CCMP 協定加密、解密的基本原理和 CCMP 協定在 MLD 裝置上的變化。

1）CCMP 協定基本原理

在前面章節介紹過，為了對抗偵測者利用修改標頭資訊欄位來向接收者發送重複封包的重放攻擊，CCMP 方式加密的資料幀除了包含原有的上層資料以外，還增加了

CCMP 標頭欄位和 MIC 欄位，這些欄位的生成與資料幀的 MAC 標頭欄位和幀編號有關。具體來說，如圖 3-126 所示，CCMP 方式加密運算中包括：

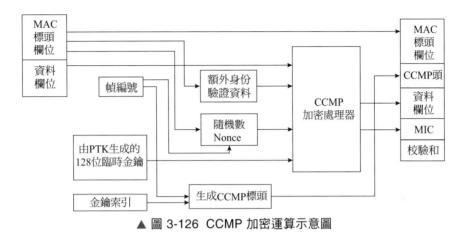

▲ 圖 3-126 CCMP 加密運算示意圖

（1）原始輸入參數有 MAC 標頭欄位、資料欄位、幀編號、PTK 生成的 128 位元金鑰和金鑰索引值。

（2）CCMP 加密處理器的輸入參數為額外身份驗證資料（Additional Authentication Data，AAD）、隨機數 Nonce、128 位元加密金鑰資訊和資料欄位，其中隨機數 Nonce 由幀編號和 MAC 標頭中的發送位址生成；而額外身份驗證資料由 MAC 標頭的位址資訊、序列號以及 QoS 控制資訊生成。

對接收端來說，接收端需要獲取額外身份驗證資料、隨機數 Nonce 和 128 位元加密密鑰資訊，才能夠解密資料部分。因此，接收端需要進行以下操作：

（1）**計算金鑰資訊和幀編號資訊**。幀編號和金鑰索引值組成了 CCMP 標頭資訊，這部分不加密，放在加密資料之前。根據這兩部分資訊即可算出當前接收到的資料幀對應的密鑰資訊和幀編號資訊。

（2）**計算 Nonce**。根據幀編號資訊和接收到的 MAC 標頭的來源位址資訊，計算出隨機數 Nonce。

（3）**計算額外身份驗證資料**。根據接收到幀標頭中的 MAC 位址欄位、序號、QoS 資訊，計算出額外身份驗證資料。

最後根據以上三部分資訊，接收端解碼加密的資料部分。

2）CCMP 協定在多鏈路裝置上的變化

　　由於加密的單一傳播資料幀可能在任意一條鏈路上傳輸和重傳，所以在不同鏈路上重傳之前，需要將 MAC 標頭資訊字型替代成對應鏈路的 MAC 位址資訊，這就要求多鏈路裝置應用 CCMP 協定時，需要以下三個方面的修改：

　　（1）**隨機數 Nonce**。隨機數 Nonce 不依賴於任何鏈路相關 MAC 位址，而是採用多鏈路 AP MAC 或多鏈路 STA MAC。

　　（2）**幀編號**。幀編號資訊保持不變，保證所有鏈路上的幀編號資訊的唯一性和連續性。

　　（3）**額外身份驗證欄位**。額外身份驗證欄位不依賴於任何鏈路相關 MAC 位址，而是採用多鏈路 AP MAC 和多鏈路 STA MAC 位址資訊。

　　以額外身份驗證資料欄位轉為例，如圖 3-127 所示，多鏈路裝置需要增加一個額外身份驗證資料轉換模組，發送方在資料加密之前，轉換模組獲取資料的 MAC 標頭資訊，並根據鏈路位址和 MLD 位址的映射關係進行相應的轉換，即對於多鏈路 AP 發送的下行數據，將 MAC 標頭中的發送位址替換成多鏈路 AP MAC 位址，將接收位址替換成多鏈路 STA MAC 位址；對於多鏈路 STA 發送給多鏈路 AP 的上行資料，將 MAC 標頭中的發送位址替換成多鏈路 STA 的 MLD MAC 位址，將接收位址替換成多鏈路 AP 的 MLD MAC 位址。

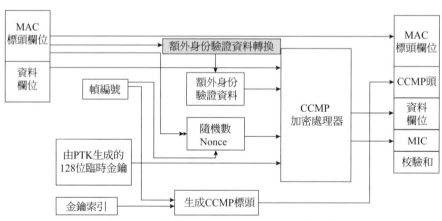

▲ 圖 3-127　多鏈路裝置 CCMP 加密運算示意圖

　　轉換模組完成位址替換後，將 MAC 標頭其他部分輸入下一級的額外身份驗證資料。

　　在接收端解碼資料之前，根據位址映射關係，需要進行同樣的轉換後才能解析出

正確的資料。

3.6 支援 Wi-Fi 7 的 Mesh 網路技術

家庭中使用 Wi-Fi AP，無線通道發射功率受限於當地的法律法規，比如中國規定 2.4GHz 頻段上最大發射功率為 20dBm。這就決定了 AP 的 Wi-Fi 訊號侷限在一定範圍內。其次，在家庭環境中，由於牆壁、室內門窗的遮擋以及在拐角位置，Wi-Fi 資訊將產生嚴重衰減。

改善 Wi-Fi 訊號覆蓋的一種簡單方式是增加無線中繼器，如圖 3-128 所示，無線中繼器透過有線或無線方式連接到無線路由器上，主要作用是實現 Wi-Fi 訊號放大，進而擴展路由器無線 Wi-Fi 訊號的覆蓋範圍。在通訊品質較差的位置，終端設備自動連接到無線中繼器上，無線中繼器轉發封包給無線路由器，實現終端透過無線中繼器來存取網路的功能。但無線中繼器的功能比較單一，只具備類似無線訊號放大的功能透過增加無線中繼器可以改善家庭無線網路的覆蓋範圍，但當家庭中越來越多裝置通過無線路由器或無線中繼器連線網際網路時，無線路由器和無線中繼器通訊管理、通道資源協調等問題就將直接影響裝置的通訊品質。由於缺乏統一的網路管理，當無線路由器和無線中繼器部署不當時，無線中繼器和無線路由器會相互干擾，導致輸送量進一步下降。

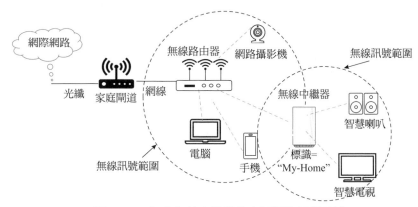

▲ 圖 3-128 包含無線中繼器的家用網路拓撲結構

目前家庭中透過增加 AP 數量來達到覆蓋率提高的應用越來越多，這是目前為家庭提供無線資料傳輸的一種重要方式。這些 AP 組成室內的無線網路，不管使用者終端在室內的哪個位置，都能連接到訊號較強的 AP，而相關的 AP 之間能建立資料通道，

從而把無線終端的資料連線網際網路。

為了支援 Wi-Fi 無線網路拓樸，IEEE 定義了 802.11s 的無線網狀網路（Wireless Mesh Network，WMN）協定。802.11s 是 802.11 MAC 層協定的補充，規定如何在 802.11a/b/g/n 協定的基礎上建構網狀網路。Mesh 網路中，網路中的每個節點 AP 都可以接收和轉發資料，每個節點都可以直接跟一個或多個節點進行通訊。

不過家用網路中需要的 AP 數量非常有限，並不需要 Mesh 網路節點的兩兩相連。很多廠商在開發 Wi-Fi 網路拓樸產品的時候沒有直接使用 802.11s 協定，而是定義自己 AP 產品的互聯互通的訊息傳遞格式以及內部的管理方式，這樣不同廠商 AP 之間是不能有效組成網路的。

為此，Wi-Fi 聯盟在 2018 年公佈了新的認證的網路拓樸方案，即 EasyMesh，它定義的是多 AP 網路拓樸的規範，就是為了讓 AP 之間的通訊有標準協定可以遵循，讓 AP 產品可以進行功能認證，認證後的 AP 產品可以在家庭中互相進行網路拓樸。

企業中，因為網路中需要的 AP 數量比較多，空間也遠比家庭環境大，目前透過有線方式連接 AP 的方式應用得更多。比如，如圖 3-129 所示多個 AP 將被部署在辦公室樓層的不同位置，每層部署一台交換機，AP 與 AP 之間透過隱藏在天花板或牆壁中的有線網路連接起來。處於移動狀態的使用者終端設備可以透過不同的無線路由器連線網際網路，解決了無線網路在角落位置收不到訊號的問題。

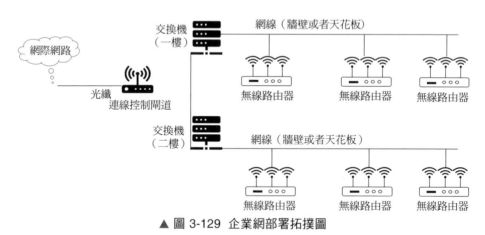

▲ 圖 3-129 企業網部署拓樸圖

本節介紹 Wi-Fi 聯盟 EasyMesh 基本原理以及 Wi-Fi 7 多鏈路下 EasyMesh 網路拓樸技術。

- EasyMesh 技術發展現狀和網路特點。

- 下一代 EasyMesh 技術發展方向。
- Wi-Fi 7 多鏈路下的 EasyMesh 網路拓撲。
- Wi-Fi 7 多鏈路和傳統單鏈路 AP 混合網路拓撲下的網路拓撲及相關操作。

3.6.1 Wi-Fi EasyMesh 網路技術

Wi-Fi 聯盟在 2017 年制定了多 Wi-Fi AP 連接的草案，然後在 2018 年推出了多 AP 規範 1.0 版本，這就是 Wi-Fi 聯盟認證 EasyMeshTM 的技術規範，演進變化參見圖 3-130。

▲ 圖 3-130 Wi-Fi 聯盟的 EasyMesh 版本的演進

（1）2018 年推出多 AP 規範 R1 版本。該版本定義了 EasyMesh 協定基本框架，定義多 AP 之間的控制協調和資料轉發機制，並定義了網路拓撲基本流程和配置資訊同步流程等。

（2）2019 年推出了多 AP 規範 R2 版本。該版本增加了新的 AP 之間的控制訊息，以提升網路管理功能和使用者體驗。對終端控制功能進行增強，並引入資料單元協定，以增強主控器對於通道狀態的感知，以及增加不同 SSID 資料流程隔離功能。

（3）2020 年推出了多 AP 規範 R3 版本。該版本主要為支援 Wi-Fi 6 定義的基本功能。並增加了多 AP 之間控制訊息的安全性，加強 Mesh 網路網路拓撲的流程，增加基於資料單元協定網路狀態診斷功能，支援資料業務優先順序管理。

（4）2021 年推出了多 AP 規範 R4 版本。該版本主要為了降低多個版本分次認證成本，提出將 R1 ～ R3 中定義的基本功能合併到 R4 版本中。並進一步引入 Wi-Fi 6 定義的可選功能，比如目標喚醒時間技術（TW）和空間重複使用（Spatial Reuse）技術。

（5）2022 年，推出多 AP 規範 R5 版本。該版本引入了資料流程管理功能、連線控制功能和虛擬 BSS（Virtualized BSS，VBSS）技術，以提升使用者漫遊體驗。

（6）2023 年以後，計畫推出多 AP 規範 R6 版本。該版本主要引入 Wi-Fi 7 定義的基本功能，並增強 EasyMesh 網路診斷和資料流程管理功能。

1. EasyMesh 網路拓撲結構

EasyMesh 網路封包含三部分，即控制器（Controller）、代理（Agent）和終端。控制器和代理是 EasyMesh 協定為 Wi-Fi 網路中的 AP 裝置新定義的兩個概念，終端就是 Wi-Fi 終端。下面介紹前兩個概念。

1）EasyMesh 的控制器

控制器是整個 EasyMesh 網路的「中樞神經」，在網路中負責網路連接、配置和管理，它是基於軟體實現的邏輯實體，可以執行在家庭閘道或一個單獨 AP 裝置上，主要作用包括：

- 網路連接：負責網路節點連接，向網路中的代理發送指令和協調節點間流量負荷。
- 配置控制：使用者透過登入網頁或應用程式，在控制器上設置網路配置資訊，然後同步到各個網路節點，比如通道、SSID 和密碼資訊等。
- 對外介面：是 EasyMesh 網路中所有節點的流量匯聚，在外部網路和 EasyMesh 網路之間進行資料傳送。

2）EasyMesh 的代理

代理與控制器、終端一起組成 EashMesh 網路，負責執行控制器下發的網路配置指令，並且處理終端的連接網路請求。代理也是基於軟體實現的邏輯實體，可以執行在任何 Wi-FiAP 節點上。

EasyMesh 網路支援有線或 Wi-Fi 無線的連接，有線又分為乙太網、同軸電纜、電力線等媒體。控制器與代理，或代理與代理之間透過有線或無線方式組成 EasyMesh 網路的基本結構，其中有兩個關於連接的概念：

- 回程（Backhaul）：控制器與代理之間，代理與代理之間有線或無線連接稱為回程。
- 前傳（Fronthaul）：終端與 AP 之間的連接稱為前傳。

圖 3-131 舉出了 EasyMesh 的網路拓撲圖，其中一個 Wi-Fi AP 作為控制器，而網

路中的其他 3 個 AP 作為代理。控制器與代理 1 和代理 2 之間，或代理 1 與代理 3 之間是回程通道，每一個代理又透過前傳通道與終端進行連接。

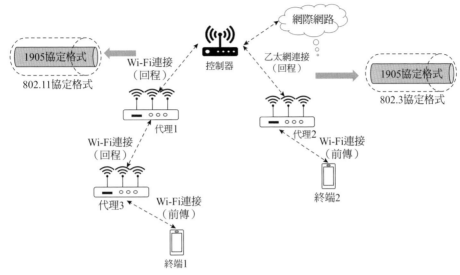

▲ 圖 3-131 EasyMesh 網路拓撲圖

為了使得 EasyMesh 的裝置網路拓撲能夠支援不同傳輸媒體下的資料傳輸，能夠支援不同網路 MAC 層，EasyMesh 在 Wi-Fi MAC 層和邏輯鏈路層之間引入了 IEEE 協定定義的 1905 協定，從而滿足同一個裝置上不同網路介面之間的資料相互轉發。控制器與代理之間透過 1905 協定來傳輸 EasyMesh 協定中定義的管理命令。

如圖 3-132 所示，每一種傳輸媒體，比如乙太網、Wi-Fi、電力線等，均包含相應的 MAC 層和 PHY 層。而 1905 協定是在不同媒體的 MAC 層基礎上，增加了 1905 協定介面，用於處理和解析從 MAC 層上傳的 1905 協定封裝的封包。

2. EasyMesh 協定中定義的控制指令

EasyMesh 協定中定義了大量用於控制器和代理互動的控制指令，並且定義了每筆控制指令的具體格式資訊，這些指令操作大致分為以下 5 部分：

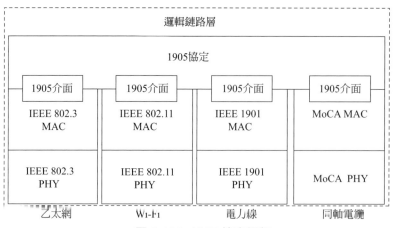

▲ 圖 3-132 1905 協定框架

（1）代理能力收集。

執行代理的 AP 可能來自不同廠商，它們的最大頻寬、天線數量、最高速率或支援的頻段可能各有區別，控制器需要透過收集各個代理的能力，來動態調配每個節點上的負載、連接終端設備的數量、節點的工作通道和頻段等，從而提高網路整體輸送量。

（2）通道選擇與發射功率設置。

根據每個節點支援通道的能力和最大發射功率，控制器為每個節點選擇相同或不同的通道。對於位於不同通道的節點，控制器將每個節點的發射功率調整到所允許的最大值，以提高覆蓋範圍，增強接收端的訊號強度。對於位於相同通道的節點，控制器為每個節點設置一個合適的發射功率，避免節點之間相互競爭通道導致的輸送量下降的問題。

（3）鏈路狀態資訊收集。

由於無線通道訊號強度隨環境變化而變化，控制器需要定期收集通道狀態，包括代理之間的鏈路狀態，以及代理與終端設備的通道狀態，以便應對通道的連接狀況變化。比如，如果控制器發現一個節點正在遭受很嚴重的訊號干擾，控制器可以立刻下發切換通道指令給相應的節點，節點將根據指令切換到其他通道上，以避開原通道上的干擾訊號。

（4）終端連接控制。

基於節點負載平衡的排程策略以及通道狀態資訊的回饋，控制器透過向節點發送

終端連接控制指令，把終端的連接從一個節點移動到另外一個節點，實現整個網路負載平衡。比如，把位於節點邊緣的終端及時轉移到其他節點上，以便於為該終端提供更寬的頻寬、更強的訊號、更低的延遲。

（5）最佳化節點之間的連接。

節點之間可透過有線或無線方式建立連接，控制器根據每個節點的通道狀態來動態調整節點之間的連接方式。

3. EasyMesh 網路的特點

無線中繼器主要是對訊號放大，而 EasyMesh 網路則提供了 Wi-Fi 無線網路拓樸的機制和規範，為 Wi-Fi 網路提供了有效的網路管理方法，為終端連接提供了靈活的無線連線方式。下面是 EasyMesh 網路的主要特點。

（1）**無線網路的自網路拓樸。**

在 Wi-Fi 裝置組成 EasyMesh 網路之後，如果有節點不能正常執行，那麼其他節點能夠透過自網路拓樸的方式重新進行連接，自動恢復 EasyMesh 網路，保證網路正常執行。

舉例來說，如圖 3-133 所示，在樹狀結構的 EasyMesh 網路中，控制器透過光纖連線互聯網，節點 1、節點 2 透過無線網路連接到控制器上，節點 3 無線連接到節點 2 上，電腦和手機透過連接節點 3 存取網際網路。

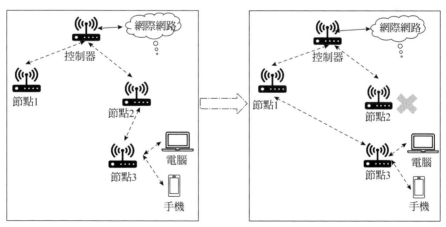

▲ 圖 3-133 EasyMesh 網路自動恢復功能示意圖

如果節點 2 出現故障，導致節點 3 無法透過節點 2 獲取網路服務，那麼節點 3 會透過 EasyMesh 的自修復功能自動連接到節點 1 上，繼續為電腦和手機提供網路服務。

同時控制器會將節點 2 的狀態及時告知使用者或網管,以便於網路維護人員及時排除故障。

(2)自動無縫漫遊功能。

當使用者終端從一個位置移動到另外一個位置時,EasyMesh 網路的控制器能夠自動為使用者選擇最佳的節點,實現使用者業務無縫切換。

如圖 3-134 所示範例中,三個 AP 節點透過無線連接組成一個鏈式的 EasyMesh 網路。當使用者手機在位置 1 時,EasyMesh 網路控制器為手機選擇節點 1 作為無線連線;當使用者手機移動到位置 2 時,根據 EasyMesh 網路中的無線通道情況,EasyMesh 控制器自動選擇節點 2 作為手機的無線連線,而使用者沒有覺察到無線連線節點發生的切換。

位置1 手機 → 位置2 手機

路由器節點1 路由器節點2

▲ 圖 3-134 EasyMesh 網路實現無縫漫遊

(3)配置資訊自動同步。

當使用者透過配置頁面修改無線路由器的參數時,比如修改 SSID 資訊、密碼資訊並保存修改後,控制器將這些資訊自動同步到所有節點上,而不需要使用者有額外的手動操作。

(4)拓撲自我調整性。

考慮實際使用者家庭部署環境不同,EasyMesh 協定不僅支援 AP 之間的無線連接,也可以支援有線連接,以及有線和無線的混合連接。EasyMesh 控制器可以根據實際網路狀態,在不同網路連接方式下實現自主切換,滿足不同使用者對於不同網路連接方式的需求。

4. 最新 EasyMesh 版本的功能——虛擬 BSS

2022 年,EasyMesh 小組發佈了 EasyMesh 第 5 個版本,即 EasyMesh R5。R5 版本包含一個多 AP 協作的功能,稱為虛擬 BSS,支援行動終端快速實現無縫漫遊。

本節介紹虛擬 BSS 如何提升 EasyMesh 網路中終端漫遊的體驗,以及其他解決方

案的可行性介紹。

1）EasyMesh 網路中終端漫遊的使用者體驗

如圖 3-135 所示，在 EasyMesh 網路中，當終端設備從位置 1 移動到位置 2 時，由於代理 1 對於終端發射的訊號變弱，為了不影響 Wi-Fi 性能，控制器根據每個節點的負載和訊號強度為終端推薦最佳的備選代理，比如代理 2；終端將斷開與代理 1 的連接，重新與鄰近的代理 2 連結。

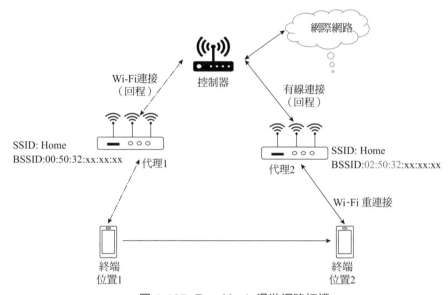

▲ 圖 3-135 EasyMesh 漫遊網路拓撲

在 EasyMesh 網路中，各個節點的 SSID 相同，但每個節點的 AP MAC 位址不同，即 BSSID 不同。AP 連接發生切換，需要根據 AP 的 MAC 位址重新生成金鑰，用於資料封包的加密、解密，金鑰的重新生成過程將引起終端資料傳送的短暫中斷，這就會影響超低延遲業務的使用者體驗。

2）虛擬 BSS 技術簡介

虛擬 BSS 的核心設計是控制器為每個終端建立一個虛擬 AP，每個虛擬 AP 只為一個 STA 服務。隨著 STA 的移動，虛擬 AP 也切換到鄰近 STA 的物理節點上。虛擬 AP 在不同物理節點切換時，始終保持相同的 SSID 和 BSSID 等資訊。

對終端設備而言，雖然與不同的物理節點連接，但始終與相同的虛擬 AP 保持通

訊，而不需要進行重連結及金鑰重新生成過程，縮短了 AP 切換所引起的延遲。

　　虛擬 BSS 網路拓撲如圖 3-136 所示，控制器與所有物理節點建立回程網路連接。在一個虛擬 BSS 網路覆蓋範圍內，終端一直保持與同一個虛擬 AP 進行通訊，虛擬 AP 隨著終端的移動而出現在不同物理節點上，終端移動過程中不需要與 AP 重新建立連接。

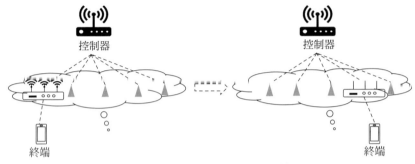

控制器　　　　　　　　控制器

終端　　　　　　　　　　終端

▲ 圖 3-136 虛擬 BSS 網路拓撲圖

　　EasyMesh R5 定義的虛擬 BSS 技術有以下主要特點：

　　（1）**為特定終端服務。**控制器為每個終端建立一個虛擬 AP，虛擬 AP 位於離終端最近或訊號最強的物理節點上，以便於提高訊號的抗干擾性。虛擬 BSS 發送單一傳播信標幀給終端設備，為其維護同步資訊。其他終端因為無法監聽到單一傳播信標幀，因而無法發現為特定終端服務的 AP。

　　（2）**隨終端移動而移動。**當控制器發現終端發生位置變動時，控制器將為它選擇最佳的物理節點，並將虛擬 AP 的連接狀態資訊、金鑰資訊等所有資訊，從之前的節點同步到新的節點上，並繼續為終端提供 Wi-Fi 服務，終端不需要重新連接。一旦資訊同步完成後，之前節點上的該虛擬 BSS 將被關掉。

　　（3）**通道頻段及頻寬切換。**每個物理節點性能不同，比如支援的頻段、頻寬、工作通道各不相同。對於支援同一頻段的相鄰節點，為了避免兩個物理節點相互干擾，相互競爭通道資源，控制器將為不同節點配置不同的工作通道。所以虛擬 BSS 在切換物理節點的過程中，可能伴隨著工作頻寬和通道的切換。為了解決這個問題，虛擬 BSS 在切換到不同物理節點前，向終端設備發送一個 802.11 協定定義的切換通道的訊號，以便於終端設備透過新的通道連接到新的物理節點上。

　　（4）**超低延遲。**對於移動的終端設備而言，在 EasyMesh 網路覆蓋範圍內，始終與網路保持連接、通訊而不需要重連接過程，即理論上切換物理連接節點的延遲為

0ms。將會改善行動裝置的 AR/VR 等超低延遲業務的使用者體驗。

　　舉例來說,如圖 3-137 所示,虛擬 BSS 網路中包含兩個物理節點,分別為節點 1 和節點 2,節點 1 和節點 2 分別工作在 2.4GHz 和 5GHz 頻段,節點透過控制器連線網際網路中。虛擬 BSS 基本工作流程及虛擬 BSS 切換過程描述如下:

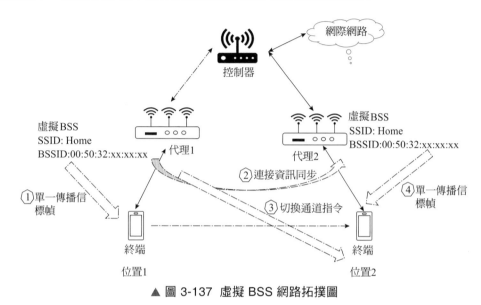

▲ 圖 3-137　虛擬 BSS 網路拓撲圖

　　(1)終端設備位於位置 1 時,控制器在代理 1 所處的 AP 節點 1 上為其建立虛擬 BSS,為終端設備提供 Wi-Fi 連接,定期向其發送單一傳播信標幀維護時間同步,其基本資訊為 SSID = home,BSSID =00:50:32:xx:xx:xx。

　　(2)當終端從位置 1 移動到位置 2 時,控制器檢測到節點移動,將透過控制指令將節點 1 上的虛擬 BSS 資訊同步到代理 2 所在的節點 2,完成虛擬 BSS 的物理節點切換過程。

　　(3)切換完成後,節點 1 的虛擬 BSS 向終端發送通道切換指令,然後虛擬 BSS 從節點 1 上關掉。

　　(4)終端接收到切換通道指令後,將切換到節點 2 工作的通道。隨後,虛擬 BSS 向終端發送單一傳播信標幀,並為終端設備提供 Wi-Fi 上網服務,終端設備不會感知整個切換過程。

3)支援 EasyMesh 下的行動終端快速漫遊的其他方案討論

在 EasyMesh R5 中，規定一個虛擬 BSS 每次只支援一個終端，目標是相容現有的 AP 裝置硬體，儘量減少對當前 Wi-Fi 晶片設計的影響，從而使該技術能獲得更多廠商的支援。

但目前該技術規範沒有全部支援 Wi-Fi 最新技術演進和應用，主要有下面兩種情況：

- 虛擬 BSS 網路技術不支援 Wi-Fi 6 之後定義的多終端併發提高輸送量和降低延遲的功能，比如 OFDMA 和 MU-MIMO 技術。
- 虛擬 BSS 網路技術不支援 TDLS 建立終端直連通訊的功能（參考 3.2.8 節）。

虛擬 BSS 技術方案可以在後續版本中繼續演進，或由廠商提供最佳化方式。虛擬 BSS 方案的關鍵在於終端在不同物理節點間移動時，始終與相同的虛擬 AP 保持連接，虛擬 AP 擁有相同的 SSID 和 BSSID 等資訊，使得終端不需要與 AP 重新建立連接。從這個技術特點出發，也有其他解決方案可以參考。

舉例來說，EasyMesh 網路中可以為所有節點定義相同的虛擬 MAC 位址，即相同的 BSSID，當終端與一個物理節點建立連接時，相關的金鑰等資訊由控制器傳遞與分享到其他節點。當終端在不同節點間漫遊時，終端可以直接與不同節點的連接發生切換，而不需要重新建立連接。

圖 3-138 舉出了這個方案範例。虛擬 BSS 網路中包含兩個物理節點，分別為節點 1 和節點 2，節點透過控制器連線網際網路。控制器在節點 1 和節點 2 上分別建立基本資訊相同的虛擬 BSS，其基本資訊為 SSID=home，BSSID = 00:50:32:xx:xx:xx，每個虛擬 BSS 透過發送廣播信標幀的方式維護終端的時間同步資訊。其服務切換過程描述如下：

（1）在 T1 時刻，虛擬 BSS 執行在代理 1 所在節點 1，並與終端 1 和終端 2 連接；相同的虛擬 BSS 執行在代理 2 所在節點 2，並與終端 3 和終端 4 連接。

（2）在 T2 時刻，終端 2 從位置 1 移動到位置 2。

（3）控制器檢測到終端 2 的移動，及時將代理 1 上的終端 2 資訊同步到代理 2 上。

（4）完成同步操作後，控制器指定代理 2 為終端 2 的虛擬 BSS，代理 1 上的虛擬 BSS 停止為其服務，完成切換過程。

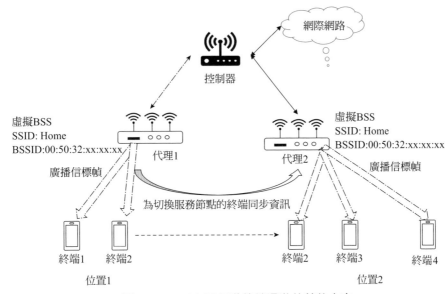

▲ 圖 3-138 BSS 下行動終端漫遊的其他方案

　　代理 2 上的虛擬 BSS 向終端發送廣播信標幀，並為終端提供 Wi-Fi 上網服務，終端不會感知到整個切換過程。

3.6.2 Wi-Fi 7 下的 EasyMesh 網路技術

　　Wi-Fi 聯盟計畫於 2023 年推出支援 Wi-Fi 7 技術的 EasyMesh R6 版本，該版本中將包含 Wi-Fi 7 多鏈路功能和基於前導碼技術的通道捆綁功能。根據 Wi-Fi 裝置的特點，基於 Wi-Fi 7 的 EasyMesh 網路拓樸有下面兩種情況：

　　（1）網路中的控制器、代理和終端都支援 Wi-Fi 7 的多鏈路功能。

　　（2）網路中的控制器、代理和終端為單鏈路裝置或 Wi-Fi 7 多鏈路裝置的混合網路拓樸。

1. Wi-Fi 7 多鏈路裝置的 EasyMesh 網路拓樸

　　在 EasyMesh 網路架構下，由於 Wi-Fi 7 引入了多鏈路功能，Wi-Fi 7 的代理與 Wi-Fi 7 終端在多個鏈路上建立連接並同傳資料。同樣，Wi-Fi 7 代理與 Wi-Fi 7 控制器也在多個鏈路上建立連接並同傳資料。顯然，透過多個鏈路連接同時傳輸資料，將提升整個 EasyMesh 網路的輸送量。

　　本節將介紹支援 Wi-Fi 7 多鏈路的 EasyMesh 網路拓樸拓樸架構，以及終端在 Wi-

Fi 7 EasyMesh 網路中的漫遊。

1）Wi-Fi 7 EasyMesh 網路拓樸拓樸架構

圖 3-139 舉出了一種 Wi-Fi 7 的 EasyMesh 網路拓樸拓樸架構。控制器、代理 1 和代理 2 為支援多鏈路連接的 Wi-Fi 7 無線路由器，控制器與代理 2 透過有線連接，而控制器與代理 1 之間在三個鏈路上同時建立連接。網路中有支援 Wi-Fi 7 的終端 1 和終端 2，它們分別與代理 1 和代理 2 在三條鏈路上建立連接。

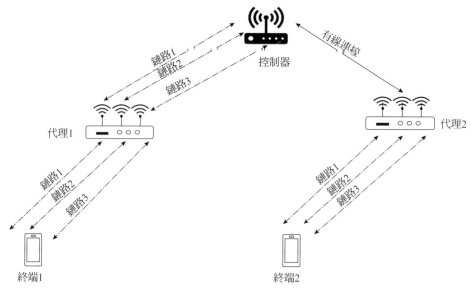

▲ 圖 3-139 Wi-Fi 7 終端在 EasyMesh 框架下的連接拓樸

實際網路部署中，控制器、代理和終端有不同數量的鏈路連接的情況，舉例來說，控制器和代理支援三個鏈路，終端只支援兩個鏈路，這種情況下，終端最多只能和代理建立兩個鏈路連接。同樣，如果控制器支援三個鏈路，代理只支援兩個鏈路，那麼回程網路只能在兩個鏈路上建立連接。

2）終端在 Wi-Fi 7 的 EasyMesh 網路中的漫遊

除了虛擬 BSS 網路技術以外，單鏈路裝置在 Wi-Fi 7 之前的 EasyMesh 網路中的漫遊過程，是終端從一個代理上斷開連接，並重連接到另外一個代理。

在多鏈路的 Wi-Fi 7 終端在 Wi-Fi 7 AP 組成的 EasyMesh 網路中，漫遊過程與單鏈路裝置的漫遊類似。兩個 Wi-Fi 7 裝置之間的連接是所有多鏈路的連接，當 Wi-Fi 7

終端進行漫遊時，終端將從一個代理上斷開所有多鏈路連接，然後與另外一個代理重建多鏈路連接。因此，Wi-Fi 7 的多鏈路終端不能與兩個代理同時建立不同的鏈路連接。

如圖 3-140 所示，控制器、代理 1、代理 2 和終端 1 都支援 Wi-Fi 7 多鏈路功能，控制器透過三個無線鏈路與代理 1 建立回程網路連接，控制器透過有線與代理 2 建立回程網路連接。

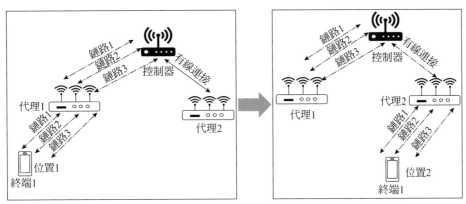

（a）在位置1時的多鏈路連接　　　　　（b）在位置2時的多鏈路連接

▲ 圖 3-140　Wi-Fi 7 終端在 Wi-Fi 7 EasyMesh 架構下的多鏈路漫遊操作

終端 1 在位置 1 時透過多鏈路連接到代理 1 上。當終端 1 移動到位置 2 時，與代理 1 斷開多鏈路連接，然後與代理 2 重新建立多鏈路連接。

2. Wi-Fi 7 與傳統裝置的 EasyMesh 網路拓撲架構

在實際應用及部署中，將出現 Wi-Fi 7 多鏈路產品與 Wi-Fi 5 及 Wi-Fi 6 等單鏈路產品混合網路拓撲的場景。本節將介紹不同的網路拓撲場景，以及終端在混合網路拓撲下的漫遊。

1）混合網路拓撲的應用場景

混合網路拓撲的應用場景包括前傳網路混合網路拓撲和回程網路混合網路拓撲兩種情況。

- 前傳網路混合網路拓撲：包括 Wi-Fi 6 的終端連接 Wi-Fi 7 的代理，Wi-Fi 7 的終端連接 Wi-Fi 6 的代理兩種場景。
- 回程網路混合網路拓撲：包括 Wi-Fi 6 的代理連接 Wi-Fi 7 的控制器，以及 Wi-

Fi 7 的代理連接 Wi-Fi 6 的控制器兩種場景。

以下分別介紹前傳網路混合網路拓樸的兩種場景，由於回程網路混合網路拓樸兩種場景類似，合併在一起介紹。

（1）Wi-Fi 7 多鏈路 AP 與 Wi-Fi 6 單鏈路終端之間的前傳網路。

從傳統的單鏈路終端設備角度來看，支援 Wi-Fi 7 多鏈路功能的代理與傳統的多頻 AP 沒有任何差別。因此，支援單鏈路的終端可以透過任意一條鏈路與支援 Wi-Fi 7 多鏈路功能的代理建立連接。

Wi-Fi 7 的多鏈路同傳技術不僅使得 Mesh 網路拓樸的回程通道的頻寬更寬，而且網路拓樸方案更加靈活。如圖 3-141 所示，支援 Wi-Fi 7 的三頻閘道與雙頻 Wi-Fi 7 AP 進行組網，配置其中的 5GHz 和 6GHz 的雙鏈路作為回程通道，它們的頻寬分別為 80MHz 和 160MHz，雙鏈路的 2 個空間流同傳速率能達到 4.3Gbps。同時，Wi-Fi 7 的雙頻 AP 與一個 Wi-Fi 6E 的終端相連，它們可以工作在 6GHz 的 160MHz 頻寬，2 個空間流速率能達到 2.4Gbps。

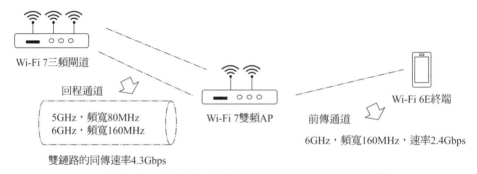

▲ 圖 3-141 Wi-Fi 7 AP 前傳網路與回程網路連接拓樸

（2）Wi-Fi 6 多頻 AP 與 Wi-Fi 7 多鏈路終端之間的前傳網路。

傳統的 Wi-Fi 6 多頻 AP 產品可看作多個 AP 物理疊加在同一個無線路由器。

支援 Wi-Fi 7 的終端雖然具有多鏈路功能，但 Wi-Fi 7 終端的多個鏈路需要作為一個整體與 AP 建立連接。因此，Wi-Fi 7 終端只能與一個 Wi-Fi 6 AP 建立連接，而不能在多個鏈路上同時與多個 Wi-Fi 6 AP 建立連接。

（3）Wi-Fi 7 多鏈路控制器與傳統的 Wi-Fi 6 多頻 AP 的回傳連接。

支援 Wi-Fi 6 多頻的代理與支援 Wi-Fi 7 的控制器在一個鏈路上建立連接。

圖 3-142 舉出以上三種應用場景的範例。支援 Wi-Fi 7 多鏈路功能的裝置包括控

制器、代理 1、終端 1 和終端 4，支援 Wi-Fi 6 單鏈路功能的裝置包含多頻的代理 2、
終端 2 和終端 3。以控制器為網路中心，這個樹狀結構包括兩個網路分支：

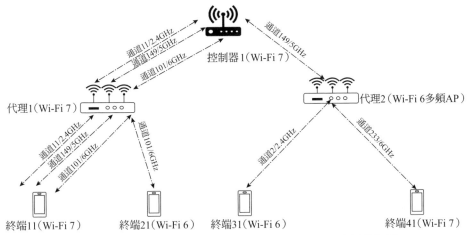

▲ 圖 3-142 Wi-Fi 7 產品與 Wi-Fi 6 產品混合網路拓樸拓撲

- 分支 1：控制器與代理 1 在 2.4GHz 頻段的通道 11、5GHz 頻段的通道 149、
  6GHz 頻段的通道 101 建立多鏈路連接。代理 1 在同樣的通道上與終端 1 建立
  多鏈路連接。代理 1 與終端 2 在通道 6GHz 頻段的通道 101 上建立單鏈路連
  接。

- 分支 2：控制器與代理 2 在 5GHz 頻段的通道 149 上建立連接。代理 2 與終端
  3 在 2.4GHz 頻段的通道 2 上建立單鏈路連接，代理 2 與終端 4 在 6GHz 頻段
  的通道 233 上也建立單鏈路連接。

2）Wi-Fi 7 終端在 EasyMesh 混合網路拓樸下的漫遊

支援 Wi-Fi 7 的終端將與支援 Wi-Fi 7 的代理建立多鏈路連接，而只能透過單鏈路
方式與 Wi-Fi 6 單頻或多頻代理建立連接。所以，當 Wi-Fi 7 的終端在 Wi-Fi 7 代理與
Wi-Fi 6 代理之間漫遊時，即產生單鏈路與多鏈路的轉換操作。

如圖 3-143，控制器、代理 1 和終端 1 支援 Wi-Fi 7 多鏈路功能，代理 2 為支援
Wi-Fi 6 的多頻 AP。

- 控制器與代理 1 在 2.4GHz 頻段的通道 11、5GHz 頻段的通道 149、6GHz 頻段
  的通道 101 建立多鏈路連接，代理 1 在同樣的通道上與終端 1 建立多鏈路連接。

- 控制器與代理 2 在 5GHz 頻段的通道 149 上建立連接。

當終端 1 從位置 1 切換到位置 2 時,與代理 1 的多鏈路斷開連接,然後與代理 2 在 6GHz 頻段的通道 233 上重新建立連接。當終端 1 從位置 2 切換到位置 1 時,與代理 2 的多鏈路斷開連接,與代理 1 重新在 2.4GHz 頻段的通道 11、5GHz 頻段的通道 149、6GHz 頻段的通道 101 建立多鏈路連接。

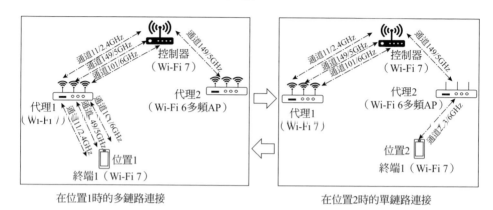

▲ 圖 3-143 EasyMesh 混合網路拓樸下的漫遊

本章小結

隨著 Wi-Fi 通訊在工業控制、消費電子等領域廣泛應用,市場對於 Wi-Fi 技術在速率和延遲方面提出了更高的要求。為了滿足市場需求,Wi-Fi 7 技術的演進方向主要是超高速率、超高併發和超低延遲。

- **超高速率**:以 30Gbps 的資料傳輸速率為目標,主要技術包括多鏈路同傳技術、4K-QAM 調變方式和 320MHz 頻寬。
- **超高併發**:支援 320MHz 頻寬以及 OFDMA 技術下的最大支援 148 個終端併發操作,以及 Wi-Fi 7 支援下行方向和上行方向的非連續通道捆綁技術,並且支援以資源單位(RU)為方式的 MRU 技術,因而靈活支援大量終端的併發操作。
- **超低延遲**:Wi-Fi 7 的低延遲技術包括多鏈路同傳技術下的業務分類傳送、支援低延遲業務辨識和專用服務時間連線技術,其中嚴格喚醒時間技術 r-TWT、TXOP 共用技術和 MRU 等是 Wi-Fi 7 規範中降低延遲的關鍵技術。

(1)**多鏈路同傳技術**:多鏈路同傳技術相當於增加了裝置工作頻寬,進而成倍提高輸送量。根據不同多鏈路裝置連接特點,Wi-Fi 7 支援同步多鏈路和非同步多鏈路同傳技術,並定義多鏈路裝置的發現、認證和連接過程。針對資料在多鏈路傳輸的特

點，Wi-Fi 7 在安全方面也做了相應的改進。同時，多鏈路同傳技術不僅支援 AP 與終端多鏈路連接的場景，而且支援兩個終端之間的點到點的多鏈路連接場景，比如透過對 TDLS 或 P2P 技術改進，實現兩個多鏈路裝置的發現和連接。

（2）4K-QAM 調變方式：Wi-Fi 7 的調變等級進一步提高，實現每個符號調變 12 個位元，相比 Wi-Fi 6 最高支援 1024-QAM 調變、每個符號調變 10 個位元，Wi-Fi 7 提高了 20%。

（3）320MHz 帶寬：Wi-Fi 7 在 6GHz 頻段上最大支持 320MHz 頻寬，比 Wi-Fi 6 的 160MHz 頻寬提升了一倍，相應的最大輸送量也成倍提升。

（4）r-TWT 技術：在 Wi-Fi 6 的 b-TWT 技術基礎上，進一步演進出專門用於傳輸低延遲業務的服務時間段，並為該服務時間段前增加靜態單元，為 AP 提供通道連線的保護措施。

（5）TXOP 共用技術：Wi-Fi 6 支援基於觸發幀的通道連線模式，用於上行方向的 OFDMA 方式的資料傳送。Wi-Fi 7 則把該技術拓展到兩個終端之間的點到點傳輸，實現相應場景下的低延遲目標。

（6）MRU 技術：Wi-Fi 6 支援非連續通道的下行資料傳送，Wi-Fi 7 擴充支援以資源單位元（RU）為方式的捆綁技術，並支援非連續通道捆綁的上行資料傳送。

此外，本章也介紹了 Wi-Fi 聯盟定義的基於多 AP 協作的 EasyMesh 網路，為了進一步提升終端無縫漫遊的使用者體驗和支援 Wi-Fi 7 的多鏈路連接，Wi-Fi 聯盟在 EasyMesh R5 中引入了虛擬 BSS 功能，在 EasyMesh R6 中支援 Wi-Fi 7 的多鏈路方式。

第4章
Wi-Fi 7產品開發和測試方法

基於前面章節所介紹的 Wi-Fi 原理與 Wi-Fi 7 的新技術，本章介紹如何利用 Wi-Fi 7 技術開發相關產品以及相應的測試方法。

Wi-Fi 7 產品指的是支援 Wi-Fi 7 新特性的 AP 和 STA 終端產品。新的 AP 與 STA 在 Wi-Fi 業務模式上仍然與以前的 Wi-Fi 產品一致，即使用者不會覺得 Wi-Fi 7 帶來了產品使用上的新變化，但可以明顯感覺到 Wi-Fi 7 產品的使用體驗有很大的提升。比如，在需要高頻寬的視訊播放、網路遊戲以及虛擬實境等業務下，Wi-Fi 7 產品將表現出速率更高和延時更低等特點，並且更多的終端可以同時連接到 Wi-Fi 7 進行多媒體服務。

因此，開發 Wi-Fi 7 產品的主要功能仍然遵循目前已有的 Wi-Fi 產品的開發框架和開發方式。由於新的 Wi-Fi 7 核心技術的引入，以及在資料連結層和物理層標準上的變化，本章將介紹相應的軟體開發的特點。並且，基於 Wi-Fi 7 的多鏈路同傳等技術，本章將介紹如何對新的 Wi-Fi 產品功能和性能進行測試。

此外，與具有各種不同業務功能的 STA 相比，AP 作為終端上網的業務存取點，是 Wi-Fi 7 產品開發的技術關鍵與技術核心，理解 Wi-Fi AP 的開發方式，也就容易理解 STA 的 Wi-Fi 開發。在後面章節中，如果不做特別說明，本章所介紹的 Wi-Fi 7 產品開發預設情況下是指 AP 的開發。

在本章中，讀者將首先了解 Wi-Fi 產品的開發流程、產品的定義與規格、產品主要的性能指標以及 Wi-Fi 7 所帶來的性能指標的變化；然後讀者將掌握通用的 Wi-Fi 產品的開發方式以及 Wi-Fi 7 產品開發所特有的內容，包括系統設計和軟體開發；最後是 Wi-Fi 7 產品的測試方法的介紹。

4.1　Wi-Fi 7 產品開發概述

開發 Wi-Fi 產品，首先需要進行產品的整體設計，這是指根據市場對 Wi-Fi 業務的需求進行系統性的需求分析，確定產品需要支援的業務場景、產品需要提供的基本

功能以及產品需要實現的規格參數。完成產品定義後，正式啟動產品的開發流程，它主要包括系統框架設計、產品硬體和軟體開發，以及產品的功能和性能測試，如圖 4-1 所示。

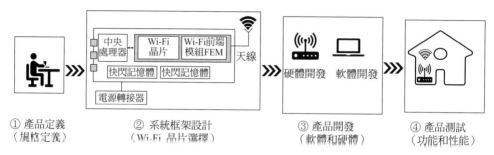

① 產品定義　　　② 系統框架設計　　　③ 產品開發　　　④ 產品測試
（規格定義）　　（Wi-Fi 晶片選擇）　　（軟體和硬體）　　（功能和性能）

▲ 圖 4-1　Wi-Fi 產品的開發流程

4.1.1　Wi-Fi 7 產品定義與規格

1. Wi-Fi 技術及產品在市場中的需求

　　Wi-Fi AP 在全球不同地區的推廣主要來自營運商的寬頻連線和家庭無線路由器的應用，通常支援 Wi-Fi 的寬頻連線終端也被稱為家庭閘道（Residential Gateway，RGW），它支援光纖寬頻或行動 5G 的上行網路介面，而提供 Wi-Fi 的家庭路由器支援乙太網或 Wi-Fi 的上行網路介面，本書介紹的 AP 包含了這些不同 Wi-Fi 產品。

　　家庭閘道或無線路由器通常以頻段的數量為主要特徵，有以下主要類型：

- 單頻產品：支援 2.4GHz 頻段的 AP。
- 雙頻產品：支援 2.4GHz 頻段和 5GHz 頻段的 AP。
- 三頻產品：廠商把 5GHz 頻段分為 5.8GHz 和 5.1GHz 兩個高低頻段，再結合 2.4GHz 頻段形成的三頻產品。在 Wi-Fi 6 支援的 6GHz 頻段開始應用之後，市場中的三頻家庭閘道或無線路由器將是支援 2.4GHz、5GHz 和 6GHz 頻段的產品的常見稱呼。

　　全球各地區對於 Wi-Fi 技術的需求是參差不齊的。從 2020 年左右開始，寬頻連線的電信營運商除了在家庭閘道方面加快 Wi-Fi 技術的升級換代，也同時把無線路由器作為家庭網路延伸的重要方法，營運商採購和部署支援 Wi-Fi 的家庭閘道以及無線路由器的情況分為以下三種，我們可以從中了解目前不同地區對於 Wi-Fi 技術的期望和市場發展情況。

1）Wi-Fi 6 產品成為市場主流

支援 Wi-Fi 6 技術的雙頻家庭閘道或雙頻無線路由器目前是場的主流產品，產品形態為在 2.4GHz 和 5GHz 頻段上分別利用 2 根天線進行發送和接收。2020 年之前主要是僅支援 2.4GHz 的 Wi-Fi 4 單頻產品，現在已經大幅度減少。當前雖然家庭中 Wi-Fi 5 的雙頻閘道或無線路由器數量仍然很多，但也將逐漸被 Wi-Fi 6 產品替代。

國外 Wi-Fi 6 的產品在不同地區部署情況因地而異。比如，北美市場中已經有較多的支援 Wi-Fi 6 的高端閘道或無線路由器，每個頻段透過 2 根或 4 根天線進行發送和接收。在南美、東南亞或歐洲地區，2022 年仍以 Wi-Fi 5 的雙頻閘道或雙頻無線路由器為主，但支援 Wi-Fi 6 的雙頻產品正在逐步得到推廣。

2）支援 6GHz 頻段的 Wi-Fi 6E 產品的推廣

Wi-Fi 6E 產品在全球的部署有明顯差異。從 2022 年開始，支援 6GHz 頻段的 Wi-Fi 6E 裝置已經在市場上嶄露頭角，北美是最主要的產品市場，緊接著歐洲等地區將開始出現 Wi-Fi 6E 產品的商用，中國暫時沒有計劃給 Wi-Fi 開放 6GHz 頻譜。

3）支援 Wi-Fi 7 技術的產品的起步

支援 Wi-Fi 7 的 Wi-Fi 晶片在 2022 年已經有樣品和市場展示，2023 年將開始出現 Wi-Fi 7 的 AP 和終端，2024 年 Wi-Fi 7 的產品逐漸開始增長，預計後面 5 年支援 Wi-Fi 7 技術的裝置將成為市場中主要的熱點 Wi-Fi 產品。

圖 4-2 是不同代的 Wi-Fi 技術的產品在市場中的切換，僅供示意參考，並不是實際的市場銷售數量的圖示。

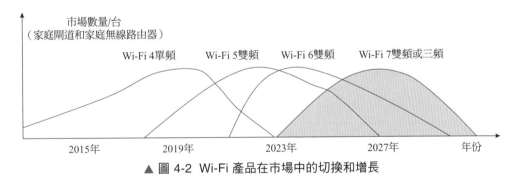

▲ 圖 4-2 Wi-Fi 產品在市場中的切換和增長

2020 年以後，從 Wi-Fi 技術在市場上的改朝換代的情況分析，可以觀察到不同標準的 Wi-Fi 產品在市場中將有 3 ～ 4 年的主流切換過程，而同一標準的 Wi-Fi 產品在市場中也有明顯的中低端與高端的差異化區分。比如，在目前中低端 AP 產品中，支

援 Wi-Fi 5 技術的 AP 在一個頻段上配置 2 根天線收發資料，而高端 AP 產品給一個頻段配置 4 根天線收發資料。

對於市場中逐漸增長的 Wi-Fi 7 產品，必然也會有中低端和高端的不同類型，產品定義將有多種形態，參考表 4-1 的範例。

▼ 表 4-1　Wi-Fi 7 AP 產品形態和規格

序號	產品形態	頻段與天線	標識的方法	場景應用
1	Wi-Fi 7 三頻段	每個頻段支援 4 根天線	4×4 2.4GHz，4×4 5GHz，4×4 6GHz	中高端家庭閘道，Wi-Fi 7 AP
2	Wi-Fi 7 三頻段	2.4GHz 頻段支援 2 根天線，而 5GHz 頻段和 6GHz 頻段支援 4 根天線	2×2 2.4GHz，4×4 5GHz，4×4 6GHz	中高端家庭閘道，Wi-Fi 7 AP
3	Wi-Fi 7 三頻段	每個頻段支援 2 根天線	2×2 2.4GHz，2×2 5GHz，2×2 6GHz	中低端家庭閘道，Wi-Fi 7 AP
4	Wi-Fi 7 雙頻段	2.4GHz 頻段和 5GHz 頻段支援 4 根天線	4×4 2.4GHz，4×4 5GHz	中低端家庭閘道，Wi-Fi 7 AP
5	Wi-Fi 7 雙頻段	2.4GHz 頻段和 5GHz 頻段支援 2 根天線	2×2 2.4GHz，2×2 5GHz	中低端家庭閘道，Wi-Fi 7 AP

中國目前沒有為 Wi-Fi 開放 6GHz 頻譜的計畫，所以 Wi-Fi 7 在中國將是支援 2.4GHz 和 5GHz 的雙頻產品。針對中國市場，晶片廠商和裝置廠商都會採取相應的產品策略。作為本章後面開發和測試內容的介紹，本章以表 4-1 中的第 3 項的三頻段產品和第 5 項的雙頻段產品作為參考，其中每個頻段支援 2 根天線。

2. Wi-Fi 7 AP 產品定義

表 4-2 列出了兩種 Wi-Fi 7 的 AP 產品的範例以及相關的規格定義，這也是目前使用者或營運商選擇 Wi-Fi 產品的關鍵參考參數。

▼ 表 4-2　Wi-Fi 7 AP 產品的規格參數

AP 參數	參數分類	雙頻產品規格	三頻產品規格
Wi-Fi 參數	Wi-Fi 總性能	BE3600	BE9300
	Wi-Fi 頻段	2.4GHz，5GHz	2.4GHz，5GHz 和 6GHz
	多輸入多輸出（MIMO）	2×2 2.4GHz，2×2 5GHz	2×2 2.4GHz，2×2 5GHz，2×2 6GHz
	最大頻寬	5GHz 支援 160MHz	5GHz 支援 160Mhz，6GHz 支援 320MHz
	EasyMesh 網路拓樸	支援	支援

AP 參數	參數分類	雙頻產品規格	三頻產品規格
其他參數	乙太網路介面	1 個上行 1Gbps/2.5Gbps 乙太網路介面，1 個本地 1Gbps 乙太網路介面，1 個本地 2.5Gbps 乙太網路介面	1 個上行 1Gbps/2.5Gbps/10Gbps 乙太網路介面，1 個本地 1Gbps 乙太網路介面，1 個 2.5Gbps 乙太網路介面
	快閃記憶體	256MB	256MB
	記憶體	512MB	512MB

其中，BE3600 和 BE9300 的標識代表 Wi-Fi 7 產品的總性能參數，以 Wi-Fi 6 AP 為例，人們在市場中經常看到標為 AX3000 的 AP 產品。AX3000、BE3600 與 BE9300 的含義如表 4-3 所示。

▼ 表 4-3　Wi-Fi 7 AP 產品的規格參數

AP 名稱說明	AX3000	BE3600	BE9300
AX 或 BE 的由來	AX 是 IEEE 802.11ax 標準的名稱	BE 是 IEEE 802.11be 標準的名稱	BE 是 IEEE 802.11be 標準的名稱
性能的說明	2.4GHz 頻段下速率為 574Mbps	2.4GHz 頻段下速率為 688Mbps	2.4GHz 頻段下速率為 688Mbps
	5GHz 頻段下速率為 2402Mbps	5GHz 頻段下速率為 2882Mbps	5GHz 頻段下速率為 2882Mbps
	6GHz 頻段不支援	6GHz 頻段不支援	6GHz 頻段下的速率為 5764Mbps
總速率之和	2976Mbps	3570Mbps	9334Mbps

同樣，可以用「BE7200」表示雙頻 Wi-Fi 7 的 AP（4×4 2.4GHz，4×4 5GHz），用「BE19000」表示三頻 Wi-Fi 7 的 AP（4×4 2.4GHz，4×4 5GHz，4×4 6GHz）。

3. Wi-Fi 7 AP 的技術指標定義

Wi-Fi 7 的 AP 產品規格是產品在市場中銷售的時候人們常見的資訊，而對開發產品的人員或廠商來說，他們在設計產品時有一套更全面的技術指標，主要包括輸送量、延遲、網路覆蓋和安全性等，如圖 4-3 所示。

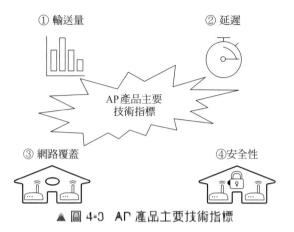

▲ 圖 4-3　AP 產品主要技術指標

1）輸送量

輸送量是指 AP 和 STA 之間基於 Wi-Fi 連接傳輸使用者業務資料的最大速率，用於衡量 AP 產品基於 Wi-Fi 連接承載使用者業務資料的能力，AP 到 STA 方向的輸送量稱為下行吞吐量，STA 到 AP 方向的輸送量稱為上行輸送量。

輸送量不同於 Wi-Fi 物理層傳輸速率。AP 產品規格參數標注的「BE9300」是 AP 產品的最高物理層傳輸速率，代表 Wi-Fi 物理層傳輸資料的取樣率，而輸送量是實際使用者業務資料的傳送速率。所以 AP 產品的輸送量比最高物理層傳輸速率低。

參考圖 4-4 的 Wi-Fi 資料傳輸過程的示意圖，使用者業務資料是上層軟體發送到 Wi-Fi MAC 層的 MSDU 資料單元，MSDU 需要經過 Wi-Fi MAC 層幀的封裝和聚合，加上物理層幀標頭，在競爭到無線媒介傳輸機會後，由 Wi-Fi 物理層進行資料傳輸。由於 Wi-Fi MAC 層和物理層資料幀的幀標頭的銷耗，以及 Wi-Fi MAC 層資料傳輸過程的銷耗，比如衝突避免回退視窗、幀間隔、資料幀確認和重傳等，使用者業務資料部分傳輸所用時間是整個資料傳輸過程所用時間的一部分，所以實際輸送量低於 Wi-Fi 物理層傳輸速率。

寬頻討論區聯盟的 TR398 Wi-Fi 性能測試規範定義的輸送量期望結果為 Wi-Fi 物理層傳輸速率的 65% 左右。以 BE9300 產品為例，物理層傳輸速率為 9334Mbps，按照 65% 的期望值，輸送量需要達到 6067Mbps 以上。

AP 的物理層傳輸速率和無線通道使用率都會影響輸送量大小，表 4-4 描述了提升吞吐量的關鍵 Wi-Fi 技術。

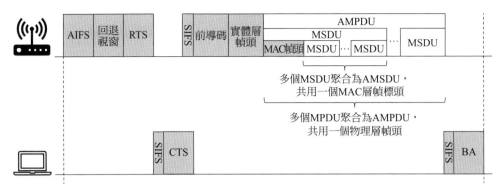

▲ 圖 4-4　Wi-Fi 資料傳輸示意圖

▼ 表 4-4　Wi-Fi 技術對輸送量的提升

分類	Wi-Fi 關鍵技術	是否提升物理層傳輸速率	是否提升輸送量
物理層編碼和調變技術	Wi-Fi 7 支援 4K-QAM 調變	是	是
無線通道頻寬	Wi-Fi 7 支援 5GHz 頻段 160MHz 帶寬，以及 6GHz 頻段 320MHz 頻寬	是	是
無線通道使用率	Wi-Fi 7 支援 MLD 多鏈路同傳	否	是
	傳統 Wi-Fi 的 A-MSDU 和 A-MPDU 聚合	否	是
	傳統 Wi-Fi 的 MU-MIMO 多輸入多輸出	否	是
	Wi-Fi 6 引入的 OFDMA 調變技術	否	是

2）延遲

　　Wi-Fi 延遲是指 AP 和 STA 之間基於 Wi-Fi 連接進行資料傳輸時，資料封包從 AP 成功發送到 STA，或從 STA 成功發送到 AP 所花費的時間。從 AP 到 STA 的資料傳輸延遲稱為下行延遲，從 STA 到 AP 的資料傳輸延遲稱為上行延遲。第 3 章已經介紹過，Wi-Fi 延遲主要包含無線通道存取的延遲和多終端多業務下的 AP 排程延遲。

　　延遲是 AP 產品開發和測試的關鍵性能指標。Wi-Fi 增強型分散式通道連線機制根據業務資料封包的優先順序來增加高優先順序業務的無線媒介存取機會，以提升高優先順序業務的延遲性能。此外，Wi-Fi 7 技術帶來的更高物理層傳輸速率和輸送量能改善 Wi-Fi 延遲性能，Wi-Fi 7 的低延遲業務特徵辨識技術和 r-TWT 技術能進一步提升 Wi-Fi 延遲性能。表 4-5 描述了 Wi-Fi 延遲性能提升的關鍵 Wi-Fi 技術。

▼ 表 4-5　Wi-Fi 技術對延遲性能的提升

分類	Wi-Fi 關鍵技術	是否提升延遲性能
無線通道存取	傳統 Wi-Fi 的 EDCA 增強型分散式通道連線機制	是
	Wi-Fi 7 的 r-TWT 技術	是
AP 發送排程	Wi-Fi 7 的低延遲業務辨識技術	是
	Wi-Fi 6 引入的上行和下行 OFDMA 技術	是

3）網路覆蓋

網路覆蓋是指 AP 產品能提供 Wi-Fi 訊號覆蓋範圍的能力。由於 Wi-Fi 無線訊號在空中傳播的衰減，Wi-Fi 產品的無線訊號覆蓋有一定的範圍。通常 AP 發射功率越高，無線網路覆蓋範圍越大。AP 實際能覆蓋的範圍和環境相關，在空曠的空間，AP 在 50 米甚至更遠範圍內提供比較好的 Wi-Fi 訊號，但在室內環境，由於牆體等障礙物帶來的 Wi-Fi 訊號衰減，AP 的實際覆蓋範圍會受到明顯影響。

網路覆蓋指標通常利用不同距離範圍內 Wi-Fi 訊號的訊號接收強度（Received Signal Strength Indication，RSSI）來衡量，還可以利用不同距離範圍內的 Wi-Fi 輸送量測試（Rate vs Range，RVR）來衡量。

- 訊號接收強度（RSSI）：單位是 dBm，RSSI 值越大，表示接收到的訊號強度越強。隨著與 AP 之間的距離變大，測量的 RSSI 值逐漸變小。
- RVR 測試：通常使用測試儀表來進行 RVR 測試，儀表利用訊號衰減來模擬不同的距離，距離越大，訊號衰減也就越大，Wi-Fi 的速率也就越低。

參考圖 4-5，以三頻段的 Wi-Fi 7 AP 為例來進行 RVR 測試，其中圖 4-5（a）、圖 4-5（b）和圖 4-5（c）分別是 2.4GHz、5GHz 和 6GHz 頻段下的測試結果的參考，圖 4-5（d）是三頻段同時傳送資料的情況。

當訊號衰減小於 20dBm 的時候，資料傳送速率幾乎沒有什麼變化，但當衰減大於 30dBm 以後，速率就開始快速下降，當衰減達到 70dBm 左右的時候，此時資料傳輸速率幾乎已經為零。RVR 測試的結果表示的是 AP 支援的網路覆蓋範圍與資料速率之間的關係。

影響網路覆蓋能力的主要因素是 AP 產品的 Wi-Fi 發射功率、AP 產品硬體設計和天線的訊號輻射能力及接收能力等。因為不同室內環境下的網路覆蓋範圍不一樣，所以 AP 產品的廠商不能把具體的範圍值放到產品規格中，但在產品的開發和測試中，網路覆蓋能力是關鍵的技術指標。

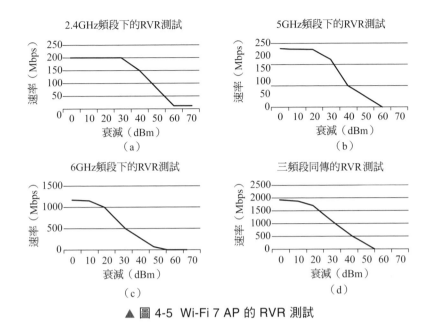

▲ 圖 4-5　Wi-Fi 7 AP 的 RVR 測試

4）安全性

Wi-Fi 的安全性主要是指 AP 裝置的 Wi-Fi 連接和基於 Wi-Fi 連接進行資料傳輸的安全性。

Wi-Fi 連接安全從第一代 WEP 技術開始，就致力於提供具備有線連接一樣的安全能力。最新的 WPA3 安全協定標準為 Wi-Fi 網路帶來全方位的安全防護。WPA3 是 Wi-Fi 7 AP 產品必須支援的安全協定標準。

4.1.2　Wi-Fi 7 產品開發流程

在產品定義完成後，便可以啟動後續的產品開發流程。下面首先對產品開發流程中的主要環節進行概要介紹，然後再介紹其中具體的開發內容和測試方案。

1. 系統框架設計

首先根據 Wi-Fi 7 的產品需求、規格和成本要求進行系統框架設計。在這個階段，要根據產品的功能清單、性能目標、快閃記憶體以及記憶體等關鍵電腦資源的要求，進行整體方案的可行性評估，選擇合適的晶片和構造產品的系統框架。

以三頻段 Wi-Fi 7 多鏈路 AP 產品 BE9300 為例，圖 4-6 描述了該產品的系統框架示意圖，它也是產品的基本硬體構造的示意圖。Wi-Fi 7 多鏈路 AP 與傳統單鏈路 AP

系統結構類似，它包括主控中央處理器單元、Wi-Fi 7 晶片、Wi-Fi 7 前端模組、Wi-Fi 天線、快閃記憶體、記憶體等器件，以及這些器件相互連接的結構和關係。

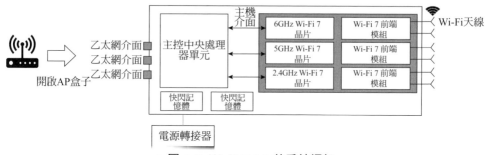

▲ 圖 4-6　Wi-Fi 7 AP 的系統框架

　　對系統框架所示的這些關鍵器件進行選型和組合，就組成了 Wi-Fi AP 資料傳輸和配置管理的基本架構，下一階段的硬體和軟體開發就可以在這個系統框架的基礎上進行。

　　（1）**主控中央處理器單元（主控 CPU）**：提供 AP 產品軟體的執行環境，負責 AP 軟件系統的載入和執行，實現 AP 的軟體功能。

　　（2）**Wi-Fi 7 晶片**：Wi-Fi 資料通信的核心器件，實現 Wi-Fi 7 標準定義的多鏈路資料收發等功能。

　　（3）**主機介面**：Wi-Fi 晶片和主控 CPU 之間的硬體介面。主控 CPU 透過主機介面與 Wi-Fi 晶片進行資料封包傳輸，以及對 Wi-Fi 晶片進行配置管理。

　　（4）**Wi-Fi 7 前端模組（Front-End Module，FEM）**：在發送方向對射頻訊號進行功率放大，在接收方向上進行接收訊號的放大和雜訊訊號的抑制，從而提高接收訊號的訊號雜訊比和接收靈敏度。

　　（5）**Wi-Fi 天線**：天線是無源器件，負責對 Wi-Fi 的射頻訊號進行發送和接收。

　　（6）**快閃記憶體**：為 AP 產品提供資料檔案、日誌等資訊的儲存功能。

　　（7）**記憶體**：為 AP 產品提供軟體儲存、執行過程中的資料讀寫等功能。

　　在 Wi-Fi 產品的系統設計中，主控中央處理器單元、Wi-Fi 晶片、前端模組以及天線設計是 Wi-Fi 產品能否滿足性能指標的關鍵。

　　對主控中央處理器單元的選型，通常選擇晶片廠商為無線路由器和 AP 產品設計的系統晶片（System on Chip，SoC）。系統晶片通常整合主控 CPU 和 AP 產品的主要功能器件和外接裝置介面，如乙太網晶片、USB 控制器、序列埠和外接裝置元件互聯

介面（Peripheral Component Interconnect Express，PCIe），部分系統晶片還整合 Wi-Fi 晶片的功能，為 AP 產品提供高集成度的系統晶片方案。為滿足 AP 產品高輸送量的需求，部分系統晶片整合專門的硬件轉發引擎，用於實現 Wi-Fi 晶片和乙太網晶片之間的基於硬體的資料轉發功能。

Wi-Fi 晶片廠商推出的 Wi-Fi 7 晶片方案包含單晶片方案和多晶片方案。單晶片方案由一顆 Wi-Fi 7 晶片實現多個頻段和 Wi-Fi 7 的多鏈路收發功能。多晶片方案由多顆 Wi-Fi 7 晶片共同實現多個頻段和 Wi-Fi 7 的多鏈路收發功能，每顆晶片支援一個 Wi-Fi 頻段。

Wi-Fi 7 晶片和系統晶片之間的主機介面通常為 PCIe 介面，PCIe 作為高速串列匯流排介面，能極佳地滿足 Wi-Fi 7 技術的資料傳輸要求。PCIe 已經發展到最新的 6.0 版本，目前主流的 PCIe 3.0 版本單通道匯流排傳輸速率達 8Gbps，雙通道能達到雙倍的匯流排傳輸速率。

以沒有整合 Wi-Fi 7 晶片的系統晶片和採用多晶片方案設計的 Wi-Fi 7 晶片為例，Wi-Fi 7 多鏈路 AP 產品 BE9300 包含的主要器件可以參考表 4-6。

▼ 表 4-6　Wi-Fi 7 AP 產品器件清單

序號	器件類型	數量
1	系統晶片（SoC）	1 個
2	Wi-Fi 晶片	3 片
3	Wi-Fi 前端模組	3 片
4	Wi-Fi 天線	6 根
5	快閃記憶體（256MB）	1 片
6	記憶體（512MB）	1 片
7	乙太網物理層晶片	3 個

2. 硬體開發環節

Wi-Fi 7 AP 的硬體開發指的是根據系統框架，完成硬體電路原理圖的設計和電路板制作，完成產品外觀設計，並完成硬體設計中的相關功能和性能測試，達到 Wi-Fi 7 的射頻指標，並且在第三方的實驗室中專門完成不同地區的相關認證測試。硬體開發流程圖參考圖 4-7，本章不做詳細介紹。

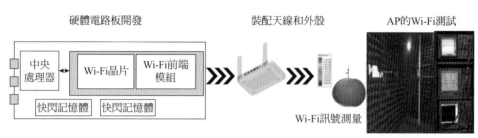

▲ 圖 4-7 Wi-Fi 7 AP 的硬體開發

3. 軟體開發環節

Wi-Fi 7 AP 的軟體開發是基於系統框架實現所需要的軟體。在系統框架中，晶片廠商提供 Wi-Fi 7 晶片的時候，也提供了軟體開發套件（Software Development Kit，SDK）和相應的晶片軔體，它們已經實現了 Wi-Fi 7 標準中的物理層和 MAC 協定的基本功能。所以，Wi-Fi AP 的裝置廠商或 Wi-Fi 技術同好，在 SDK 基礎上繼續延伸開發即可，並不需要親自實現 Wi-Fi 7 標準中的協定規範。

但把 Wi-Fi 7 晶片與中央處理器、Wi-Fi 前端模組、乙太網路介面等元件放在一起作為一個完整的 AP 產品，並且要滿足商用化的性能指標，那麼開發者就需要了解與 Wi-Fi 晶片軟體相關的業務處理流程，以及與 AP 相關的軟體開發內容，參考圖 4-8。

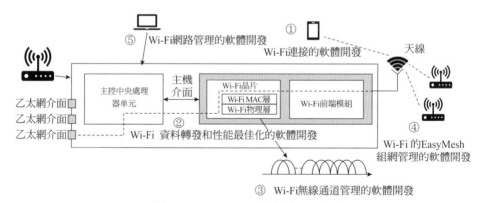

▲ 圖 4-8 Wi-Fi 7 AP 的軟體開發內容

以圖 4-8 為例，Wi-Fi 7 AP 的軟體開發內容主要包括以下 5 個方面：

（1）Wi-Fi **連接的軟體開發**。AP 產品第一步要實現的功能，是建立 AP 與終端之間的 Wi-Fi 連接。Wi-Fi 7 支援多鏈路模式，支援多鏈路終端和多鏈路 AP 在其中一條鏈路上發起 Wi-Fi 連接，完成多鏈路的連接。多鏈路連接方式帶來了新的軟體管理方式。

（2）**Wi-Fi 資料轉發和性能最佳化的軟體開發**。Wi-Fi 的資料轉發指的是 AP 把終端的業務資料轉發給上行乙太網路介面，或把上行乙太網路介面的業務資料轉發給終端，它是終端實現上網業務的基本功能。Wi-Fi 7 資料轉發的特點是多鏈路同傳，即 AP 與終端之間有多筆鏈路同時在發送和接收資料。AP 需要管理多鏈路的狀態，支援多鏈路下的性能最佳化，以及保證多鏈路下的業務品質等功能。

（3）**Wi-Fi 無線通道管理的軟體開發**。Wi-Fi 無線通道管理是指對 Wi-Fi 無線通道的最佳化，支援無線通道的自動選擇，選擇空閒的無線通道，以提升 Wi-Fi 網路的性能。AP 需要結合 Wi-Fi 7 支援的無線通道範圍和頻寬，以及通道捆綁方式，實現無線通道最佳化的功能。

（4）**Wi-Fi 的 EasyMesh 網路拓樸管理的軟體開發**。Wi-Fi EasyMesh 網路拓樸管理是指 Wi-Fi 7 AP 裝置實現 EasyMesh 網路拓樸功能。AP 需要結合 Wi-Fi 7 多鏈路裝置的特點，實現 Wi-Fi 7 下的 EasyMesh 網路拓樸功能的軟體。

（5）**Wi-Fi 網路管理的軟體開發**。Wi-Fi 網路管理是指實現對 Wi-Fi 連接的網路配置、網路故障檢查等相關的功能。結合 AP 產品的管理方式和 Wi-Fi 網路管理協定，本章介紹 Wi-Fi 網路管理的軟體設計，以及 Wi-Fi 7 多鏈路裝置相關的管理功能。

圖 4-9 列出了 Wi-Fi 7 的 AP 軟體開發與以往 AP 的主要區別。因為 Wi-Fi 7 支援多鏈路同傳技術，所以多鏈路相關的 Wi-Fi 連接、資料同傳的配置管理、多鏈路 QoS 管理、多鏈路 EasyMesh 網路拓樸管理等都是 Wi-Fi 7 的 AP 軟體開發的特點。另外，Wi-Fi 7 支援新的通道捆綁方式和通道資源管理，軟體開發中也會包含相關的配置管理等內容。

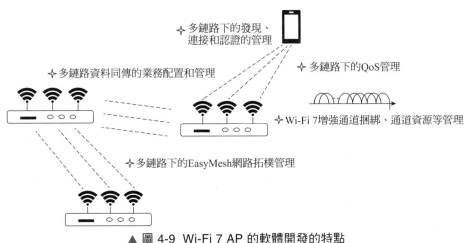

▲ 圖 4-9 Wi-Fi 7 AP 的軟體開發的特點

4. 產品測試環節

在 AP 產品的硬體和軟體開發完成之後，進入產品測試環節，對 Wi-Fi 7 AP 產品進行功能和性能的驗證。

在產品的功能測試中，將結合 Wi-Fi 7 的技術特點，介紹 Wi-Fi 7 關鍵技術的測試配置和方法，實現多鏈路同傳技術、OFDMA 和多資源單元分配技術以及嚴格目標喚醒時間技術等相關功能的驗證。

在產品的性能測試中，將結合 Wi-Fi 7 AP 產品典型的部署場景，設計 Wi-Fi 7 AP 產品性能測試的測試環境和步驟，實現產品輸送量、延遲和網路覆蓋等性能指標的驗證。

4.2 Wi-Fi 7 AP 產品軟體開發

本節首先介紹 Wi-Fi 7 AP 產品的軟體架構設計，然後介紹軟體開發環節的主要開發內容。

4.2.1 Wi-Fi 7 AP 產品的軟體架構

Wi-Fi 7 產品的軟體開發首先是設計相應的軟體架構。軟體架構設計是基於對產品需求的分析，將產品軟體劃分為不同層次的不同功能的軟體模組，並定義各軟體模組的職責、介面以及軟體模組之間的關係，用於指導後續的各個軟體模組的開發。

軟體架構通常都是自下而上的分層模型，這種軟體模型與目前以中央處理器為主、以整合功能處理晶片來實現產品的方式直接相關。圖 4-10 的左半部分舉出了 Wi-Fi AP 軟體的分層組成方式。

- 底層：執行在中央處理器上的 Linux 作業系統，以及對 Wi-Fi 晶片等進行初始化、參數配置的驅動軟體。
- 中間層：執行在作業系統之上，包括 Wi-Fi 相關的連接、資料轉發、無線通道管理等功能模組，AP 裝置相關的裝置管理和資料配置模組，Wi-Fi EasyMesh 網路拓樸相關的功能模組等。
- 上層：透過外部網頁、遠端網路管理協定等方式進行 Wi-Fi 管理的軟體模組。

圖 4-10 右半部分則把實際軟體模組組成方式進行抽象化，舉出了軟體架構中常見的分層模型，分別與左半部分對應著作業系統和硬體驅動層、業務層和管理層。每一層的軟件模組實現相應的軟體功能，並定義抽象的應用程式設計介面為上層軟體模組提供服務。

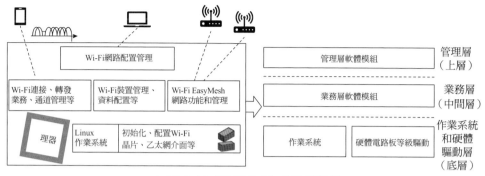

▲ 圖 4-10　Wi-Fi 7 AP 的軟體架構

　　在軟體架構設計中，軟體模組的劃分和職責定義一方面要考慮產品功能的實現，另一方面要考慮產品主要的需求變化關注點，做到軟體模組功能內聚、職責單一，在處理需求變化時，僅需對需求變化相關的軟體模組進行程式修改，從而保證軟體的可擴充性，降低軟體的複雜度。

　　從抽象出來的軟體架構的角度來說，Wi-Fi 7 AP 與之前的 AP 沒有區別，但軟體架構中的每一個軟體模組的實現則因為 Wi-Fi 7 所支援的多鏈路等新技術而需要做相應的變化。圖 4-11 中帶灰色的軟體模組是受到 Wi-Fi 7 影響而需要變化的部分。

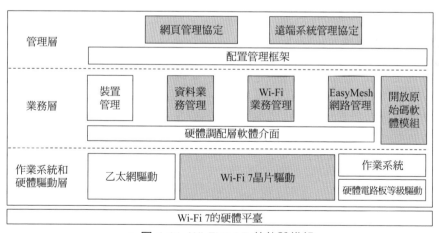

▲ 圖 4-11　Wi-Fi 7 AP 的軟體模組

- **管理層**：對外提供產品的配置介面，舉例來說，用於本地網頁管理的 HTTP 協定，用於營運商遠端系統管理的協定，如寬頻討論區標準組織 （Broadband Forum，BBF） 定義的 TR069 協定。網頁或遠端系統管理方式需要支援 Wi-Fi 7 的多頻段以及多鏈路的連接方式。

- **業務層**：負責 AP 產品業務功能的實現，它包括裝置管理模組、資料轉發業務管理模組、Wi-Fi 業務管理和 EasyMesh 網路管理模組等。與資料業務處理相關的模組、Wi-Fi 業務管理和 EasyMesh 網路管理軟體等，根據 Wi-Fi 7 多鏈路或低延遲業務處理的需求，需要做相關的軟體開發。
- **作業系統和硬體驅動層**：作業系統負責硬體資源管理和軟體系統基礎服務，驅動軟體則是硬體和軟體之間的橋樑，實現對底層硬體模組的初始化和功能封裝。驅動軟體需要對 Wi-Fi 7 晶片進行配置、初始化以及相關軟體介面調配。

為了支援新的 Wi-Fi 特性，或降低產品成本，AP 產品可能需要在保持原有軟體架構下，支援對 Wi-Fi 晶片的替換。不同廠商的 Wi-Fi 晶片有不同的驅動軟體，為了遮罩不同 Wi-Fi 晶片和驅動軟體的差異，軟體架構需要在應用軟體模組和驅動軟體之間增加統一的硬體調配層軟體介面。因而在替換 Wi-Fi 晶片時，軟體變化只發生在底層驅動軟體以及硬件調配層軟體介面，而不需要修改業務層和管理層的軟體模組。

另外，為了使 AP 產品的應用軟體獨立於不同方式的配置管理方式，軟體架構需要在管理協定模組和應用軟體模組之間增加統一的配置管理框架模組。管理協定模組負責管理協定自身的協定處理，並進行管理協定配置管理參數和業務層應用軟體模組配置參數之間的映射。在配置管理協定需求變化時，軟體的修改集中在配置管理協定模組，而不需要修改配置管理框架模組以及應用軟體模組。

1. Wi-FiAP 的作業系統

Wi-Fi AP 產品通常採用 Linux 作業系統，而晶片廠商提供的軟體開發套件和驅動程式也都支援 Linux。Linux 作業系統作為免費和開放原始碼的作業系統，在不同的硬體平臺獲得了廣泛的應用。出於 Linux 開放原始碼社區廣大程式設計師的貢獻，Linux 作業系統的功能一直在持續發展，其符合 POSIX 可移植作業系統程式設計介面規範，支援多使用者和多工，支援不同的中央處理器架構以及多種晶片的驅動程式，在作業系統穩定性、安全性和可偵錯性方面也得到了持續的提升。此外，Linux 作業系統支援強大的網路子系統，其支援各種不同的網路協定，支援網路裝置的資料轉發功能，能極佳地滿足網路裝置的網路驅動和資料轉發業務開發的需求。

在嵌入式系統領域，湧現出了多種基於 Linux 作業系統核心的應用作業系統，其針對特定產品類型的需求，基於 Linux 核心提供豐富的應用服務，如智慧型手機產品導向的 Android 作業系統，以及無線路由器和 AP 產品導向的 Openwrt 作業系統。

Openwrt 是基於 Linux 核心的整合了無線路由器應用層服務的開放原始碼作業系

統，支援豐富的網路功能，並提供良好的開放性。Openwrt 社區中有大量的軟體套件，極佳地豐富了 Openwrt 系統的功能。

在營運商市場，一些海外的寬頻營運商對基於 Openwrt 的 Wi-Fi AP 表示出極大的興趣，並希望裝置廠商能夠提供相應的產品。而在零售市場，基於 Openwrt 而開發的路由器在市場中有更廣的應用。

Wi-Fi AP 產品可以基於 Linux 或 Openwrt 進行開發，兩者之間的比較可以參考表 4-7。

▼ 表 4-7　Wi-Fi 7 AP 採用的作業系統框架對比

對比項	基於 Linux 開發	基於 Openwrt 開發
網路驅動和網路功能的支援	Linux 核心支援網路驅動開發框架，並支援多種晶片的驅動程式，支援豐富的網路通訊協定	Openwrt 整合 Linux 核心，支援 Linux 核心的網路驅動和網路功能
應用層軟體的支援	由裝置廠商開發 AP 產品的應用層軟體功能	Openwrt 支援 AP 產品的部分應用層軟體功能，如資料業務管理功能、Wi-Fi 業務管理功能、本地網頁管理功能以及 Openwrt 的配置管理框架 裝置廠商可基於 Openwrt 的應用層軟體功能做新功能的開發
開放原始碼軟體和擴充軟體套件的支援	支援大量的開放原始碼軟體，AP 產品常用的開放原始碼軟體包括應用層網路通訊協定、Wi-Fi 認證管理模組等	支援大量的開放原始碼軟體，此外，Openwrt 社區支援基於 Openwrt 開發的大量擴充軟體套件
Wi-Fi 晶片廠商支援	普遍支援 Linux 的開發	主流晶片廠商支援 Openwrt

2. Wi-Fi 7 的驅動模組

晶片廠商提供的 Wi-Fi 7 晶片的軟體開發套件和相應的晶片韌體，可以統稱為 Wi-Fi 驅動軟體套件。不同廠商提供的驅動軟體套件在程式上並不一樣，但它們與晶片硬體一起都實現了 Wi-Fi 標準的物理層的幀處理、無線媒介連線以及 MAC 層的主要功能。

Wi-Fi 驅動軟體套件為晶片提供初始化配置，把晶片正常執行所需要的配置參數和資料封包傳遞封裝成與具體硬體無關的通用軟體介面。Wi-Fi AP 的裝置廠商在開發產品軟體的時候，呼叫驅動軟體套件的介面，就可以實現業務資料傳遞和晶片的管理控制。

下面介紹 Wi-Fi 驅動軟體套件框架和主要功能，以及 Wi-Fi 驅動軟體套件為上層應用提供的通用軟體介面。

1）Wi-Fi 驅動軟體套件的框架和主要功能

Wi-Fi 晶片與驅動軟體套件框架如圖 4-12 所示。Wi-Fi 驅動軟體套件通常包括執行在 Wi-Fi 晶片中的韌體和執行在主控處理器中的驅動軟體，它們之間的分工與具體實現相關。

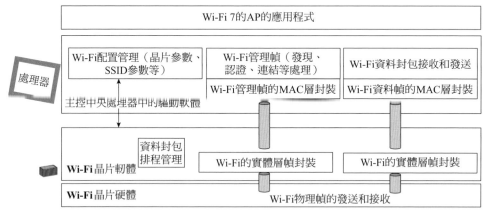

▲ 圖 4-12 Wi-Fi 7 AP 的驅動軟體套件的韌體以及處理器中的驅動軟體功能

晶片中的韌體是執行在 Wi-Fi 晶片中的軟體，它處於主控中央處理器與晶片功能之間，所以它需要提供晶片與中央處理器之間的主機通訊介面。除此之外，它的主要功能包括：

- 處理來自中央處理器對晶片的配置管理。
- 處理晶片與中央處理器之間的管理幀和資料封包的傳送。
- 對中央處理器的驅動軟體發送的封包進行排程管理。
- 即時性較高的無線媒介連線控制功能。

主控處理器中的驅動軟體是晶片廠商提供給開發 Wi-Fi 產品的裝置廠商的軟體，它既可能是一部分可以直接查看的原始程式，也可能包含了不讀取的二進位檔案。

主控處理器中的驅動軟體處於上層應用軟體與晶片韌體之間，所以它需要為上層應用軟體提供相應的 Linux 定義的通用軟體介面，也需要提供中央處理器與晶片之間的主機通信介面。除此之外，它的主要功能包括：

- 實現晶片初始化、韌體下載、Wi-Fi 晶片相關的配置功能。
- 支援 MAC 層管理幀處理。MAC 層管理幀處理包括 Wi-Fi 信標幀和探測幀等相關的 Wi-Fi 網路發現、Wi-Fi 連接過程，以及其他 Wi-Fi 管理幀相關的 MAC 層協定的處理。

- MAC 層資料封包收發處理過程。

Wi-Fi 7 晶片的驅動軟體提供的功能集與之前的 Wi-Fi 晶片基本一致。但 Wi-Fi 7 特有的多鏈路同傳技術需要驅動軟體中的管理幀處理以及資料封包收發處理功能做相應的調配和支援。

2）Wi-Fi 驅動為上層應用提供的通用軟體介面

Wi-Fi 驅動軟體模組包含了給上層應用程式提供的軟體介面，支援應用程式對驅動軟體進行配置和管理，也支援驅動軟體向上層軟體上報事件，如圖 4-13 所示。

為了使不同 Wi-Fi 晶片廠商的 Wi-Fi 驅動軟體為上層應用程式提供一致的軟體介面，Linux 作業系統整合了通用 Wi-Fi 驅動軟體配置模組，定義通用 Wi-Fi 驅動軟體介面。Wi-Fi 晶片廠商可基於該通用 Wi-Fi 驅動軟體配置模組，結合 Wi-Fi 晶片的硬體設計來實現 Wi-Fi 晶片驅動軟體套件，並實現通用 Wi-Fi 驅動軟體介面。

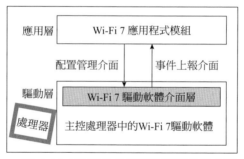

▲ 圖 4-13 Wi-Fi 7 的驅動軟體套件的介面

Linux 通用 Wi-Fi 驅動軟體配置模組框架的描述可參見圖 4-14。通用驅動軟體配置模區塊 cfg80211 實現了兩套驅動軟體介面，即基於 Linux IOCTL 的 WEXT 介面和基於 Linux NETLINK 的 NL80211 介面。

IOCTL 和 NETLINK 是 Linux 中的兩種通訊機制。Linux 作業系統執行環境包括使用者空間和核心空間，應用程式執行在使用者空間，而驅動模組執行在核心空間，使用者空間和核心空間擁有各自獨立的且不能相互存取的記憶體位址空間。為了使得 Wi-Fi 應用程式與 Wi-Fi 驅動軟體之間可以相互通訊，Linux 作業系統基於 IOCTL 和 NETLINK 兩種通訊機制進行通訊，IOCTL 機制是透過 Linux 的裝置檔案描述符號來發送控制命令，而 NETLINK 機制是基於通訊端介面發送訊息的通訊機制。

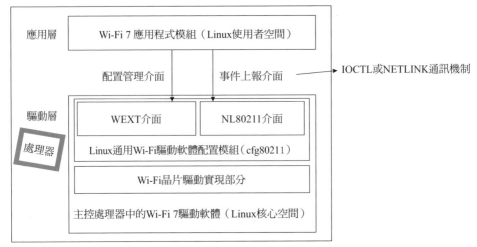

▲ 圖 4-14　Linux 通用 Wi-Fi 驅動軟體模組和介面

　　（1）WEXT 介面。Linux 系統集成的第一代通用 Wi-Fi 介面，稱為無線擴充介面。其配置管理介面基於 Linux IOCTL 機制實現，事件上報介面基於 Linux NETLINK 通訊端實現。

　　（2）NL80211 介面。Linux 系統集成的新一代通用 Wi-Fi 介面，其配置管理介面和事件上報介面都基於 Linux NETLINK 通訊端實現。NL80211 支援 WEXT 定義的所有介面，相比於 WEXT，NL80211 有更好的擴充性，並逐步替代了 WEXT 介面。

　　NL80211 為應用程式提供了豐富的 Wi-Fi 驅動介面，涵蓋 Wi-Fi 晶片配置介面、Wi-Fi SSID 配置介面、STA 連結認證介面、STA 金鑰配置介面以及 MAC 層事件上報介面等。

3. Wi-Fi 管理模型

　　AP 裝置、STA 終端設備、AP 的 Wi-Fi 頻段和 BSS 基本業務集一起建構了 Wi-Fi 網路的基本要素，它們之間有對應的連結關係。Wi-Fi 產品開發的關鍵內容之一，是對 Wi-Fi 網路中涉及的基本要素進行配置與管理，舉例來說，在圖形化的網頁上顯示 AP 的頻段資訊、BSS 資訊和連接的 STA 數量等。這些基本要素被稱為 Wi-Fi 管理物件。Wi-Fi 管理物件以及它們之間的業務關係就一起組成了 Wi-Fi 管理模型。

　　如圖 4-15 的左半部分所示，Wi-Fi 6 AP 有 2.4GHz、5GHz 和 6GHz 三個頻段，每一個頻段可以配置多個 SSID，形成各自的 BSS 業務集，相應的 STA 就加入各自的 BSS 網路。圖 4-15 的右半部分是對 Wi-Fi 基本要素的提取，分別抽象成對應的管理物

件，並組成管理模型。

　　管理物件包括 AP 裝置、AP 裝置支援的 Wi-Fi 頻段、AP 裝置的 BSS 以及 AP 裝置上連接的 Wi-Fi 終端設備。管理物件以及它們之間的關係描述如下：

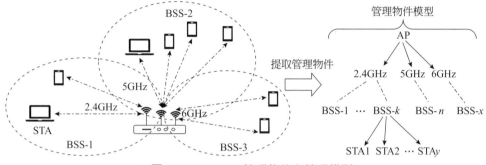

▲ 圖 4-15　Wi-Fi 6 管理物件和管理模型

- AP 裝置支援一個或多個 Wi-Fi 頻段。每個 Wi-Fi 頻段管理物件定義相關的配置管理參數，比如 Wi-Fi 通道、Wi-Fi 頻寬、發送功率、Wi-Fi 通道掃描以及 Wi-Fi 頻段的收發封包統計參數等。

- 一個 Wi-Fi 頻段上可以建立一個或多個 BSS。BSS 用 SSID 標識，每個 BSS 管理物件定義相關配置管理參數，比如 SSID 名稱、Wi-Fi 認證方式、加密方式和金鑰資訊、EDCA 存取分類參數以及 BSS 的收發封包統計參數等。

- 一個 BSS 上可以連接一個或多個終端。每個連接終端管理物件定義相關的裝置參數，比如終端的 MAC 位址、物理連接速率、RSSI 訊號強度以及終端的收發封包統計參數等。

　　Wi-Fi 7 支援多鏈路同傳技術，裝置包括多鏈路 AP 和多鏈路 STA。為多鏈路 AP 建立 BSS 時，一個 BSS 可以連結一條或多筆鏈路。圖 4-16 是 Wi-Fi 7 網路的管理物件和管理模型的範例，管理物件包括多鏈路 AP、多鏈路 AP 支援的 Wi-Fi 頻段、多鏈路 AP 的 BSS 以及 AP 上連接的 Wi-Fi 終端。

　　與 Wi-Fi 6 管理模型不同，Wi-Fi 7 的 BSS 管理物件和一個或多個 Wi-Fi 頻段的管理對象連結，且 BSS 上連接的每個多鏈路 STA 和多鏈路 AP 之間建立一條或多筆鏈路。

　　因此，BSS 管理物件需要定義新的參數，用於指示 BSS 所連結的或多個 Wi-Fi 頻段；多鏈路 STA 管理物件需要定義新的參數，用於指示多鏈路 STA 和多鏈路 AP 之間的多鏈路連接所對應的 Wi-Fi 頻段。

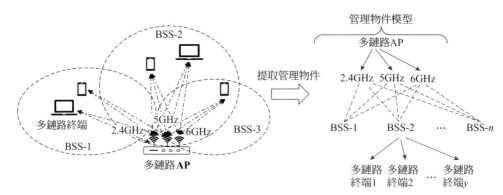

▲ 圖 4-16 Wi-Fi 7 管理物件和管理模型

在產品軟體開發中，Wi-Fi 管理模型是抽象出來的對 Wi-Fi 業務進行管理的資料模型。軟體開發就是根據資料模型中管理物件的連結關係和屬性參數，實現相應的產品配置、資料庫儲存和應用介面的顯示。

Wi-Fi 網路管理系統和 AP 裝置之間使用管理協定進行通訊。管理協定定義管理資料模型，以及對管理物件和屬性參數的操作方法，網路管理系統對管理物件以及屬性參數進行配置管理操作，實現對 AP 的 Wi-Fi 業務管理。

為了實現對 AP 的 Wi-Fi 業務的標準化管理，並支援不同廠商的網路管理系統與 AP 之間的互通，寬頻討論區標準組織定義了家庭閘道和無線路由器等裝置導向的標準管理資料模型，先後發佈了 TR098 和 TR181 管理資料模型規範，其詳細內容將在 4.2.7 節中介紹。

4.2.2 Wi-Fi 7 連接管理

Wi-Fi 連接管理模組主要負責 Wi-Fi 終端和 AP 之間建立和斷開連接的過程。與之前的 Wi-Fi 技術相比，Wi-Fi 7 連接過程主要變化是多鏈路連接的支援，多鏈路 STA 和多鏈路 AP 之間可以在任一條鏈路上完成多鏈路連接。

如圖 4-17 所示，實現 Wi-Fi 連接管理的開發，需要了解 Wi-Fi 連接過程的狀態管理，以及多鏈路 AP 的 BSS 在 Wi-Fi 驅動中的參考模型。下面先介紹這些內容，然後結合 Wi-Fi 連接管理相關的軟體模組介紹 Wi-Fi 連接過程。

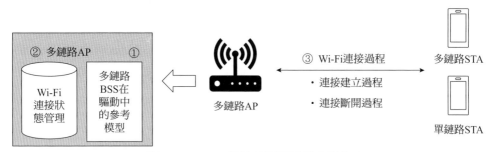

▲ 圖 4-17 Wi-Fi 連接管理開發的主要內容

1. 多鏈路 AP 的 BSS 在 Wi-Fi 驅動中的參考模型

4.2.1 節中介紹了 Wi-Fi 7 的管理模型，管理模型中一個 BSS 管理物件連結到一個或多個 Wi-Fi 頻段管理物件。業務管理軟體模組根據 BSS 管理物件的配置參數資訊，對 Wi-Fi 驅動模組進行配置，然後由 Wi-Fi 驅動模組根據 BSS 的配置參數資訊，實現 BSS 的 Wi-Fi 連線業務。

1）多鏈路 AP 的 BSS 物件在 Wi-Fi 驅動中的參考模型

如圖 4-18（a）所示，每一個 BSS 管理物件在 Wi-Fi 驅動中對應一個多鏈路 MLD 對象，以及與 MLD 連結的每條鏈路附屬 AP 的 BSS 物件。

MLD 物件由 MLD MAC 位址標識，代表多鏈路 BSS 在驅動中的邏輯物件。每條鏈路附屬 AP 的 BSS 物件由鏈路的 MAC 位址標識，分別為 AP1 鏈路 MAC 位址、AP2 鏈路 MAC 位址和 AP3 鏈路 MAC 位址，鏈路 MAC 位址是每條鏈路附屬 AP 的 BSS 的 BSSID。

2）多鏈路 STA 物件在終端側 Wi-Fi 驅動中的參考模型

如圖 4-18（b）所示，多鏈路 STA 由多鏈路 STA 的 MLD MAC 位址標識，其每條鏈路附屬的 STA 由鏈路的 MAC 位址標識，分別為 STA1 鏈路 MAC、STA2 鏈路 MAC 和 STA3 鏈路 MAC 位址。

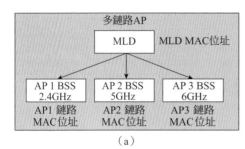 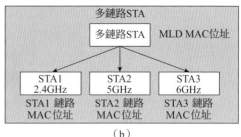

▲ 圖 4-18　多鏈路 AP 的 BSS 物件和多鏈路 STA 在驅動中的參考模型

2. Wi-Fi 連接過程的狀態管理

　　Wi-Fi 連接過程包括 STA 和 AP 之間的認證、連結和金鑰協商過程。802.11 規範定義了 Wi-Fi 連接過程中不同的連接狀態，用於對連接過程的管理。

　　Wi-Fi 連接的認證和金鑰協商過程和 Wi-Fi 網路所配置的安全標準相關。Wi-Fi 網路接入安全標準從早期的 WEP 標準，發展到後來 802.11i 規範定義的 WPA、WPA2 和最新的 WPA3 標準，Wi-Fi 網路連線安全在持續加強。WPA 和之後的安全標準達到 802.11i 定義的堅固安全網路（Robust Security Network，RSN）要求，STA 和 AP 之間基於 WPA 和之後的安全標準建立的 Wi-Fi 連接稱為堅固安全網路連結（Robust Security Network Association，RSNA）Wi-Fi 連接。RSNA Wi-Fi 連接過程包含四次交握過程，在四次交握過程中，STA 和 AP 雙方相互確認對方擁有相同的 PMK，並生成 PTK 和 GTK 臨時金鑰，完成 Wi-Fi 連接的金鑰協商。

　　RSNA Wi-Fi 連接的連接狀態遷移過程如圖 4-19 所示。

　　多鏈路 AP 與多鏈路 STA 或單鏈路 STA 之間的連接過程都符合相同的狀態遷移過程。對多鏈路 AP 和多鏈路 STA 之間的連接過程，多鏈路 AP 和多鏈路 STA 之間的連接狀態按照該狀態遷移過程進行管理，同時，每個鏈路的連接狀態從對應的多鏈路 AP 和多鏈路 STA 的連接狀態繼承，保持相同的連接狀態。

　　（1）狀態 1，未認證狀態，是 Wi-Fi 連接過程的初始狀態。STA 側發起認證請求，若認證過程成功，則連接狀態遷移為狀態 2。

　　（2）狀態 2，已認證未連結狀態。在狀態 2，STA 側發起連結請求開始 Wi-Fi 連接的連結過程。若連結過程成功，則 Wi-Fi 連接狀態遷移為狀態 3。

　　（3）狀態 3，已認證已連結狀態。在狀態 3，AP 和 STA 之間啟動四次交握過程，若四次交握過程成功，則 Wi-Fi 連接狀態遷移為狀態 4。

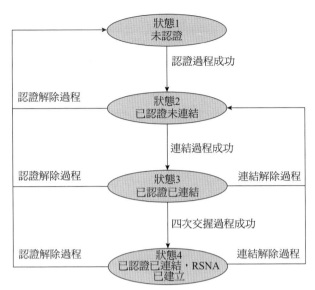

▲ 圖 4-19　RSNAWi-Fi 連接過程的狀態遷移圖

（4）狀態 4，已認證已連結，RSNA 已建立狀態，是 Wi-Fi 連接完成的最終狀態。在狀態 4，AP 和 STA 之間基於 IEEE 802.11 連接進行加密的資料傳輸。

3. Wi-Fi 連接過程的軟體實現

Wi-Fi 連接管理功能實現的軟體模組包括業務層的 Wi-Fi 認證管理軟體模組和驅動層的連接管理模組，如圖 4-20 所示。

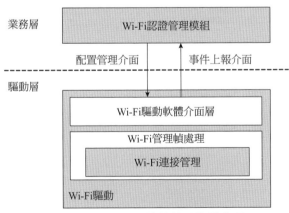

▲ 圖 4-20　Wi-Fi 連接管理軟體實現

Wi-Fi 驅動的連接管理模組負責 Wi-Fi 連接過程中認證、連結管理幀的處理,負責 Wi-Fi 連接過程中連接狀態的管理。

Wi-Fi 認證管理模組支援 Wi-Fi 連接過程中的認證和金鑰協商過程,開放原始碼軟體模組 hostapd 是 AP 產品廣泛應用的認證管理軟體模組,其主要功能包括:

- IEEE 802.11 認證過程,支援開放系統認證模式、SAE 認證模式。
- IEEE 802.1x 擴充認證過程。
- 四次交握過程。

Wi-Fi 驅動模組和 Wi-Fi 認證管理模組之間基於 Wi-Fi 驅動軟體介面通訊。Wi-Fi 驅動模組給 Wi-Fi 認證管理模組上報 IEEE 802.11 認證和連結管理幀封包、IEEE 802.1x 認證資料封包以及四次交握過程資料封包,Wi-Fi 認證管理模組傳回給 Wi-Fi 驅動模組認證結果以及四次交握過程產生的金鑰資訊。

1)多鏈路 AP 和多鏈路 STA 之間的連接建立過程

下面以基於 WPA3 安全標準和預共用金鑰鑑權方式的 Wi-Fi 連接過程為例,討論 Wi-Fi 連接的認證、連結和四次交握過程,如圖 4-21 所示。

(1)認證過程:多鏈路 AP 和多鏈路 STA 透過認證請求(Authentication Request)幀和認證回應(Authentication Response)幀進行認證過程的互動,該互動過程包含兩對認證訊息,第一對認證訊息完成金鑰的協商,第二對認證訊息完成金鑰的確認。認證請求幀和認證回應幀攜帶多鏈路資訊單元,包含 MLD MAC 位址。

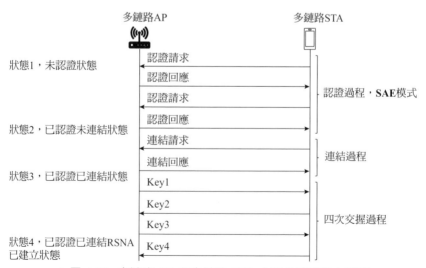

▲ 圖 4-21 多鏈路 AP 和多鏈路 STA 之間的連接建立過程

　　Wi-Fi 認證管理模組負責實現用於 WPA3 安全標準的對等實體同時認證（SAE）協定，基於預共用金鑰完成認證過程，生成成對主金鑰 PMK。

　　Wi-Fi 驅動模組負責 Wi-Fi 連接的狀態管理，認證過程完成後，Wi-Fi 連接狀態遷移到已認證未連結狀態。

　　（2）連結過程：多鏈路 AP 和多鏈路 STA 透過連結請求（Association Request）幀和連結回應（Association Response）幀進行連結過程的互動，連結請求幀和連結回應幀攜帶多鏈路資訊單元，包含 MLD MAC 位址以及請求建立多鏈路連接的鏈路資訊。

　　Wi-Fi 驅動模組負責連結請求幀的處理，根據連結請求幀攜帶的多鏈路資訊完成每條鏈路的 Wi-Fi 能力集和連接參數的協商。連結過程完成後，Wi-Fi 連接狀態遷移到已認證已連結狀態。

　　（3）四次交握過程：Wi-Fi 認證管理模組負責四次交握過程的協定處理，四次交握協定封包中包含 MLD MAC 位址以及請求建立多鏈路連接的鏈路資訊，Wi-Fi 認證管理模組生成多筆鏈路共用的 PTK，以及生成每條鏈路的 GTK，並在四次交握協定封包中發送給多鏈路 STA 裝置。四次交握過程完成後，Wi-Fi 連接狀態遷移到已認證已連結 RSNA 已建立狀態。

　　完成 Wi-Fi 連接過程後，多鏈路 AP 和多鏈路 STA 基於 Wi-Fi 連接進行加密資料封包傳輸。

2）多鏈路 AP 和多鏈路 STA 之間的連接斷開過程

　　如圖 4-22 所示的連接斷開過程，包含解除連結和解除認證過程。

　　解除連結（Disassociation）和解除認證（Deauthentication）過程可以由多鏈路 AP 或多鏈路 STA 在任意一條已經建立連接的鏈路上發起，完成多鏈路連接斷開的過程。

　　在 Wi-Fi 連接斷開過程中，Wi-Fi 認證管理模組負責刪除所有建立的多鏈路安全連接的金鑰資訊，Wi-Fi 驅動模組將 Wi-Fi 連接狀態遷移到未認證狀態。

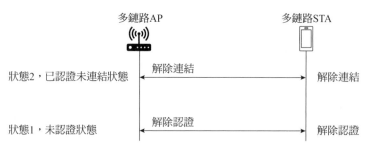

▲ 圖 4-22　多鏈路 AP 和多鏈路 STA 之間的連接斷開過程

3）多鏈路 AP 和單鏈路 STA 之間的連接建立和斷開過程

多鏈路 AP 和單鏈路 STA 的 Wi-Fi 連接建立和斷開過程，和以前的 Wi-Fi 技術沒有區別。

單鏈路 STA 在其工作頻段上與多鏈路 AP 完成單鏈路連接過程，包括 Wi-Fi 認證、關聯和四次交握過程，Wi-Fi 連接狀態遷移到已認證已連結 RSNA 已建立狀態。

單鏈路 STA 在其工作頻段上與多鏈路 AP 完成單鏈路連接斷開過程，包括解除連結和解除認證過程，Wi-Fi 連接狀態遷移到未認證狀態。

4.2.3　Wi-Fi 7 資料轉發

Wi-Fi 資料轉發功能開發是實現資料封包在 AP 的 Wi-Fi 介面和其他網路介面之間轉發的功能。

AP 裝置支援 Wi-Fi 網路介面，同時還支援一個或多個乙太網路介面，其中一個乙太網路介面用於 AP 的上聯網路介面，這個乙太網路介面稱為廣域網路（Wide Area Network，WAN）介面，其他乙太網路介面為區域網（Local Area Network，LAN）介面。以 Wi-Fi 介面和 WAN 通訊埠之間的資料轉發為例，圖 4-23 是多鏈路 STA 與多鏈路 AP 建立 Wi-Fi 連接後，STA 存取 WAN 側網路的資料轉發路徑。

取決於 AP 產品的系統設計和系統晶片的能力，Wi-Fi 介面和 WAN 通訊埠之間的資料轉發路徑有兩種，一種是基於 CPU 軟體的資料轉發，另一種是基於系統晶片硬體加速引擎的資料轉發。隨著 Wi-Fi 物理層速率越來越高，基於 CPU 軟體的資料轉發處理方案難以滿足資料轉發輸送量的要求，更多的 AP 產品採用支援硬體加速引擎的系統晶片，由硬體加速引擎實現資料轉發功能，以滿足產品輸送量的性能要求。

CPU 軟體的資料轉發路徑包括 Wi-Fi 驅動對 Wi-Fi 資料封包的收發、乙太網驅動模組對乙太網資料封包的收發，以及 CPU 軟體的資料轉發模組對 Wi-Fi 驅動和乙太網

驅動之間的資料封包進行轉發。

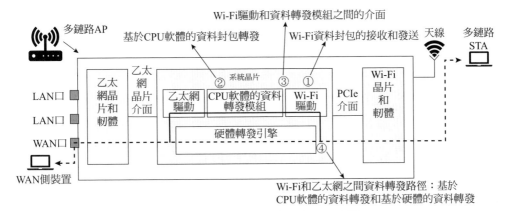

▲ 圖 4-23 Wi-Fi 資料轉發路徑示意圖

　　基於硬體的資料轉發由系統晶片的硬體加速引擎直接處理 Wi-Fi 晶片和乙太網晶片之間的資料封包，不需要透過 CPU 軟體進行處理。

　　與之前的 Wi-Fi 技術相比，Wi-Fi 7 資料轉發路徑上的主要不同是多鏈路 AP 的 Wi-Fi 驅動模組或硬體轉發引擎對多鏈路同傳技術的支援。下面從四個方面對資料轉發功能介紹。

- Wi-Fi 7 MAC 層對多鏈路資料轉發的支援。
- CPU 軟體的資料轉發模組的資料轉發功能。
- Wi-Fi 驅動和資料轉發模組之間的介面。
- 基於 CPU 軟體和基於硬體的資料轉發方案。

1. Wi-Fi 7 MAC 層對多鏈路資料轉發的支援

　　3.2.3 節的 MAC 層架構部分中，說明了多鏈路 AP 的高 MAC 層和低 MAC 層。

　　多鏈路 AP 的 MAC 層實現中，為每條鏈路實現鏈路相關的低 MAC 層和高 MAC 層，用於支援和單鏈路 STA 之間基於單鏈路連接的資料收發處理。此外，還實現多鏈路公共的高 MAC 層，用於支援和多鏈路 STA 之間基於多鏈路的資料收發處理（如圖 4-24 所示）。

　　在圖 4-24 所示的 MAC 層多鏈路資料收發處理過程中，多鏈路公共的高 MAC 層負責多鏈路資料收發處理過程的公共部分，每條鏈路的低 MAC 層負責多鏈路資料收發處理過程的鏈路相關部分。

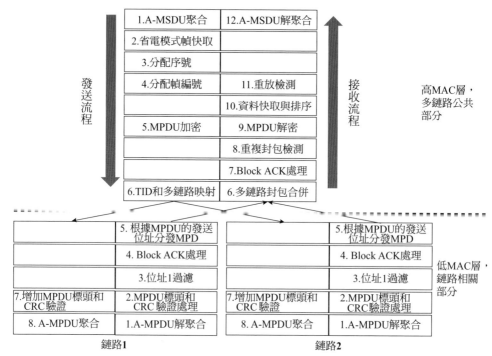

▲ 圖 4-24 Wi-Fi MAC 層多鏈路資料收發處理過程

　　發送方向：多鏈路公共的高 MAC 層處理 A-MSDU 聚合、省電模式的幀快取、MAC 層資料幀的序號分配、MPDU 封包加密和 MPDU 加密過程用到的幀編號分配，然後根據 TID 和多鏈路的映射關係進行多鏈路排程，把加密的 MPDU 封包分發到相應的鏈路進行資料發送。低 MAC 層收到加密的 MPDU 封包後，為 MPDU 更新 MAC 層幀標頭、計算 MPDU 校驗和、結合鏈路媒體存取控制進行 A-MPDU 聚合處理，然後送到物理層完成發送過程。

　　接收方向：低 MAC 層收到來自物理層的 PSDU 封包後，進行 A-MPDU 解聚合處理、MPDU 標頭和 CRC 檢查、接收位址過濾、Block ACK 處理，然後根據 MPDU 封包的發送位址進行 MPDU 封包的分發。多鏈路公共的高 MAC 層收到 MPDU 封包後，對從多筆鏈路接收的 MPDU 封包進行合併和快取、多鏈路 Block ACK 資訊的同步、重複封包檢測、MPDU 解密、根據 MAC 層資料幀的序號進行封包排序、根據幀編號進行封包重放檢測、A-MSDU 解聚合，完成 MAC 層接收過程。

　　MAC 層多鏈路和單鏈路的資料收發處理過程是類似的，其主要區別是多鏈路公共的高 MAC 層處理多鏈路資料收發的公共部分，和鏈路相關的低 MAC 層之間進行

下行資料發送的排程,以及上行資料接收的分發。

下行資料發送的排程:多鏈路公共的高 MAC 層根據 TID 和多鏈路的映射關係,以及每條鏈路的負載情況,進行下行資料發送的多鏈路排程。

上行資料接收的分發:低 MAC 層根據 MPDU 封包的發送位址進行 MPDU 封包的分發,如果發送位址對應單鏈路 STA,則 MPDU 封包發送到鏈路相關的高 MAC 層進行單鏈路資料接收處理,如果發送位址對應多鏈路 STA,則 MPDU 封包發送到多鏈路公共的高 MAC 層進行多鏈路資料接收處理。

2. CPU 軟體的資料轉發模組的資料轉發功能

AP 產品的 Wi-Fi 介面和 WAN 通訊埠之間的資料轉發支援兩種資料轉發模型,即橋接轉發模型和路由轉發模型。

- 橋接轉發模型:基於 IEEE 802.3 乙太網資料幀二層 MAC 位址和 VLAN 資訊進行二層轉發,支援區域網內部不同網路介面之間的資料轉發,如圖 4-25(a)所示。

- 路由轉發模型:基於 IP 層 IP 位址資訊進行路由轉發,支援跨 IP 網段的網路介面之間的資料轉發,如圖 4-25(b)所示。

1)網路介面

在軟體資料轉發模組中,網路介面代表一個網路裝置,它可以對應一個乙太網物理介面,或 Wi-Fi 無線介面。圖 4-25 中,網路介面 eth0 對應乙太網 WAN 通訊埠,網路介面 mld0 對應 Wi-Fi 驅動模組中的無線介面。

網路介面用於封裝底層不同網路介面硬體的細節,為上層資料轉發模組提供通用的介面,進行對資料封包的收發處理和網路裝置的配置管理。乙太網驅動和 Wi-Fi 驅動模組創建網路介面物件,上層資料轉發模組不用區分底層硬體介面的不同,使用相同的網路介面物件進行網路介面資料的收發。

2)橋接轉發模組

橋接轉發模組的實現基於 IEEE 802.3 乙太網資料幀二層 MAC 位址和 VLAN 資訊的二層轉發功能,Linux 網路子系統支援橋接轉發模組的功能。

Linux 網路子系統支援建立橋接器裝置物件,並將網路介面物件和橋接器裝置物件連結,由橋接器裝置負責網路介面之間的資料封包二層轉發功能。

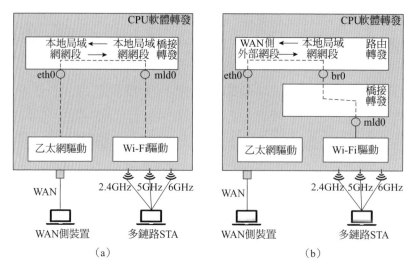

▲ 圖 4-25 資料封包轉發模組資料轉發模型

3）路由轉發模組

路由轉發模組基於 IP 層 IP 位址資訊，實現跨 IP 網段的網路介面之間的資料轉發功能，Linux 網路子系統支援路由轉發模組的功能。

圖 4-25（b）中，路由轉發模組在網路介面 eth0 和 br0 之間進行資料封包路由轉發。eth0 和 br0 分別對應乙太網 WAN 通訊埠和下層橋接轉發模組建立的橋接器裝置，eth0 的 IP 位址為 AP 裝置上聯通訊埠外部網路的網段，而 br0 的 IP 位址為本地區域網的網段。

路由轉發模組在本地區域網網段和外部網路網段之間進行三層路由轉發時，執行網路地址轉換（Network Address Translation，NAT），從而完成區域網裝置和外部網路之間的資料傳輸。

- **支援 NAT 的資料發送**：向外部網路發送資料封包時，NAT 功能將來源 IP 位址從設備的區域網 IP 位址轉化為 eth0 介面的 IP 位址。
- **支援 NAT 的資料接收**：接收外部網路的資料封包時，NAT 功能將目標 IP 位址從 eth0 介面的 IP 位址轉為裝置的區域網 IP 位址。

3. Wi-Fi 驅動和資料轉發模組之間的介面

多鏈路 AP 的高 MAC 層包括每條鏈路相關的高 MAC 層和多鏈路公共的高 MAC 層，由高 MAC 層負責和資料轉發模組之間進行 MSDU 資料封包的傳遞。

　　每條鏈路相關的高 MAC 層為每個 BSS 物件建立一個網路介面,用於單鏈路 STA 的資料轉發;多鏈路公共的高 MAC 層為每個 BSS 物件建立一個網路介面,用於多鏈路 STA 的資料轉發。如圖 4-26 所示,多鏈路公共的高 MAC 層為 BSS 物件建立的網路介面為 mld0,用於連接到該 BSS 的多鏈路 STA 的資料轉發。

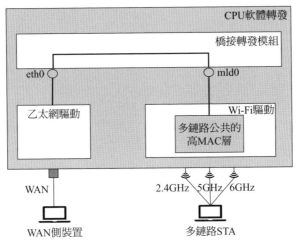

▲ 圖 4-26 Wi-Fi 驅動和資料轉發模組之間的介面

　　在 Wi-Fi 資料封包接收方向,低 MAC 層根據 MPDU 封包的發送位址,將從多鏈路 STA 收到的 MPDU 封包分發到多鏈路公共的高 MAC 層處理。多鏈路公共的高 MAC 層完成封包接收過程處理,根據多鏈路 STA 連接的 BSS 物件找到對應的網路介面 mld0,將 MSDU 封包透過網路介面發送到資料轉發模組,進行資料轉發處理。

　　在 Wi-Fi 資料封包發送方向,橋接資料轉發模組根據待發送封包的目標 MAC 位址找到對應的網路介面 mld0,將 MSDU 封包透過網路介面發送到多鏈路公共的高 MAC 層進行處理。多鏈路公共的高 MAC 層完成資料封包發送過程的處理,根據多鏈路發送排程,將 MPDU 封包發送到某一條鏈路的低 MAC 層處理,在一筆鏈路上完成該資料封包的發送。

4. 基於 CPU 軟體和基於硬體的資料轉發方案

　　圖 4-27 以橋接轉發模型為例,描述了 Wi-Fi 介面和 WAN 通訊埠之間的基於 CPU 軟體和基於硬體的資料轉發路徑。橋接轉發模型和路由轉發模型的不同在於軟體轉發模組和硬體轉發模組,下面對 Wi-Fi 部分的討論適用於不同的轉發模型。

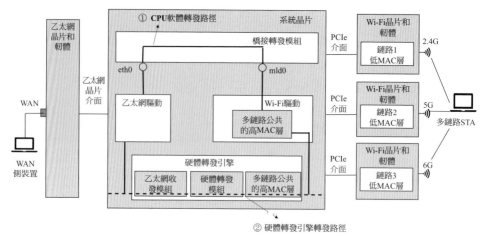

▲ 圖 4-27　AP 軟體轉發和硬體轉發路徑

圖 4-27 描述的方案使用支援硬體轉發引擎的系統晶片和三顆 Wi-Fi 7 晶片。對 Wi-Fi MAC 層多鏈路資料轉發的處理，Wi-Fi 驅動和韌體的分工與 Wi-Fi 晶片的設計相關，鏈路相關的低 MAC 層功能通常由晶片的韌體實現，而多鏈路公共的高 MAC 層的功能可以在 Wi-Fi 驅動中實現，系統晶片和 Wi-Fi 晶片之間透過 PCIe 介面傳輸資料封包。

對基於硬體轉發引擎的轉發方案，Wi-Fi 的資料轉發不經過主控 CPU 處理，多鏈路公共的高 MAC 層的功能可以在硬體轉發引擎的處理器中實現。

（1）CPU **軟體轉發**。

CPU 軟體轉發過程由系統晶片的主控 CPU 處理，由 Wi-Fi 驅動實現的多鏈路公共的高 MAC 層、資料轉發模組和乙太網，來驅動完成 Wi-Fi 晶片和乙太網晶片之間的多鏈路資料轉發。

（2）**硬體轉發**。

硬體轉發過程由系統晶片整合的硬體轉發引擎處理，由硬體轉發引擎上執行的多鏈路公共的高 MAC 層、硬體轉發模組和乙太網收發模組，來完成 Wi-Fi 晶片和乙太網晶片之間的多鏈路資料轉發。

在 Wi-Fi 資料封包接收方向，Wi-Fi 晶片韌體完成資料封包低 MAC 層的處理，透過 PCIe 介面發送到硬體轉發引擎。硬體轉發引擎的多鏈路公共的高 MAC 層將 MSDU 資料封包發送到硬體轉發模組，由硬體轉發模組進行 Wi-Fi 和乙太網之間的資料轉發。

在 Wi-Fi 資料封包發送方向，硬體轉發模組收到乙太網介面的資料封包，根據資

料封包的目標 MAC 位址進行轉發，將 MSDU 資料封包發送給多鏈路公共的高 MAC 層進行處理。多鏈路公共的高 MAC 層完成資料封包發送過程的處理，根據多鏈路發送排程，將 MPDU 封包透過 PCIe 介面發送到對應 Wi-Fi 晶片軔體的低 MAC 層處理，完成資料封包的發送。

4.2.4　Wi-Fi 7 性能最佳化

　　Wi-Fi 性能最佳化是指在 AP 產品基本的 Wi-Fi 連接功能和資料轉發功能開發完成後，進行 AP 產品的 Wi-Fi 性能調優的過程，以達到產品的 Wi-Fi 性能需求。Wi-Fi 性能最佳化包括輸送量性能最佳化和延遲性能最佳化。

1. 輸送量性能最佳化

　　如圖 4-28 所示，多鏈路 AP 在上聯 WAN 介面與裝置相連，在 Wi-Fi 側與多鏈路 STA 連接。影響 WAN 側裝置和多鏈路 STA 之間輸送量的主要因素，包括 Wi-Fi 物理層傳輸速率、資料轉發的處理能力和 Wi-Fi 無線通道的使用率。此外，Wi-Fi 7 多鏈路同傳支援多條鏈路上行和下行資料傳輸，能帶來更高的輸送量。

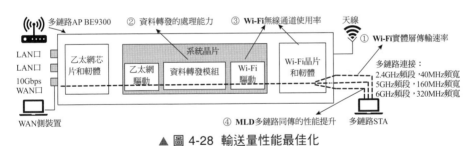

▲ 圖 4-28　輸送量性能最佳化

　　輸送量性能最佳化的開發就是結合這三個主要因素和多鏈路同傳技術來提升產品輸送量。

1）Wi-Fi 物理層傳輸速率

　　穩定的物理層速率是輸送量性能最佳化的基礎。對輸送量性能最佳化，首先檢查物理層傳輸速率，保證物理層傳輸速率穩定在最高值。Wi-Fi 7 物理幀標頭的 EHT-SIG 欄位中，指示該資料封包的物理層傳輸速率。該速率通常可以由廠商提供的 Wi-Fi 驅動模組中的命令行查看，或透過 Wi-Fi 封包抓取封包，從資料幀標頭的資訊中查看。

　　Wi-Fi 連接建立後，多鏈路 AP 裝置根據 Wi-Fi 訊號的品質以及資料傳輸中的資料

封包封包遺失或重傳情況進行動態速率調整。對於滿足相應硬體測試規範要求的 AP 產品,在沒有干擾的環境中進行輸送量測試時,物理層傳輸速率通常穩定在最高值,從而獲得 Wi-Fi 產品的最大輸送量結果。

2)資料轉發的處理能力

資料轉發的處理能力是指資料轉發模組在 Wi-Fi 介面和乙太網路介面之間轉發資料封包的能力。

對基於 CPU 軟體轉發方案的產品,資料轉發的處理能力主要依賴 CPU 的處理速度和資料封包轉發需要的記憶體大小。對基於硬體轉發方案的產品,資料轉發的處理能力主要依賴於硬體轉發引擎的處理速度和資料封包轉發需要的記憶體大小,系統設計階段對 CPU 或硬體轉發引擎性能的評估,是滿足產品資料轉發能力要求的關鍵。

對輸送量性能最佳化,進行 CPU 軟體轉發模組或硬體轉發模組的封包遺失統計的檢查,保證資料轉發模組沒有因為轉發能力不足而發生封包遺失的情況。

3)Wi-Fi 無線通道使用率

Wi-Fi 無線通道使用率是指在 Wi-Fi 傳輸過程中,使用者業務資料傳輸所用的時間佔整個傳輸過程所用的時間的比例。

傳輸過程的銷耗主要表現在 Wi-Fi MAC 層和物理層幀標頭的銷耗、無線媒介存取過程的銷耗以及 MAC 層資料幀的確認和重傳過程的銷耗。使用者業務資料傳輸的時間佔比越高,則無線通道使用率越高。

在保證物理層傳輸速率和產品的資料轉發能力的條件下,提升 Wi-Fi 無線通道的利用率,能顯著提升輸送量性能。

Wi-Fi MAC 層聚合幀技術是提升通道使用率最主要的技術之一,它包括 A-MSDU 和 A-MPDU 兩種技術。不管是哪種技術,在發送資料的時候,一個物理幀聚合多個 MSDU 資料單元,在獲得無線媒介存取權後一次性發送。這種方式減少 MAC 層和物理層的幀標頭的銷耗,提升無線媒介存取以及資料幀發送的效率,達到提升無線通道使用率和輸送量的目的。

一個 A-MSDU 中包含的 MSDU 數目稱為 A-MSDU 的聚合度,一個 A-MPDU 中包含的 MPDU 的數目稱為 A-MPDU 的聚合度。輸送量提升的程度與 A-MSDU 和 A-MPDU 的聚合度大小直接相關,聚合度越高,無線通道的使用率越高,輸送量越大。A-MSDU 和 A-MPDU 的聚合度大小取決於 IEEE 802.11 規範定義的 A-MSDU 和 A-MPDU 的最大長度,以及 Wi-Fi 晶片處理聚合幀的能力。

　　下面介紹 Wi-Fi 7 對 A-MSDU 和 A-MPDU 聚合幀的支援，以及聚合幀技術帶來的吞吐量性能提升。

　　（1）Wi-Fi 7 規範定義的 A-MSDU 和 A-MPDU 聚合幀最大長度。

　　Wi-Fi 7 的物理層傳輸速率得到提升，則業務資料傳輸所用的時間更短，如果相應地提高聚合幀的聚合度，可以有效提升無線通道使用率和輸送量性能。Wi-Fi 6 和 Wi-Fi 7 技術規範定義的最大 A-MSDU 和 A-MPDU 長度如表 4-8 所示。

▼ 表 4-8　Wi-Fi 7 聚合幀長度

MAC 層 聚合幀技術	聚合幀長度說明	Wi-Fi 6 下的 聚合幀長度	Wi-Fi 7 下的 聚合幀長度
A-MSDU	Wi-Fi 規範定義 MPDU 的最大長度。A-MSDU 的大小等於 MPDU 的大小減去 MAC 層幀標頭的大小	11454 字節減去 MAC 層幀標頭的大小	11454 字節減去 MAC 層幀標頭的大小
A-MPDU	Wi-Fi 規範定義一個 PPDU 發送的最大時長，以及 PSDU 的最大長度。PSDU 的最大長度是在 Wi-Fi 規範定義的 PPDU 發送的最大時長內，以最高的物理層傳輸速率能發送的 PSDU 的大小。A-MPDU 的大小等於 PSDU 的大小	6500631 位元組	15523200 位元組

　　（2）Wi-Fi 7 產品對所支援的 A-MSDU 和 A-MPDU 聚合幀長度的能力協商。

　　Wi-Fi 產品支援的 A-MSDU 和 A-MPDU 長度依賴於產品的規格和能力。在 Wi-Fi 連接建立的過程中，AP 和 STA 根據連結請求和連結回應幀攜帶 EHT 能力集資訊單元的資訊進行協商。EHT 能力集資訊單元包含 Wi-Fi 裝置能接收的 MPDU 與 A-MPDU 的最大長度，如表 4-9 所示。

▼ 表 4-9　Wi-Fi 7 產品的 A-MSDU 和 A-MPDU 長度協商

EHT 能力集資訊單元參數	參數說明
最大 MPDU 長度參數	0 表示 3895 位元組 1 表示 7991 位元組 2 表示 11454 位元組
EHT 對最大 A-MPDU 長度的擴充	這是指把最大 A-MPDU 長度表示為以 2 為底的指數形式時，EHT 對指數值的擴充。 若值不為 0，則由下式計算 A-MPDU 的最大長度，表示為 2 的指數值，且不能超過規範定義的最大值。 $\min\left(2^{(23+\text{EHT 對最大 A-MPDU 長度的擴充})}, 15523200\right)$ 若值為 0，則參照 VHT 和 HE 能力集定義的最大 A-MPDU 長度值

（3）A-MPDU 帶來的輸送量性能提升。

這是指根據 Wi-Fi 產品的 A-MPDU 最大能力，設置 Wi-Fi 產品各頻段使用最大的 A-MPDU 聚合度，以提升物理通道使用率和輸送量性能。

以 BE9300 產品 5GHz 頻段的輸送量測試為例，在 5GHz 頻段物理層傳輸速率為 2882Mbps 的條件下，使用 1500 位元組大小的使用者資料封包進行輸送量測試，如圖 4-29 所示。在 A-MPDU 關閉的條件下，輸送量非常低。隨著 A-MPDU 聚合度的提升，輸送量得以提升。當 A-MPDU 聚合度達到 64 時，輸送量接近物理層傳輸速率 65% 的期望值，當 A-MPDU 聚合度達到 256 時，輸送量超過物理層傳輸速率 65% 的期望值。

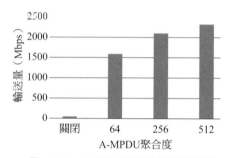

▲ 圖 4-29　A-MPDU 對輸送量的提升

（4）A-MSDU 帶來的輸送量性能提升。

A-MSDU 將多個 MAC 層服務資料單元聚合成 A-MSDU，然後加上 MAC 層資料幀標頭，封裝為 MPDU。A-MSDU 的最大長度受 MPDU 大小的限制。在 A-MSDU 聚合的情況下，多個 MSDU 單元共用 MAC 層幀標頭，從而減小 MAC 層幀標頭的銷耗，提升無線通道的使用率。特別是在小位元組使用者資料封包傳輸的場景，A-MSDU 帶來的性能提升比較明顯。

以 BE9300 產品 5GHz 頻段的輸送量測試為例，在 5GHz 頻段物理層傳輸速率為 2882Mbps 的條件下，使用 1500 位元組和 64 位元組兩種大小的使用者資料封包進行輸送量測試，分析 A-MSDU 對輸送量的提升，如圖 4-30 所示。

圖 4-30 中的分析使用兩種 A-MSDU 和 A-MPDU 的聚合度配置，一種配置是 A-MSDU 聚合度為 1，A-MPDU 聚合度為 256；另一種配置是 A-MSDU 聚合度為 4，A-MPDU 聚合度為 64。兩種配置下 BE9300 產品的綜合的聚合能力為 256，而第二種配置將 A-MSDU 的聚合度從 1 增加為 4。基於這兩種聚合度配置，分別在 1500 位元組和 64 字節使用者封包測試場景，分析 A-MSDU 對輸送量的提升。從圖中看到，

A-MSDU 在 1500 位元組的場景對輸送量的提升為 10%，在 64 位元組的場景對輸送量的提升為 14%。可見，A-MSDU 聚合在小位元組場景下對輸送量的提升更為明顯。

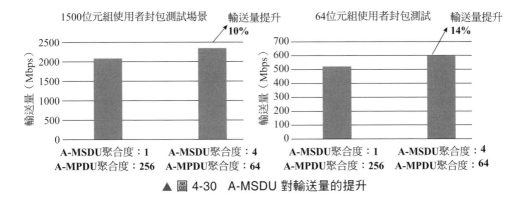

▲ 圖 4-30　A-MSDU 對輸送量的提升

4）多鏈路同傳技術帶來的輸送量提升

　　多鏈路 AP 和多鏈路 STA 之間建立多鏈路 Wi-Fi 連接，在多筆鏈路上同時進行資料傳輸，能帶來輸送量的顯著提升。參考圖 4-31，這是 BE9300 產品的輸送量模擬測試結果，理論上多鏈路 Wi-Fi 連接輸送量結果是三條單鏈路吞吐量的總和，實際測試結果和多鏈路裝置發送調度的性能相關。

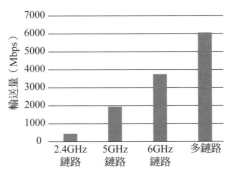

▲ 圖 4-31　多鏈路同傳技術帶來的輸送量提升

2. 延遲性能最佳化

　　如圖 4-32 所示，多鏈路 AP 裝置的 WAN 介面和 Wi-Fi 介面之間的資料傳輸延遲，主要與 Wi-Fi 7 輸送量和通道存取技術、Wi-Fi 資料傳輸排程以及資料封包優先順序區分有關。

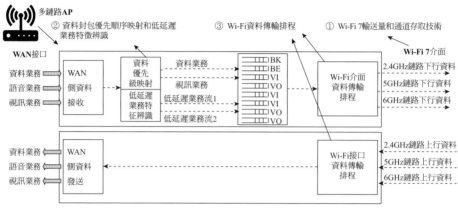

▲ 圖 4-32 延遲性能最佳化

- **Wi-Fi 7 輸送量和通道存取技術**：Wi-Fi 7 的極高輸送量能減少資料封包在 Wi-Fi 網路中傳輸的延遲。此外，Wi-Fi 7 的嚴格目標喚醒時間技術支援低延遲業務在目標時間得到排程，保證低延遲業務資料傳輸的即時性。
- **資料封包優先順序區分**：多鏈路 AP 支援下行資料優先順序映射，對資料封包進行優先級區分，減少高優先順序業務的延遲處理。此外，低延遲業務特徵辨識技術支援對低延遲業務流的辨識，並將低延遲業務流放到獨立的低延遲業務流優先順序佇列，保證低延遲業務流資料傳輸的即時性。
- **Wi-Fi 資料傳輸排程機制**：多鏈路 AP 根據資料封包優先順序和低延遲業務流的特徵，進行多鏈路、OFDMA 和 MU-MIMO 多使用者資料傳輸排程，減少高優先順序和低延遲業務流資料封包在 Wi-Fi 網路上傳輸的延遲。

多鏈路 AP 延遲性能最佳化主要是基於 Wi-Fi 7 的高輸送量和通道存取技術，進行資料封包優先順序區分和資料傳輸排程的最佳化，提升高優先順序業務的延遲性能。

1）下行資料優先順序映射

在基於 IP 的點對點網路中，資料封包的優先級在 IP 層、乙太網層以及 Wi-Fi MAC 層有不同的定義。多鏈路 AP 產品實現 IP 層和乙太網層的優先順序標識和 802.11MAC 層業務資料優先級的映射，來實現 802.11MAC 層基於封包優先級的轉發。優先順序映射的描述如圖 4-33 所示。

第 1 章關於資料幀的介紹中，說明了 802.11 MAC 層 QoS 機制把業務資料分為 8 個類型，對應優先順序的範圍是 0 ～ 7，EDCA 機制定義了 4 個無線連線類別（Access

Category，AC），優先順序從高到低分別為 VO、VI、BE、BK，並介紹了 IEEE 802.11 MAC 層業務資料優先級和 EDCA 無線連線類別的映射關係。

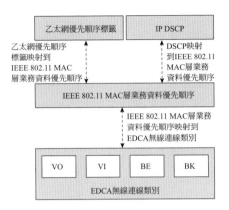

▲ 圖 4-33　優先順序映射

優先順序從高到低分別為 VO、VI、BE、BK，並介紹了 IEEE 802.11 MAC 層業務資料優先級和 EDCA 無線連線類別的映射關係。

乙太網層的優先順序標識為二層優先順序標籤（IEEE 802.1d priority tags），範圍是 0 ～ 7，標識乙太網中資料封包二層轉發的 8 個優先順序。乙太網二層優先順序標籤與 IEEE 802.11 MAC 層業務資料優先順序是一對一的映射關係。

IP 層的優先順序標識為 DSCP 值，範圍是 0 ～ 63，在 IP 封包標頭中標識資料封包對應的業務類型。

實現 IP 的 DSCP 值與 IEEE 802.11 MAC 層業務資料優先順序的映射，一種通用做法是預設把 DSCP 高三位元映射到 IEEE 802.11 MAC 層業務資料優先順序。這種映射方式與網際網路工程任務組（Internet Engineering Task Force，IETF）標準定義的 DSCP 值標識的業務類型優先順序存在不一致的情況，因此，IETF 定義了 DSCP 到 IEEE 802.11 MAC 層業務資料優先級的標準作為優先順序映射實現的參考。

2）低延遲業務特徵辨識

Wi-Fi 7 對業務流資訊辨識（Stream Classification Service，SCS）技術進行擴充，在 SCS 描述（SCS Descriptor）資訊單元中，擴充支援低延遲業務流特徵（QoS Characteristic）資訊單元，用於描述低延遲業務的資料封包匹配規則和低延遲業務的 QoS 特徵參數。

- SCS 功能支援：在 Beacon 幀的擴充能力（Extended Capabilitie）資訊單元中，擴展能力欄位第 54 位元的值為 1 表示多鏈路 AP 支援 SCS 功能，值為 0 表示不支援。

- 低延遲業務流特徵資訊單元支援：在 Beacon 幀的 EHT 能力（EHT Capabilitie）資訊單元中，EHT MAC 能力欄位的第 5 位元的值為 1 表示多鏈路 AP 支援低延遲業務流特徵資訊單元，值為 0 表示不支援。

多鏈路 AP 透過支援 SCS 功能和低延遲業務特徵資訊單元，與終端設備之間完成對特定低延遲業務的特徵辨識互動過程。

多鏈路 AP 的資料傳輸排程機制根據資料封包的優先順序和低延遲業務的 QoS 特徵參數進行下行和上行的資料傳輸排程，以滿足低延遲業務的延遲要求。

3）資料傳輸排程機制

MAC 層資料傳輸排程模型如圖 4-34 所示。多鏈路 AP 發送到多鏈路 STA 的 MPDU 資料封包進入多鏈路公共部分的優先順序佇列，多鏈路發送排程模組根據發送排程策略，將多鏈路 STA 的資料封包排程到某一條鏈路對應的優先順序佇列進行發送。在每一條鏈路上，MU-MIMO 和 OFDMA 發送排程模組，基於 MU-MIMO 和 OFDMA 多使用者存取技術，進行下行或上行方向的多使用者資料傳輸排程。

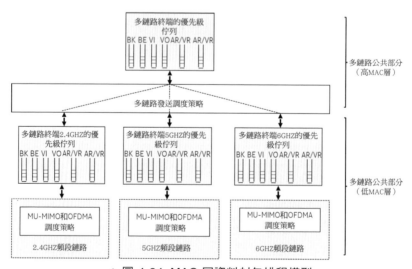

▲ 圖 4-34 MAC 層資料封包排程模型

（1）多鏈路終端對應的多優先順序佇列。

多鏈路 AP 為每個連接的多鏈路 STA 維護多優先順序發送佇列。多優先順序發送佇列包含 BK、BE、VI、VO 四個優先順序，每個優先順序的佇列的數目依賴於 Wi-Fi 晶片廠商的 Wi-Fi 驅動和韌體的實現。

對每個優先順序建立一個或多個佇列，用於快取多鏈路 AP 發送到多鏈路 STA 的不同優先級或不同業務流的資料封包。將低延遲業務流放到對應優先順序的獨立的佇列，以支援發送排程模組根據低延遲業務流的 QoS 特徵參數進行發送排程。

（2）多鏈路發送排程。

多鏈路發送排程模組基於多鏈路的負載平衡和資料封包的優先順序進行資料發送排程。

- 基於負載平衡的多鏈路排程：根據每條鏈路的負載情況進行發送排程，實現多鏈路負載平衡，提高無線通道資源的利用效率。

- 基於資料封包優先順序的排程：基於多鏈路 AP 和多鏈路 STA 之間的 TID 和鏈路的映射關係，對映射到指定鏈路的 TID 的優先順序佇列，將資料封包排程到指定的鏈路進行發送；對沒有映射到指定鏈路的 TID 的優先順序佇列，將高優先順序的資料封包優先排程到物理層傳輸速率高和干擾少的鏈路，保證高優先順序資料封包傳輸的即時性。

（3）MU-MIMO 和 OFDMA 排程。

在每一條鏈路上，基於 MU-MIMO 和 OFDMA 多使用者存取技術，優先進行多使用者資料傳輸排程。

對多使用者場景的高優先順序業務，多鏈路 AP 根據每個終端不同優先順序佇列的快取資料量多少，分配相應的 MRU 資源，進行下行或上行方向的 OFDMA 資料傳輸，以滿足高優先級業務的延遲性能要求。

對多使用者場景的高輸送量業務，多鏈路 AP 根據每個終端不同優先順序佇列中的快取資料量多少，為高輸送量的終端分配大的 MRU 資源單元，進行下行或上行方向的 OFDMA 資料傳輸。同時，基於大 MRU 資源單元進行多使用者 MU-MIMO 資料傳輸，提升無線通道資源使用率和高輸送量業務的性能。

4.2.5 Wi-Fi 7 無線通道管理

Wi-Fi 網路工作在非授權的無線頻段，在實際部署的 Wi-Fi 網路環境中，AP 無線通道存取和資料傳輸受到各種不同干擾因素的影響，包括與 AP 工作在相同頻段的其

他 Wi-Fi 裝置產生的干擾，或在相同頻段內的其他非 Wi-Fi 裝置產生的干擾。為 AP 設置干擾較少的無線通道作為當前通道，能有效避免環境干擾對 AP 的影響，保證 Wi-Fi 網路在實際部署環境中的性能。

AP 裝置支援手動和自動方式配置工作通道。在手動配置方式下，使用者透過 AP 的配置頁面為 AP 手動配置其工作通道；在自動配置方式下，AP 根據無線通道的干擾情況，自動選擇干擾少的通道。

Wi-Fi 無線通道管理功能是指在工作通道為自動配置方式時，AP 進行無線通道自動選擇（Auto Channel Selection，ACS）的功能。

如圖 4-35 所示的 Wi-Fi 網路部署的場景下，鄰居網路 1 的 2.4GHz Wi-Fi 工作在通道 1，通道頻寬為 20MHz；鄰居網路 2 的 2.4GHz Wi-Fi 工作在通道 11，通道頻寬為 20MHz。為規避鄰居網路的干擾，AP 就選擇與鄰居網路不同的無線通道 6，以達到網路性能最佳化的目的。

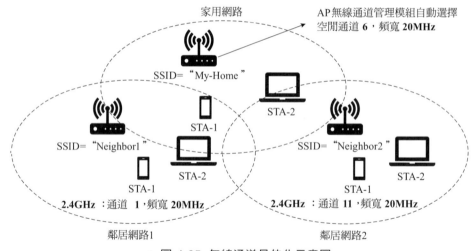

▲ 圖 4-35　無線通道最佳化示意圖

無線通道管理的功能包括以下三個方面。

（1）支援不同 Wi-Fi 頻段的自動通道選擇功能。無線頻段的可用無線通道列表包括 20MHz 頻寬的基本無線通道，以及多個相鄰 20MHz 通道的捆綁，比如 40MHz、80MHz 等具有更高頻寬的無線通道。可用無線通道由主 20MHz 通道編號和通道頻寬來標識，無線通道管理功能支援在 Wi-Fi 頻段的所有可用通道中自動選擇最佳的無線通道。

（2）**支援初始化自動通道選擇功能**。在 AP 裝置通電執行的初始化階段，AP 掃描所有可用無線通道，基於通道掃描結果評估各通道的干擾情況，選擇最佳的無線通道。

（3）**支援執行時期自動通道選擇功能**。AP 執行過程中，AP 監視當前工作通道和其他可用通道的干擾情況，根據自動通道選擇演算法，在滿足通道切換條件時，觸發自動通道的選擇和通道切換。

AP 裝置無線通道管理的功能由無線通道管理模組和 Wi-Fi 驅動模組實現。

如圖 4-36 所示，無線通道管理模組獲取可用的無線通道列表資訊，觸發無線通道全通道掃描，並根據掃描回饋結果獲取各通道的干擾情況，然後根據無線通道的干擾情況自動選擇最佳通道。Wi-Fi 驅動模組維護 AP 裝置可用的無線通道清單，並實現通道掃描和通道切換的執行過程。

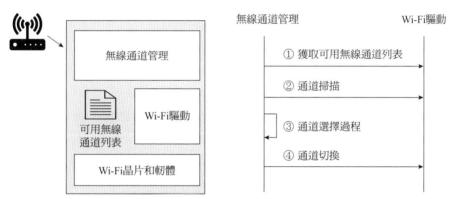

▲ 圖 4-36　無線通道管理軟體功能實現

對 Wi-Fi 7 AP 而言，無線通道管理功能的差異主要表現在以下四個方面。

（1）**支援更高頻寬的無線通道**。Wi-Fi 7 在 6GHz 頻段的最大通道頻寬可選支援320MHz。

（2）**Wi-Fi 7 通道捆綁技術影響通道選擇過程**。多鏈路 AP 支援靜態前導碼遮罩技術，對有干擾的子通道進行遮罩，使用包含主 20MHz 通道的非連續捆綁通道進行Wi-Fi 資料傳輸。通道選擇演算法根據前導碼遮罩技術的特點，優先選擇高頻寬的捆綁通道，並選擇捆綁通道中干擾最少的 20MHz 通道為主 20MHz 通道。

（3）**Wi-Fi 7 多鏈路技術改善通道掃描過程帶來的封包遺失影響**。在一些單鏈路產品實現中，AP 需要短暫切換到待掃描的通道進行無線通道監聽，完成非當前工作通道的掃描過程。而多鏈路同傳技術支援基於多鏈路的發送排程和重傳，避免通道掃描

過程帶來的封包遺失影響。

（4）Wi-Fi 7 多鏈路技術對通道切換過程的擴充。802.11 規範定義了基於通道切換通告 （Channel Switch Announcement，CSA）的無縫通道切換過程，Wi-Fi 7 支援在多筆鏈路上發送某一條鏈路的 CSA 通道切換訊息，加強無縫通道切換過程的可靠性。

下面從通道掃描、通道選擇過程和通道切換三個方面對多鏈路 AP 的無線通道管理功能介紹。

1. 通道掃描

通道管理負責觸發通道掃描並獲取各無線通道的統計資訊，用於評估通道的干擾情況。

通道掃描獲取的無線通道的統計資訊，包括 AP 自身的通道佔用率、外部干擾的通道佔用率、背景雜訊強度、通道內鄰居 AP 的資訊等。

- **當前工作通道**：通道佔用率為 AP 自身的通道佔用率和外部干擾的通道佔用率之和。AP 在正常收發狀態下，透過 Wi-Fi 物理層載波偵聽和對 MAC 層信標幀的監聽來獲取統計資訊。
- **非當前工作通道**：通道佔用率為外部干擾的通道佔用率。AP 臨時切換到待掃描通道，透過 Wi-Fi 物理層載波偵聽和對 MAC 層信標幀的監聽來獲取相關統計資訊，如圖 4-37 所示。

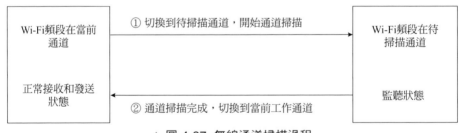

▲ 圖 4-37　無線通道掃描過程

圖 4-37 中，AP 短暫離開當前工作通道，進入監聽狀態，在掃描完成後再切換回當前工作通道，恢復正常收發狀態。為避免通道掃描過程對使用者業務的影響，無線通道管理觸發通道掃描的策略描述如下：

- **定義觸發掃描的週期**：每個週期掃描一個通道，每個通道掃描約幾十毫秒到一百毫秒。分批掃描可以減少對資料傳輸和業務的影響。多鏈路 AP 在每個週

期只掃描某一條鏈路所在 Wi-Fi 頻段的通道，當其中一條鏈路處於通道掃描的時候，多鏈路 AP 在其他鏈路上進行資料封包傳送，有效避免通道掃描所帶來的業務影響。

- **定義觸發掃描的條件**：當前工作通道沒有資料接收或發送時，允許啟動通道掃描，或當前通道的干擾程度高於一定門限時，允許啟動通道掃描。

2. 通道選擇過程

通道選擇過程根據當前工作通道和非工作通道的掃描結果，進行通道品質評分，然後根據既定的通道選擇策略，選擇優選通道，並決定是否進行通道切換。通道選擇過程的示意如圖 4-38 所示。

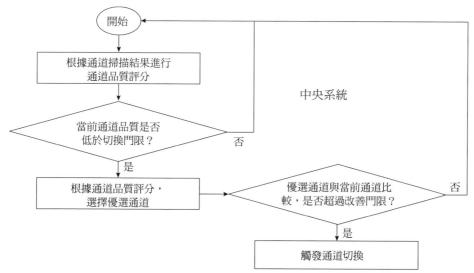

▲ 圖 4-38　無線通道選擇過程

通道選擇策略定義通道品質評分和優選通道選擇的依據，並定義適當的門限值，以決定是否觸發通道切換。具體包括以下三個方面：

1）通道品質評分

對每個 20MHz 頻寬通道，根據通道掃描結果進行評分，干擾越少、背景雜訊越低、通道內鄰居 AP 數目越少，則通道評分值越高。更高頻寬的捆綁通道的評分由 20MHz 頻寬子通道的評分進行加權計算，為主 20MHz 通道定義更高的加權值，使得主 20MHz 通道評分值佔捆綁通道評分值的比重更大。

2）優選通道選擇

根據通道評分，優選評分最好的通道，並結合 Wi-Fi 頻段特點，定義相應優選通道的選擇策略。

- 優先選擇發送功率更高的通道，以改善 Wi-Fi 網路的覆蓋情況。
- 對 2.4GHz 頻段，考慮頻段資源擁擠的影響，優先選擇 20MHz 頻寬的通道。
- 對 6GHz 頻段，優先選擇主 20MHz 通道為優選掃描通道的高頻寬捆綁通道，以提高 6GHz 頻段 Wi-Fi 網路發現過程的效率。

3）通道切換條件

自動通道切換能改善 Wi-Fi 網路工作通道的通道品質，但通道切換過程可能對業務帶來影響，比如，通道切換過程的少量封包遺失，或終端重新連接 Wi-Fi。為避免頻繁通道切換，通道選擇策略定義相應條件，在滿足相應條件時，才決定進行通道切換。以下門限值定義作為通道切換條件參考。

- 當前通道品質滿足切換條件的門限：當前通道的干擾、背景雜訊或 AP 數目達到一定程度時，才允許通道切換。該門限值基於這些通道統計參數，定義允許通道切換的條件。
- 優選通道和當前通道品質評分比較的改善門限：只有當優選通道品質評分比當前通道品質評分高出一定程度，才允許通道切換。該門限值基於通道品質評分的改善值，定義允許切換的條件。

3. 通道切換

無線通道管理模組控制 AP 在一條鏈路上執行自動通道切換時，AP 需要通知所有連接的 STA 同步切換到相同通道。通道切換完成後，AP 和 STA 之間依然保持連接狀態，不影響 Wi-Fi 業務。

IEEE 802.11 規範定義了通道切換通告（Chanel Switch Announcement，CSA）資訊，以及 AP 和 STA 之間的通道切換通告的操作過程。

1）CSA 資訊

包含 CSA 資訊的管理幀可以是信標幀、探測回應幀或動作幀。CSA 資訊中包含 AP 選擇的目標通道資訊，以及以 TBTT 間隔數量為單位的倒計時資訊。

2）AP 和 STA 之間的通道切換通告過程

- AP 在本鏈路上向所有連接的 STA 發送包含 CSA 資訊單元的管理幀，傳統單鏈路 STA 收到後，根據 CSA 的目標通道資訊，同步切換到新的目標通道工作。

- AP 在其他鏈路上向多鏈路終端廣播 CSA 資訊，多鏈路 STA 在收到後，完成相同的切換操作。

注意，CSA 倒計時為零後，AP 再執行物理層通道切換動作，切換到新的工作通道工作。

多鏈路 AP 在多筆鏈路上使用 Beacon 幀廣播 CSA 資訊，並指定多少個 TBTT 時間之後切換目標通道。以三個 TBTT 時間為例，圖 4-39 描述了多鏈路 AP 和終端之間的通道切換的操作過程。

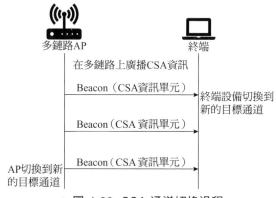

▲ 圖 4-39　CSA 通道切換過程

4.2.6　Wi-Fi 7 EasyMesh 網路

Wi-Fi 聯盟的 EasyMesh 認證技術規範已經得到業界的廣泛認同。支援 EasyMesh 技術的不同廠商的 AP，相互之間能形成 EasyMesh 網路，擴充室內 Wi-Fi 訊號的覆蓋範圍。

本節結合 Wi-Fi 7 多鏈路 AP 產品介紹 EasyMesh 功能的開發，包括多鏈路 AP 的 EasyMesh 的主要功能、EasyMesh 協定框架與軟體設計、EasyMesh 網路拓樸過程等。

1. 多鏈路 AP 的 EasyMesh 的主要功能

EasyMesh 網路是由一個控制器 AP 以及一個或多個代理 AP 組成的 Wi-Fi 網路，如圖 4-40 所示為 EasyMesh 網路結構和主要功能。

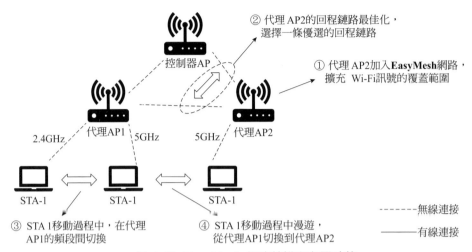

▲ 圖 4-40　EasyMesh 網路結構和主要功能

多鏈路 AP 的 EasyMesh 主要功能包括代理 AP 加入 EasyMesh 網路的網路拓樸功能、代理 AP 的無線回程鏈路最佳化功能、Wi-Fi 終端移動過程中在 AP 不同 Wi-Fi 頻段間切換或在不同 AP 之間漫遊。表 4-10 是對這些功能的簡要描述。

▼ 表 4-10　EasyMesh 主要功能描述

功能	描述	規格指標
網路拓樸	• 一個或多個 Wi-Fi 7 多鏈路 AP 透過有線或 Wi-Fi 無線方式組成 EasyMesh 網路 • AP 組成的 EasyMesh 網路拓樸結構是樹狀或鏈狀結構 • 網路拓樸方式支援 2.4GHz、5GHz 或 6GHz 任一頻段的回程鏈路，或支援多鏈路的回程鏈路 • 支援 Wi-Fi 7 AP 與 Wi-Fi 6 AP 的 EasyMesh 網路拓樸 • 支援 EasyMesh 規範定義的基於按鍵觸發的自動配置方法	EasyMesh 網路拓樸過程自動完成，不需要人工作業干預
無線回程鏈路最佳化	• 支援 EasyMesh 網路的 Wi-Fi 無線回程鏈路的最佳化 • 支援 EasyMesh 規範定義的回程鏈路品質參數查詢，並根據回程鏈路品質選擇最佳的無線回程鏈路	無線回程鏈路切換過程的時間小於 1s
Wi-Fi 頻段間切換（Band Steering）	• 支援單鏈路 Wi-Fi 終端在多鏈路 AP 的不同 Wi-Fi 頻段之間切換；多鏈路終端與多鏈路 AP 之間建立多鏈路連接，不需要在多鏈路 AP 的不同 Wi-Fi 頻段之間切換 • 支援 EasyMesh 規範定義的終端設備連接品質參數查詢，並根據終端連接品質選擇最佳無線頻段並建立連接	Wi-Fi 頻段間切換過程的時間小於 1s
漫遊（roaming）	• 支援 Wi-Fi 終端在不同 AP 裝置之間切換 • 支援 EasyMesh 規範定義的終端設備連接品質參數查詢，並根據終端連接品質選擇最佳 AP 裝置並建立連接	不同 AP 之間切換過程的時間小於 1s

以三頻多鏈路 AP 裝置 BE9300 和雙頻多鏈路 AP 裝置 BE3600 為例，表 4-11 描述了多鏈路 AP 的網路拓樸功能，包括支援的回程鏈路、網路拓樸拓樸以及 EasyMesh 網路拓樸的典型 AP 裝置。

▼ 表 4-11　BE9300 和 BE3600 裝置的網路拓樸功能範例

網路拓樸功能項	BE9300 裝置的網路拓樸功能	BE3600 裝置的網路拓樸功能
有線回程鏈路	10Gbps	2.5Gbps
無線回程鏈路	支援 2.4GHz、5GHz、6GHz 三頻多鏈路無線回程	支援 2.4GHz、5GHz 雙頻多鏈路無線回程
支援的網路拓樸拓樸	樹狀拓樸和鏈狀拓樸	樹狀拓樸和鏈狀拓樸
EasyMesh 網路拓樸的代理 AP 和回程方式	1）多個 BE9300 網路拓樸，選擇 2.4GHz、5GHz 和 6GHz 頻段多鏈路回程 2）和 Wi-Fi 6E 三頻AP 裝置 AX5400 混合組網，優選 6GHz 頻段無線 回程，備選 5GHz 頻段無線回程	1）多個 BE3600 網路拓樸，選擇 2.4GHz 和 5GHz 頻段多鏈路回程 2）和 Wi-Fi6 雙頻 AP 設備 AX3000 混合網路拓樸，選擇 5GHz 頻段無線回程

1）BE9300 與 BE9300 的網路拓樸範例

圖 4-41 描述兩台 BE9300 裝置組成的 EasyMesh 網路。

回程鏈路：控制器和代理 AP BE9300 建立三頻多鏈路的無線回程，傳輸速率最高為 9.3Gbps。

▲ 圖 4-41　兩台 BE9300 組成的 EasyMesh 網路

前傳鏈路：Wi-Fi 終端使用兩條空間流的情況下，代理 AP 與 Wi-Fi 7 三頻終端的連接速率達 9.3Gbps，代理 AP 與 Wi-Fi 6E 終端的 6GHz 連接速率達 2.4Gbps，代理 AP 與 Wi-Fi 6 終端的 5GHz 連接速率達 1.2Gbps。

2）BE9300 與 Wi-Fi 6E AP 的網路拓樸範例

圖 4-42 描述 BE9300 作為控制器和 Wi-Fi 6E AP 裝置組成的 EasyMesh 網路。

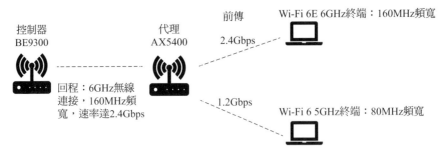

▲ 圖 4-42 BE9300 和三頻 Wi-Fi 6EAP 裝置組成的 EasyMesh 網路

回程鏈路：無線回程鏈路優先使用 6GHz 頻段的 Wi-Fi 連接，物理層傳輸速率最高為 2.4Gbps。由於 6GHz 無線訊號比 5GHz 無線訊號衰減快，在 AP 之間距離遠的場景，如果 6GHz 訊號弱而導致回程鏈路物理層傳輸速率較低，則無線回程切換至備選的 5GHz 頻段的 Wi-Fi 連接。

前傳鏈路：控制器 BE9300 支援三頻 Wi-Fi 多鏈路連接，代理 APAX5400 支援單頻 Wi-Fi 單鏈路連接。使用兩條空間流的 Wi-Fi 終端設備連接代理 AP 裝置時，Wi-Fi 6E 6GHz 終端前傳 Wi-Fi 連接速率達 2.4Gbps，Wi-Fi 6 5GHz 終端前傳 Wi-Fi 連接速率達 1.2Gbps。

3）BE3600 與 BE3600 的網路拓樸範例

圖 4-43 描述了兩個 BE3600 裝置組成的 EasyMesh 網路。

回程鏈路：無線回程鏈路優先使用 5GHz 和 2.4GHz 的多鏈路連接，物理層傳輸速率最高為 3.6Gbps。

前傳鏈路：控制器和代理 AP BE3600 支援雙頻 Wi-Fi 多鏈路連接。使用兩條空間流的 Wi-Fi 終端設備連接 AP 裝置，Wi-Fi 7 雙頻終端前傳 Wi-Fi 連接速率達 3.6Gbps，Wi-Fi 6 5GHz 終端前傳 Wi-Fi 連接速率達 1.2Gbps。

▲ 圖 4-43 兩台 BE3600 設備組成的 EasyMesh 網路

4）BE3600 與 Wi-Fi 6 AP 的網路拓樸範例

圖 4-44 描述了 BE3600 作為控制器和 Wi-Fi 6 AP 裝置組成的 EasyMesh 網路。

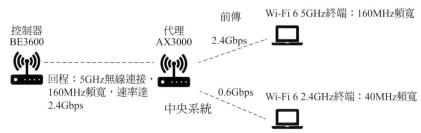

▲ 圖 4-44 BE3600 和雙頻 Wi-Fi 6 AP 裝置樹狀網路拓樸

回程鏈路：無線回程鏈路使用 5GHz 頻段的 Wi-Fi 連接，物理層傳輸速率最高為 2.4Gbps。由於 2.4GHz 頻段頻寬和傳輸速率低，不考慮單獨用作回程。

前傳鏈路：控制器 3600 支援雙頻 Wi-Fi 多鏈路連接，代理 AP AX3000 支援單頻 Wi-Fi 單鏈路連接。使用兩條空間流的 Wi-Fi 終端設備連接代理 AP 裝置時，Wi-Fi 6 5GHz 終端前傳 Wi-Fi 連接速率達 2.4Gbps，Wi-Fi 6 2.4GHz 終端前傳 Wi-Fi 連接速率達 0.6Gbps。

2. EasyMesh 協定框架和軟體設計

Wi-Fi 聯盟 EasyMesh 認證技術規範定義了 EasyMesh 的網路架構以及 EasyMesh 網路內多 AP 之間通訊的控制訊息協定。本節首先介紹 EasyMesh 的網路架構和控制訊息協定，然後介紹 AP 支援 EasyMesh 功能的軟體設計。

1）EasyMesh 的網路架構和控制訊息協定

圖 4-45 描述了 EasyMesh 網路架構和控制訊息協定。

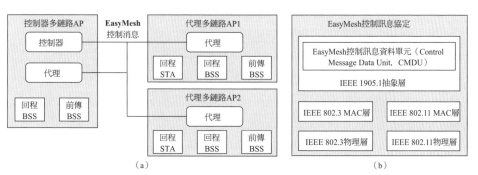

▲ 圖 4-45 EasyMesh 網路架構和控制訊息協定

　　控制器多鏈路 AP 實現控制器邏輯實體和代理邏輯實體，並提供回程 BSS 和前傳 BSS，代理多鏈路 AP 實現代理邏輯實體，並提供回程 BSS、前傳 BSS 以及回程 STA。

- **回程 BSS**：控制器或代理多鏈路 AP 裝置建立回程 BSS，其他代理 AP 裝置建立到回程 BSS 的 Wi-Fi 無線回程鏈路，加入 EasyMesh 網路。
- **前傳 BSS**：控制器或代理多鏈路 AP 裝置建立前傳 BSS，Wi-Fi 終端設備建立到前傳 BSS 的 Wi-Fi 連接，連線 Wi-Fi 網路。
- **回程 STA**：代理多鏈路 AP 裝置建立回程 STA，由回程 STA 建立到 EasyMesh 網路內其他多鏈路 AP 裝置的回程 BSS，加入 EasyMesh 網路。

　　多鏈路 AP 之間基於有線或無線回程鏈路互動 EasyMesh 控制訊息，實現控制器多鏈路 AP 對 EasyMesh 網路的管理。

　　EasyMesh 控制訊息協定如圖 4-45（b）所示，IEEE 1905.1 抽象層協定定義通用的消息互動機制，封裝在不同的底層通訊技術之上，如 IEEE 802.3 乙太網通訊、IEEE 802.11 Wi-Fi 通訊或其他底層通訊技術。EasyMesh 控制訊息資料單元的定義基於 IEEE 1905.1 抽象層訊息進行擴充，其定義了多種 EasyMesh 控制訊息類型，以支援控制器多鏈路 AP 對 EasyMesh 網路的管理。

　　EasyMesh 控制訊息類型包括 EasyMesh 網路管理的各個方面，包括控制器 AP 發現、AP 配置同步、回程鏈路品質參數查詢、回程鏈路切換、終端訊號品質參數查詢、終端連接切換以及其他多種 EasyMesh 網路資訊查詢和控制訊息。表 4-12 簡要描述了 EasyMesh 認證技術規範定義的部分控制訊息類型，以幫助對後續 EasyMesh 功能開發的理解。

▼ 表 4-12　EasyMesh 的部分控制訊息類型

控制訊息分類	訊息類型值	描述
控制器 AP 發現	0x0007	AP 自動配置，用於尋找控制器 AP
	0x0008	AP 自動配置尋找控制器 AP 訊息的回應
AP 配置同步	0x0009	AP 自動配置，用於同步 Wi-Fi 配置資訊
	0x000A	AP 自動配置刷新
回程鏈路品質參數查詢	0x0005	鏈路品質查詢
	0x0006	鏈路品質查詢訊息的回應
回程鏈路切換	0x8019	回程鏈路切換請求
	0x801A	回程鏈路切換請求訊息的回應

控制訊息分類	訊息類型值	描述
終端訊號品質參數查詢	0x800D	連結 STA 的訊號品質查詢
	0x800E	連結 STA 的訊號品質查詢的回應
	0x800F	非連結 STA 的訊號品質查詢
	0x8010	非連結 STA 的訊號品質查詢的回應
終端連接切換	0x8014	終端連接切換請求
	0x8015	終端連接切換請求的結果

2）EasyMesh 軟體設計

基於 EasyMesh 的網路架構，EasyMesh 的軟體模組如圖 4-46 所示，EasyMesh 網路管理的軟體模組主要包括 IEEE 1905 協定模組、EasyMesh 控制模組和 EasyMesh 代理模組。

IEEE 1905 協定模組：實現 IEEE 1905.1 抽象層協定功能。

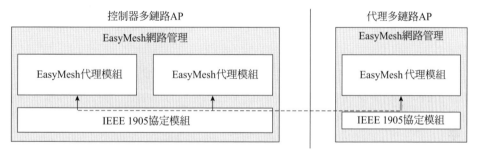

▲ 圖 4-46　EasyMesh 的軟體模組

EasyMesh 控制模組：該模組是 EasyMesh 功能的控制單元，執行於控制器 AP 設備之上。該模組基於 EasyMesh 控制訊息和代理 AP 通訊，完成對代理 AP 的配置同步，收集回程鏈路品質參數和終端訊號品質參數，控制回程鏈路最佳化和終端連接切換等功能。

EasyMesh 代理模組：該模組執行於 EasyMesh 網路的每個 AP 裝置之上，向控制器 AP 上報 AP 裝置的能力集、回程鏈路以及終端的狀態資訊，接收控制軟體模組的控制消息，基於底層 Wi-Fi 驅動模組的介面執行相應的控制指令。

3. EasyMesh 網路拓樸過程

EasyMesh 網路的有線網路拓樸過程如圖 4-47 所示。有線網路拓樸過程首先將新

的代理多鏈路 AP 透過有線連接到 EasyMesh 網路，然後控制器多鏈路 AP 完成對新加入的代理多鏈路 AP 的配置同步。

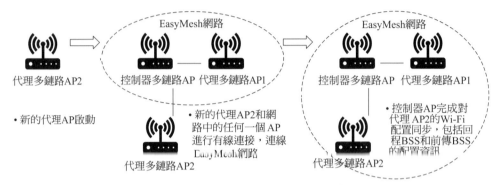

▲ 圖 4-47　EasyMesh 的有線網路拓樸過程

EasyMesh 網路的無線網路拓樸過程如圖 4-48 所示。無線網路拓樸過程首先為新的代理多鏈路 AP 配置 EasyMesh 回程 BSS 連線資訊，代理多鏈路 AP 透過回程 BSS 連線 EasyMesh 網路，然後由控制器多鏈路 AP 完成對新連線的代理多鏈路 AP 的配置同步。

無線網路拓樸和有線網路拓樸相比，主要區別是無線網路拓樸過程需要首先為新的代理多鏈路 AP 配置回程 BSS 連線資訊。在新的代理多鏈路 AP 透過有線或無線連線 EasyMesh 網路後，控制器多鏈路 AP 對它的配置同步過程是相同的。

下面以 EasyMesh 認證技術規範定義的基於按鍵觸發的自動配置方法（Push Button Configuration，PBC），介紹無線網路拓樸實現，如圖 4-49 所示。

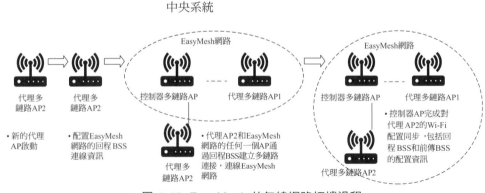

▲ 圖 4-48　EasyMesh 的無線網路拓樸過程

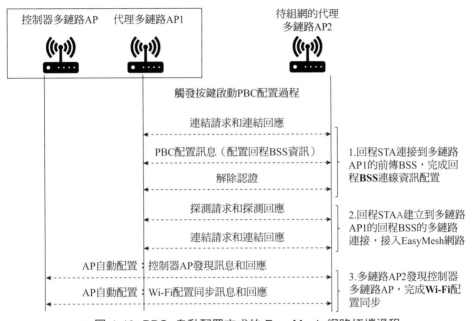

▲ 圖 4-49　PBC 自動配置方式的 EasyMesh 網路拓樸過程

1）回程 BSS 連線資訊的配置

多鏈路 AP2 和多鏈路 AP1 上同時觸發 PBC 按鍵，觸發多鏈路 AP2 的回程 STA 和多鏈路 AP1 的前傳 BSS 之間建立 Wi-Fi 連接。PBC 按鍵觸發的 Wi-Fi 連接基於回程 STA 的 MAC 位址協商加密金鑰，然後由多鏈路 AP1 向多鏈路 AP2 發送加密的回程 BSS 連線資訊，完成 BSS 連線資訊的配置過程。

回程 BSS 連線資訊的配置內容包括回程 BSS 的 SSID、認證加密方式和密碼資訊。EasyMesh 認證技術規範定義的配置內容如表 4-13 所示。

▼ 表 4-13　回程 BSS 連線資訊配置內容

配置參數	描述
SSID	回程 BSS 的 SSID 名稱
認證類型	SSID 的認證類型
加密方式	SSID 的加密方式
密碼	SSID 的連線密碼

2）建立與回程 BSS 的多鏈路連接

多鏈路 AP2 收到回程 BSS 連線資訊後，啟動回程 STA 到回程 BSS 的多鏈路發現和建立過程。

指定 SSID 的多鏈路發現過程：多鏈路 AP2 啟動指定 SSID 的 BSS 多鏈路發現互動過程，根據 EasyMesh 網路中多鏈路 AP 的 Wi-Fi 訊號強度選擇目標 AP，並使用多鏈路探測響應幀，獲取目標多鏈路 AP 的多鏈路資訊。

多鏈路連接建立過程：多鏈路 AP2 發起多鏈路連接的認證和連結過程，建立與目標 AP 的回程 BSS 的多鏈路連接，連線 EasyMesh 網路。

3）控制器 AP 發現和 WI-FI 配置同步

多鏈路 AP2 連線 EasyMesh 網路後，發送自動配置的 EasyMesh 控制訊息，完成控制器多鏈路 AP 的發現，並由控制器多鏈路 AP 完成對代理多鏈路 AP2 的 BSS 配置資訊的同步。EasyMesh 規範定義的 BSS 配置資訊同步過程和訊息定義如圖 4-50 所示。

控制器多鏈路AP　　　　　代理多鏈路AP　　BSS配置訊息

BSS配置參數	描述
SSID	BSS的SSID名稱
認證類型	SSID的認證類型
加密方式	SSID的加密方式
密碼	SSID的連線密碼
BSS類型	BSS的類型，標識前傳BSS或回傳BSS

AP自動配置請求：針對每個Wi-Fi頻段發送BSS配置請求

AP自動配置內容：為每個Wi-Fi頻段回覆BSS配置資訊

▲ 圖 4-50 BSS 配置資訊同步過程和 BSS 配置訊息定義

多鏈路 AP2 針對每個頻段向控制器多鏈路 AP 發送自動配置請求，控制器多鏈路 AP 回覆該頻段上的 BSS 配置資訊。

對 Wi-Fi 7 多鏈路 AP 的 BSS 配置資訊的同步，BSS 配置訊息需要擴充新的配置參數，用於指示 BSS 連結的或多個 Wi-Fi 頻段。具體擴充的內容待 EasyMesh 規範後續版本針對 Wi-Fi 7 多鏈路特性進行定義。

4. 回程鏈路最佳化

在無線網路拓樸過程中，新加入的代理多鏈路 AP 根據與 EasyMesh 網路中的多鏈路 AP 之間的 Wi-Fi 訊號強度，選擇目標多鏈路 AP，建立無線回程鏈路的連接。網路

拓樸過程完成後，控制器 AP 裝置根據網路拓撲和回程鏈路品質情況，為代理多鏈路 AP 選擇優選的回程鏈路。以 BE9300 組成的 EasyMesh 網路為例，圖 4-51 描述了控制器多鏈路 AP 為代理多鏈路 AP 選擇優選無線回程鏈路的功能。

無線回程鏈路最佳化的過程如圖 4-52 所示，包含回程鏈路品質參數查詢、根據回程鏈路最佳化策略選擇優選回程鏈路、回程鏈路切換請求以及回程鏈路切換過程。

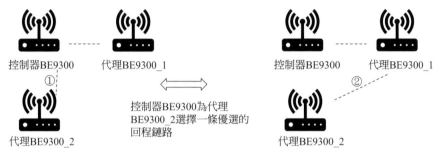

▲ 圖 4-51 回程鏈路最佳化示意圖

▲ 圖 4-52 無線回程鏈路最佳化的過程

1）回程鏈路品質參數查詢

控制器多鏈路 AP 和代理多鏈路 AP 之間互動 EasyMesh 回程鏈路品質參數查詢控制訊息，獲取網路中代理多鏈路 AP 的回程鏈路類型及品質參數，包括當前工作的無線回程鏈路，以及備用的無線回程鏈路的類型和品質參數。鏈路的品質參數主要指鏈

路的物理層傳輸速率,如圖 4-53 所示。

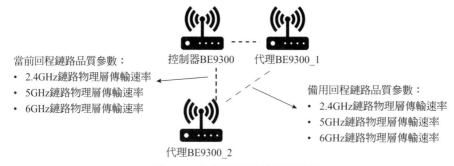

▲ 圖 4-53 無線回程鏈路品質參數

2）回程鏈路最佳化策略

控制器多鏈路 AP 根據回程鏈路最佳化策略選擇優選的回程鏈路,最佳化策略主要有以下幾方面。

（1）優先選擇有線回程鏈路。

（2）優先選擇無線回程鏈路中的**物理層傳輸速率高的鏈路**。

（3）如果代理多鏈路 AP 與控制器多鏈路 AP 之間存在多筆無線傳輸路徑,則對這些傳輸路徑進行品質評分,**優先選擇品質評分最高的傳輸路徑**。

如圖 4-54 所示,代理 BE9300_2 和控制器 BE9300 之間存在兩條傳輸路徑:

● 傳輸路徑 1 的品質評分由代理 BE9300_2 和控制器 BE9300 之間的回程鏈路品質決定。

● 傳輸路徑 2 的品質評分由代理 BE9300_2 和代理 BE9300_1 之間的回程鏈路,以及代理 BE9300_1 和控制器 BE9300 之間的回程鏈路品質綜合決定。

（4）**傳輸路徑品質評分改善門限**:定義傳輸路徑品質評分改善的門限值,當其他傳輸路徑的品質評分比當前傳輸路徑的改善超過門限值,才允許回程鏈路切換,以避免回程鏈路頻繁切換的情況。

3）回程鏈路切換請求

控制器多鏈路 AP 向代理多鏈路 AP 發送回程鏈路切換請求的控制訊息,觸發回程鏈路的切換。

EasyMesh 技術規範定義的切換請求訊息包含代理 AP 的回程 STA 的 MAC 位址、回程 BSS 的 BSSID 以及 BSSID 工作的無線通道的資訊。

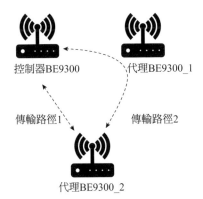

控制器BE9300　　代理BE9300_1

傳輸路徑1　　傳輸路徑2

代理BE9300_2

▲ 圖 4-54　代理多鏈路 AP 到控制器多鏈

在 Wi-Fi 7 支援的多鏈路 AP 的回程鏈路切換情況下，切換請求訊息需要擴充新的參數，用於指定回程 BSS 的 MLD 位址和多鏈路的 BSSID 資訊，以控制回程 BSS 的多鏈路切換。具體擴充的內容待 EasyMesh 技術規範的後續版本針對 Wi-Fi 7 多鏈路特性進行新的定義。

4）回程鏈路切換過程

回程鏈路切換的時候，當前回程鏈路的多鏈路連接會斷開，並引起業務的短暫中斷，同時多鏈路 AP 之間建立新回程鏈路。回程鏈路切換過程的多鏈路連接使用快速切換（Fast Transition，FT）連接方式，可減少回程鏈路切換過程中的業務中斷時間。回程鏈路的多鏈路快速連接過程如圖 4-55 所示。

BE9300_2 的回程 STA 初次連接到 EasyMesh 網路中的多鏈路 AP 時，協商用於快速切換的成對主金鑰（PMK）資訊，並在 EasyMesh 網路中的多鏈路 AP 裝置之間分發，用於後續的快速連接過程。

多鏈路快速連接過程包含認證過程和連結過程，相比於通常的多鏈路連接過程，多鏈路快速連接過程減少了 PMK 的生成過程和四次交握過程。

認證過程：基於 FT 認證方式，認證請求和認證回應攜帶多鏈路資訊單元，包含 MLD MAC 位址。認證訊息互動完成後，根據 PMK 金鑰資訊生成 PTK。

連結過程：重連結請求和重連結回應攜帶多鏈路資訊單元，包含 MLD MAC 位址、請求建立多鏈路的鏈路資訊。重連結訊息互動過程完成多鏈路 Wi-Fi 連接參數的協商，並生成每條鏈路的 GTK，發送給發起多鏈路連接的回程 STA。

中央系統

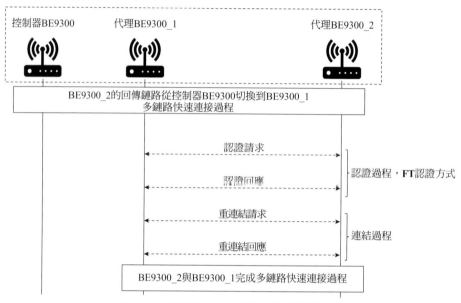

▲ 圖 4-55 多鏈路 AP 多鏈路快速連接過程

5. Wi-Fi 頻段間切換和多鏈路 AP 之間漫遊

圖 4-56 是 Wi-Fi 終端在 EasyMesh 網路的 Wi-Fi 頻段間切換或多鏈路 AP 之間漫遊的場景。

▲ 圖 4-56 Wi-Fi 頻段間切換和 AP 之間漫遊

單鏈路終端設備在網路中移動時，Wi-Fi 連接在同一個多鏈路 AP 的 Wi-Fi 頻段間切換，或從一個多鏈路 AP 漫遊到另一個多鏈路 AP。其中，漫遊可以是在多鏈路 AP 之間的不同 Wi-Fi 頻段上的漫遊。

多鏈路終端設備在網路中移動時，多鏈路連接從一個多鏈路 AP 漫遊到另一個多鏈路 AP。對多鏈路終端而言，優先保持多鏈路連接，不需要支援在同一個多鏈路 AP 上的不同 Wi-Fi 頻段之間切換的場景。

Wi-Fi 終端連接到 EasyMesh 網路後，控制器多鏈路 AP 根據 Wi-Fi 終端連接的品質參數以及 EasyMesh 網路回程鏈路的品質參數，為終端設備選擇最佳的 BSS。然後，控制器多鏈路 AP 透過向終端設備發送終端連接切換請求的控制訊息，控制終端設備在 Wi-Fi 頻段間切換或在 AP 之間漫遊。以多鏈路終端設備為例，圖 4-57 描述了控制器多鏈路 AP 控制連接切換的過程。

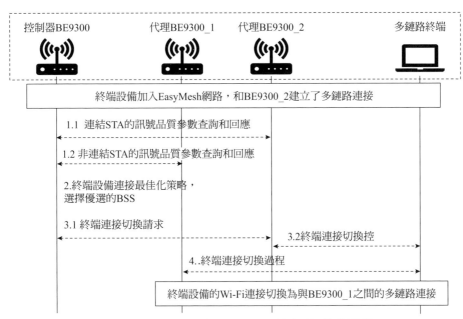

▲ 圖 4-57 控制器多鏈路 AP 控制連接切換的過程

1）終端設備連接訊號品質參數查詢

控制器多鏈路 AP 和代理多鏈路 AP 之間互動連結 STA 訊號品質參數查詢訊息和非連結 STA 訊號品質參數查詢訊息，獲取網路中不同的多鏈路 AP 和終端設備之間的訊號品質參數。

EasyMesh 認證技術規範定義的連結 STA 訊號品質參數查詢訊息包含 Wi-Fi 連接的訊號強度 RSSI 和傳輸層物理速率，非連結 STA 訊號品質參數查詢訊息包含多鏈路 AP 和終端裝置之間的訊號強度 RSSI，控制器多鏈路 AP 根據訊號強度和終端設備的能力集資訊估算物理層傳輸速率。

對 Wi-Fi 多鏈路終端設備，連結 STA 和非連結 STA 訊號品質參數查詢訊息需要新的參數，用於包含多鏈路的訊號強度 RSSI 和傳輸層物理速率的資訊。具體擴充的內容待 EasyMesh 技術規範的後續版本針對 Wi-Fi 7 多鏈路特性進行定義。

2）終端設備連接最佳化策略

多鏈路 AP 根據終端設備連接最佳化策略為終端設備選擇優選的 BSS，連接最佳化策略主要考慮以下幾個方面。

（1）單鏈路終端設備優先選擇高頻寬 Wi-Fi 頻段，優先順序依次為 6GHz、5GHz 和 2.4GHz 頻段。

（2）多鏈路終端設備優先選擇多鏈路連接。

（3）優先選擇 Wi-Fi 訊號強度高的多鏈路 AP 進行 Wi-Fi 連接。

（4）與無線回程鏈路最佳化類似，終端設備到控制器多鏈路 AP 之間存在多筆傳輸路徑，對終端設備到控制器多鏈路 AP 之間的傳輸路徑進行品質評分，選擇傳輸路徑品質評分最高的傳輸路徑。傳輸路徑品質評分根據終端設備連接的物理層傳輸速率和傳輸路徑包含的多筆回程鏈路的物理層傳輸速率綜合決定。

（5）傳輸路徑品質評分改善門限：定義用於終端設備連接最佳化的傳輸路徑品質評分改善的門限值，當其他傳輸路徑的品質評分比當前傳輸路徑的改善超過門限值時，才允許終端裝置連接的切換，以避免終端連接的頻繁切換。

3）終端連接切換請求

控制器多鏈路 AP 向代理多鏈路 AP 發送終端連接切換請求的控制訊息，觸發多鏈路 AP 啟動終端設備連接的切換過程。連接切換請求控制訊息包含終端設備的 MAC 位址，以及連接切換目標 BSS 的 BSSID 和無線通道資訊。

對 Wi-Fi 7 多鏈路終端設備，終端連接切換請求訊息指定多鏈路終端設備的一條鏈路對應的資訊，包括該鏈路對應的終端 MAC 位址、目標 BSS 的 BSSID 和無線通道資訊，代理多鏈路 AP 收到終端連接切換請求訊息後，向終端設備發送攜帶該鏈路資訊的 BSS 切換請求動作幀，觸發終端設備在該鏈路上啟動多鏈路發現和連接過程。

4）終端連接切換過程

終端連接切換過程斷開和當前 BSS 的多鏈路連接，同時完成和目標 BSS 之間的 Wi-Fi 多鏈路連接。和回程鏈路的快速切換過程一樣，對支援快速切換能力的終端設備，終端連接切換過程使用快速切換（Fast Transition，FT）連接方式，減少終端連接

切換過程帶來的業務中斷時間。

4.2.7　Wi-Fi 7 網路管理

如果 AP 產品要實現 Wi-Fi 網路的管理功能，通常的方案是支援基於本地網頁存取或者基於遠端系統管理協定的 Wi-Fi 管理功能，從而為終端使用者和網路營運商提供可管理、可控制的 Wi-Fi 網路。如圖 4-58 所示，本地網頁管理系統連線 Wi-Fi 網路，存取控制器 AP 的本地管理 IP 位址，為終端使用者提供 Wi-Fi 網路管理功能。遠端系統管理系統透過外部網路訪問控制器 AP 的公網管理 IP 位址，為網路營運商提供 Wi-Fi 網路管理功能。

Wi-Fi 網路管理功能包括 Wi-Fi 業務配置和 Wi-Fi 網路資訊查詢功能。

（1）Wi-Fi **業務配置**：包括 Wi-Fi 不同頻段的物理層和 MAC 層參數的配置，如無線通道和頻寬選擇、發送功率大小等，以及 BSS 參數的配置，如 SSID 名稱、認證和加密方式等。

（2）Wi-Fi **網路資訊查詢**：包括 Wi-Fi 網路拓撲資訊、所連接的 Wi-Fi 終端設備資訊、Wi-Fi 無線通道資訊等。網路拓撲資訊用於監控多 AP 裝置組成的 Wi-Fi 網路的拓撲結構，以及 AP 裝置之間回程鏈路的鏈路類型和鏈路物理速率，無線回程鏈路還包括訊號強度等資訊。所連接的 Wi-Fi 終端設備資訊包括所連接終端設備的清單，每個終端設備的物理速率、訊號強度以及收發送封包相關統計等資訊。Wi-Fi 無線通道資訊包括所有可用無線通道的列表，每個無線通道的通道佔有率、通道干擾以及鄰居 BSS 等資訊。

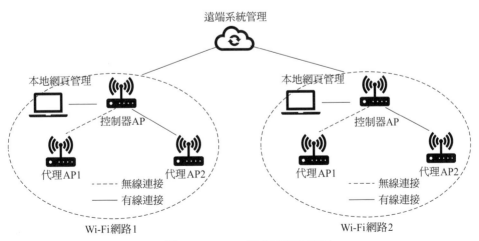

▲ 圖 4-58　Wi-Fi 網路管理拓撲圖

Wi-Fi 7 的網路管理功能主要在於多鏈路同傳技術帶來的變化。

- **業務配置管理**：支援 BSS 和多個 Wi-Fi 頻段的連結。
- **網路資訊查詢**：顯示多鏈路 AP 和多鏈路 STA 之間連接的每條鏈路的物理速率、訊號強度和收發送封包統計資訊等。

下面將進一步介紹 Wi-Fi 網路管理相關的管理協定和 Wi-Fi 7 對管理協定帶來的變化，然後介紹 Wi-Fi 網路管理軟體設計。

1. Wi-Fi 網路管理協定

Wi-Fi 網路中，控制器 AP 負責和代理 AP 之間通訊，完成對代理 AP 的配置同步和網路資訊收集。本地網頁管理系統或遠端系統管理系統與 Wi-Fi 網路中控制器 AP 之間，基於管理協議進行通訊，完成對 Wi-Fi 網路的管理功能。圖 4-59 描述了 Wi-Fi 網路管理協定的方塊圖。

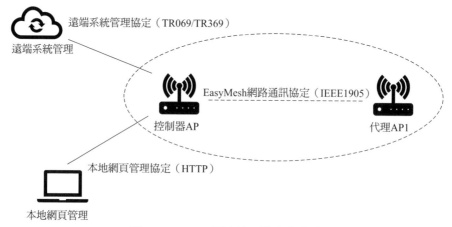

遠端系統管理協定（TR069/TR369）
遠端系統管理

EasyMesh網路通訊協定（IEEE1905）
控制器AP
代理AP1

本地網頁管理協定（HTTP）
本地網頁管理

▲ 圖 4-59 Wi-Fi 網路管理協定的方塊圖

1）本地管理協定

Wi-Fi 網路本地管理是基於網頁圖形介面的管理系統。網頁存取基於 HTTP 協定，用戶使用瀏覽器軟體存取 AP 裝置的網頁，對 Wi-Fi 網路進行配置管理。

控制器 AP 的網頁頁面支援的配置管理參數根據產品規格和本地配置管理需求定義，主要的頁面包含 Wi-Fi 頻段配置頁面、BSS 配置頁面、網路拓撲查詢頁面、連接的終端設備查詢頁面、無線通道狀態查詢頁面等。

2）遠端系統管理協定

Wi-Fi 網路遠端系統管理系統是基於標準的遠端系統管理協定，以及標準的 Wi-Fi 管理模型對 Wi-Fi 網路進行管理的管理系統。遠端系統管理協定和管理模型的標準化能支援遠端系統管理系統和不同廠商的 AP 裝置之間的互通，使得網路營運商可以基於一套 Wi-Fi 網路遠端系統管理系統，對來自不同廠商的所有 AP 裝置進行統一管理。

寬頻討論區標準組織定義了面向使用者端裝置（Customer Premises Equipment，CPE）的遠端系統管理協定，以及對 CPE 進行管理的資料模型，相關的遠端系統管理協定和資料模型適用於使用者端連線閘道裝置、AP 裝置以及區域網內使用者終端設備的管理。主要的遠端系統管理協議包括 TR069 和 TR369 協定，標準資料模型包括 TR098 和 TR181 資料模型。

TR069 協定是目前廣泛使用的遠端系統管理協定，也稱為 CPE WAN 管理協定，基於 TR069 的遠端系統管理系統稱為自動配置伺服器（Auto Configuration Server，ACS）系統。TR069 協定是承載在 HTTP 協定之上的應用層協定，定義了 CPE 和 ACS 之間的遠端過程呼叫方法，包括事件通知上報、裝置軟體下載、管理物件的建立和刪除、管理物件參數的修改和查詢等。

TR369 協定也稱為使用者業務平臺（User Services Platform，USP），是寬頻討論區標準組織基於 TR069 演進的新一代遠端系統管理協定。TR369 協定方塊圖如圖 4-60 所示。

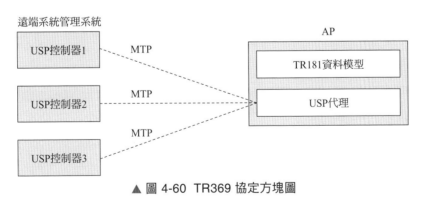

▲ 圖 4-60 TR369 協定方塊圖

輕量級的訊息傳輸協定（Message Transfer Protocol，MTP）：TR369 協定通訊的兩端稱為 USP 端點，執行在裝置側的軟體稱為 USP 代理，執行在管理系統側的軟體稱為 USP 控制器。USP 代理和 USP 控制器之間透過 TR369 協定定義的 MTP 承載

TR369 管理訊息，USP 控制器和代理之間的 MTP 連接建立後，一直保持連接狀態，控制器和代理之間可以即時進行管理訊息的互動，支援 Wi-Fi 網路資訊的即時查詢和上報。此外，USP 代理可以同時和多個控制器之間建立連接，進行管理訊息的互動，以支援遠端系統管理系統側不同應用的開發和部署。

擴充的 TR181 資料模型：TR369 管理協定使用擴充的 TR181 資料模型進行 Wi-Fi 網路的管理，能支援 TR069 協定支援的管理功能，同時支援 TR369 的訊息傳輸機制和擴充的遠端操作方法。

2. TR098 和 TR181 標準資料模型

TR098 資料模型於 2005 年發佈，是寬頻討論區標準組織定義的使用者側閘道裝置資料模型的第一個版本。TR181 資料模型是寬頻討論區標準組織在 TR098 的基礎上，於 2010 年發布的使用者側閘道裝置資料模型的第二個版本。TR181 涵蓋 TR098 的內容，對管理物件的定義進行了新的劃分，將裝置、網路介面、網路通訊協定和不同應用的管理物件分離，增加了使用者側裝置和業務配置管理的靈活性。

TR181 資料模型定義的 Wi-Fi 管理物件包含 Wi-Fi 頻段管理物件、SSID 管理物件、接入點 AP 管理物件和終端點（End Point）管理物件。此外，TR181 資料模型的修訂版本 15 中增加了 Wi-Fi 聯盟定義的最新的 Wi-Fi 資料單元（Data Element）的支援，加強了對 Wi-Fi EasyMesh 網路管理的能力。

當前 TR181 資料模型最新版本定義的 Wi-Fi 網路管理的資料模型如圖 4-61 所示。

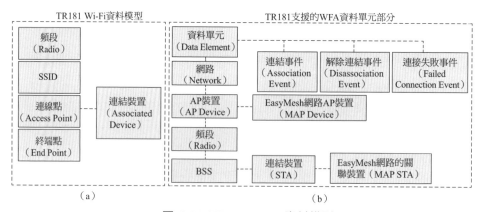

▲ 圖 4-61 TR181 Wi-Fi 資料模型

圖 4-61（a）為 TR181 定義的 Wi-Fi 資料模型，主要用於 AP 的基本 Wi-Fi 業務

的配置管理。圖 4-61（b）為 TR181 支援的 Wi-Fi 資料單元部分，主要用於 EasyMesh 網路的 Wi-Fi 資訊搜集和功能配置，如 EasyMesh 網路拓撲資訊、EasyMesh 網路回程鏈路最佳化、Wi-Fi 終端設備的 Wi-Fi 頻段間切換和 AP 之間漫遊等功能的策略配置。

　　TR181 資料模型的定義需要結合 Wi-Fi 7 的能力集和多鏈路技術進行擴充，以滿足對 Wi-Fi 7 網路管理的要求，表 4-14 描述了 Wi-Fi 7 對資料模型的影響。TR181 資料模型擴充的具體內容，待寬頻討論區標準組織 TR181 資料模型的後續版本結合 Wi-Fi 7 技術進行定義。

▼ 表 4-14　Wi-Fi 7 對 TR181 資料模型的影響

管理物件	Wi-Fi 7 帶來的變化
SSID 管理物件， WFA 資料單元的 BSS 管理物件	• SSID 管理物件和多個 Wi-Fi 頻段管理物件連結 • WFA 資料單元的 BSS 管理物件和多個 Wi-Fi 頻段管理物件連結
連結裝置管理物件， WFA 資料單元的連結裝置管理物件	• 獲取連結裝置的多鏈路資訊，包括每條鏈路的連接速率、訊號強度和收發送封包統計資訊等 • 獲取連結裝置的 Wi-Fi 7 能力集資訊
WFA 資料單元的頻段管理物件	• 獲取 Wi-Fi 頻段的 Wi-Fi 7 能力集資訊
WFA 資料單元的 EasyMesh 網路 AP 裝置管理物件	• 支援回程鏈路的多鏈路管理，獲取回程 STA 的多鏈路資訊，包括每條鏈路的連接速率、訊號強度和收發送封包統計資訊等
WFA 資料單元的事件上報管理物件	• 支援多鏈路裝置的事件上報，包含多鏈路裝置的 Wi-Fi 7 能力集資訊和多鏈路資訊

3. Wi-Fi 網路管理軟體開發

　　Wi-Fi 網路管理軟體開發是基於網路管理協定實現 AP 裝置的 Wi-Fi 網路業務配置和資訊查詢功能。如圖 4-62 描述的是 AP 裝置 Wi-Fi 網路管理的軟體設計方塊圖。

　　管理協定模組：根據網路管理協定的規範實現網路管理協定的功能，並負責將不同的管理協定定義的資料模型映射到 AP 產品的內部資料模型，由配置管理框架將配置管理消息分發到應用層軟體模組處理。

　　Wi-Fi 業務管理模組：負責 AP 裝置 Wi-Fi 業務的配置管理，該模組向配置管理框架註冊 Wi-Fi 業務配置相關的管理物件，包括 Wi-Fi 頻段、SSID 等管理物件，配置管理框架根據管理物件的註冊資訊，將 Wi-Fi 業務的配置管理訊息分發到 Wi-Fi 業務管理模組處理。

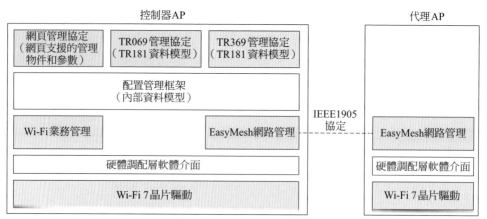

▲ 圖 4-62　Wi-Fi 網路管理的軟體設計方塊圖

EasyMesh 網路管理模組：負責 EasyMesh 網路 Wi-Fi 資訊的搜集和 EasyMesh 網路功能的配置管理，該模組向配置管理框架註冊 WFA 資料單元的管理物件，配置管理框架根據管理物件的註冊資訊，將 WFA 資料單元管理物件的配置管理訊息分發到 EasyMesh 網路管理模組處理。

配置管理框架：定義 AP 產品內部資料模型，為管理協定模組提供統一的基於內部資料模型的操作介面。此外，配置管理框架根據管理物件的註冊資訊，進行配置管理訊息的分發，呼叫 Wi-Fi 業務管理模組和 EasyMesh 網路管理模組的介面完成配置管理操作。

配置管理框架和其他模組之間的呼叫關係如圖 4-63 所示。

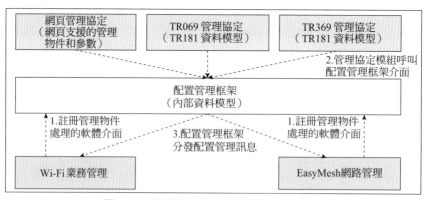

▲ 圖 4-63　配置管理框架進行管理訊息的分發

配置管理框架為業務模組提供管理物件的註冊介面，為管理協定模組提供統一的基於內部資料模型的操作介面，並根據管理物件的註冊資訊，將配置管理訊息分發到不同的業務模組進行處理。配置隔離框架的設計實現了管理協定模組和業務模組之間的職責分離，當 AP 產品需要擴充新的管理協定時，僅需修改新的管理協定模組，而不需要對不同業務模組的實現進行修改。

4.3 Wi-Fi 7 AP 產品測試

本節介紹 Wi-Fi 7 AP 產品測試方法和測試內容，包括產品性能測試和 Wi-Fi 7 關鍵技術測試。

4.3.1 Wi-Fi 7 性能測試

Wi-Fi 7 性能測試是 Wi-Fi 7 多鏈路 AP 產品測試的重要組成部分，是保證多鏈路 AP 產品在實際部署中滿足業務需求和使用者體驗的重要環節。多鏈路 AP 產品的性能測試需要測量產品的最高輸送量和 Wi-Fi 網路覆蓋能力，同時針對產品實際部署的典型業務場景，測量 Wi-Fi 網路的輸送量和延遲結果。

本節首先結合多鏈路 AP 產品的典型部署場景介紹 Wi-Fi 7 性能測試環境，然後結合 BE9300 產品介紹多鏈路 AP 性能測試的主要內容，包括：

- 多鏈路 AP 裝置 RVR 測試。
- 多鏈路 AP 裝置在多終端多業務場景中的輸送量和延遲測試。
- EasyMesh 網路性能測試。

1. 多鏈路 AP 產品的典型部署場景

如圖 4-64（a）所示為單一多鏈路 AP 產品的網路部署模型，即在一個 Wi-Fi 7 AP 網路覆蓋範圍內，為多種不同業務類型的終端設備提供網路連線服務。如圖 4-64（b）所示為三個多鏈路 AP 組成的 EasyMesh 網路，能擴大 Wi-Fi 網路的覆蓋範圍，為更多的終端提供網路連線服務。

在多終端的 Wi-Fi 網路部署中，對多鏈路 AP 產品性能測試的要求描述如下：

（1）覆蓋範圍內的輸送量測試：在 Wi-Fi 訊號覆蓋的不同位置，根據 Wi-Fi 訊號強度和物理層傳輸速率，達到輸送量最大值。

（2）優先順序排程測試：當多個終端同時進行資料傳輸時，多鏈路 AP 對不同終端公平排程，同時為高優先順序即時業務優先排程，既保證網路覆蓋範圍內不同位置

的輸送量,同時保證高優先順序即時業務的輸送量和延遲要求。

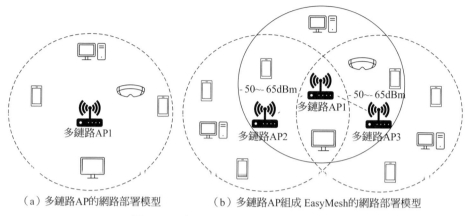

（a）多鏈路AP的網路部署模型　　　　（b）多鏈路AP組成 EasyMesh的網路部署模型

▲ 圖 4-64 多鏈路 AP 產品的典型部署場景

（3）壅塞環境下的測試:當 Wi-Fi 網路內出現壅塞時,多鏈路 AP 為高優先順序即時業務優先排程,滿足高優先順序即時業務的輸送量和延遲要求。

2. Wi-Fi 7 性能測試環境

結合多鏈路 AP 的典型部署場景,以及 Wi-Fi 7 技術的多鏈路同傳、OFDMA 和 MU- MIMO 等技術特點,Wi-Fi 7 性能測試環境的特點包括以下三個方面。

1）可控測試環境

可控測試環境是指對被測多鏈路 AP 裝置和 Wi-Fi 終端之間的相對位置、訊號強度及干擾訊號進行控制。基於可控測試環境對典型的部署場景進行模擬,以保證測試結果的一致性和可重複性。在實際開發中,可控測試環境一般選擇遮罩房或遮罩箱環境。

2）支援獨立物理層的多鏈路終端設備

傳統的 Wi-Fi 性能測試中,一些 Wi-Fi 測試儀表基於一個無線終端,模擬多個有獨立的 Wi-Fi MAC 層的終端設備,模擬多終端和 AP 裝置之間的 Wi-Fi 連接和性能測試,這種測試方法不能滿足 MU-MIMO 和 OFDMA 多使用者連線技術測試的要求。對 Wi-Fi 7 性能測試,使用支援獨立物理層的多鏈路終端設備,進行多鏈路 AP 在多終端場景下的性能測試。

3）支援多業務類型的資料流量

Wi-Fi 7 性能測試環境支援產生不同業務類型的資料流量，靈活控制資料流量的協定類型、資料封包長度、流量大小及資料封包優先順序等，模擬典型的多終端多業務部署場景，驗證多鏈路 AP 在多終端多業務部署場景下的性能。

典型的 Wi-Fi 7 性能測試環境如圖 4-65 所示，包括被測多鏈路 AP 裝置、多鏈路終端裝置、主控台、流量產生分析工具、OBSS 干擾源、可調衰減器、遮罩箱和轉碟等。主要元件的作用介紹如下：

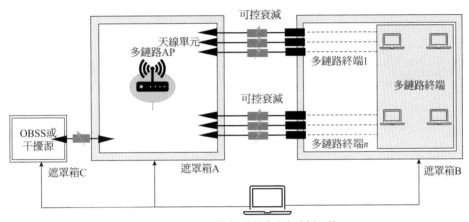

▲ 圖 4-65 Wi-Fi 7 性能測試環境

（1）**遮罩箱 A**。用於放置多鏈路 AP 裝置以及多個天線元件，天線元件用於與其他遮罩箱的裝置連接，產生多鏈路 AP 裝置和其他無線裝置之間進行無線通訊的工作環境。遮罩箱 A 中放置轉碟，用於測試過程中控制多鏈路 AP 裝置的角度。

（2）**遮罩箱 B**。用於放置多終端設備，多終端設備經過電纜線連接到遮罩箱 A 中的天線元件。

（3）**遮罩箱 C**。用於放置 OBSS 或干擾源測試裝置，並經過電纜線連接到遮罩箱 A 的天線單元，以模擬相同或相鄰通道上的 AP 對多鏈路 AP 無線工作環境的干擾。

（4）**可調衰減器**。遮罩箱之間透過電纜及可調衰減器連接，可調衰減器用於控制電纜線路上的衰減，以模擬多鏈路 AP 裝置和其他遮罩箱內的無線裝置之間的不同距離。

（5）**主控台**。主控台整合了流量產生和分析工具，它與多鏈路 AP 裝置以及其他測試裝置連接，用於對多鏈路 AP 裝置以及其他測試裝置的操作，並控制資料流量的

發送、接收和分析,生成輸送量和延遲的性能測試結果。

根據性能測試的不同場景,主控台的流量產生工具產生不同類型的資料流量,用於 Wi-Fi 性能的測試,典型的資料流量類型如表 4-15 所示。

▼ 表 4-15　性能測試的資料流量類型

類型	描述	性能測試場景描述
UDP 普通資料業務資料流量	定義 UDP 資料流量的資料流程數目、封包長度以及資料流量發送速率(Mbps)	• 適用於單業務場景下的 Wi-Fi 輸送量測試 • 輸送量結果為 UDP 資料流量成功接收的速率大小 • 在沒有干擾的遮罩箱測試環境中,記錄零封包遺失條件下的輸送量測試結果
TCP 普通資料業務資料流量	定義 TCP 資料流量的資料流程數目以及資料流量發送速率(Mbps)	• 適用於單業務場景下的 Wi-Fi 輸送量測試 • 輸送量結果為 TCP 資料流量成功接收的速率大小 • TCP 的輸送量結果和資料傳輸中的封包遺失或延遲相關,能更進一步地反映 Wi-Fi 網路的資料傳輸性能
混合多業務資料流量	定義包含以下資料型態的混合業務資料模型: • 語音:UDP 資料流量,每路 1Mbps • 高畫質視訊:TCP 資料流量,每路 10Mbps • 4K 視訊:TCP 資料流量,每路 35Mbps • AR/VR:TCP 資料流量,每路 80Mbps • 普通資料背景流量:TCP 資料流量,不限制資料流量發送速率	• 適用於多終端多業務場景下的 Wi-Fi 吞吐量和延遲測試 • 基於混合業務資料模型,測量普通資料背景流量的輸送量大小,以及其他高優先級業務資料流量的輸送量、延遲和封包丟失率

3. RVR 測試

RVR 測試是指 AP 和 STA 之間在不同距離條件下的輸送量測試。近距離的輸送量結果用於衡量 AP 產品的最大輸送量能力,遠距離的輸送量結果用於衡量 AP 產品的網路覆蓋能力。同時,在 AP 裝置的不同方向上,進行不同距離條件的輸送量測試,以衡量 AP 裝置在不同方向上可能存在的覆蓋能力差異。

多鏈路 AP 裝置的 RVR 測試包含每個頻段的 RVR 測試,以及多鏈路連接時多頻段綜合的 RVR 測試,以衡量多鏈路 AP 的輸送量和網路覆蓋能力。

1)測試拓撲

以 BE9300 為例,RVR 測試拓撲如圖 4-66 所示,遮罩箱 A 的轉碟上放置

BE9300，轉碟用於控制多鏈路 AP 裝置的角度，遮罩箱 B 放置多鏈路終端設備，其支援 2×2 2.4GHz 頻段 40MHz 頻寬、2×2 5GHz 頻段 160MHz 頻寬、2×2 6GHz 頻段 320MHz 頻寬。遮罩箱之間由電纜線連接，遮罩箱之間使用可控衰減控制 Wi-Fi 訊號的衰減，以模擬多鏈路 AP 裝置和多鏈路終端之間的不同距離。

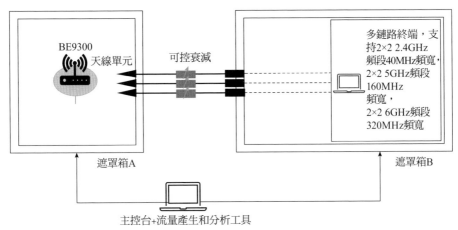

▲ 圖 4-66　多鏈路 APRVR 測試拓撲

　　使用主控台和流量產生工具，產生 TCP 普通資料業務資料流量進行輸送量測試，TCP 普通資料業務資料流量使用一筆或多筆資料流程，不限制資料流量發送速率。

2）測試步驟

　　（1）**配置多鏈路 AP**：配置 2.4GHz 頻段工作在 40MHz 頻寬，5GHz 頻段工作在 160MHz 頻寬，6GHz 頻段工作在 320MHz 頻寬。

　　（2）**2.4GHz 頻段 RVR 測試**：在 2.4GHz 頻段建立單鏈路 BSS，多鏈路終端和 BE9300 建立 2.4GHz 頻段的單鏈路連接。

　　①設置衰減和角度初值：設置可控衰減配置為 0dB，並設置轉檯至 0 度。

　　②測量不同衰減條件下的輸送量：可控衰減從 0dB 衰減開始，以 3dB 間隔逐漸增加，直至 Wi-Fi 連接斷開，在每個衰減的點位，分別測試下行方向和上行方向的輸送量。

　　③調整角度：轉檯從 0° 開始，以 30° 間隔逐漸增加，直至回到 0° 位置，在每個角度的點位，重複步驟②。

　　（3）**5GHz 頻段 RVR 測試**：在 5GHz 頻段建立單鏈路 BSS，多鏈路終端和 BE9300 建立 5GHz 頻段的單鏈路連接，重複 2.4GHz 頻段測試的步驟①到③。

（4）6GHz 頻段 RVR 測試：在 6GHz 頻段建立單鏈路 BSS，多鏈路終端和 BE9300 建立 6GHz 頻段的單鏈路連接，重複 2.4GHz 頻段測試的步驟①到③。

（5）三頻段 RVR 測試：在 2.4GHz、5GHz 和 6GHz 頻段建立多鏈路 BSS，多鏈路終端和 BE9300 建立多鏈路連接，重複 2.4GHz 頻段測試的步驟①到③。

3）測試結果

記錄多鏈路 AP 在不同角度時，多鏈路 AP 和多鏈路終端設備之間在不同衰減條件下的輸送量結果，包括 2.4GHz 頻段、5GHz 頻段、6GHz 頻段和三頻段多鏈路的輸送量結果。

期望在不同衰減條件下，三頻段多鏈路的輸送量結果為不同頻段單鏈路輸送量結果的總和。

4. 多鏈路 AP 裝置在多終端多業務場景中的輸送量和延遲測試

在多鏈路 AP 的典型部署場景中，多個終端設備執行不同的業務，包括語音、視訊、AR/VR 和普通資料流程業務，該測試用於測量高優先順序業務的輸送量和延遲，以及普通資料業務的輸送量，驗證多鏈路 AP 裝置在該場景中優先排程高優先順序業務，並保證多終端多業務類型同時執行時期的整體輸送量。

1）測試拓撲

以 BE9300 為例，多終端多業務場景中的輸送量和延遲測試拓撲如圖 4-67 所示，遮罩箱 A 放置 BE9300，遮罩箱 B 放置 4 個獨立物理層多鏈路終端設備，使用主控台和流量產生工具產生不同業務類型的資料流量進行測試。一台裝置執行 4K 視訊業務，一台裝置運行 AR/VR 業務，另外兩台裝置執行 TCP 普通資料業務，其資料流量使用一筆或多筆資料流，不限制資料流量發送速率。其中，視訊和 AR/VR 業務映射到 VI 優先順序，普通資料業務映射到 BE 優先順序。

2）測試步驟

（1）**配置多鏈路 AP**：配置 2.4GHz 頻段工作在 20MHz 頻寬，5GHz 頻段工作在 160MHz 頻寬，6GHz 頻段工作在 320MHz 頻寬。在 2.4GHz、5GHz 和 6GHz 頻段建立多鏈路 BSS。

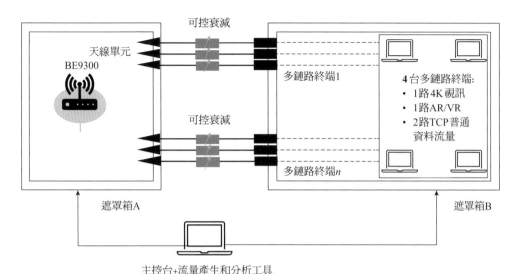

▲ 圖 4-67　多鏈路 AP 在多終端多業務場景中的輸送量和延遲測試拓撲

（2）建立多鏈路連接：4 台多鏈路終端設備和 BE9300 建立多鏈路連接。

（3）終端設備輸送量測試：在 4 台終端設備上同時執行對應業務的資料流量，測量每個終端設備的輸送量和延遲。

3）測試結果

記錄高優先順序業務終端設備的輸送量和延遲，期望對高優先順序業務優先排程，高優先級業務的輸送量和延遲結果達到業務類型的頻寬和延遲需求。

記錄 TCP 普通資料業務終端設備的輸送量，所有終端設備的輸送量之和達到期望值。

5. EasyMesh 網路性能測試

多鏈路 AP 組成的 EasyMesh 網路的性能測試包括 EasyMesh 網路回程鏈路的輸送量測試，以及在多終端多使用者場景下高優先順序業務和普通資料業務的輸送量和延遲測試。

1）測試拓撲

以兩台 BE9300 裝置組成的 EasyMesh 網路為例，性能測試的拓撲如圖 4-68 所示，遮罩箱 C 放置控制器 BE9300，遮罩箱 A 放置代理 BE9300，組成 EasyMesh 網路，遮罩箱 B 放置 4 個獨立物理層多鏈路終端設備，使用主控台和流量產生工具產生不同

業務類型的資料流量進行測試。兩台裝置執行 AR/VR 業務,另外兩台裝置執行 TCP
普通資料業務,其資料流量使用一筆或多筆資料流程,不限制資料流量發送速率。其
中,AR/VR 業務映射到 VI 優先順序,普通資料業務映射到 BE 優先順序。

2)測試步驟

(1)**配置控制器和代理**:配置控制器 BE9300 和代理 BE9300 裝置的 2.4GHz 頻
段工作在 20MHz 頻寬,5GHz 頻段工作在 160MHz 頻寬,6GHz 頻段工作在 320MHz
頻寬。在 2.4GHz、5GHz 和 6GHz 頻段建立多鏈路 BSS。

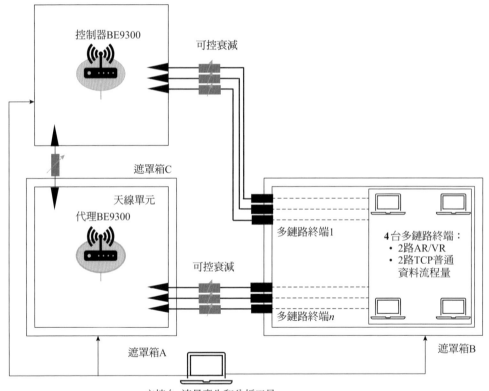

▲ 圖 4-68　EasyMesh 網路性能測試拓撲

(2)**代理連接到控制器**:控制器 BE9300 和代理 BE9300 組成 EasyMesh 網路,
並設置可調衰減,使控制器 BE9300 和代理 BE9300 之間回程鏈路的 RSSI 在 -50dBm
和 -65dBm 之間,模擬典型部署場景中回程鏈路的訊號強度。

(3)**建立多鏈路連接**:兩台執行有不同業務的多鏈路終端設備和控制器 BE9300

建立多鏈路連接，另外兩台多鏈路終端設備和代理 BE9300 建立多鏈路連接。

（4）回程鏈路輸送量測試：在控制器 BE9300 的 10Gbps 乙太網路介面和代理 BE9300 的 10Gbps 乙太網路介面之間，使用 TCP 普通資料業務，其資料流程使用一筆或多筆資料流程，不限制資料流量發送速率，進行回程鏈路的上行方向和下行方向的輸送量測試。

（5）終端設備輸送量測試：在 4 台終端設備上同時執行對應業務的資料流量，測量每個終端設備的輸送量和延遲。

3）測試結果

記錄回程鏈路的輸送量結果。根據回程鏈路的 RSSI 和物理層傳輸速率，期望回程鏈路的輸送量結果達到多鏈路連接的輸送量期望值。

記錄高優先順序業務終端設備的輸送量和延遲，期望對高優先順序業務優先排程，高優先級業務的輸送量和延遲結果達到業務類型的頻寬和延遲需求。

記錄 TCP 普通資料業務終端設備的輸送量，所有終端設備的輸送量之和達到期望值。

4.3.2 Wi-Fi 7 關鍵技術測試

本節結合 Wi-Fi 7 多鏈路 AP 產品介紹 Wi-Fi 7 關鍵技術的測試，包括測試拓撲、測試過程和期望結果，以驗證多鏈路 AP 產品對各項關鍵技術的支援能力。Wi-Fi 7 關鍵技術測試的主要內容包括：

- 多鏈路同傳技術測試。
- OFDMA 和多資源單元分配技術測試。
- 嚴格目標喚醒技術測試。

1. 多鏈路同傳技術測試

第 3 章中介紹了兩種多鏈路 AP 裝置類型和五種多鏈路 STA 裝置類型，其中，多鏈路 AP 包括非同步多鏈路同傳和同步多鏈路同傳類型，多鏈路 STA 包括非同步多鏈路同傳、非同步多鏈路同傳增強、同步多鏈路同傳、單射頻模式以及增強單射頻模式類型。

本節以非同步多鏈路 AP 裝置為例，介紹兩種不同的多鏈路傳輸技術的測試。

- 非同步多鏈路 AP 與非同步多鏈路 STA 建立多鏈路連接，驗證多鏈路資料傳輸功能。

- 非同步多鏈路 AP 與增強單射頻 STA 建立多鏈路連接，驗證多鏈路資料傳輸功能。具體測試網路拓撲和測試步驟介紹如下。

1）測試拓撲

多鏈路同傳技術的測試拓撲如圖 4-69 所示，遮罩箱 A 放置非同步多鏈路 AP，遮罩箱 B 放置一台非同步多鏈路 STA 和一台增強單射頻模式類型的多鏈路 STA，多鏈路 STA 執行 TCP 資料流程，不限制資料流量大小。遮罩箱 C 放置干擾源，用於模擬對多鏈路 AP 某一條鏈路的無線干擾，驗證干擾訊號對多鏈路資料傳輸的影響。

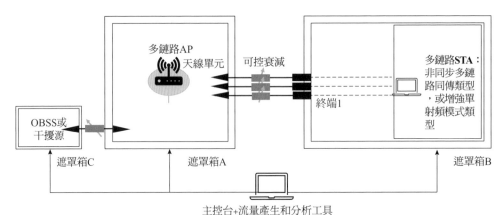

▲ 圖 4-69　多鏈路同傳技術測試

2）測試步驟和期望結果

（1）**配置多鏈路 AP**：配置 2.4GHz 頻段工作在 20MHz 頻寬，5GHz 頻段工作在 160MHz 頻寬，6GHz 頻段工作在 320MHz 頻寬，並在 2.4GHz、5GHz 和 6GHz 頻段建立多鏈路 BSS。

（2）**檢查 AP 能力集**：根據多鏈路 AP 的 Beacon 管理幀，檢查多鏈路 AP 的多鏈路能力集。

①檢查 Beacon 幀攜帶的多鏈路資訊單元中的增強多鏈路（Enhanced Multi-Link，EML）能力集，EML 能力集的第 0 位元為 1，表示多鏈路 AP 支援與增強單射頻 STA 進行多鏈路資料傳輸的能力。

②檢查 Beacon 幀攜帶的多鏈路資訊單元中的多鏈路裝置（Multi-Link Device，MLD）能力集，MLD 能力集的第 0 ～ 3 位元的值為多鏈路 AP 裝置支援的能進行非同步多鏈路同傳的鏈路數目減 1，若其值為 2，則表示多鏈路 AP 支援 3 條鏈路的非同步

多鏈路同傳能力。

（3）驗證非同步多鏈路 STA 與 AP 的多鏈路資料傳輸功能：非同步多鏈路 STA 與非同步多鏈路 AP 建立多鏈路連接，驗證多鏈路 AP 的多鏈路資料傳輸功能。

①使用多鏈路 AP 的 Wi-Fi 驅動命令列，或從多鏈路 STA 側配置 TID 和多鏈路的映射關係，驗證多鏈路 STA 和多鏈路 AP 之間根據 TID 和多鏈路的映射關係進行多鏈路資料傳輸。

- 配置上行和下行方向的 VI 類型業務流映射到 6GHz 鏈路，執行雙向的 VI 優先順序的 TCP 資料流量，記錄輸送量結果，並驗證資料流量在 6GHz 鏈路上傳輸。

- 同樣，配置上行和下行方向的 VI 類型業務流映射到 5GHz 鏈路，執行雙向的 VI 優先順序的 TCP 資料流量，記錄輸送量結果，並驗證資料流量在 5GHz 鏈路上傳輸。

- 同樣，配置上行和下行方向的 VI 類型業務流映射到 2.4GHz 鏈路，執行雙向的 VI 優先順序的 TCP 資料流量，記錄輸送量結果，並驗證資料流量在 2.4GHz 鏈路上傳輸。

②使用多鏈路 AP 的 Wi-Fi 驅動命令列，或從多鏈路 STA 側配置預設的 TID 和多鏈路的映射關係，每個 TID 可以在任何一條鏈路上傳輸。

- 執行下行方向的 TCP 資料流量，不限制資料流量大小，記錄輸送量結果，並驗證資料流量基於 3 條鏈路進行資料傳輸。

- 執行上行方向的 TCP 資料流量，不限制資料流量大小，記錄輸送量結果，並驗證資料流量基於 3 條鏈路進行資料傳輸。

（4）驗證增強單射頻 STA 與 AP 的多鏈路資料傳輸功能：增強單射頻 STA 和非同步多鏈路 AP 建立多鏈路連接，驗證多鏈路 AP 的多鏈路資料傳輸功能。

①使用多鏈路 AP 的 Wi-Fi 驅動命令列，或從多鏈路 STA 側配置 TID 和多鏈路的映射關係，驗證多鏈路 STA 和多鏈路 AP 之間根據 TID 和多鏈路的映射關係進行多鏈路資料傳輸。

- 配置上行和下行方向的 VI 類型業務流映射到 6GHz 鏈路，執行雙向的 VI 優先順序的 TCP 資料流量，記錄輸送量結果，並驗證資料流量在 6GHz 鏈路上傳輸。

- 同樣，配置上行和下行方向的 VI 類型業務流映射到 5GHz 鏈路，執行雙向的 VI 優先順序的 TCP 資料流量，記錄輸送量結果，並驗證資料流量在 5GHz 鏈路上傳輸。

- 同樣，配置上行和下行方向的 VI 類型業務流映射到 2.4GHz 鏈路，執行雙向的 VI 優先順序的 TCP 資料流量，記錄輸送量結果，並驗證資料流量在 2.4GHz 鏈路上傳輸。

②使用多鏈路 AP 的 Wi-Fi 驅動命令列，或從多鏈路 STA 側配置預設的 TID 和多鏈路的映射關係，每個 TID 可以在任何一條鏈路上傳輸。

- 執行下行方向的 TCP 資料流量，不限制資料流量大小，記錄輸送量結果，並驗證資料流量在同一時刻基於一筆空閒的鏈路進行資料傳輸。在一條鏈路無線通道的整個頻寬上加入干擾，記錄輸送量結果，並驗證資料流量基於一筆空閒的鏈路進行資料傳輸。

- 執行上行方向的 TCP 資料流量，不限制資料流量大小，記錄輸送量結果，並驗證資料流量在同一時刻基於一筆空閒的鏈路進行資料傳輸。在一條鏈路無線通道的整個頻寬上加入干擾，記錄輸送量結果，並驗證資料流量基於一筆空閒的鏈路進行資料傳輸。

2. OFDMA 和多資源單元分配技術測試

基於 OFDMA 和多資源單元分配技術，多鏈路 AP 將無線頻譜資源動態劃分成多個資源單元區塊，用於 AP 和多個終端設備之間使用不同的 MRU 同時進行資料傳輸，以提升頻譜的利用效率和多使用者場景中的延遲性能。

當無線通道中以 20MHz 頻寬為單位的部分子通道存在干擾時，多鏈路 AP 基於前導碼遮罩技術遮罩有干擾的子通道，使用包含主 20MHz 通道在內的不連續的通道資源和終端裝置進行資料傳輸。

下面首先介紹 OFDMA 和多資源單元分配技術的測試拓撲，然後討論前導碼遮罩功能的測試，和基於 MRU 的多使用者場景 OFDMA 功能測試，用於驗證多鏈路 AP 對無線頻段資源的動態分配，以及對多終端設備的資料傳輸進行同時排程的能力。

1）測試拓撲

OFDMA 和多資源單元分配技術的測試拓撲如圖 4-70 所示，遮罩箱 A 放置多鏈路 AP 裝置，遮罩箱 B 放置 4 台 Wi-Fi 7 終端設備，遮罩箱 C 放置干擾源，用於模擬對多鏈路 AP 當前工作通道的干擾。4 台終端設備中，3 台終端執行上行和下行方向的高優先級即時業務資料流量，一台終端執行上行和下行方向的 TCP 普通資料流量，不限制資料流量大小。

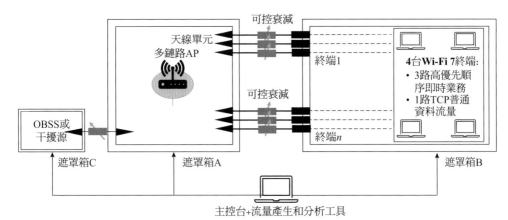

▲ 圖 4-70　OFDMA 和多資源單元分配技術測試

2）前導碼遮罩功能測試

（1）配置多鏈路 AP：配置 2.4GHz 頻段工作在 20MHz 頻寬，5GHz 頻段工作在 160MHz 頻寬，6GHz 頻段工作在 320MHz 頻寬。在 2.4GHz、5GHz 和 6GHz 頻段建立多鏈路 BSS。

（2）5GHz 頻段前導碼遮罩功能測試，步驟如下。

①選一台終端設備和多鏈路 AP 建立 5GHz 的單鏈路連接，執行雙向的 TCP 普通資料流量，不限制流量大小。

②在 160MHz 工作頻段內，選擇不包含主 20MHz 通道的 20MHz 或 40MHz 子通道加入 OBSS 或干擾源，驗證多鏈路 AP 對有干擾的子通道進行前導碼遮罩，在其他空閒的頻段內和終端設備進行上行和下行封包的傳輸。

③對下行封包的傳輸，檢查多鏈路 AP 下行資料封包前導碼的 U-SIG 欄位攜帶的前導碼遮罩資訊，以確認 AP 對有干擾的子通道進行前導碼遮罩，不用於本次資料封包的傳輸。對上行封包的傳輸，檢查 Trigger 控制幀封包攜帶的 MRU 分配資訊，以確認 MRU 分配資訊不包含干擾的子通道，而在其他空閒的頻段內進行資料封包的傳輸。

（3）6GHz 頻段前導碼遮罩功能測試，步驟如下。

①選一台終端設備和多鏈路 AP 建立 6GHz 的單鏈路連接，執行雙向的 TCP 普通資料流量，不限制流量大小。

② 在 320MHz 工作頻段 內，選擇不包含主 20MHz 通道的 40MHz、80MHz 或 40MHz+80MHz 子通道加入 OBSS 或干擾源，驗證多鏈路 AP 對有干擾的子通道進行前導碼遮罩，在其他空閒的頻段內和終端設備進行上行和下行封包的傳輸。

③對下行封包的傳輸，檢查多鏈路 AP 下行資料封包前導碼的 U-SIG 欄位攜帶的前導碼遮罩資訊，以確認 AP 對有干擾的子通道進行前導碼遮罩，不用於本次資料封包的傳輸。對上行封包的傳輸，檢查 Trigger 控制幀封包攜帶的 MRU 分配資訊，以確認 MRU 分配資訊不包含干擾的子通道，而在其他空閒的頻段內進行資料封包的傳輸。

3）基於 MRU 的多使用者場景 OFDMA 功能測試

（1）配置多鏈路 AP：配置 2.4GHz 頻段工作在 20MHz 頻寬，5GHz 頻段工作在 160MHz 頻寬，6GHz 頻段工作在 320MHz 頻寬。在 2.4GHz、5GHz 和 6GHz 頻段建立多鏈路 BSS。

（2）2.4GHz 頻段多使用者場景 OFDMA 功能測試，步驟如下。

① 4 台終端設備和多鏈路 AP 建立 2.4GHz 的單鏈路連接，驗證 2.4GHz 頻段的 OFDMA 功能。3 台終端設備執行雙向的高優先順序即時業務資料流量，每台終端流量上行方向和下行方向各 20Mb/s，一台終端設備執行雙向的 TCP 資料流量，不限制流量大小。

②檢查多鏈路 AP 和多終端設備之間基於 OFDMA 重複使用技術排程多終端設備的上行和下行封包傳輸，並優先排程高優先順序資料封包。

③在下行方向，多鏈路 AP 在資料封包前導碼的 EHT-SIG 欄位中攜帶當前 20MHz 頻寬的 MRU 分配資訊，以及每個 MRU 對應的使用者資訊。

- 在下行的每個 EHT MUPPDU 資料幀中，多鏈路 AP 為多終端設備動態分配 MRU 資源單元。多鏈路 AP 為 4 個終端設備分配的資源單元可以是大小為 26 Tone、52 Tone、106 Tone、52+26 Tone 或 106+26 Tone 的資源單元區塊，其中，52+26 Tone 和 106+26 Tone 的資源單元區塊是 MRU 多資源單元區塊。
- 由 Wi-Fi 驅動的統計命令，或根據 Wi-Fi 封包抓取封包，分析每個 EHT MU PPDU 資料幀中的 MRU 分配和多終端排程。
- 期望多鏈路 AP 優先為高優先順序業務的終端設備進行 MRU 資源配置和多終端發送排程，當高優先順序業務終端設備對應的發送佇列沒有足夠資料時，多鏈路 AP 不需進行 MRU 資源劃分，將整個 20MHz 頻寬分配給執行 TCP 普通資料流量的終端設備進行資料傳輸。
- 期望每個 EHT MU PPDU 資料幀中的 MRU 分配充分利用整個無線通道頻寬資源。

④在上行方向，多鏈路 AP 發送的 Trigger 控制幀封包攜帶為多使用者分配的

MRU 訊息。終端設備收到 Trigger 控制幀，根據為終端設備分配的 MRU 發送上行的 EHT TB PPDU 資料幀。

- 在多鏈路 AP 發送的 Trigger 控制幀封包中，多鏈路 AP 為多終端設備動態分配 MRU 資源單元。多鏈路 AP 為 4 個終端設備分配的資源單元可以是大小為 26 Tone、52 Tone、106 Tone、52+26 Tone 或 106+26 Tone 的資源單元區塊，其中，52+26 Tone 和 106+26 Tone 的資源單元區塊是 MRU 多資源單元區塊。

- 由 Wi-Fi 驅動的統計命令，或根據 Wi-Fi 封包抓取封包，分析每個 Trigger 控制幀封包的 MRU 分配和多終端排程。

- 期望多鏈路 AP 優先為高優先順序業務的終端設備進行 MRU 資源配置和多終端發送排程，當高優先順序業務終端設備沒有足夠的上行資料時，多鏈路 AP 不需進行 MRU 資源劃分，將整個 20MHz 頻寬分配給執行 TCP 普通資料流量的終端設備進行上行資料傳輸。

- 期望每個 Trigger 控制幀封包中的 MRU 分配充分利用整個無線通道頻寬資源。

（3）5GHz 頻段多使用者場景 OFDMA 功能測試，步驟如下。

① 4 台終端設備和多鏈路 AP 建立 5GHz 的單鏈路連接，驗證 5GHz 頻段的 OFDMA 功能。3 台終端設備執行雙向的高優先順序即時業務資料流量，每台終端流量上行方向和下行方向各 200Mb/s，一台終端設備執行雙向的 TCP 普通資料流量，不限制流量大小。

②檢查多鏈路 AP 和多終端設備之間基於 OFDMA 重複使用技術排程多終端設備的上行和下行封包傳輸，並優先排程高優先順序資料封包。

③ 5GHz 頻段工作在 160MHz 頻寬，共有 8 個 20MHz 的子通道。在下行方向和上行方向，多鏈路 AP 分配的資源單元可以是大小為 26 Tone、52 Tone、106 Tone、52+26 Tone 或 106+26 Tone 的資源單元區塊，其中，52+26 Tone 和 106+26 Tone 的資源單元區塊是 MRU 多資源單元區塊；還可以是大小為 242 Tone、484 Tone、996 Tone 的大 RU 資源單元，或是由以上大 RU 資源單元組合而成的大 MRU 資源單元區塊。重複「2.4GHz 頻段多使用者場景 OFDMA 功能測試」的步驟③和④，由 Wi-Fi 驅動的統計命令，或根據 Wi-Fi 封包抓取封包，分析每個 EHT MU PPDU 資料幀中的 MRU 分配和多終端排程，以及每個 Trigger 控制幀封包的 MRU 分配和多終端排程，驗證多鏈路 AP 在 5GHz 頻段的 MRU 分配和 OFDMA 多使用者排程能力。

（4）6GHz 頻段多使用者場景 OFDMA 功能測試，步驟如下。

① 4 台終端設備和多鏈路 AP 建立 6GHz 的單鏈路連接，驗證 6GHz 頻段的 OFDMA 功能。3 台終端設備執行雙向的高優先順序即時業務資料流量，每台終端流量上行方向和下行方向各 200Mb/s，一台終端設備執行雙向的 TCP 普通資料流量，不限制流量大小。

②檢查多鏈路 AP 和多終端設備之間基於 OFDMA 重複使用技術排程多終端設備的上行和下行封包傳輸，並優先排程高優先順序資料封包。

③ 6GHz 頻段工作在 320MHz 頻寬，共有 16 個 20MHz 的子通道。在下行方向和上行方向，多鏈路 AP 分配的資源單元可以是大小為 26 Tone、52 Tone、106 Tone、52+26 Tone 或 106+26 Tone 的資源單元區塊，其中，52+26 Tone 和 106+26 Tone 的資源單元區塊是 MRU 多資源單元區塊；還可以是大小為 242 Tone、484 Tone、996 Tone、2×996 Tone 的大 RU 資源單元，或是由以上大 RU 資源單元組合而成的大 MRU 資源單元區塊。重複「2.4GHz 頻段多使用者場景 OFDMA 功能測試」的步驟③和④，由 Wi-Fi 驅動的統計命令，或根據 Wi-Fi 封包抓取封包，分析每個 EHT MU PPDU 資料幀中的 MRU 分配和多終端排程，以及每個 Trigger 控制幀封包的 MRU 分配和多終端排程，驗證多鏈路 AP 在 6GHz 頻段的 MRU 分配和 OFDMA 多使用者排程能力。

3. 嚴格目標喚醒時間技術測試

基於嚴格目標喚醒時間技術，多鏈路 AP 裝置和終端設備協商週期性的目標喚醒時間，以及在目標喚醒時間內進行資料傳輸的低延遲業務，在每一次週期性的喚醒時間內，多鏈路 AP 裝置和終端設備之間進行低延遲業務的上行或下行方向的資料傳輸，以滿足終端裝置的低延遲需求。

嚴格目標喚醒時間技術測試用於驗證多鏈路 AP 裝置和終端設備之間基於目標喚醒時間技術，進行週期性的即時無線媒介存取和低延遲業務資料傳輸的功能。

1）測試拓撲

嚴格目標喚醒時間技術的測試拓撲如圖 4-71 所示，多鏈路 AP 和兩台 Wi-Fi 7 終端設備支援嚴格目標喚醒時間的功能，一台終端執行高優先順序低延遲業務，和多鏈路 AP 協商週期性目標喚醒時間，進行低延遲業務的資料傳輸，另一台終端執行 TCP 普通資料流量，不限制資料流量大小。

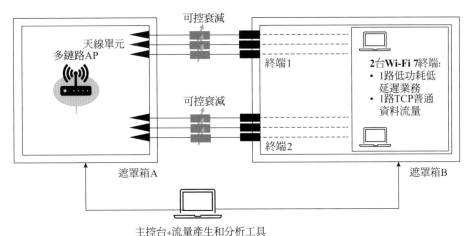

▲ 圖 4-71 嚴格目標喚醒時間技術測試

2）測試步驟和期望結果

（1）**配置多鏈路 AP**：配置 2.4GHz 頻段工作在 20MHz 頻寬，5GHz 頻段工作在 160MHz 頻寬，6GHz 頻段工作在 320MHz 頻寬。在 2.4GHz、5GHz 和 6GHz 頻段建立多鏈路 BSS。

（2）**檢查 AP 能力集**：根據各頻段信標幀內容，檢查嚴格目標喚醒時間功能支援的能力集。若信標幀中的 EHT MAC 能力集資訊單元的第 4 位元值為 1，表示多鏈路 AP 支援嚴格目標喚醒時間功能。

（3）**設置嚴格目標喚醒時間參數**：使用 Wi-Fi 驅動的命令列，為多鏈路 AP 的多鏈路 BSS 設置嚴格目標喚醒時間參數資訊，包括 r-TWT 組 ID、目標喚醒時間間隔、目標喚醒時間長度。檢查信標幀中攜帶 TWT 資訊單元內容中，包含該 r-TWT 組 ID 對應的嚴格目標喚醒時間參數資訊。

（4）**2.4GHz 頻段嚴格目標喚醒時間測試**：終端 2 裝置和多鏈路 AP 建立多鏈路連接，執行 TCP 普通資料流量，不限制資料流量大小，並保持資料流量持續執行。設置終端 1 加入多鏈路 AP 的 r-TWT 組，終端 1 裝置和多鏈路 AP 建立 2.4GHz 的單鏈路連接，驗證 2.4GHz 頻段的嚴格目標喚醒時間功能。

①檢查連接過程中的連結請求和連結回應封包中的 r-TWT 資訊單元內容，指定申請加入的 r-TWT 組的 ID，以及低延遲業務上行和下行方向的業務流 ID（Traffic ID，TID）資訊。

②如果連結回應未攜帶 r-TWT 資訊單元，則檢查終端 1 發起加入 r-TWT 組的動

作幀，動作幀中的 r-TWT 資訊單元指定申請加入的 r-TWT 組的 ID，以及低延遲業務上行和下行方向的 TID 資訊。

　　③根據 Wi-Fi 封包抓取封包，期望終端 1 按照 r-TWT 組的嚴格目標喚醒時間參數被週期性排程，在每個嚴格目標喚醒時間內進行低延遲資料業務的上行和下行方向資料傳輸。

　　（5）5GHz **頻段嚴格目標喚醒時間測試**：終端 2 裝置和多鏈路 AP 建立多鏈路連接，運行 TCP 普通資料流量，不限制資料流量大小，並保持資料流量持續執行。設置終端 1 加入多鏈路 AP 的 r-TWT 組，終端 1 裝置和多鏈路 AP 建立 5GHz 的單鏈路連接。重複步驟（4）的內容，驗證 5GHz 頻段的嚴格目標喚醒時間功能。

　　（6）6GHz **頻段嚴格目標喚醒時間測試**：終端 2 裝置和多鏈路 AP 建立多鏈路連接，運行 TCP 普通資料流量，不限制資料流量大小，並保持資料流量持續執行。設置終端 1 加入多鏈路 AP 的 r-TWT 組，終端 1 裝置和多鏈路 AP 建立 6GHz 的單鏈路連接。重複步驟（4）的內容，驗證 6GHz 頻段的嚴格目標喚醒時間功能。

本章小結

　　本章首先介紹了 Wi-Fi 7 AP 產品的規格定義、關鍵技術指標和開發流程，然後著重介紹了 Wi-Fi 7 AP 產品軟體開發和測試的方法。透過本章內容的學習，讀者能夠了解 Wi-Fi 7 AP 產品的定義、Wi-Fi 7 AP 產品開發和測試的主要內容，以及 Wi-Fi 7 技術對 AP 產品的開發和測試所帶來的變化。

　　產品規格定義：預計 2024 年開始 Wi-Fi 7 的產品將逐漸成為市場中的熱點 Wi-Fi 產品。已經為 Wi-Fi 開放 6GHz 頻譜的國家和地區，三頻 Wi-Fi 7 AP 產品將成為市場的主流，而沒有為 Wi-Fi 開放 6GHz 頻譜的國家和地區，Wi-Fi 7 AP 產品將以支援 2.4GHz 和 5GHz 的雙頻產品為主。Wi-Fi 7 AP 產品的關鍵技術指標包括輸送量、延遲、網路覆蓋和安全性。

　　開發流程：開發流程包含系統框架設計、硬體開發、軟體開發和測試。系統框架設計環節根據產品的規格定義和成本要求，選擇合適的晶片並構造產品的系統框架；硬體設計環節完成硬體電路原理圖的設計、電路板製作、外觀設計和硬體設計中的功能和性能測試；軟體開發環節完成軟體架構設計和 Wi-Fi 7 技術相關的軟體功能的開發；測試環節結合產品規格定義和 Wi-Fi 7 關鍵技術進行產品的功能和性能測試。

　　軟體開發：結合 Wi-Fi 7 的多鏈路技術，討論了網路管理軟體開發對 Wi-Fi 7 多鏈路管理模型的支援、連接管理軟體開發對多鏈路連接過程和連接狀態的支援、資料轉發軟體開發對多鏈路資料收發和排程的支援，以及 EasyMesh 網路軟體開發對多鏈路 EasyMesh 組網、無線回程鏈路最佳化和 AP 之間漫遊等功能的支援；結合 Wi-Fi 7 的高頻寬和通道捆綁技術，討論了無線通道管理軟體開發對 6GHz 頻段 320MHz 頻寬的無線通道的支援和無線通道自動選擇策略的設計；結合 Wi-Fi 7 影響輸送量和延遲的技術，討論了 Wi-Fi 7 AP 產品輸送量和延遲性能最佳化的方法。

　　產品測試：結合 Wi-Fi 7 AP 產品的典型部署場景，討論了產品性能測試的測試環境和方法，並重點介紹了產品的 RVR 測試和多使用者多業務場景下的輸送量和延遲測試；結合 Wi-Fi 7 關鍵技術，重點討論了多鏈路同傳技術、OFDMA 和多資源單元分配技術以及嚴格目標喚醒時間技術的測試方法。

第5章
Wi-Fi 行業聯盟對技術和產品的推動

　　Wi-Fi 得到全球範圍的普及，在商業化取得巨大成功，離不開技術規範本身的不斷演進，離不開產品的實用性與使用者體驗的不斷提升。這是標準組織與行業聯盟在技術時代所發揮的巨大作用。

　　首先，作為 Wi-Fi 技術核心標準制定的 IEEE 802.11 委員會，它每隔 5 年左右發佈新一代 Wi-Fi 相關的物理層和 MAC 層協定，為無線區域網的發展做出了關鍵的貢獻。

　　其次，負責認證授權的 Wi-Fi 聯盟（Wi-Fi Alliance，WFA），它提供的測試認證不僅確保廠商提供的無線產品符合 IEEE 802.11 標準，而且 Wi-Fi 聯盟進一步關注互通性、安全性、好用性以及創新技術的演進，然後對透過測試的產品給予 Wi-Fi 商標授權。這樣 Wi-Fi 聯盟為 IEEE 標準與商業化產品之間搭起了一個跨接橋樑，推動了 Wi-Fi 產品能夠在全世界得到迅速商業化和部署。

　　作為通訊行業中的寬頻討論區（Broadband Forum，BBF），它把 Wi-Fi 看成寬頻連線的延伸，如何對家用網路的 Wi-Fi 進行管理，是目前 BBF 制定規範的關注重點之一。

　　行動通訊組織中的第三代合作夥伴計畫（The 3rd Generation Partnership Project，3GPP），對於 5G 標準與 Wi-Fi 連線網路融合也非常重視，在它的 R15 和 R16 版本的標準演進中制定了與 Wi-Fi 網路融合相關的規範。

　　另外，無線寬頻聯盟（Wireless Broadband Alliance，WBA），在很多著名的營運商和廠商參與下，對 Wi-Fi 的市場需求、商業化發展進行討論和研究，引導和推動 Wi-Fi 的演進和應用。

　　參考圖 5-1 的 Wi-Fi 相關的標準組織和主要行業聯盟的圖示。Wi-Fi 無線區域網有廣泛的適用性和社會場景應用，還有更多的標準組織和行業聯盟正在把 Wi-Fi 技術及應用作為它們制定新規範的重點。

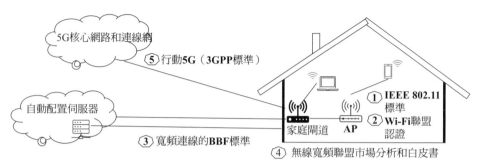

▲ 圖 5-1 Wi-Fi 相關的標準組織和主要行業聯盟

6.1　Wi-Fi 聯盟在技術時代的成功

Wi-Fi 聯盟總部位於美國德克薩斯州奧斯丁，它的發展以及 Wi-Fi 產品的快速普及，可以參考圖 5-2 的簡要圖示。Wi-Fi 聯盟的歷史可以回溯到 1999 年，當時由 6 家公司成立了無線乙太網相容性聯盟（Wireless Ethernet Compatibility Alliance，WECA），主要目的是推動 IEEE 802.11 標準的商業化發展。2002 年 10 月，改名為 Wi-Fi 聯盟（Wi-Fi Alliance）。2005 年，「Wi-Fi」一詞被加入到了韋氏大詞典，隨著 Wi-Fi 產品得到越來越多的應用，Wi-Fi 的名稱逐漸為人們所熟知，成為大眾的基本詞彙。

▲ 圖 5-2 Wi-Fi 聯盟和商業化的演進

2012 年全球已經有 25% 的家庭使用 Wi-Fi，Wi-Fi 產品累計發貨 50 億個。而到了 2019 年，Wi-Fi 產品已經累計發貨 300 億個，同時新的 Wi-Fi 6 認證已經啟動。預計 2023 年，Wi-Fi 聯盟完成 Wi-Fi 7 認證規範的制定，經過 Wi-Fi 7 認證的產品將在 2024 年逐漸推廣到市場。

Wi-Fi 技術已經成為人們每天日常生活和工作必不可少的一部分，這是技術時代最偉大的成功故事之一。預計到 2025 年，Wi-Fi 的全球經濟價值有望達到 5 兆美金，每年將交付數 10 億部裝置。

5.1.1 Wi-Fi 聯盟的測試認證方式

沒有 IEEE 制定的 802.11 標準，就沒有 Wi-Fi 聯盟的核心技術。但如果沒有 Wi-Fi 聯盟的互通性認證和新的好用性規範制定等，Wi-Fi 產品就不會像今天這樣得到非常廣泛的普及和應用。

2018 年，Wi-Fi 聯盟把 802.11 標準對應到以數字序號方式為主的 Wi-Fi 規範，如表 5-1 所示，802.11n 對應著 Wi-Fi 4，802.11ac 對應著 Wi-Fi 5，802.11ax 對應著 Wi-Fi 6，802.11be 對應著 Wi-Fi 7。Wi-Fi 4 之前的技術就不再賦予數字序號。

▼ 表 5-1　Wi-Fi 名稱與 IEEE 標準

名稱定義	技術規範
Wi-Fi 7	802.11be
Wi-Fi 6	802.11ax
Wi-Fi 5	802.11ac
Wi-Fi 4	802.11n

數字序號的出現是為了讓大眾更加容易理解 Wi-Fi 技術的迭代和應用，讓人們能夠很快在 Wi-Fi 產品上辨識出對應的 Wi-Fi 標準。簡化 Wi-Fi 技術的辨識度，就像行動通訊的 4G、5G 一樣，有助 Wi-Fi 進一步推廣和普及。

人們可以在手機或其他具備螢幕的終端上，透過視覺化使用者介面的方式方便地辨識當前 Wi-Fi 連接的技術標準，如圖 5-3 所示的 Wi-Fi 識別字。帶有 6 的識別字就表示當前連接是 Wi-Fi 6。

▲ 圖 5-3　Wi-Fi 聯盟定義的視覺化識別字（來自 www.wi-fi.org）

Wi-Fi 聯盟對於支援 Wi-Fi 技術的產品制定了一系列的測試要求，如果這個產品能夠在同一頻段上與其他 Wi-Fi 認證的產品完成互通性的測試，那麼這個產品就通過了 Wi-Fi 聯盟的認證要求。這樣的產品包括電腦、智慧型手機、家用電器、網路裝置以及電子消費產品等。如果廠商是 Wi-Fi 聯盟的會員，並且透過認證測試，這樣就可以使用 Wi-Fi CERTIFIED 商標和 Wi-Fi CERTIFIED 標識。

產品廠商聯繫 Wi-Fi 聯盟的授權測試實驗室（Authorized Test Laboratory，ATL），可以針對核心 Wi-Fi 功能進行認證，例如 Wi-Fi CERTIFIED 6 ™和之前各個

標準的 Wi-Fi，也可以針對特定應用進行認證，例如多存取點 Wi-Fi 系統和移動時的無縫連接體驗等。

Wi-Fi 聯盟的認證包含三種方式。

- FlexTrack：專為從頭開始、全新設計的複雜產品訂製，在 Wi-Fi 產品設計方面具有高度靈活性。測試在授權測試實驗室完成。

- QuickTrack：為已經完成全部 Wi-Fi 功能合格測試的產品而進行訂製的測試，可以對 Wi-Fi 元件和功能進行有針對性的修改，測試在授權測試實驗室或會員測試站點完成。

- 衍生產品：為使用相同 Wi-Fi 設計的系列產品而訂製的測試，適用於 Wi-Fi 認證的來源產品的副本，會員不需要測試就可以申請衍生產品認證。

5.1.2　Wi-Fi 聯盟制定的測試認證規範

Wi-Fi 聯盟每年持續推出新的認證計畫，推動了支援 IEEE 802.11 核心標準的產品的互通性驗證、物聯網場景應用、產品的安全性和使用者體驗的提升等。表 5-2 列出了部分主要的認證計畫。

▼ 表 5-2　Wi-Fi 聯盟認證的範例

序號	認證名稱	核心技術	技術特點和應用場景
1	Halow 認證	IEEE 802.11ah	工作頻段低於 1GHz，實現遠距離、低功耗的連接。應用於物聯網和工業聯網環境，以及零售、農業、醫療保健、智慧家居和智慧城市等市場
2	WPA3 認證	WPA2 基礎上的技術增強	WPA3 為個人網路和企業級網路提供相應功能。WPA3-Personal 針對密碼猜測企圖增強對使用者的保護，WPA3-Enterprise 能夠利用更高級的安全協定，保護敏感性資料網路的安全
3	Wi-Fi 6 認證	IEEE 802.11ax	高頻寬、高速率和低延遲的技術特點，具有更大覆蓋範圍和密集環境中的更多的併發連接，支援 2.4GHz、5GHz、6GHz 頻段的認證
4	WiGig 認證	IEEE 802.11ad	在 60GHz 頻段實現每秒 GB 位元速度傳輸，擴充了虛擬現實、多媒體、遊戲、無線對接和高速連接的企業應用，多頻段裝置可以提供 2.4GHz、5GHz 或 60GHz 頻段的連續無縫連接傳輸
5	EashMesh 認證	IEEE 802.11k/v/u/r	多個存取點 AP 組成一個統一的網路，提供覆蓋室內和室外空間的 Wi-Fi 網路

序號	認證名稱	核心技術	技術特點和應用場景
6	Wi-Fi 直接連接認證	IEEE 的各個 802.11 標準	無須無線路由器，支援 Wi-Fi 裝置就可以相互一對一的直接連接，列印服務、內容分享、玩遊戲就變得非常方便了
7	Wi-Fi WMM 認證	IEEE 的各個 802.11 標準	為 Wi-Fi 傳輸資料提供業務品質功能，舉例來說，為視訊與語音提供高優先順序傳輸、背景流和普通資料低優先順序傳輸
8	Wi-Fi QoS 認證	IEEE 的各個 802.11 標準	對 Wi-Fi WMM 認證進行擴充，透過存取點 AP 和終端設備進行協商或請求，將辨識出的 IP 流劃分到特定的優先順序類別

5.1.3　Wi-Fi 聯盟關於 QoS 管理的測試認證

下面以 Wi-Fi 聯盟的 WMM 和 QoS 認證為例，介紹 Wi-Fi 聯盟如何為 Wi-Fi 領域引入新的創新技術和認證，推動 Wi-Fi 行業的發展和使用者體驗的提升。

從前面章節的 Wi-Fi 技術標準的演進過程中可以看到，Wi-Fi 標準主要關注的是頻譜效率、通道頻寬拓展、併發數量等性能提升，而沒有特別從業務品質（QoS）的角度來完善標準。為了彌補 Wi-Fi 在 QoS 上的不足，IEEE 在 2004 年推出了 802.11e，提供了新的操作方式和參數設置來增強 MAC 層的 QoS 的支援，它定義了 4 種存取類別（Access Categorie，AC）來區分資料流程的優先順序，當語音、視訊、普通資料封包和背景資料流程轉發到 MAC 層的時候，它們就會根據優先順序進入相應的 AC 的佇列中等待發送。

為了確保不同廠商產品的 QoS 的相容性，Wi-Fi 聯盟推動了基於 802.11e 的 Wi-Fi 多媒體（Wi-Fi Multi Media，WMM）功能的互通性測試。WMM 互通性的認證從 2004 年 12 月開始。Wi-Fi 的 AP 只要能透過 Wi-Fi 聯盟的認證測試，就在產品上具備了不同業務流的區分的功能。

參考圖 5-4，網際網路的下行資料封包到達 Wi-Fi AP，然後 Wi-Fi MAC 層對資料封包進行業務流的分類，並映射到相應的 AC 佇列中，發送給終端。在這個過程中，前提條件是網際網路的資料封包的優先順序已經在 IP 封包標頭的差分服務程式點（Differentiated Service Code Point，DSCP）欄位中被設置，並且對應到 MAC 層所需要的業務資料優先順序的輸入。

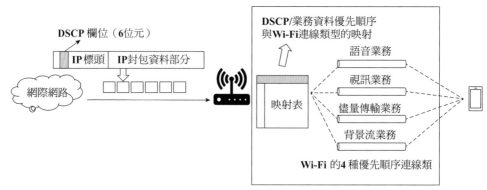

▲ 圖 5-4　Wi-Fi 聯盟的 WMM 對於 QoS 的支援

然而，在實際網路中，DSCP 欄位在 IP 標頭的準確標識卻並沒有得到普遍的重視。雖然越來越多的終端應用程式開始設置 DSCP 欄位，但大多數網路服務器仍然在下行資料封包中使用預設的 DSCP 欄位，或網際網路供應商的裝置在網路中對原始資料封包的 DSCP 欄位進行了重設，或有些裝置的 DSCP 欄位已經與網路業務不匹配等。因此，Wi-Fi AP 收到來自網際網路的資料封包的時候，並不能有效地透過 WMM 的優先順序佇列把資料轉發給終端。

針對 Wi-Fi 在 QoS 的薄弱環節，Wi-Fi 聯盟在 WMM 的基礎上，於 2020 年 12 月啟動了 QoS 管理的第 1 個版本的認證專案。

Wi-Fi QoS 管理認證為裝置和應用程式提供了標準化的辦法，支援 AP 和終端設備之間的流量優先順序增強和拓展，它包含以下的技術。

- 流分類服務（Stream Classification Service，SCS）：支援對特定 IP 流進行分類和 Wi-Fi QoS 處理，IP 流包括來自 5G 核心網路的資料流程。允許遊戲、語音和視訊等流量的優先順序高於其他資料流程。

- 鏡像流分類服務（Mirrored Stream Classification Service，MSCS）：終端能夠請求 AP 利用 QoS 鏡像對下行 IP 流進行特定的 QoS 處理。

- 差異化服務程式點映射：支援跨 Wi-Fi 網路和有線網路的統一 QoS 處理，支援網路管理員能夠配置特定的 QoS 策略。

- 差異化服務程式點方式：支援終端對特定上行 IP 流量動態配置 DSCP 策略，允許它們被標記為不同的 DSCP 值，進一步改善 XR 等低延遲應用程式的體驗。

原先的 WMM 技術只是 AP 單方向地對下行資料流程進行分類，而 QoS 管理的新

技術則需要 AP 與終端相互進行配合和協商，它們對於指定業務的下行或上行 IP 流進行標識和分類，實現 Wi-Fi 網路中特定資料流程的高優先順序處理，從而減少 Wi-Fi 資料流程的延遲，減少互動雲端和邊緣服務的延遲，讓人們獲得更好的即時應用體驗。

　　圖 5-5 是終端向 AP 請求鏡像流分類服務的範例，AP 接收了終端請求之後，AP 會對終端發送的上行語音或視訊等資料流程複製對應的優先順序，然後在下行資料流程中設置相同優先級，這樣就使得終端業務流在 Wi-Fi 網路中被高優先順序傳送。

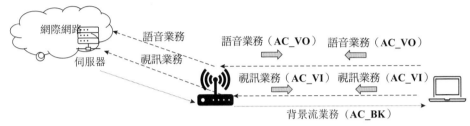

▲ 圖 5-5　終端與 AP 協作實現下行資料流程的 QoS 處理

　　Wi-Fi 聯盟的 QoS 管理認證與各個 IEEE 802.11 標準沒有直接的對應關係。但 Wi-Fi 7 在低延遲性能等方面的技術改進，與 Wi-Fi 聯盟 QoS 管理認證的配合，必然對於 Wi-Fi 提升整體的低延遲處理帶來更大的幫助。

5.2　無線寬頻聯盟在 Wi-Fi 行業中的助力

　　無線寬頻聯盟（Wireless Broadband Alliance，WBA）成立於 2003 年，它的成員主要包括電信營運商、裝置提供商、第三方轉接商。舉例來說，美國 AT&T、德國 T-Mobile、英國 BT、日本 DoCoMo 等營運商，還有英特爾、思科等晶片或裝置廠商。每年 WBA 都會通過設定工作組或任務組的方式對行業內的最新的 Wi-Fi 課題進行研究，課題研究的成果通常是透過白皮書的方式在行業內發佈。

5.2.1　無線寬頻聯盟工作組和任務組

　　圖 5-6 是 2022 年的主要的工作組和任務組，可以看到 Wi-Fi 6/6E 是 2022 年的技術重點，而拓展 Wi-Fi 在工業網際網路、農村等不同場景下的使用效果和應用體驗受到持續關注。另外，行動 5G 與 Wi-Fi 在企業網路中的融合也成為無線寬頻聯盟在 2022 年探討的重要話題，工作組對需求、場景用例、技術方案等進行分析，為企業引入和建構 5G 專網提供方案參考。

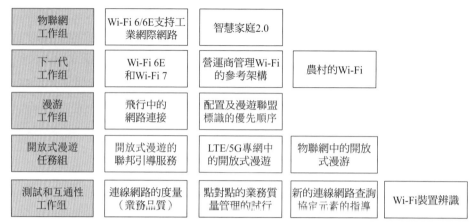

物聯網 工作組	Wi-Fi 6/6E支持工業網際網路	智慧家庭2.0	
下一代 工作組	Wi-Fi 6E 和Wi-Fi 7	營運商管理Wi-Fi 的參考架構	農村的Wi-Fi
漫游 工作組	飛行中的 網路連接	配置及漫遊聯盟 標識的優先順序	
開放式漫遊 任務組	開放式漫遊的 聯邦引導服務	LTE/5G專網中 的開放式漫遊	物聯網中的開放 式漫游
測試和互通性 工作組	連線網路的度量 （業務品質）	點對點的業務質 量管理的試行	新的連線網路查詢 協定元素的指導	Wi-Fi裝置辨識

▲ 圖 5-6 無線寬頻聯盟 2022 年的工作組和任務組

5.2.2　無線寬頻聯盟推動 Wi-Fi 感知技術發展

透過室內 Wi-Fi 訊號傳播來檢測和感知室內人體活動，是目前 Wi-Fi 技術創新非常重要的發展方向。現在大多數家庭都有 Wi-Fi AP，Wi-Fi 訊號幾乎能夠覆蓋家庭中的每一個角落，如果能把 Wi-Fi 訊號辨識人體行為技術進行商業化普及，那麼它會給家庭帶來很多意想不到的應用和體驗。

透過 Wi-Fi 訊號進行人體行為辨識的技術有幾種方案，基本的想法是利用無線訊號在傳播過程中會受到障礙物的影響而產生變化的訊號特徵來進行人體行為辨識。發射端發出訊號，接收端收到的訊號是經過直射、衍射、反射等多筆路徑的疊加，所以最後收到的訊號攜帶了障礙物影響的特徵，透過辨識這些疊加後的無線訊號的特徵可以用於行為辨識。

目前感知技術用到的 Wi-Fi 訊號主要是 Wi-Fi 的通道狀態信訊（Channel State Information，CSI），CSI 是利用 Wi-Fi 的每個 OFDM 子載波來獲取相關變化的振幅和相位元。

▲ 圖 5-7 是兩個 Wi-Fi AP 相互之間進行數

據傳送，此刻室內有人站立、走動或坐下，Wi-Fi AP 利用相應的演算法，對接收到的 Wi-Fi 訊號進行分析，獲取人體行為資訊。

　　為了推動在免授權頻譜上支援無線區域網感知功能的操作，IEEE 正在制定 802.11bf 標準，如圖 5-8 所示，2020 年 10 月 IEEE 召開了第一次工作組會議，2022 年 4 月有了 0.1 版本，計畫 2023 年 9 月發佈 D4.0 版本，目標是在 2024 年最後審核透過。而無線寬頻聯盟則在 2019 年制定白皮書，2021 年舉出測試方法建議，到 2022 年發佈感知技術的部署指導，正在行業內持續推動感知技術的發展。

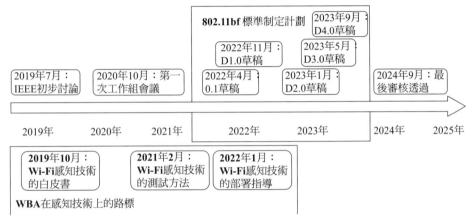

▲ 圖 5-8　無線寬頻聯盟推動 Wi-Fi 感知技術發展

　　以無線寬頻聯盟在 2022 年發佈的感知技術的部署指導白皮書為例。目前行業中有很多關於 Wi-Fi 網路部署以及 Wi-Fi AP 如何安置的資料，它們幫助使用者獲得優良的 Wi-Fi 網路性能，但是沒有任何關於確保 Wi-Fi 在網路部署中支援感知性能的文件。而這篇 WBA 提供的部署指導就是在家庭環境中如何確保 Wi-Fi 感知技術的性能，有哪些環境因素以及裝置會影響感知性能，並且有相關的實驗來舉出真實的資料作為參考，比如，部署指導中舉出以下的資訊：

- 　**環境因素**：不同建築材料對於 2.4GHz、5GHz 和 6GHz 的訊號衰減；房間格局影響電磁波傳播路徑和性能；機械干擾和電磁干擾對 Wi-Fi 感知的影響等。

- 　**裝置因素**：裝置支援的頻段和通道頻寬；裝置的節電模式下不收發資料的瞌睡狀態的影響；Wi-Fi 網路拓撲結構對 Wi-Fi 感知功能的影響；裝置置放位置對 Wi-Fi 感知性能的影響等。

- 　**相關實驗**：兩個裝置檢測人體活動範圍的覆蓋區域測試；在多層樓和多個 AP 部署的情況下，不同位置 AP 的放置對於無線回程通道以及感知的影響；手動調節對於人體活動感知測試的影響等。

　　無線寬頻聯盟的部署指導在最後為終端使用者使用 Wi-Fi 感知提供了參考意見，包括網路部署方式、Wi-Fi AP 放置、網路拓撲、感知系統的設置、環境參考意見等。Wi-Fi 感知技術目前仍是大專院校研究熱點話題，尚處於商業化初期階段，無線寬頻聯盟一系列白皮書有益於行業內技術演進和發展。

5.3　寬頻討論區對 Wi-Fi 管理的貢獻

　　寬頻討論區來自原先的數位使用者線路（Digital Subscriber Line，DSL）討論區，特別注意 DSL 系統結構、協定、介面等核心技術開發，推廣和應用 DSL 技術。2018 年　改名為寬頻討論區，工作內容包括制定光纖寬頻連線的網路規範，解決寬頻市場中的架構、裝置和服務管理，定義軟體資料模型互通性和認證規範等。

1. 支援寬頻網路裝置的 TR069 協定

　　第 4 章介紹過 Wi-Fi 網路管理協定，其中 TR069 協定就是討論區制定的寬頻網路裝置的管理協定，它透過自動配置伺服器實現對家庭閘道裝置的管理，採用的方式是伺服器向終端下達命令方式的管理，終端主動上報告警資訊或通知訊息，如圖 5-9 所示。TR-069 目前安裝已超過 10 億台，為全球寬頻的大規模部署和當前的寬頻體驗奠定了基礎。

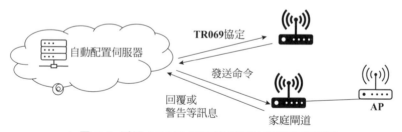

▲ 圖 5-9　透過 TR069 協定遠端系統管理家庭閘道

　　然而，隨著物聯網的出現、智慧家居的發展、新的安全挑戰的關注、新的基於雲端的商業模式的需求等，使得行業內重新思考如何為家庭提供和衡量新的寬頻體驗。而 Wi-Fi 又是寬頻連線到戶之後的重要延伸，如果 Wi-Fi 上網有問題，很多家庭使用者並不能區分是 Wi-Fi 問題還是寬頻連線的問題。對營運商來說，提升寬頻連線的體驗，常常會變成調查 Wi-Fi 是否有問題。如何對家用網路的 Wi-Fi 進行管理，已經成為營運商最近幾年的一個關鍵焦點，也成為 BBF 制定新規範的主要內容之一。這些都為 TR369 協定的誕生做了鋪陳。

2. 支援家用網路全方面管理的 TR369 協定

　　TR369 也稱為使用者業務平臺（User Service Platform，USP），它是 TR069 的演進，但相比 TR069，它支援更多的部署場景，拓展了更多的裝置類型和數量。TR069 與 TR369 可以在網路管理部署中並存，營運商也可以選擇從 TR069 升級到 TR369。圖 5-10 是從 TR069 到 TR369 協定的演進。

▲ 圖 5-10　從 TR069 到 TR369 協定的演進

從 TR369 提供的服務角度來看，協定中主要的內容包括：

- **管理和監控網路介面：**包括乙太網、Wi-Fi、Zigbee 等物理介面，也包括 IPv6、IPv4、動態主機設定通訊協定（Dynamic Host Configuration Protocol，DHCP）隧道等協定介面。

- **管理和監控網路服務和使用者端：**包括防火牆、服務品質（QoS）、路由等服務，也包括主機等使用者端連線，以及訊息佇列遙測傳輸（Message Queuing Telemetry Transport，MQTT）等應用層的服務介面。

- **性能度量和診斷：**支援對下載、上傳等性能度量，以及透過抓取封包等方法診斷。

- **容器和應用管理：**支援軟體模組的安裝、監控和生命週期的管理，支援透過物件、參數等方式對 USP 代理上的容器進行管理。

　　TR369 標準的主要任務之一就是幫助營運商提升家庭 Wi-Fi 網路管理。Wi-Fi 使用的是免受權頻譜，它誕生的時候就不屬於傳統電信網路，沒有通訊設施和通訊網路運行維護的規定。另外，Wi-Fi 網路非常容易受到環境影響，性能和連線性隨時都可能發生變化。所以相對電信網路來說，Wi-Fi 的管理有很多實際應用的挑戰。

　　TR369 管理 Wi-Fi 的基礎，首先是利用了 BBF 已經累積了超過 10 年的裝置管理的資料模型，該模型仍在週期性地維護更新。然後 TR369 提供以下 Wi-Fi 管理的功能：

- **增強 Wi-Fi 的日常運行維護**：支援動態收集包括 Wi-Fi Mesh 網路在內的各種 Wi-Fi 統計資訊和執行情況，作為 Wi-Fi 網路最佳化的資料分析，然後遠端進行管理。

- **支援機器學習等演算法下的網路最佳化**：支援指定時間或頻次把批次資料上傳到雲端，然後透過機器學習等方式，最佳化家用網路以及終端的參數配置。

- **支援軟體模組方式下的網路管理功能**：支援容器化方式下的軟體模組管理，包括軟體模組的安裝、升級和卸載，從而可以靈活提供更多的 Wi-Fi 功能。

　　隨著 Wi-Fi 7 標準在市場中逐漸得到應用，Wi-Fi 7 包含的多鏈路通訊等新變化，必然也會對 TR369 的資料模型產生影響，TR369 對於 Wi-Fi 管理也將繼續更新和擴充。

第6章
Wi-Fi 7技術應用和體驗升級

　　Wi-Fi 技術發展到 Wi-Fi 6 標準的時候，除了資料傳送帶寬和速率的提升，更重要的是透過 OFDMA 技術為高密度無線連接開啟了更廣闊的應用視窗，相比於 Wi-Fi 5 之前的標準，Wi-Fi 6 的短距離資料傳送技術更適用於室外大型公共場所、高密度場館、企業園區、居民社區等場景，同時也為室內的高頻寬和低延遲時間的娛樂業務等帶來了更好的使用者體驗。

　　不過 Wi-Fi 6 技術畢竟使用的是免授權的頻段，3 個頻段的頻譜資源有限，限制了 OFDMA 技術下最多可以分配的併發使用者數，而 Wi-Fi 6 的連接是否能夠達到 1Gbps 以上的使用者體驗速率，又與無線環境干擾、多使用者通道資源配置等因素相關，所以 Wi-Fi 標準往更高性能要求發展是必然的技術趨勢。

　　Wi-Fi 7 的最高物理速率可以達到 30Gbps，超過 Wi-Fi 6 最高速率 9.6bps 的 3 倍，支援 OFDMA 併發的最大使用者數從 Wi-Fi 6 的 74 個使用者增加到 148 個，Wi-Fi 7 新增加的多鏈路同傳技術、增強的 Wi-Fi 7 低延遲技術等方面，都使得 Wi-Fi 7 成為高性能 Wi-Fi 標準的旗艦，引領短距離資料通訊技術的發展。

　　Wi-Fi 7 是在 Wi-Fi 6 技術基礎上的較大幅度的性能跨越，Wi-Fi 6 原先拓展的高密度無線連接的應用場景、高頻寬低延遲的業務應用等，將更適用於使用 Wi-Fi 7 技術的產品。所以介紹 Wi-Fi 7 的應用體驗，大多數情況是了解 Wi-Fi 7 相比 Wi-Fi 6 所帶來的變化。

　　本章從目前 Wi-Fi 技術在家庭環境、城市公共區域和行業關鍵領域出發，結合 Wi-Fi 7 的高性能技術特點，介紹 Wi-Fi 7 帶來業務上的新變化和新使用者體驗，讓讀者理解 Wi-Fi 7 高頻寬和低延遲如何滿足數十公尺內的高速資料傳輸的需求，以及基於 Wi-Fi 7 的無線網路連線如何為新業務發展提供了一個更高性能的新平臺。

6.1　居家辦公學習和娛樂的新體驗

6.1.1　AR/VR 使用者體驗與 Wi-Fi 技術發展

　　2016 年是 AR/VR 的虛擬實境產業元年，2018 年是雲端 VR 產業元年，而 2019 年是 5G 雲端 VR 產業元年，AR/VR 在經處於逐漸加快的發展培育時期，同時全球的產業也正在壯大和快速發展，目前可預見的市場主要集中在教育、娛樂、醫療等方面。預計 2020─2024 年五年期間，全球虛擬實境產業規模年均增長率為 54%。

　　參考圖 6-1，AR/VR 以沉浸感的使用者體驗為發展主線，從 2016 年有初級沉浸程度的產品起步，經過初級沉浸和部分沉浸，繼而發展到 2025 年的深度沉浸，以及 2026 年完全沉浸的理想體驗狀態。虛擬實境的沉浸感指的是利用電腦技術產生三維立體圖像，使人們置身於虛擬環境中，但好像仍在真實的客觀世界，人們有身臨其境的感覺。在這個發展過程中，可以看到 Wi-Fi 技術的標準發佈正好也與 AR/VR 的需求發展路線是接近的，Wi-Fi 6 對應著部分沉浸的狀態，而 Wi-Fi 7 的出現可以及時地適應深度沉浸的需求。

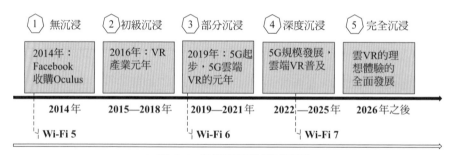

▲ 圖 6-1　虛擬實境的發展路線

1. 雲端 VR 的技術需求

　　目前 AR/VR 的應用服務、終端產品、網路平臺以及內容生產的產品鏈基本形成。從技術發展的角度來看，雲端與終端協作的架構已經成為行業內關注的重點，它將 VR/AR 內容放到雲端，把 VR/AR 的應用處理與終端展現分離，雲端負責業務的計算，然後利用 5G 或寬頻有線網路，把雲端處理的結果傳輸到終端，這種方式可以降低終端成本並方便用戶使用的行動性，讓終端使用更便捷和更靈活，如圖 6-2 所示。

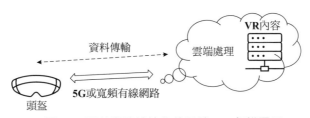

▲ 圖 6-2 雲端與終端協作的雲端 VR 架構圖示

　　雲端 VR 產業鏈的方式的出現，配合網路提供商的 5G 或寬頻網路，使得行業內各個廠商專注於各自擅長的領域，雲端資源提供商和內容平臺分發商提供 AR/VR 內容資源和內容分發。網路提供商則實現高頻寬、低延遲的資料傳輸網路，硬體裝置廠商最佳化終端產品的設計，各方面都需要負責相應環節的改進和提升，才能最後讓虛擬實境達到良好使用者體驗的效果。

　　網路提供商通常關注的是如何把資料從雲端傳輸到使用者家裡，然後高頻寬和低延遲的接力棒就交給了最後數十公尺無線傳輸的 Wi-Fi。如果 Wi-Fi 傳輸中出現封包遺失或延遲大，就會讓使用者感到畫面 lag、跳躍或殘影。Wi-Fi 技術從 Wi-Fi 5 發展到 Wi-Fi 6 與 Wi-Fi 7，在高頻寬和低延遲上，就是為 AR/VR 在室內的短距離無線資料連接提供了有效的技術方案。

　　參考表 6-1，VR 主要有視訊業務與強互動業務，按照雲端 VR 的演進過程，性能指標可以分成 2016—2018 年的起步階段，2020 年左右的舒適體驗階段，以及 2022 年以後開始逐漸進入理想體驗階段。

▼ 表 6-1　VR 體驗的性能指標要求

參數		起步階段	舒適體驗階段	理想體驗階段
沉浸方式		初級沉浸	部分沉浸	深度沉浸
（預計）商用時間（年）		2016—2018	2019—2021	2022—2026
VR 視訊業務	頻寬	大於 60Mbps	大於 75Mbps	大於 230Mbps
	網路往返延遲	小於 20ms	小於 20ms	小於 20ms
	封包遺失率	$9 \times 10-5$	$1.7 \times 10-5$	$1.7 \times 10-6$
VR 強互動業務	頻寬	大於 80Mbps	大於 260Mbps	大於 1Gbps
	網路往返延遲	小於 20ms	小於 15ms	小於 8ms
	封包遺失率	$1.0 \times 10-5$	$1.0 \times 10-5$	$1.0 \times 10-6$

　　表 6-1 中的 VR 強互動業務主要是 VR 網路遊戲，它需要使用者與伺服器之間有操作和動作的互動，所以對於頻寬和延遲有很高的要求，也是 VR 對於人們有非常吸引力的地方。

　　圖 6-3 是雲端 VR 強互動的點對點的資料傳輸的圖示，它來自表 6-1 中的頻寬、網路延遲和封包遺失率的資料，其中理想階段所需要的網路往返延遲小於 8ms，這是雲端到最後頭盔之間的往返延遲。延遲上的嚴格需求是雲端 VR 網路部署的很大挑戰。

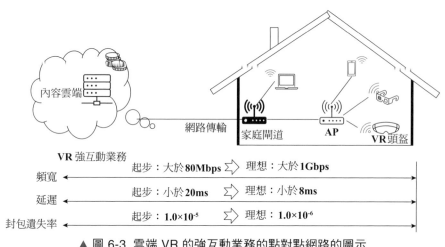

▲ 圖 6-3　雲端 VR 的強互動業務的點對點網路的圖示

2. Wi-Fi 技術標準支援 VR 業務

　　對點對點的頻寬、網路延遲以及封包遺失率的指標，Wi-Fi 網路是其中一個關鍵的資料傳輸環節，它指的是家庭中的無線路由器到 VR 頭盔之間的短距離無線連接的指標，Wi-Fi 網路的性能至少要比點對點網路的技術指標更嚴格，舉例來說，如果把延遲分解到都會區網路、寬頻連線網路以及家庭 Wi-Fi 網路，那麼 Wi-Fi 上的傳輸延遲要比點對點的延遲更低。

　　根據表 6-1 的 VR 視訊業務和 VR 強互動業務，以及 Wi-Fi 各個標準的性能指標，表 6-2 舉出了建議的 Wi-Fi 標準。其中，封包遺失率與 Wi-Fi 網路環境和產品處理業務的性能有關，而與 Wi-Fi 標準沒有直接量化的對應關係，所以沒有為封包遺失率推薦 Wi-Fi 標準。從表 6-2 中可以看到，Wi-Fi 7 由於其更高頻寬和更低延遲的技術特點，在 VR 強互動業務中具有更好的使用者體驗。

▼ 表 6-2　Wi-Fi 技術標準支援 VR 業務

參數		起步階段	舒適體驗階段	理想體驗階段
VR 視訊業務	頻寬	Wi-Fi 5	Wi-Fi 5	Wi-Fi 6
	網路往返延遲	Wi-Fi 6	Wi-Fi 6	Wi-Fi 6
	封包遺失率	不指定 Wi-Fi 技術	不指定 Wi-Fi 技術	不指定 Wi-Fi 技術
VR 強互動業務	頻寬	Wi-Fi 5	Wi-Fi 6	Wi-Fi 7
	網路往返延遲	Wi-Fi 6	Wi-Fi 6 或 Wi-Fi 7	Wi-Fi 7
	封包遺失率	不指定 Wi-Fi 技術	不指定 Wi-Fi 技術	不指定 Wi-Fi 技術

表 6-3 是以 VR 強互動業務的延遲指標為例，介紹 Wi-Fi 網路延遲需求和對應的 Wi-Fi 標準。相對於點對點網路在起步階段、舒適體驗階段和理想體驗階段的完全延遲，建議家庭 Wi-Fi 網路延遲是點對點網路延遲的 50%，這樣就不會成為 VR 強互動業務在延遲上的缺陷。基於家用網路延遲的需求，表 6-3 對應的 Wi-Fi 技術推薦為 Wi-Fi 6 和 Wi-Fi 7，而 Wi-Fi 7 尤其在舒適體驗和理想體驗階段中更能表現它的技術價值。

▼ 表 6-3　Wi-Fi 技術支援 VR 強互動業務的延遲指標

階段		起步階段	舒適體驗階段	理想體驗階段
VR 強互動業務	網路往返延遲	小於 20ms	小於 15ms	小於 8ms
	家庭 Wi-Fi 網路延遲	小於 10ms	小於 7ms	小於 5ms
	建議 Wi-Fi 技術	Wi-Fi 6	Wi-Fi 7	Wi-Fi 7

3. 實現雲端 VR 的強互動業務的 Wi-Fi 7 AP

為了實現雲端 VR 強互動業務的舒適體驗和理想體驗的需求，Wi-Fi 7 AP 的規格要求如表 6-4 所示。在這個規格清單中，Wi-Fi AP 支援 6GHz 頻段下的 320MHz 的通道頻寬，或者 5GHz 頻段下的 160MHz 的通道頻寬，並且支援低延遲業務下的業務品質控制和業務資料流的優先順序，是 VR 強互動業務的關鍵技術支撐。

▼ 表 6-4 Wi-Fi 7 AP 的規格要求

AP 選型	功能規格
硬體要求	Wi-Fi 7 APBE7200，或 Wi-Fi 7 APBE19000
	Wi-Fi 7 雙頻，或 Wi-Fi 7 三頻
	多天線 4×4 2.4GHz，4×4 5GHz， 或多天線 4×4 2.4GHz，4×4 5GHz，4×4 6GHz
	最大支援 160MHz 或 320MHz 的頻寬
軟體要求	支援 Wi-Fi 7 的多鏈路同傳技術
	支援 Wi-Fi 7 多資源單元技術
	支援 Wi-Fi 7 低延遲業務特徵辨識
	支援業務品質 QoS 控制，視訊或語音的高優先順序處理

6.1.2 Wi-Fi 7 技術支援超高畫質視訊業務

視訊技術從高畫質到超高畫質電視（Ultra-High Definition Television，UHDTV）的演進是目前視訊發展的趨勢。超高畫質是指高於 3840×2160 像素的解析度，它既包含 4K 超高畫質電視（3840×2160），也包含 8K 超高畫質電視（7680×4320）。

高畫質電視 HDTV 像素約為 200 萬，4K 超高畫質電視像素數約為 830 萬，而 8K 超高畫質電視像素達到 3300 萬，參考表 6-5 關於各種視訊類型的解析度和像素。4K 超高畫質電視的像素數是高畫質電視 4 倍，8K 超高畫質電視的像素數是高畫質電視的 16 倍。

▼ 表 6-5 視訊技術類型

視訊類型	解析度（水平像素 × 垂直像素）	像素（點）
標準解析度（SD）	720×576	約 41 萬
高畫質（HD）	1280×720	約 92 萬
全高畫質（Full HD）	1920×1080	約 200 萬
4K 超高畫質	3840×2160	約 830 萬
8K 超高畫質	7680×4320	約 3300 萬

8K 超高畫質電視採用 12 位元的量化深度和 120 的幀頻，能給人的視覺效果帶來新的飛躍。模擬電視（例如 NTSC 制或 PAL 制）的電視畫面是每秒 30 幀或每秒 25 幀，在高畫質電視中使用的是每秒 60 幀，到了 8K 超高畫質電視是每秒 120 幀，則可以看

到電視中快速運動的物體有非常平滑的運動變化。除了像素顯示以外,超高畫質電視在色彩實際還原度、色彩範圍、亮度範圍等方面也都有了極大的提升。

超高畫質視訊帶來的超精細的影像細節和非常豐富的資訊內容,不僅是為家庭影音娛樂提供了很好的觀看體驗,而且在醫療健康、教育行業、工業製造、智慧交通等不同領域都有廣泛的應用。

1. 8K 超高畫質視訊的技術要求

8K 超高畫質電視對網路傳輸提出了新的性能指標。參考表 6-6 中的 8K 視訊傳輸的網路頻寬、延遲和封包遺失率的指標,1 路 8K 視訊直播已經超過 216Mbps。對視訊來說,除了網路頻寬以外,同時需要達到網路延遲和封包遺失率的要求,否則使用者在觀看視訊過程中會經常碰到馬賽克、lag 和雜訊等問題,直接影響使用者的觀看體驗。

▼ 表 6-6　8K 視訊的網路傳輸的業務指標

8K 業務類型	網路頻寬	網路延遲	封包遺失率
視訊點播 / 單路	大於 280Mbps	小於 10ms	10-5
視訊直播	大於 216Mbps	小於 100ms	10-6

目前超高畫質視訊在網路中的傳輸保證主要是營運商在運行維護,所以營運商對於超高視訊的網路指標有更多發言權。參考圖 6-4,這是 8K 視訊點播和直播在點對點傳輸下的圖示。其中,與雲端 VR 相比,8K 視訊點播的頻寬需求、延遲以及封包遺失率的性能指標接近於雲端 VR 視訊業務中的理想體驗階段,即頻寬大於 230Mbps,網路延遲小於 20ms,封包遺失率不高於 1.7×10-6。

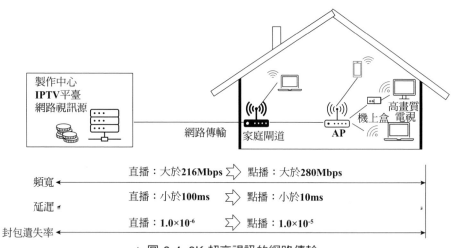

直播：大於216Mbps ⇒ 點播：大於280Mbps

頻寬

直播：小於100ms ⇒ 點播：小於10ms

延遲

直播：$1.0×10^{-6}$ ⇒ 點播：$1.0×10^{-5}$

封包遺失率

▲ 圖 6-4　8K 超高視訊的網路傳輸

2. 視訊在網路中傳輸的方式介紹

根據視訊編碼方式、視訊流等區別，目前視訊透過網路傳輸主要有以下兩種方式。

1）營運商為主的 IPTV 播放

IPTV 指的是基於 IP 的網路向使用者提供點播或多點傳輸方式的視訊業務。因為使用者可以利用互動式選單進行節目選擇，所以 IPTV 又叫互動電視，它的系統主要包括串流媒體服務、節目採編、儲存及認證資費等部分，給使用者傳送的視訊內容是以 MPEG-4/H.264 為編碼核心心的串流媒體檔案。

IPTV 是基於營運商的最佳化過的虛擬專網，網路傳輸的可靠性較高，所以 IPTV 對於音視訊編碼一般要求採用固定取樣率（Constant Bitrate，CBR）和基於 UDP 的 RTSP 即時流傳輸機制，盡可能保證網路的服務品質，提供可以運營維護的服務等級。

在 IP 網路傳輸過程中，可能在網路的邊緣設置內容分配服務節點，節點上面配置存儲裝置和串流媒體服務。在家庭使用者那裡則透過營運商提供的機上盒來觀看電視。

2）網際網路廠商 OTT TV 方式

OTT 是「Over The Top」的縮寫，指的是網際網路廠商利用營運商的網路，而服務是由非營運商的網際網路廠商來提供。家庭使用者從市場上買到專門的網路機上盒，然後把這樣的機上盒連到家用網路中，透過網際網路上的節目源來觀看視訊解目。

OTT TV 業務中的視訊編碼標準通常也是 MPEG-4/H.264，以變數字速率（Variable Bitrate，VBR）編碼方式為主，透過在終端增加快取來平滑網路傳輸，以適應來自網

際網路的視訊來源和網際網路的網路變化特點,在 IP 網路中以較低的平均碼率獲取盡可能高的視訊品質,點播視訊的業務是採用基於 TCP 的 HTTP 的下載方式。OTT TV 經常採用較低碼率編碼的高畫質格式,確保在 IP 網路中能順利進行視訊的傳輸和播放。

營運商 IPTV 或網際網路廠商的 OTT TV,通常有以下方式支援視訊透過家庭閘道傳送到電視機:

- **家庭閘道與機上盒網線連接**,然後機上盒透過纜線與電視機連接並傳送視訊,這是運商 IPTV 主要連接方式。
- **家庭閘道與機上盒透過 Wi-Fi 連接**,然後機上盒透過纜線與電視機連接並傳送視頻,這是網際網路廠商的 OTT TV 或海外營運商的主要連接方式。
- **家庭閘道與電視機直接透過 Wi-Fi 進行視訊傳送**,這是 OTT TV 的主要連接方式。

3. Wi-Fi 技術支援 8K 超高畫質視訊

對點對點傳送視訊的頻寬、網路延遲以及封包遺失率的指標,Wi-Fi 網路是其中一個關鍵的資料傳輸環節。舉例來說,Wi-Fi 的性能至少要比點對點網路的技術指標更嚴格,即 Wi-Fi 網路傳輸延遲要比點對點的延遲更低。

從一路 8K 視訊點播或直播的網路傳輸頻寬要求來看,Wi-Fi 網路頻寬至少要大於 280Mbps 或 216Mbps,目前 Wi-Fi 6 或 Wi-Fi 7 都能滿足需求。但將來的家用網路可能有 3 路以上的 8K 視訊同時傳送的需求,所以 Wi-Fi 7 更適用於將來的超高畫質家庭視訊的發展。

參考表 6-7,以 8K 超高畫質視訊流的直播和點播的延遲為例,建議家庭 Wi-Fi 網路延遲是點對點網路延遲的 50%,這樣就不會成為視訊傳送在延遲上的缺陷。從表中可以看到,一路視訊直播對應的 Wi-Fi 技術可以採用 Wi-Fi 5 或 Wi-Fi 6,而視訊點播對應的則為 Wi-Fi 7 技術。結合將來家庭有多路超高畫質業務的需求,選擇 Wi-Fi 7 是推薦的方案。

▼ 表 6-7　Wi-Fi 技術支援超高畫質視訊的延遲指標

參數	視訊直播	視訊點播
網路 RTT	小於 100ms	小於 10ms
家庭 Wi-Fi 網路延遲	小於 50ms	小於 5ms
Wi-Fi 技術	Wi-Fi 5 或 Wi-Fi 6	Wi-Fi 7

4. 實現 8K 超高畫質業務的 Wi-Fi 7 AP

　　為了實現 8K 超高畫質視訊傳送的需求，Wi-Fi 7 AP 的規格要求如表 6-8 所示。在這個規格清單中，與雲端 VR 強互動業務的要求一樣，Wi-Fi AP 支援 6GHz 頻段下的 320MHz 的通道頻寬，或 5GHz 頻段下的 160MHz 的通道頻寬，並且支援低延遲業務下的業務品質控制和業務資料流程的優先順序，是 8K 超高畫質業務的關鍵技術支撐。另外，還需要 Wi-Fi 網路有效支援營運商 IPTV 的多點傳輸資料流程。

▼ 表 6-8　Wi-Fi 7 AP 的規格要求

AP 選型	功能規格
硬體要求	Wi-Fi 7 AP BE7200，或 Wi-Fi 7 AP BE19000
	Wi-Fi 7 雙頻，或 Wi-Fi 7 三頻
	多天線 4×4 2.4GHz，4×4 5GHz， 或多天線 4×4 2.4GHz，4×4 5GHz，4×4 6GHz
	最大支援 160MHz 或 320MHz 的頻寬
軟體要求	支援 Wi-Fi 7 的多鏈路同傳技術
	支援 Wi-Fi 7 多資源單元技術
	支援 Wi-Fi 7 低延遲業務特徵辨識
	支援業務品質控制、視訊流的高優先順序處理
	支援 Wi-Fi 下的 IPTV 多點傳輸視訊流的高優先順序傳送

6.1.3　升級家庭 Wi-Fi 技術和改進體驗

　　除了前面提到的 AR/VR 以及超高畫質視訊對於 Wi-Fi 網路的高頻寬低延遲需求以外，隨著寬頻連線到戶的發展，家庭 Wi-Fi 網路已經非常普及，人們使用 Wi-Fi 就像使用水、電、瓦斯等公共資源，已經成為生活必需的一部分。

　　然而，人們使用 Wi-Fi 的體驗還有很多需要改進的地方。舉例來說，在不同的房間的 Wi-Fi 連接訊號有強有弱，不同位置的 Wi-Fi 速率不能達到令人非常滿意的程度；在居家辦公、遠端學習的時候，人們有時候發現業務連接斷開或網路回應變慢，但人們不知道是不是由於 Wi-Fi 故障引起的問題。Wi-Fi 作為生活的基礎設施，人們希望 Wi-Fi 使用更穩定且使用者體驗更好。

1. 家庭 Wi-Fi 部署的特點和需求

　　在樓宇中的家庭 Wi-Fi 使用中經常碰到兩個問題，一個是室內 Wi-Fi 訊號的覆蓋

率問題，另一個是密集 Wi-FiAP 部署所產生的通道忙碌，也就是 Wi-Fi 網路相互之間的干擾。

1）Wi-Fi 訊號的覆蓋率問題

家庭中的寬頻連線閘道或 Wi-Fi AP 通常放置在門口或客廳，整個房間只有數十公尺的長度或寬度，但房間不同位置的差異以及固定或移動障礙物都會影響 Wi-Fi 傳播路徑，繼而引起 Wi-Fi 訊號強度在室內參差不齊的覆蓋分佈。如果在房間不同位置進行 Wi-Fi 訊號強度的測量，可以看到有些區域訊號較好，有些區域的訊號比較弱。影響 Wi-Fi 訊號覆蓋的因素包括 Wi-FiAP 安放位置、AP 發射功率、障礙物材料的物理屬性等。

圖 6-5 舉出了室內 Wi-Fi 訊號衰減和覆蓋的範例。玻璃、木板、門、混凝牆等障礙物都會對 Wi-Fi 訊號產生損耗，例如混凝土牆對 Wi-Fi 訊號可能造成 20dB 的衰減。圖中 Wi-Fi AP 放在客廳中，有 -45dBm 的訊號強度，而在臥室上網的時候，訊號強度低於 -60dBm，人們發現上網速率就會降低。

在圖 6-5 的範例中，如果使用者帶著 Wi-Fi 終端在室內移動，則終端上的視訊播放隨著訊號強度的變化可能產生停滯、語音 lag 等現象。使用者在家庭中使用 Wi-Fi，就是希望在房間各個角落都能有相同的上網速率。

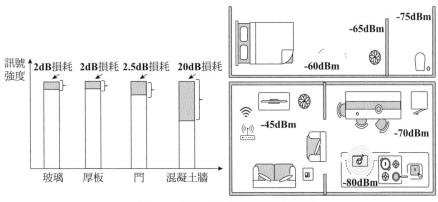

▲ 圖 6-5 室內 Wi-Fi 訊號損耗舉例

2）Wi-Fi 訊號的相互干擾問題

隨著家家戶戶都有 Wi-Fi 裝置的使用，在住宅社區中，樓上樓下以及隔壁鄰居的 Wi-Fi 的訊號都會佔據有限的無線通道，從而使得 Wi-Fi 通道越來越擁擠，而影響資料轉發的性能。

　　圖 6-6 舉出了樓宇中多個 Wi-Fi 裝置佔用通道的範例，Wi-Fi 2.4GHz 的通道 1、2、3 都有多個裝置佔用。實際樓宇中有更多的 Wi-Fi 裝置佔用相同或鄰近通道，相互之間必然產生干擾，不同 Wi-Fi 網路的 AP 或終端透過衝突避免而回退的方式競爭無線通道，就會使得 Wi-Fi 資料傳送速率下降。

Wi-Fi 在家家戶戶得到普及

▲ 圖 6-6　家庭 Wi-Fi 的環境干擾情況

　　通常使用者並不知道家庭中的 Wi-Fi 因為通道忙碌而導致速率下降，也不會使用專用的軟體工具進行檢查。使用者希望不管在什麼時候，家裡 Wi-Fi 使用都是穩定和可靠的。

　　家庭使用者對營運商負責的寬頻連線閘道或 Wi-Fi AP 的投訴大部分和 Wi-Fi 使用有關，營運商對於通訊管道的維護有多年的經驗，但對於家庭使用者在 Wi-Fi 使用上碰到的問題並沒有非常好的應對方法，也沒有很好的系統能收集和監控家庭使用者 Wi-Fi 的使用情況。

2. 家庭 Wi-Fi 網路部署和規劃

　　除了 Wi-Fi 訊號覆蓋率和 Wi-Fi 網路相關干擾的問題，家庭 Wi-Fi 使用還有網路遊戲、超高畫質視訊等高頻寬需求，也有會議電話、遠端學習等即時性較高的業務，以及家庭使用越來越多的無線終端連接。針對家庭 Wi-Fi 網路的需求，表 6-9 舉出了設計方案的範例，這個設計方案的特點是在 100 平方公尺左右的家庭環境內，支援數十個終端連接、超高畫質視頻等高頻寬新業務以及升級 Wi-Fi 體驗。

　　從表 6-9 的家庭 Wi-Fi 網路的設計方案來看，升級 Wi-Fi 技術標準，讓它支援高頻寬低延遲，支援更多的併發終端數量，是未來幾年家庭 Wi-Fi 網路發展的必然趨勢。

　　家庭 Wi-Fi 網路拓樸的範例參考圖 6-7，在客廳、臥室以及餐廳分別放置一個 Wi-Fi AP，它們透過 Mesh 進行無線網路拓樸，客廳中的 Wi-Fi 存取點既可以是支援 Wi-Fi 的家庭閘道，也可以是連接至家庭閘道的 Wi-Fi AP。透過 Wi-Fi Mesh 網路拓樸，可以提升 Wi-Fi 訊號在房間內的覆蓋情況，使得每個角度的 Wi-Fi 訊號強度不低於

-60dBm。

▼ 表 6-9　家庭 Wi-Fi 網路的設計方案

方案指標	設計目標
頻寬和性能	至少以 100Mbps 速率覆蓋房間內的所有區域，單終端最高連線速率可以達到 1Gbps
延遲要求	能夠支援特定業務的低延遲需求，滿足視訊或語音業務的優先順序
網路拓樸和覆蓋	支援至少 3 個 AP 的室內網路拓樸，所有區域的訊號強度不低於 -60dBm
容量設計	家庭最多支援 64 個終端併發存取網路，每個 AP 最多支援 16 個終端的併發存取網路，每個終端的速率不低於 10Mbps
無縫漫遊	房間內終端在 AP 之間移動漫遊，切換時間小於 100ms
安全連線	家庭成員使用 AP 提供的使用者名稱和密碼登入認證。有客人來訪，為客人提供單獨的 SSID 來上網
抗干擾性	AP 之間的回程通訊使用單獨頻段，AP 與終端使用其他頻段進行連接

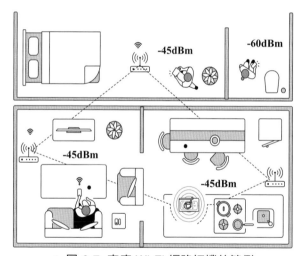

▲ 圖 6-7　家庭 Wi-Fi 網路拓樸的範例

3. 家庭 Wi-Fi 7 AP 的功能規格

目前家庭 Wi-Fi 5 雙頻 AP 是使用較多的 Wi-Fi 產品，而 Wi-Fi 6 雙頻正在市場中得到逐步推廣。從 2024 年之後家庭使用者體驗的期望來看，提供更高性能的 Wi-Fi 7 AP 將是家庭 AP 的優選。表 6-10 是建議的家庭 Wi-Fi AP 的選型規格，AP 需要支援多頻段 Wi-Fi 7，並且具備 EasyMesh 網路拓樸功能、WPA3 的安全等級、低延遲業務辨識等功能。

▼ 表 6-10　Wi-FiAP 的功能規格

AP 選型	功能規格
硬體要求	臥式或立式的 Wi-FiAP
	Wi-Fi 7 APBE7200，或 Wi-Fi 7 APBE19000
	Wi-Fi 7 雙頻，Wi-Fi 7 三頻（可選）
	支援 4 條或 8 條空間流
	多天線 4×4 2.4GHz，4×4 5GHz 多天線 4×4 2.4GHz，4×4 5GHz，4×4 6GHz
	支援 160MHz 或 320MHz 的頻寬
軟體要求	支援基於 Wi-Fi 7 的 EasyMesh 無線網路拓樸
	支援 Wi-Fi 7 的多鏈路同傳技術
	支援 Wi-Fi 7 的多資源單元技術
	支援 WPA3 的安全等級
	支援 Wi-Fi 7 低延遲業務特徵辨識
	支援業務的 QoS 控制，以及視訊或語音的高優先順序處理

6.2　Wi-Fi 7 在行業中的應用

6.2.1　學校多媒體教室的 Wi-Fi 應用

多媒體教室已經成為學校的基本的現代化教學設施，教室中配備投影機、螢幕、數位中控系統、功放、喇叭、電腦、無線投螢幕器、互動式電子白板等裝置，有的教室甚至添加了最新的 VR 設施，配合使用教學系統軟體，充分發揮多媒體的圖文、視訊等特點，有效輔助老師完成教學任務。

有線或無線連接的網路是多媒體教室的基本設施，而無線網路佈線的便利性和行動性，受到越來越多的關注。參考圖 6-8 的多媒體教室中的裝置類型和無線網路連接的形式。通常教室的天花板會安置吸頂式 AP，電腦、投影機、螢幕等透過 AP 的 Wi-Fi 連接，實現教室內的資料傳送和投影等功能。

1. 多媒體教室的無線網路需求

多媒體教室通常空間不大，舉例來說，教室面積約 70 ～ 100 平方公尺，數十名學生同時使用網路上課，人員密度高，網路連接的併發率高。參考表 6-11，除了傳統的上網、音訊等業務，如果多媒體會議室還支援高頻寬的新業務，比如桌面共用的線

上會議、高畫質視訊、VR 視訊、VR 強互動等，則多人同時併發的頻寬將對網路設施提出比較大的挑戰。

▲ 圖 6-8 Wi-Fi 在多媒體教室中的應用

▼ 表 6-11　多媒體教室的頻寬需求

頻寬需求類型	桌面共用的線上會議	高畫質視訊	VR 視訊（起步）	VR 強互動（起步）
每人頻寬需求	2Mbps	4Mbps	60Mbps	80Mbps
20 人頻寬需求	40Mbps	80Mbps	1200Mbps	1600Mbps

除了網路頻寬以外，多媒體教室對於無線網路還有下面的需求：

- **網路覆蓋**：無線訊號在教室內覆蓋要均勻，沒有盲角和盲區，能併發處理數十位使用者的資料。
- **連線終端類型**：桌上型電腦、筆記型電腦、平板電腦、投影機、無線投螢幕器、電子白板等。
- **無縫漫遊需求**：多媒體教室內支援行動終端的無縫漫遊。
- **安全性需求**：對連線終端進行驗證，防止非法裝置的連線和封包攻擊等問題。
- **管理與維護**：對日常網路的流量、終端存取、網路故障等進行視覺化管理和網路維護。

相比 Wi-Fi 5 之前的無線網路的架設，更多高頻寬和低延遲時間的新業務的應用，併發終端數量的增加，在教室內無縫漫遊的網路性能等，都是目前 Wi-Fi 網路部署需要支援的需求。

2. 無線網路設計方案

針對無線網路的需求，新的多媒體教室的無線網路設計方案可以參考表 6-12。這個設計方案的特點是在面積小於 100 平方公尺的教室內，支援高密度和高併發的多媒體業務。

▼ 表 6-12　Wi-Fi 網路的設計方案

方案指標	設計目標
頻寬和性能	至少以 100Mbps 速率覆蓋教室內的所有區域，單使用者最高連線速率可以達到 1Gbps
延遲要求	能夠支援特定業務的低延遲需求，滿足視訊或語音業務的優先順序
網路拓樸和覆蓋	支援至少 3 個 AP 的室內網路拓樸，所有區域的訊號強度不低於 -50dBm
容量設計	教室內最多支援 64 個終端併發存取網路，每個 AP 最多支援 32 個終端的併發存取網路，每個終端的速率不低於 10Mbps
無縫漫遊	教室內終端在 AP 之間移動漫遊，切換時間小於 50ms
安全連線	任何外部設備進入教室網路，都需要進行無線網路的認證和鑑權
抗干擾性	AP 之間的回程通訊使用單獨頻段，AP 與終端使用其他頻段進行連接

　　無線網路中涉及的 AP 網路拓樸方案，可以圖 6-9 作為範例。在長 10m、寬 8m 的教室中，安裝「V」字形的 3 個吸頂式 AP，上面 2 個 AP 之間的間距為 5m，它們與底部 AP 之間的距離為 4m。

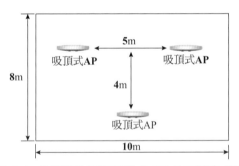

▲ 圖 6-9　多媒體教室的吸頂式 AP 的安裝方式範例

3. Wi-Fi 7 AP 的功能規格

　　表 6-13 是建議參考的 Wi-Fi 7 AP 的選型規格。為了達到多媒體教室的新業務需求，以及高密度、高併發的網路設計方案，AP 需要支援多頻段的 Wi-Fi 6 或 Wi-Fi 7，並且具備 EasyMesh 網路拓樸、802.1x 認證、WPA3 的安全等級、QoS 控制的功能等要求，而 Wi-Fi 7 帶來的多鏈路傳送技術為終端併發數量和業務的低延遲時間方面帶來了很大的提升。

▼ 表 6-13 Wi-FiAP 的功能規格

AP 選型	功能規格
硬體要求	懸掛天花板的吸頂式 AP
	Wi-Fi 7 APBE7200，或 Wi-Fi 7 APBE19000
	Wi-Fi 7 雙頻，或 Wi-Fi 7 三頻
	多天線 4×4 2.4GHz，4×4 5GHz 多天線 4×4 2.4GHz，4×4 5GHz，4×4 6GHz
	支援 MU-MIMO 技術下的 8 條空間流，提高多使用者連線性能
	支援 160MHz 或 320MHz 的頻寬
軟體要求	支援 Wi-Fi 7 的 EasyMesh 無線網路拓樸
	支援 Wi-Fi 7 的多鏈路同傳技術和負載平衡技術
	支援 Wi-Fi 7 的多資源單元技術
	支援 Portal 認證，或 802.1x 的認證方式，支援 WPA3 的安全等級
	支援 Wi-Fi 7 低延遲業務特徵辨識
	支援業務的 QoS 控制，以及視訊或語音的高優先順序處理

6.2.2 體育館高密度連接下的 Wi-Fi 部署

通常小型體育館可容納的座位少於 3000 個，中等規模的體育館則在 3000 ～ 8000 個之間，而大型體育館支援 8000 到數萬個的座位。如果有數千人在場館中同時使用 Wi-Fi 進行手機上網、聊天、傳送圖片甚至視訊等，那麼這種高密度環境下的 Wi-Fi 連接會對無線網路性能有很大的挑戰，這屬於公共場所如何建構和最佳化無線網路的技術話題。同時，高密度的場景也是支援最新 Wi-Fi 標準的產品能發揮更大作用的場所。

1. 體育館的無線網路需求

體育館場景是封閉或半封閉的空間，遮擋比較少，觀眾通常每人都會帶著智慧手機，在觀看體育活動期間，會拍照上傳圖片、拍攝視訊傳送、打微信電話、發送即時消息、上網查詢資訊等。在有限的空間範圍內，場館內既會保持長達數小時的大量的無線連接，也會出現短時間內高密度併發業務。表 6-14 舉例舉出了觀眾可能使用的業務類型和頻寬需求。

▼ 表 6-14　體育館觀眾的頻寬需求

頻寬需求類型	Web 上網	視訊傳送	圖片分享	語音	即時通訊
每人頻寬需求	1Mbps	2Mbps	2Mbps	0.128Mbps	0.256Mbps
3000 人頻寬需求	3000Mbps	6000Mbps	6000Mbps	384Mbps	768Mbps

　　除了高密度人群下的網路頻寬的佔用，體育館中開闊空間下的多個 AP 相互之間的無線訊號在通道上可能產生衝突和干擾，從而影響資料轉發的性能。所以，如何在體育館中的不同位置安裝 AP，如何減少它們之間的干擾，是體育館中設計無線網路的關鍵技術之一。

　　體育館對於無線網路的需求參考如下：

- **網路覆蓋**：無線訊號在體育館內均勻覆蓋，沒有盲角和盲區。
- **高併發業務**：根據場館規模，至少支援數千使用者的併發連接和資料傳送。
- **高密度連接**：每平方公尺支援至少 1 個使用者的連接，每百平方公尺至少支援 100 個用戶的連接。
- **連線終端類型**：主要以智慧型手機為主，也包含平板電腦等其他少量類型的智慧終端。
- **安全性需求**：對連線終端進行驗證，防止非法裝置的連線和封包攻擊等問題。
- **管理與維護**：對日常網路的流量、終端存取、網路故障等進行視覺化管理和網路維護。

　　在傳統的體育館中，使用場內的 Wi-Fi 熱點，人們經常會碰到上網速率比較低、傳送圖片或視訊慢、訊號強度弱等問題，這些都是無線網路為適應高密度場景所需要設計改進的地方。

2. 無線網路設計方案

　　根據體育館對無線網路的需求，表 6-15 舉出了參考的設計方案，這個方案的關鍵是支援體育館內高密度、高併發情況下良好的網路性能，減少開闊空間下多 AP 相互之間的干擾，保證網路連接的安全性、穩定性和可靠性。

　　把 AP 安裝在館內的馬道上，是場館內常見的一種無線網路安裝方式。為了避免 AP 之間的干擾，AP 需要採用外接的小角度定向天線。比如，2.4GHz 通道的情況下天線角度小於 50o，而 5GHz 通道的情況下天線角度小於 20o。實際情況中需要根據場館內的空間、馬道離座位的高度進行角度大小設計。

▼ 表 6-15　Wi-Fi 網路的設計方案

方案指標	設計目標
網路性能	至少以 20Mbps 速率覆蓋體育館內的所有區域，支援 100Mbps 的單使用者最高連線速率
網路拓樸和覆蓋	支援 Mesh 網路拓樸，所有區域的訊號強度不低於 -60dBm
容量設計	依據體育館規模來設計，例如最多支援 3000 個終端併發存取網路，每個 AP 最多支援 128 個終端的併發存取，每個終端的速率不低於 10Mbps
安全連線	外部設備進入體育館網路，需要進行無線網路的認證和鑑權
抗干擾性	相鄰 AP 之間需要透過通道或空間方向錯開，儘量避免相互之間的訊號干擾

　　圖 6-10 是體育館馬道上安裝 AP 的俯視和縱向的示意圖。AP 支援小角度定向天線，在等間距安裝 AP 的情況下，盡可能減少了 AP 之間重疊的訊號區域，在空間上降低了 AP 之間的 Wi-Fi 干擾。另外，相鄰 AP 之間採用不重疊的通道配置。舉例來說，如果 AP 的 2.4GHz 通道為 1，在它兩側的 AP 的通道就設為 6 和 11，避開相互之間的同頻干擾。

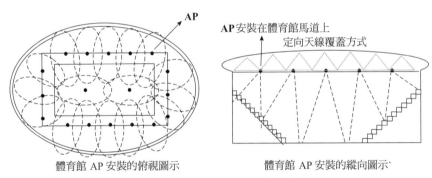

▲ 圖 6-10　Wi-Fi 在體育館部署的圖示

3. Wi-Fi 7 AP 的功能規格

　　為了滿足體育館高密度、高併發的場景的需求，AP 需要支援多頻段的 Wi-Fi 6 或 Wi-Fi 7，並且具備 Portal 認證、WPA3 的安全等級、QoS 控制的功能等要求。另外，在高併發的情況下，單 AP 處理資料傳送可能出現負荷過高和速率下降，需要利用 Wi-Fi 7 的多頻段傳送技術來實現負載平衡的效果。表 6-16 是建議的 Wi-FiAP 的選型規格。

▼ 表 6-16 Wi-FiAP 的選型規格

AP 選型	功能規格
硬體要求	懸掛天花板的吸頂式 AP
	Wi-Fi 7 APBE7200，或 Wi-Fi 7 APBE19000
	Wi-Fi 7 雙頻，或 Wi-Fi 7 三頻
	多天線 4×4 2.4GHz，4×4 5GHz 多天線 4×4 2.4GHz，4×4 5GHz，4×4 6GHz
	定向天線設計，提高指定方向覆蓋率，減少其他臨近 AP 的干擾
	支援 MU-MIMO 技術下的 8 條空間流，提高多使用者連線性能
	支援 160MHz 或 320MHz 的頻寬
軟體要求	支援 Wi-Fi 7 的 EasyMesh 無線網路拓樸
	支援 Wi-Fi 7 的多鏈路同傳技術和負載平衡技術
	支援 Wi-Fi 7 的多資源單元技術
	支援 Portal 認證，支援 WPA3 的安全等級
	支援業務的 QoS 控制，視訊或語音的高優先順序處理

6.2.3 飯店公寓的 Wi-Fi 應用場景

這裡的飯店公寓指的是飯店或飯店式管理的公寓，飯店式管理的公寓是按照酒店標準來配置的，並且納入飯店行業管理範圍。如今飯店都把 Wi-Fi 無線網路作為基礎設施必備的一部分。可以說，如果一家飯店沒有給住客提供有效的 Wi-Fi 免費連線，那麼這家店的訂房率就會受到影響。通常客房在 300 間以下的為小型飯店，300 ～ 600 間的為中型飯店，600 間以上的為大型飯店。下面主要以中小型飯店來介紹 Wi-Fi 連線網路的規劃和方案。

1. 飯店公寓的無線網路需求

飯店的特點是有很多獨立而空間規格相同的緊鄰房間，同時又有會議室、餐廳、接待大廳、走廊等不同面積的空間分散在飯店的不同地方，流動的客人可能在任何房間或地點透過 Wi-Fi 連線網路，比如，客人在住房內可能拿著電腦或手機上網、收發郵件、打會議電話或觀看視訊，客人也會移動到室內其他場所繼續用手機上網、上傳圖片等。

飯店客人連線 Wi-Fi 網路的業務類型與體育館場所的觀眾需求類似，但他們上網的高峰與每天的休憩、餐飲等週期性的時間相關，而且可能較長時間使用視訊業務。

另外，酒店網路有權利對客人的 Wi-Fi 連線進行房號或入住身份認證，並且可以根據客人需求，授權不同的最大無線資料流量。

表 6-17 以 300 間標準客房為例，假定有 600 個客人，統計飯店公寓的 Wi-Fi 網路的頻寬需求。

▼ 表 6-17　飯店公寓的頻寬需求

頻寬需求類型	Web 上網	視訊	圖片分享	語音	即時通訊
每人頻寬需求	1Mbps	2Mbps	2Mbps	0.128Mbps	0.256Mbps
600 人頻寬需求	600Mbps	1200Mbps	1200Mbps	76.8Mbps	153.6 Mbps

從表 6-17 來看，如果對飯店公寓的視訊進行流量限制，那麼在 Wi-Fi 網路上的總帶寬並不是特別高，用一兩個 Wi-Fi 7 AP 就可以支援這樣的流量。不過，飯店公寓的 Wi-Fi 網路的挑戰更多來自 Wi-Fi 訊號在所有場地的覆蓋情況、特定時間範圍內的併發無線連接數量、終端隨著客人走動而在不同場地的漫遊、Wi-Fi 終端的連線認證等。

飯店公寓對於無線網路的需求參考如下：

- **網路覆蓋**：無線訊號在飯店公寓的室內各個場所都能有效覆蓋。
- **高併發業務**：在特定時間段，支援數百使用者的併發連接和資料傳送。
- **高密度連接**：在餐廳或會議室等特定場所，支援每平方公尺 1 個使用者的連接、每百平方公尺 100 個使用者的連接。
- **漫遊需求**：客人在各個場所移動時，支援終端在不同 Wi-Fi 網路之間自動切換。
- **連線終端類型**：主要以智慧型手機為主，也包含平板電腦等其他少量類型的智慧終端機。
- **安全性需求**：對連線終端進行驗證，防止非法裝置的連線和封包攻擊等問題。
- **管理與維護**：對日常網路的流量、終端存取、網路故障等進行視覺化管理和網路維護。

在這些需求中，影響客人體驗較多的是 Wi-Fi 訊號強度和業務資料的傳輸速率，這與網路覆蓋、同時連接的終端數量、環境干擾等因素等有關，在 Wi-Fi 網路的方案設計中需要著重關注。

2. 無線網路設計方案

根據飯店公寓對於 Wi-Fi 無線網路的需求，表 6-18 舉出了設計方案的範例。這個方案關鍵是確保 Wi-Fi 在飯店公寓的不同區域的覆蓋，按照飯店客人規模支援充分的

併發連接，Wi-Fi 網路支援較好的漫遊性能，以及保證 Wi-Fi 網路的安全性。

▼ 表 6-18　飯店公寓 Wi-Fi 網路的設計方案

方案指標	設計目標
頻寬和性能	至少以 10Mbps 速度覆蓋飯店公寓的所有區域，支援 100Mbps 的單使用者最高連線速率
網路拓樸和覆蓋	支援 Mesh 室內網路拓樸，所有區域的訊號強度不低於 -60dBm
容量設計	依據飯店公寓規模來設計，例如最多支援 600 個終端併發存取網路，每個 AP 最多支援 128 個終端的併發存取，每個終端的速率不低於 10Mbps
無縫漫遊	飯店公寓內終端在 AP 之間移動漫遊，切換時間小於 1000ms
安全連線	任何外部設備進入飯店公寓，都需要進行無線網路的認證和鑑權
抗干擾性	AP 之間的回程通訊使用單獨頻段，AP 與終端使用其他頻段進行連接

　　在飯店公寓中部署 Wi-Fi 網路，直接的方案是在每一個標準客房中安裝一個 Wi-Fi AP，這個 AP 可以是裝在牆面上的面板式 AP，也可以是放置在電視櫃下面的臥式 AP。如果是空間面積比較大的套房，則可以在房間內增加一個吸頂式 AP，提升 Wi-Fi 訊號的覆蓋效果，如圖 6-11 所示的範例。

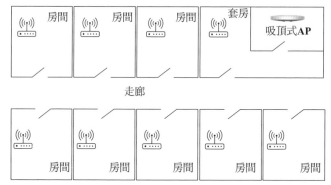

▲ 圖 6-11　飯店公寓的房間內部署 Wi-Fi 網路的範例

　　圖 6-12 舉出了飯店公寓部署 Wi-Fi 網路的另一個範例，即在大樓中的走廊上部署吸頂式 Wi-Fi AP，而標準客房中不安置 AP，套房則仍需要增加額外的 AP 來提升覆蓋效果。這種方式節省 AP 部署的數量，也有利於客人帶著終端在房間外面移動所需要的漫遊效果。在實際安裝中，選擇 AP 的位置需要靠近客房的門口，這樣可以使得 AP 的訊號能通過房門直接傳送到房間內部。

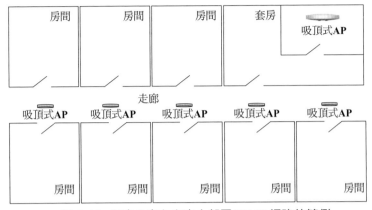

▲ 圖 6-12 飯店公寓在走廊中部署 Wi-Fi 網路的範例

3. Wi-FiAP 的功能規格

表 6-19 是建議參考的 Wi-Fi AP 的選型規格。為了支援飯店公寓的部分區域和部分時間段出現較高密度和較高併發的場景需求，AP 需要支援多頻段的 Wi-Fi 6 或 Wi-Fi 7，並且具備 Portal 認證、WPA3 的安全等級、QoS 控制的功能等要求。另外，在高併發的情況下，單 AP 處理資料傳送可能出現負荷過高和速率下降，需要利用 Wi-Fi 7 的多鏈路傳送技術來實現負載平衡的效果。

▼ 表 6-19 Wi-FiAP 的選型規格

AP 選型	功能規格
硬體要求	面板式、桌面式或懸掛天花板的吸頂式 AP
	Wi-Fi 7 APBE7200，或 Wi-Fi 7 APBE19000
	Wi-Fi 7 雙頻，或 Wi-Fi 7 三頻
	多天線 4×4 2.4GHz，4×4 5GHz 多天線 4×4 2.4GHz，4×4 5GHz，4×4 6GHz
	定向天線設計，提高指定方向覆蓋率，減少其他臨近 AP 的干擾
	支援 MU-MIMO 技術下的 8 條空間流，提高多使用者連線性能
	支援 160MHz 或 320MHz 的頻寬

AP 選型	功能規格
軟體要求	支援 Wi-Fi 7 的 EasyMesh 無線網路拓樸
	支援 Wi-Fi 7 的多鏈路同傳技術和負載平衡技術
	支援 Wi-Fi 7 的多資源單元技術
	支援 Portal 認證，支援 WPA3 的安全等級
	支援 Wi-Fi 7 低延遲業務特徵辨識
	支援業務的 QoS 控制，以及視訊或語音的高優先順序處理

6.2.4　企業辦公的 Wi-Fi 應用場景

企業辦公使用 Wi-Fi 網路是基本的工作需求，員工在辦公室、會議室、多功能廳等區域直接透過 Wi-Fi 連線企業網路進行辦公，Wi-Fi 無線區域網的使用正在逐步替代乙太網的有線連接。企業中有 10 人左右的小型辦公室或會議室，也有 50 人以上的中大型辦公室或多功能廳，面積從二三十平方公尺到上百平方公尺不等，需要根據室內區域的面積和辦公需求進行 Wi-Fi 部署。

1. 企業辦公的無線網路需求

企業員工在辦公室裡透過 Wi-Fi 網路完成工作中所有需要聯網處理的事務，包括郵件收發、文件上傳下載、資訊瀏覽、線上會議等。企業中不會有高頻寬低延遲的娛樂業務的需求，但員工的線上工作需要保證可靠的連接速率，線上會議也需要有即時語音和中低分辨率視訊的傳送。表 6-20 以一個辦公室 50 人，以及企業員工 500 人為例，統計企業辦公的 Wi-Fi 網路的頻寬需求。

▼ 表 6-20　辦公環境的頻寬需求

頻寬需求類型	郵件收發	文件分享	資訊瀏覽	線上會議	即時通訊
每人頻寬需求	2Mbps	2Mbps	1Mbps	3Mbps	0.256Mbps
50 人頻寬需求	100Mbps	100Mbps	50Mbps	150Mbps	12.8Mbps
500 人頻寬需求	1000Mbps	1000Mbps	500Mbps	1500Mbps	128 Mbps

從表 6-20 來看，50 人的辦公室的 Wi-Fi 部署的關鍵因素不在於總頻寬，而是 Wi-Fi 支援多人辦公下的併發連接數量和同時線上會議的低延遲，以及中大型辦公室面積對於 Wi-Fi 訊號衰減的影響。所以雖然一個辦公室總頻寬需求不高，但部署若干個 Wi-Fi AP 分擔連接數量和確保 Wi-Fi 訊號覆蓋率，有助提高線上工作效率。整個企業的 Wi-Fi 網路部署，除了頻寬需求以外，更與企業的格局和辦公室類型及數量等相關。

辦公室對於無線網路的需求參考如下：

- **網路覆蓋**：無線訊號在辦公室的各個角落都能有效覆蓋。
- **併發數量**：工作時間支援 30~50 個使用者的併發連接和資料傳送。
- **高密度連接**：在辦公室或會議室中，支援每平方公尺 1 個使用者的連接，每百平方公尺 100 個使用者的連接。
- **漫遊需求**：員工在各個場所移動時，支援終端在不同 Wi-Fi 網路之間自動切換。
- **連線終端類型**：主要以電腦和智慧型手機為主。
- **安全性需求**：對連線裝置進行驗證，有企業級的安全措施和授權機制，防止非法裝置的連線和封包攻擊等問題。
- **管理與維護**：對日常網路的流量、終端存取、網路故障等進行視覺化管理和網路維護。

在這些需求中，Wi-Fi 網路的安全性是企業特別關注的重點領域，企業網路中有大量內部資訊或文件在傳送和轉發，員工每天都要登入企業內部網站獲取必要的資源。Wi-Fi 網路是員工進入企業內部網路的存取點，企業需要有充分的安全措施防止未認證或授權設備進入該網路。

2. 無線網路設計方案

根據企業辦公對於 Wi-Fi 無線網路的需求，表 6-21 舉出了設計方案的範例，這個方案關鍵是確保 Wi-Fi 在辦公環境中的不同區域的覆蓋，在工作時間內支援員工充分的頻寬需求和併發連接，以及保證 Wi-Fi 網路的安全性。

無線網路中涉及的 AP 網路拓樸方案，可以圖 6-13 作為範例。

▼ 表 6-21　辦公室 Wi-Fi 網路的設計方案

方案指標	設計目標
頻寬和性能	至少以 10Mbps 速率覆蓋辦公室的所有區域，支援 100Mbps 的單使用者最高連線速率
網路拓樸和覆蓋	支援 Mesh 室內網路拓樸，所有區域的訊號強度不低於 -60dBm
容量設計	依據辦公室規模來設計，例如最多支援 100 個終端併發存取網路，每個 AP 最多支援 64 個終端的併發存取，每個終端的速率不低於 10Mbps
無縫漫遊	辦公室內終端在 AP 之間移動漫遊，切換時間小於 1000ms
安全連線	任何外部設備進入辦公環境，都需要進行無線網路的認證和鑑權
抗干擾性	AP 之間的回程通訊使用單獨頻段，AP 與終端使用其他頻段進行連接

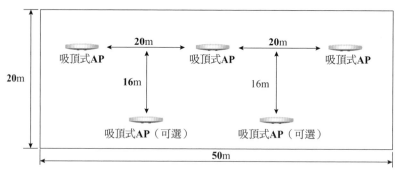

▲ 圖 6-13　辦公室部署 Wi-Fi 網路的範例

在長 50m、寬 20m 的辦公室中，以「V」字形的方式連續安裝多個吸頂式 AP，上面兩個 AP 之間的間距為 20m，它們與底部 AP 之間的距離為 16m。

3. Wi-FiAP 的功能規格

表 6-22 是建議的 Wi-Fi AP 的選型規格。為了滿足辦公室或會議室在工作時間出現較高密度和較高併發的場景需求，AP 需要支援多頻段的 Wi-Fi 6 或 Wi-Fi 7；需要提供 MU-MIMO 技術和支援多筆空間流，提升併發終端連接的數量；Wi-Fi AP 需要具備 IEEE 802.1x 認證、WPA3 的安全等級等功能，確保企業內部終端連接的安全性。另外，Wi-Fi AP 支援 QoS 控制的功能則與線上會議的業務有關。

▼ 表 6-22　Wi-FiAP 的功能規格

AP 選型	功能規格
硬體規格	懸掛天花板的吸頂式 AP
	Wi-Fi 7 APBE7200，或 Wi-Fi 7 APBE19000
	Wi-Fi 7 雙頻，或 Wi-Fi 7 三頻
	多天線 4×4 2.4GHz，4×4 5GHz 多天線 4×4 2.4GHz，4×4 5GHz，4×4 6GHz
	支援 MU-MIMO 技術下的 8 條空間流，提高多使用者連線性能
	支援 160MHz 或 320MHz 的頻寬
軟體要求	支援 Wi-Fi 7 的 EasyMesh 無線網路拓樸
	支援 Wi-Fi 7 的多鏈路同傳技術和負載平衡技術
	支援 Wi-Fi 7 的多資源單元技術
	支援 IEEE 802.1x 的認證方式，支援 WPA3 的安全等級
	支援業務的 QoS 控制，以及視訊或語音的高優先順序處理

第7章
Wi-Fi 7與行動5G技術的融合

第 5 代行動通訊（5G）與 Wi-Fi 6 技術都是在 2020 年左右開始商用化，它們都有高頻寬、低延遲的技術願景和特徵，行業內就把這兩個技術放在一起進行比較和討論，主要的話題是作為目前正在加快部署的行動通訊技術，將來會不會取代室內的 Wi-Fi 技術。大家的共識是 5G 與 Wi-Fi 各有適合的應用場景，在通訊技術演進中並不是非此即彼的技術，Wi-Fi 使用非授權的頻譜，有大量的各種類型終端透過 Wi-Fi 進行室內資料傳輸，即使到第 6 代行動通訊（6G）出現，原先終端廠商在新產品中一般還會繼續升級新的 Wi-Fi 標準，而不會改用基於授權頻譜的行動通訊技術。

5G 基地台訊號覆蓋範圍從 4G 的數百公尺減小到數十公尺，在保證業務順利暢通的條件下，這就要求 5G 基地台的數量相比 4G 有很大的增加。這種情況下，5G 基地台鋪設和網路完善是中長期的建設，在短時間內 5G 訊號覆蓋率在社區、樓宇或家庭的最後百公尺內必然有所不足。人們在室外用手機的行動 5G 訊號，進入室內用 Wi-Fi 上網，在若干年之內都是典型的場景分工。

另外，如果人們希望在室內的 5G 終端在通訊網路中仍然能被定址存取，並且原先 5G 下的業務沒有受到影響，這種技術屬於行動 5G 與 Wi-Fi 連線的融合，其中的關鍵是如何把 Wi-Fi 裝置透過有線網路連線到行動核心網路。

本章首先把行動 5G 與 Wi-Fi 6 的討論拓展到與 Wi-Fi 7 技術的比較，然後介紹行動 5G 與 Wi-Fi 網路融合所涉及的關鍵技術以及相關的應用場景。

7.1 Wi-Fi 7 與 5G 技術的比較

行動 5G R15 凍結與 Wi-Fi 6 標準版本發佈都在 2018 年發生。在行動 5G 逐步商用化的處理程序中，也是 Wi-Fi 6 產品在全球得到越來越多青睞的階段。圖 7-1 舉出了行動 5G 的 R15 版本到 R18 版本的演進路線。

5G 的 R15 是商用的初始版本，架設了 5G 的基礎框架，其中，增強行動寬頻（Enhanced Mobile Broadband，eMBB）是行動高頻寬傳輸的關鍵技術特徵。在 2020

年 7 月凍結的 R16 版本是 5G 全場景的支援，是第一個 5G 的完整標準，其中，巨量機器類通訊（massive Machine Type of Communication，mMTC）和高可靠低延遲連接（ultra Reliable Low Latency Communication，uRLLC）促進了行動 5G 與各個垂直行業的深入融合，是 5G 賦能社會的關鍵技術的真正應用。

　　5G 的增強版本 R17 版本在 2022 年 6 月凍結，它包含網路基礎能力的增強和中低速物聯網應用、擴充現實等更多新場景的探索。5G R18 標準預計在 2024 年推出，至此 5G 進入技術標準的第二階段，即 R18 至 R20 的標準，而 2024 年也將是 Wi-Fi 7 產品逐漸得到應用的時代。

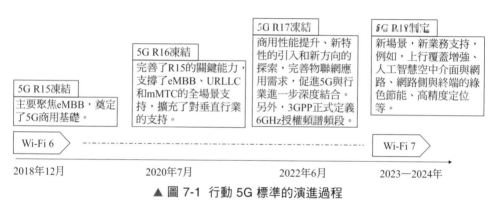

▲ 圖 7-1　行動 5G 標準的演進過程

　　可以預見，行動 5G 2024—2030 年與 Wi-Fi 6 以及 Wi-Fi 7 在各行業和各場景的共存互補將一直是市場中的無線資料通信的主旋律。5G 網路與 Wi-Fi 6 以及 Wi-Fi 7 的主要技術比較參考表 7-1。

▼ 表 7-1　5G 網路指標與 Wi-Fi 性能比較

技術比較		行動 5G	Wi-Fi 6	Wi-Fi 7
技術特性參數	理論速率	20Gbps	9.6Gbps	30Gbps
	平均使用者體驗速率	1Gbps	1Gbps	1Gbps ～ 10Gbps
	工作頻譜	授權頻段	免授權的 3 個頻段	免授權的 3 個頻段
	調變技術	最大支援 256-QAM	最大支援 1024-QAM	最大支援 4096-QAM
	通道頻寬	100MHz	最大 160MHz	最大 320MHz
	通道存取	OFDMA	OFDMA 與 CSMA/CA	OFDMA 與 CSMA/CA

技術比較		行動 5G	Wi-Fi 6	Wi-Fi 7
	多輸入多輸出（MIMO）	室外：64 條空間流 室內：4 條空間流	8 條空間流	8 條空間流
	延遲	eMBB ：4ms uRLLC ：0.5ms	10ms~20ms（依賴室內環境）	小於 10ms（依賴室內環境）
	同時連接終端數量	支援 10 萬個連接	最多 74 個終端同時連線	最多 148 個終端同時連線
產品比較	終端類型	以行動手機為主	各種裝有 Wi-Fi 晶片的智能終端、手機、電腦等	各種裝有 Wi-Fi 晶片的智慧終端、手機、電腦等
	安全性	無線傳輸安全性高	支援 WPA3	支援 WPA3

從表 7-1 可以看到，從 Wi-Fi 6 到 Wi-Fi 7 標準的演進，基本上並沒有改變原先 Wi-Fi 6 與 5G 之間在關鍵技術上的重點和格局。

1）Wi-Fi 6 與 Wi-Fi 7 在室內場景的技術優勢

Wi-Fi 7 在室內可以達到 10Gbps 的使用者體驗速率，是高畫質視訊、網路遊戲、虛擬實境等高頻寬業務在室內短距離的關鍵資料傳輸技術；Wi-Fi 使用的是非授權頻譜，所以終端廠商仍然會積極採用 Wi-Fi 技術；Wi-Fi 7 標準支援最多 148 個終端同時連線，已經可以完全滿足普通家庭的需求。雖然 Wi-Fi AP 的安裝位置固定，但 Wi-Fi 標準對於 EasyMesh 組網的持續支援，使得 Wi-Fi 在室內的覆蓋率不斷得到改善。

2）行動 5G 在室外場景的技術優勢

行動 5G 支援 10 萬個等級以上的裝置連接，是 5G 在廣闊的公共開放空間的營運商級的通訊技術，是低功耗、廣覆蓋物聯網的基礎通訊設施；行動 5G 在毫秒級低延遲上的性能，使得 5G 在車聯網、工業網際網路等行業中成為無線通訊的旗艦技術；5G 的個人和行業應用都基於 5G 技術高頻寬下的行動性，這是行動通訊相比 Wi-Fi 所具有的獨一無二的優勢。

可見，行動 5G 與 Wi-Fi 6 以及 Wi-Fi 7 在社會全場景下各有技術上的側重點，它們將長期在各自的領域中發揮技術優勢和作用。

另一方面，行動 5G 與 Wi-Fi 兩種技術是否在某個應用場景上能夠互相配合，或 Wi-Fi 終端能否透過有線網路與 5G 網路中終端進行通訊，或 5G 網路能否延伸到 Wi-Fi 連線網路等，這些是下面要介紹的 Wi-Fi 連線網路與行動 5G 融合的技術話題。

7.2　Wi-Fi 連線網路與行動 5G 的不斷融合

Wi-Fi 連線網路與行動網路的融合的基本應用場景是行動終端如何透過 Wi-Fi 網路實現原先的業務需求。參考圖 7-2，手機原先透過行動網路打電話和上網，但由於行動網路業務故障、網路堵塞、訊號覆蓋或資費等原因，就切換到手機上的 Wi-Fi 連接，透過有線網路連接至行動網路，完成業務功能。

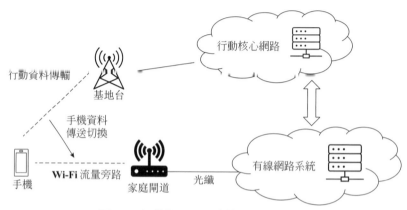

▲ 圖 7-2　行動與 Wi-Fi 連線網路的融合場景

從圖 7-2 中可以看到，實現 Wi-Fi 連線網路與行動網路的融合，涉及 3GPP 的行動網路框架的變更，基本要求是如何辨識和支援透過 Wi-Fi 而連線網路的行動裝置。兩個網路實現融合的話題需要回溯至 2004 年，那時候 3GPP 在 R6 版本中就已經著實推動行動網路與無線區域網融合架構的定義，允許營運商把行動網路中的流量透過室內的無線區域網進行傳輸。緊隨 R6 版本其後，3GPP 在以後的版本一直保持著對規範的演進和增強。

行動 4G 的時期曾是 3GPP 對 Wi-Fi 連線整合及融合時機，相應的規劃也有了完善。

然而，4G 對 Wi-Fi 網路整合卻並沒有得到營運商的青睞和大規模商業部署，很多人可能沒有聽說過 4G 與 Wi-Fi 曾有過融合的淵源。4G 與 Wi-Fi 交錯而過，在各自應用場景各司其職，究其原因還是能否給客戶帶來真正價值的問題，網路投資的 C/P 值能不能得到營運商和裝置廠商的認可和支援，它包含了需求和技術方案兩個方面。

1）行動網路與 Wi-Fi 連線融合的基本需求

當時 4G 網路與 Wi-Fi 連線整合和融合是為了利用 Wi-Fi 連線的頻譜資源支援行

動資料的流量旁路，以及提高無線使用者服務的資料頻寬。簡單地說，不要使 4G 網路成為上網瓶頸，人們在有 Wi-Fi 的地方就透過 Wi-Fi 上網。

然而，4G 本身在室內覆蓋情況良好，不需要 Wi-Fi 來幫助拓展覆蓋率。此外，營運商的 4G 網路發展速度很快，而且鼓勵人們在 4G 網路上使用更高流量的業務，所以 4G 網路與 Wi-Fi 連線的融合就沒有帶來有重要價值的應用。

2）行動網路與 Wi-Fi 連線融合的技術方案

Wi-Fi 連線融合的 4G 系統方案需要 4G 核心網路和無線連線網節點（eNB）的改動。傳統的 4G 網路架構本身有著複雜的介面和閘道，核心網路和無線連線網路節點存在較大的耦合和依賴，實現非 3GPP 的 Wi-Fi 網路的連線存在著核心網路整合和無線連線網整合的不同方案，從而有較大的技術複雜度。

沒有場景需求的必要性，又沒有高效方案的支援，行動 4G 與 Wi-Fi 連線網路的整合就得不到大規模商用機會。

但到了行動 5G 時代，行動與 Wi-Fi 融合又有了新的契機。首先，5G 基地台建設和室內覆蓋率提升是中長期的工程演進；接著，5G 技術向毫米波技術的演進使得 5G 網路需要有室內資料傳輸技術方案的支援；然後，5G 核心網路基於業務模組化架構和網路功能虛擬化技術，做到控制面和資料面分離、核心網路和連線網路分離，5G 系統框架比行動 4G 更容易與 Wi-Fi 連線網路進行融合調配。

另外，行動 5G 支援網路切片功能。要在行動網路中實現切片功能，需要 5G 無線接入網路（Radio Access Network，RAN）切片、核心網路和終端設備的支援。而如果要實現 5G 網路切片全業務覆蓋的點對點方案，理想的方案是把 Wi-Fi 連線網路對於切片的支援納入到 5G 網路管理的一部分，成為行動與 Wi-Fi 融合的環節，從而使得 Wi-Fi 連線網路在管理配置和業務執行上支援 5G 網路切片。

從 Wi-Fi 技術的角度來看，Wi-Fi 6 和 Wi-Fi 7 標準已經把原先不屬於營運商通訊領域的 Wi-Fi 技術帶到了高頻寬、低延遲時間的電信級的資料傳送技術，所以 Wi-Fi 連線網路與行動 5G 進行融合是站在相同性能層次上的優勢互補。Wi-Fi 7 技術的出現，將使得 5G 流量旁路的 QoS 具有更好的效果。

Wi-Fi 連線網路與行動 5G 的融合主要包含兩部分內容，一部分是定義融合的框架，即如何把 5G 的流量透過室內的無線區域網和有線網路傳輸到行動核心網路，另一部分是如何在融合框架中實現 5G 點對點的業務和性能。

7.2.1　融合標準演進和 **Wi-Fi** 技術支援

3GPP 的 R15 和 R16 版本對 Wi-Fi 連線進行了充分的討論和方案的定義。對於 Wi-Fi 連線的支援，R15 定義了不可信非 3GPP 網路（Untrusted Non-3GPP Access）融合架構，R16 中定義了可信非 3GPP 網路（Trusted Non-3GPP Access）融合架構。本節以這兩個版本為參考，介紹 5G 網路與 Wi-Fi 連線融合的框架規範以及標準演進的方向。

1. 5G R15 的行動網路與 **Wi-Fi** 連線的融合框架

圖 7-3 舉出了 3GPP R15 標準基於不可信非 3GPP 網路的融合，原先的 Wi-Fi 連線網路稱為不可信非 3GPP 網路，Wi-Fi 終端透過它連線 3GPP 定義的行動核心網路。

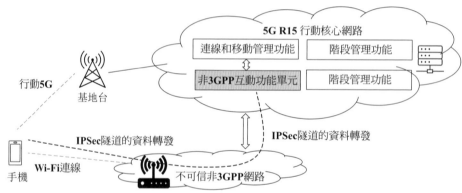

▲ 圖 7-3　行動 5G 的 R15 版本中的不可信非 3GPP 網路融合架構

3GPP 網路融合架構 3GPPR15 的融合架構中包含的關鍵定義與技術如下：

（1）**網路架構的標準化**。在原來的 5G 網路拓撲中增加新的非 3GPP 互動功能單元（Non-3GPP Interworking Function，N3IWF）。無線終端透過 Wi-Fi 連線不可信非 3GPP 網路，然後 N3IWF 負責處理來自終端的註冊認證請求，並且建立資料通道來實現 5G 核心網與 Wi-Fi 連線網路之間的資料轉發。

（2）**終端設備的相容性**。終端設備的硬體不需要變更，只需軟體升級支援 N3IWF 網路發現與網際網路安全協定（Internet Protocol Security，IPSec）的秘密頻道能力，即可支援 3GPPR15 標準中定義的網路融合業務。

（3）**傳輸通道的可靠性**。終端與 N3IWF 之間的控制訊息和資料都是透過 IPSec 隧道方式來進行轉發的。當終端透過 Wi-Fi 網路完成向 5G 核心網路的認證和註冊後，系統將在終端與 N3IWF 之間建立 IPSec 隧道來傳輸後續的控制訊息，以及為資料傳輸

建立一個或多個 IPSec 的子通道安全連結。

2. 5G R16 的行動網路與 Wi-Fi 連線的融合框架

3GPP R16 標準在 2020 年 7 月最終確定。在 R15 的基礎上，考慮到無線區域網路融合應用的不同場景，R16 繼續對 5G 核心網路與 Wi-Fi 網路的整合與融合進行拓展和完善。R16 標準的網路結構參考圖 7-4。R16 的主要變化是網路架構的標準拓展，它支援兩種 Wi-Fi 連線的部署模型，分別介紹如下：

- 可信非 3GPP 的 Wi-Fi 連線：新增可信非 3GPP 閘道功能單元（Trusted Non-3GPP Gateway Function，TNGF）替換 R15 中的 N3IWF 功能，管理 Wi-Fi 連線。

- 駐地閘道（Residential Gateway，RG）或纜線數據機（Cable Modem，CM）下的 Wi-Fi 連線：透過另一個新增加的固定連線閘道功能單元（Fixed Access Gateway Function，FAGF）來實現 Wi-Fi 連線。

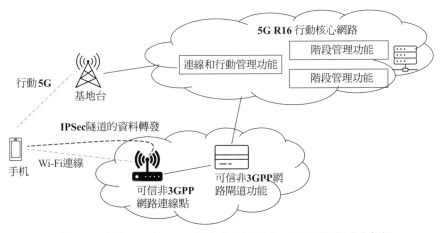

▲ 圖 7-4 行動 5G 的 R16 版本中的可信非 3GPP 網路融合架構

此外，圖 7-4 中手機透過 Wi-Fi 連線到 3GPP 定義的可信非 3GPP 網路，然後 TNGF 負責註冊認證請求和建立資料通道，實現手機透過 Wi-Fi 連線網路的業務需求。

3. Wi-Fi 技術支援 5G 網路融合的框架

支援行動 5G 的 Wi-Fi 連線融合框架，不管是 R15 的不可信非 3GPP 網路，還是 R16 的可信非 3GPP 網路，都需要在 Wi-Fi 終端或 Wi-Fi AP 裝置上支援相關的技術。舉例來說，圖 7-5 列出了 Wi-Fi 終端設備對行動網路中的發現和註冊認證、資料轉發的安全性、資料業務的 QoS 保證、行動網路和 Wi-Fi 連線之間的漫遊等技術。

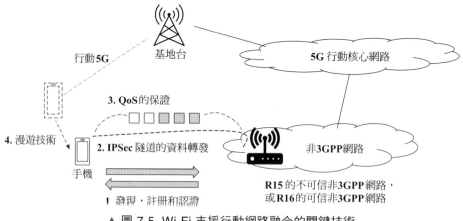

▲ 圖 7-5 Wi-Fi 支援行動網路融合的關鍵技術

1）Wi-Fi 終端設備對行動網路中的發現和註冊認證

5G 網路融合架構基於核心網路與連線網路分離的方案，終端透過相同流程實現 3GPP 網路和非 3GPP 網路的認證註冊過程，認證狀態在核心網路網路單元共用。

在 3GPP R16 的版本中，純 Wi-Fi 終端設備不支援行動網路定義的訊號進行註冊，而是基於非 3GPP 的擴充認證傳輸層安全協定（Extensible Authentication Protocol-Transport Layer Security，EAP-TLS）和隧道傳輸層安全協議（EAP-Tunneled Transport Layer Security，EAP-TTLS）認證方式完成認證，由可信非 3GPP 閘道功能單元代理完成 5G 網路的註冊和業務管理。

2）融合網路中資料流轉發的安全性

5G 網路對可信和不可信非 3GPP 網路定義統一的資料轉發協定，基於 Wi-Fi 安全機制及 IPSec 隧道技術保證資料轉發安全性。

在 R15 的非可信非 3GPP 網路連線中，終端和 N3IWF 之間用匹配的金鑰建立加密的 IPSec 隧道。在 R16 的可信非 3GPP 網路連線中，終端和 Wi-Fi 連線之間建立可信安全二層鏈路，並在上面建立 IPSec 隧道，保證資料轉發安全性的同時，也保證與非可信非 3GPP 網路連線相同的資料轉發協定。

3）融合網路中資料業務的 QoS 保證

5G 空中介面規範要求支援 10Gbps 的使用者連線速率和超低延遲毫秒級的延遲，室內常用的 Wi-Fi 6 之前的連線只有數 100MB 的連接速率和數十毫秒的延遲。但 Wi-

Fi 7 技術為 5G 業務切換提供了更好的技術支撐，更利於實現 5G 網路的業務流量旁路和確保 5G QoS，表 7-2 列出了參考的行動網路指標與 Wi-Fi 體驗性能。

▼ 表 7-2 5G 網路指標與 Wi-Fi 性能比較

技術指標	使用者體驗速率	峰值速率	延遲	連接密度
4G 網路指標	10Mbps	1Gbps	10ms	105/km2
5G 網路指標	1Gbps	10Gbps	1ms	106/km2
Wi-Fi 6	1Gbps	9.6Gbps	10ms	通常 64 ～ 128 （每百平方公尺；依賴連線裝置）
Wi-Fi 7	10Gbps	30Gbps	小於 10ms	通常 128 ～ 256 （每百平方公尺；依賴連線裝置）

4）5G 網路和 Wi-Fi 網路之間的漫遊技術

在支援 Wi-Fi 連線的 5G 網路融合演進中，終端設備在 5G 行動網路和 Wi-Fi 無線網路之間的漫遊是提高使用者體驗的關鍵技術之一。

漫遊可以從終端側觸發，終端側通常基於無線網路統計資訊的比較來決定，包括無線訊號品質、Wi-Fi 無線頻寬資訊和 QoS 需求等。此外，5G 網路可為終端提供網路策略資訊，包括網路發現和選擇策略及路由選擇策略，以支援終端基於使用者配置和網路策略進行不同連線網路的選擇。

3GPP 規範定義了 5G 網路和 Wi-Fi 網路之間漫遊切換的互動過程。核心網路功能單元共用當前在 5G 網路連線下建立的認證狀態以及使用者平面資料通道資訊，從而支援無縫漫遊和保證業務連續性。

7.2.2 支援網路融合的 5G 網路切片

在 5G 網路與 Wi-Fi 連線網路的融合框架下，就可以把 5G 網路的性能和業務要求拓展到 Wi-Fi 連線網路上。下面介紹 5G 網路切片的標準規範以及相關的 Wi-Fi 連線的技術要求。

5G 網路切片功能是 5G 的基本能力，透過軟體定義方式將一個物理網路劃分為若干個虛擬網路，每個虛擬網路對應著某種應用場景或服務。一個網路切片擁有各自的拓撲結構、網路資源、流量和配置方式。劃分多個網路切片，可以使 5G 網路適應更多不同使用者的網路需求和應用場景。

行業應用中的不同客戶，或公共區域不同場景的部署，對於優先順序、資費、策

略管理、安全、行動性、傳輸性能等有不同需求，在相同的 5G 物理網路上，需要透過 5G 網路切片技術來區分多個互相獨立的點對點的邏輯網路來支撐這些不同需求的應用。

　　圖 7-6 是 5G 與 Wi-Fi 連線網路融合下的兩個切片的範例，一個是點對點的高頻寬資料傳送，另一個是低延遲時間的網路，適用於視訊會議等低延遲業務，當不同終端使用網路切片的時候，感覺就像是在一個獨立的物理網路上使用所有的網路資源。

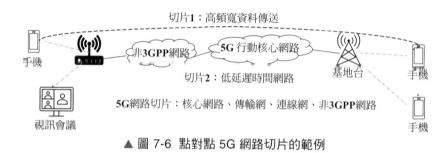

▲ 圖 7-6　點對點 5G 網路切片的範例

　　在圖 7-6 中可以看到，5G 網路切片方案涵蓋了 5G 無線連線網路（Radio Access Network，RAN）切片、核心網路、傳輸網和非 3GPP 網路的支援。其中，5G 無線連線網路的切片是利用物理連線的無線頻譜資源和硬體來實現不同的軟體邏輯的連線功能，透過軟件定義 RAN 切片中的控制功能，實現不同切片對於無線頻譜資源的共用。

　　在 Wi-Fi 連線網路與 5G 網路融合的情況下，要實現 5G 網路切片點對點方案，Wi-Fi 連線網路在管理配置和業務執行上支援網路切片是其中一個重要環節。從 Wi-Fi 已有技術來看，Wi-Fi 可以支援 5G 網路切片的部分規範，或需要設計新的 Wi-Fi 技術方案來實現其他部分規範。

1. 5G 網路切片規範的制定

　　3GPP 對 5G 切片的標準化工作做了多方面的討論和內容制定。在 3GPP TR23.799 中提出了三個網路切片場景，即對核心網路所有功能切片，包括使用者面和控制面都切片；核心網的控制面部分共用功能不切片，但使用者面及不適合共用的控制面進行功能切片；核心網路的控制面不做切片，僅需要使用者面切片。可見，三個場景中使用者面都需要切片，在 Wi-Fi 連線網路與行動網路融合的時候，Wi-Fi 連線網路的切片需求就會很快受到特別注意。

　　TS22.261 定義了切片的需求框架，從網路裝置與切片定義的關係來看，可以分為網路切片中的裝置連結和管理、網路切片的管理、業務與網路切片連結、裝置與多個

網路切片的連結方式,從而滿足優先順序、資費、策略管理、安全、行動性、傳輸性能等不同需求。

3GPP TR28.801 則定義了網路切片管理和操作的框架,包含了通訊業務管理功能(CSMF)、網路切片管理功能(NSMF)、網路切片實例(NSI)、網路切片子網管理功能 (NSSMF)、網路切片子網實例(NSSI)等定義,網路切片框架中尚未包含非 3GPP 網路的切片管理。

圖 7-7 包含了業務對於切片管理的需求,並且把 TR28.801 的網路切片管理與 Wi-Fi 連線放在一起,組成 5G 網路管理非 3GPP 連線的統一框架示意圖,Wi-Fi 終端則是透過非 3GPP 網路連線到切片的虛擬網路中,實現特定的業務場景。

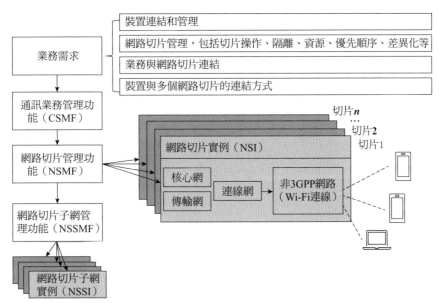

▲ 圖 7-7 3GPP 網路切片的管理架構

2. Wi-Fi 技術支援 5G 融合框架下的網路切片

在 5G 網路的切片技術被討論之前,在一個 Wi-Fi 連線網路上支援不同的使用者場景已經是非常普及的現象。舉例來說,在相同的 Wi-Fi 網路上支援普通使用者和高收費高流量的使用者接入,在企業的 Wi-Fi 公共平臺上同時支援企業員工和訪客等。因此,Wi-Fi 連線網路已經支援 5G 網路所需切片方案的部分功能,目前 Wi-Fi 技術支援網路切片的情況如表 7-3 所示。

▼ 表 7-3 Wi-Fi 技術支援 5G 網路切片的情況

序號	所屬類別	切片的需求項目	目前狀態
1	網路切片中的設備連結和管理	裝置連結：在 Wi-Fi AP 上利用 VLAN 通訊埠綁定、支援 BSSID 及 SSID 等方式實現 Wi-Fi 終端與切片的連結	已有技術
2		裝置管理：Hotspot2.0 或企業 Wi-Fi 的應用可以支援 Wi-Fi 設備從一個切片進入另一個切片	已有技術
3	網路切片的管理，包括切片的執行和維護、邏輯切片在物理網路上的隔離、切片的資源配置和調整、切片資訊的配置等	切片管理：基於 VLAN、SSID 及 BSSID 的切片可以建立和維護	已有技術
4		切片隔離：透過支援多個 VLAN 綁定或 SSID 及 BSSID，能夠在多個網路切片中實現流量和業務的邏輯隔離	已有技術
5		切片資源：沒有 Wi-Fi 標準支援，需要廠商開發，例如利用 SSID、空中介面資源等方式來給裝置分配切片資源	廠商開發
6		切片優先順序：沒有 Wi-Fi 標準支援，需要廠商開發，例如利用空通訊埠資源佔比、流量限速等方式實現優先順序區分	廠商開發
7		切片差異化：沒有 Wi-Fi 標準支援，需要廠商開發不同策略控制、不同功能和性能	廠商開發
8	業務與網路切片連結	業務連結：沒有 Wi-Fi 標準支援，廠商需要開發業務辨識的機制，並連結到切片	廠商開發
9	裝置與多個網路切片的連結	多切片支援：Wi-Fi 6 之前沒有技術方案可以支援 Wi-Fi 裝置同時連結到多個網路切片	沒有傳統方案

從 Wi-Fi 網路的技術角度來看，裝置連結、裝置管理、切片管理和切片隔離可以由目前已知的 Wi-Fi 產品或技術實現；切片資源、優先順序、差異化管理和業務連結則需要廠商定義自己的方案，目前 Wi-Fi 聯盟等標準組織還沒有把這樣的技術討論放到議事日程中。關於 Wi-Fi 7 或 Wi-Fi Mesh 所引起的網路切片相關的技術方案，將可能是 Wi-Fi 連線網路在切片管理上的關鍵話題。

裝置連結、切片管理和切片隔離等相關的技術，主要是 VLAN 通訊埠綁定、多個 BSSID 以及 SSID 的配置。參考圖 7-8，在 Wi-Fi 連線網路中，在同一個 BSSID 情況下，可以給指定的終端分配 VLAN1 和 VLAN2，它們分別屬於切片 1 和切片 2，透過這種 VLAN 通訊埠綁定方式，連結不同的 Wi-Fi 終端設備，實現 Wi-Fi 網路中的資料流程分類，從而支援同一個物理網路上不同裝置的資料流程在邏輯上獨立轉發，實現網路切片對裝置管理的需求。

▲ 圖 7-8 Wi-Fi 連線網路的切片方案

另外，Wi-Fi AP 也可以透過支援多個 BSSID 和 SSID 來實現網路切片，通常 1 個 SSID 對應 1 個 BSSID。圖 7-8 中，兩個 Wi-Fi 終端分別連結 BSSID1 和 BSSID2，BSSID1 支援終端的普通上網，而 BSSID2 則給裝置提供高頻寬和低延遲的業務，它們分別屬於切片 1 和切片 2，可見透過網路切片可以實現不同裝置和不同業務需求。

3. Wi-Fi 7 技術支援 5G 融合框架下的網路切片

Wi-Fi 連線網路支援 5G 網路切片，關鍵技術是如何對 Wi-Fi 物理資源進行邏輯上的切分，形成各自獨立的虛擬網路。Wi-Fi 6 物理層透過 OFDMA 技術，把子載波分成多個組，每個組作為獨立的資源單元 RU，分配給不同的終端進行資料傳輸，這樣就提供了新的基於頻譜資源的切片管理方式。

而 Wi-Fi 7 支援多鏈路同傳技術，使得網路資源又多了一種基於物理鏈路的切分方式；Wi-Fi 7 支援多資源單位管理，使得頻譜資源的組合和切片管理更加靈活和更適應於應用場景。另外，Wi-Fi 7 支援低延遲業務特徵辨識，為切片需求中的「業務與網路切片連結」提供了技術方法。

圖 7-9 列出了 Wi-Fi 7 支援網路切片的 3 種相關技術。圖 7-9（a）的多鏈路同傳技術中，不同的鏈路可以分給不同的切片，相同終端的不同業務或不同終端，分別與不同的鏈路進行連結，實現各自業務需求。圖中鏈路 2 和鏈路 3 屬於切片 2 和切片 3，這種方式實際上為切片需求中的「裝置與多個網路切片的連結」提供了方案。圖 7-9（b）是透過多資源單位技術建立了 3 個切片，不同切片有不同頻寬，可以支援不同業務場景。圖 7-9（c）中的低延遲業務特徵辨識，可以辨識對延遲敏感的虛擬實境、網路視訊等業務，然後能把這樣的業務與相關的切片進行連結。

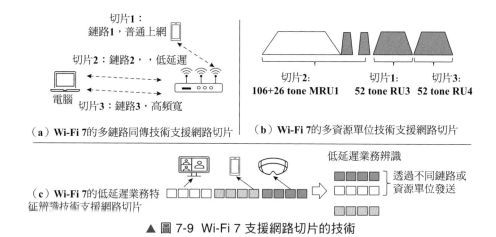

（a）Wi-Fi 7 的多鏈路同傳技術支援網路切片

（b）Wi-Fi 7 的多資源單位技術支援網路切片

（c）Wi-Fi 7 的低延遲業務特征辨識技術支援網路切片

▲ 圖 7-9 Wi-Fi 7 支援網路切片的技術

可以看到，Wi-Fi 7 在網路資源切分和管理上的增強技術，使得 Wi-Fi 7 標準更適合與 5G 網路一起實現點對點的網路切片功能。參考表 7-4 關於 Wi-Fi 7 的切片管理技術。

▼ 表 7-4 Wi-Fi 7 技術與切片需求之間的連結

序號	切片的需求項目	Wi-Fi 7 技術
1	裝置連結：Wi-Fi 7 支援的多鏈路方式、多資源單位管理，組成切片資源分給不同的終端，實現資料傳送	支援
2	裝置管理：Wi-Fi 7 可以透過重新分配鏈路或資源單位，使得 Wi-Fi 裝置從一個切片切換到另一個切片	支援
3	切片管理：Wi-Fi 7 的鏈路或資源單位的切片可以建立和維護	支援
4	切片隔離：基於 Wi-Fi 7 的不同切片可以實現流量和業務的邏輯隔離	支援
5	切片資源：Wi-Fi 7 的鏈路或資源單位的切片可以容量調整	支援
6	切片優先順序：沒有 Wi-Fi 7 標準的直接支援，但廠商可以根據產品的需求開發。舉例來說，利用空中介面資源佔比、流量限速等方式實現優先順序區分	廠商開發
7	切片差異化：沒有 Wi-Fi 7 標準的直接支援，但廠商可以根據產品的需求開發不同策略控制、不同功能和性能	廠商開發
8	業務連結：Wi-Fi 7 支援低延遲業務特徵辨識，廠商至少可以把低延遲相關業務連結到切片	部分支援
9	多切片支援：多鏈路同傳技術中，相同終端的不同業務可以與不同的鏈路進行連結，使得終端可以同時支援多個網路切片	支援

4. Wi-Fi EasyMesh 技術支援 5G 融合框架下的網路切片

基於 Wi-Fi 的 EasyMesh（簡稱 Mesh）網路已經成為家用網路的市場主流技術，如果要實現 5G 網路點對點的切片方案，則基於 Wi-Fi Mesh 的網路切片將是其中一個關鍵環節。建構 Mesh 網路切片的關鍵在於 Wi-Fi AP 相互之間的資料連接通道，即回程通道（Backhaul）實現切片。

在同一個回程通道上要實現多個網路切片，Wi-Fi 7 之前的技術可以透過 VLAN 或 SSID 的方式對資料流程進行邏輯上的分類，但 Wi-Fi 沒有已知的標準可以對不同的資料流程進行資源管理和優先順序調整，需要廠商自己開發。Wi-Fi 7 提供的多鏈路同傳技術，可以使得回程通道中的不同鏈路與不同的切片進行連結，Wi-Fi 7 的低延遲業務特徵辨識，可以使得低延遲的切片與相關的業務資料流程進行連結。

參考圖 7-10，Wi-Fi AP 之間的回程通道基於多鏈路方式分成切片 1 和切片 2，分別用於營運商對家用網路的管理和家庭視訊或網路遊戲，切片 1 只是傳遞控制與管理訊息，頻寬小但可靠性高，而切片 2 需要配置高頻寬和低延遲的網路資源。

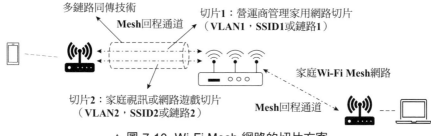

▲ 圖 7-10 Wi-Fi Mesh 網路的切片方案

7.3 Wi-Fi 與行動 5G 技術融合的應用場景

5G 行動網路與 Wi-Fi 連線網路的融合，可以在智慧城市、工業網際網路、飯店公寓、企業辦公、智慧家庭等各種場景中都有需求。雖然 5G 行動網路與 Wi-Fi 無線網路的融合還有若干關鍵技術需要有具體實現上的研討，標準組織也有繼續完善規範的空間，但兩者之間的融合發展是必然的趨勢，也必然給更多的場景帶來新技術的支撐。

7.3.1 5G 與 Wi-Fi 連線網路融合的場景類型

根據前面討論的 5G 網路與 Wi-Fi 關鍵技術分析，以及網路切片的內容，表 7-5 是 5G 網路在 Wi-Fi 連線融合上的典型場景需求，對應不同的性能指標需求，以及相應的關鍵技術設計。

▼ 表 7-5　5G 與 Wi-Fi 連線的網路融合的場景類型

場景類型	網路融合參數和性能	網路融合關注的關鍵技術	網路切片需求
機場、體育館等 公共 Wi-Fi 熱點	連線密度：128 終端 / 無線存取點 使用者速率：200~600Mbps 中高延遲：支援 10~50ms 延遲	5G 與 Wi-Fi 6 或 Wi-Fi 7 接入 融合，終端的認證及註冊、資料業務的 QoS 保證、行動網路與 Wi-Fi 網路之間的漫遊等關鍵技術	切片區分不同使用者的流量需求和資費
工業區域，遠程醫療，車聯網等	連線密度：32~64 終端 / 無線連線點 使用者速率：200~600Mbps 低延遲：支援 1~10ms 延遲	5G 與 Wi-Fi 6 或 Wi-Fi 7 接入 融合，終端的認證及註冊、資料轉發安全性、資料業務的 QoS 保證等關鍵技術	切分區分低延遲業務和普通網路連接
家庭、社區、飯店公寓以及辦公環境等	連線密度：32~64 終端 / 無線連線點 使用者速率：200Mbps~1Gbps 中高延遲：支援 10~50ms 延遲	5G 與 Wi-Fi 6 或 Wi-Fi 7 接入 融合，終端的認證及註冊、資料業務的 QoS 保證、行動網路與 Wi-Fi 網路之間的漫遊等關鍵技術	切片區分高頻寬低延遲業務，區分內部人員和訪客等

7.3.2　5G 與 Wi-Fi 連線網路融合的範例

下面以圖 7-11 為例，介紹企業園區或社區的 5G 專網與 Wi-Fi 融合網路的範例。5G 專網指的是採用 3GPP 5G 標準建構的企業無線專網，它有兩種模式，一種是企業可以與營運商 5G 公網共用無線連線網路 RAN，或共用 RAN 和核心網路控制面，或點對點共享 5G 公網。另一種是企業獨立部署從基地台到核心網路到雲端平台的整個 5G 網路，可以與運營商的 5G 公網隔離。不管哪種方式，5G 網路與 Wi-Fi 連線網路的融合是類似的。

▲ 圖 7-11　企業園區或社區的 5G 與 Wi-Fi 融合網路的方案

在圖 7-11 的範例中，Wi-Fi 7 閘道與不同標準的 Wi-Fi AP 組成無線區域網。無線局域網再透過前面介紹的可信或非可信的非 3GPP 網路，與 5G 行動核心網路實現資料連接，並且它們與企業資料網路一起組成完整的企業專網。

這個融合網路除了要實現上述提到的連線密度、使用者速率和延遲需求下的關鍵技術以外，還建構了 3 個包括 Wi-Fi 7 以及 Wi-Fi Mesh 的點對點網路切片的範例，分別用於企業員工的辦公網路連線、外部訪客的臨時上網，以及高頻寬低延遲的企業專用視訊會議。

不同的網路切片佔用不同的網路資源和配置，在企業專網中有不同的有銜接。3個端到端網路切片範例的類型和切片要求參考表 7-6。

在 5G 與 Wi-Fi 連線融合網路中，Wi-Fi 7 寬頻閘道和 AP 軟硬體規格和功能清單可參考表 7-7 和表 7-8 的範例。通常一個 Wi-Fi 7 裝置並沒有支援標準中定義的全部功能，產品設計的時候也不會達到 Wi-Fi 7 標準中舉出的理想性能，所以在產品規格舉例的時候，需要列出這個應用場景中所特有的關鍵技術。

▼ 表 7-6　應用場景的 Wi-Fi 網路切片的範例

切片方案	切片類型	切片的要求
切片 1	企業員工的辦公網路連線	功能：支援終端的認證及註冊，資料業務的 QoS 保證，點對點的資料加密保護，企業預約的資料頻寬等 性能：切片優先順序較高，傳輸延遲低，連線可靠性高
切片 2	外部訪客的臨時上網	功能：支援終端的認證及註冊，實現普通的上網需求，沒有計費要求，頻寬要滿足普通資料流量的業務等 性能：切片優先順序低，傳輸延遲一般，連線可靠性一般
切片 3	高頻寬低延遲的企業專用視訊會議	功能：支援終端的認證及註冊，資料業務的 QoS 保證，點對點的資料加密保護，企業預約的資料頻寬等 性能：切片優先順序很高，傳輸延遲很低，連線可靠性高

▼ 表 7-7　Wi-Fi 7 寬頻閘道和 AP 的硬體技術要求

AP 選型	Wi-Fi 7 閘道規格要求	Wi-Fi 7 AP 規格要求
硬體技術要求	Wi-Fi 7 閘道 BE7200	Wi-Fi 7 APBE7200 或 BE19000
	Wi-Fi 7 雙頻	Wi-Fi 7 雙頻或三頻
	多天線 4×4 2.4GHz，4×4 5GHz	多天線 4×4 2.4GHz，4×4 5GHz，4×4 6GHz
	支援 160MHz 頻寬	支援 160MHz 或 320MHz 的頻寬

▼ 表 7-8　Wi-Fi 7 寬頻閘道和 AP 相關的軟體功能要求

AP 選型	閘道和 AP 的 Wi-Fi 7 相關的軟體功能清單
軟體功能要求	支援基於 Wi-Fi 7 的 EasyMesh 網路拓樸
	支援 Wi-Fi 7 的多鏈路同傳技術和負載平衡技術
	支援 Wi-Fi 7 的多資源單元技術
	支援 IEEE 802.1x 的認證方式，支援 WPA3 的安全等級
	支援低延遲業務特徵辨識
	支援業務的 QoS 控制，視訊或語音的高優先順序處理

7.3.3　5G 與 Wi-Fi 連線網路融合的演進方向

雖然 3GPP R15 之後對於 Wi-Fi 連線的網路融合的規範已經比 4G 時代有了更全面的定義和演進，但從實際網路部署的角度來看，對於行動終端或純 Wi-Fi 終端設備在融合網路中的點對點業務轉發品質、資料安全性和網路營運維護等操作，仍將是未來幾年關鍵的話題。

1）融合網路的點對點的業務轉發品質

在 5G 規範中，3GPP 透過支援網路切片技術實現點對點的業務品質管制。但如何把 Wi-Fi 連線網路的操作納入網路切片管理，目前還沒有定義詳細規範。Wi-Fi 網路的空中介面資源的優先順序定義、延遲控制等都獨立於 5G 網路部署。因此，統一管理 5G 網路和 Wi-Fi 連線的業務品質參數是實現網路融合效果的技術挑戰。

另一方面，Wi-Fi 7 的多鏈路操作、多資源單位管理和低延遲業務特徵辨識，給網路切片技術帶來了新的契機和技術支撐。

2）5G 終端切換到 Wi-Fi 網路中的資料安全性

Wi-Fi 網路本身是免授權頻段的無線區域網路，允許不同的終端同時連線到同一個 Wi-Fi 閘道或路由器。使用電信級行動網路的 5G 終端切換到普通的 Wi-Fi 節點進行資料轉發，5G 終端在融合網路中被鑑權認證後正常執行業務的前提下，點對點的網路安全性將需要重新檢查和評估，不過目前尚未有相關的研究和討論。

3）融合網路的未來營運維護

通常營運商對基於 Wi-Fi 的寬頻連線閘道的營運管理是聚焦在網路介面側的參數，對於 Wi-Fi 連線的性能和業務品質參數缺乏有效的管理方法。而當 5G 與 Wi-Fi 連

線的網路融合的時候，不僅需要有一個統一的營運網路來管理，也需要加強 5G 終端連線 Wi-Fi 網路的維護和監管，這是營運商與裝置商將來實現網路融合籌畫方案的重點。

第8章

Wi-Fi 技術發展的展望

Wi-Fi 作為與終端客戶直接相關的短距離通訊技術，IEEE 平均每 5 年就會推出新的技術標準，在 Wi-Fi 7 之後，可以預見 2030 年左右 Wi-Fi 8 就會進入大眾的視野，成為新的 Wi-Fi 標準的旗艦。

2022 年 7 月，IEEE 成立了新一代 Wi-Fi 技術的研究組（Study Group，SG），它稱為超高可靠性研究組（Ultra High Reliability Study Group，UHR SG），這個研究組將關注和提升 Wi-Fi 連接的可靠性，繼續減少延遲，提升 Wi-Fi 的可管理性，提升不同訊號雜訊比情況下的輸送量，並且繼續減少 Wi-Fi 裝置的功耗等，預計 IEEE 將在 2023 年 5 月份成立任務組。與此同時，IEEE 還成立了人工智慧和機器學習興趣小組（Artificial Intelligence / Machine Learning Interesting Group，AI/ML SIG），該小組將特別注意 AI/ML 在 Wi-Fi 技術上的應用，以及對於現有的 Wi-Fi 系統進行性能提升。

從目前看來，AI/ML 以及 UHR 可能就是 Wi-Fi 8 標準的內容，很多廠商已經非常積極地提供技術建議和願景描繪。

本章作為 Wi-Fi 技術發展的展望，介紹與 Wi-Fi 8 發展緊密相關的寬頻連線，以及行動通訊的外部網路因素和業務頻寬需求，還會介紹 Wi-Fi 8 標準可能涉及的關鍵技術。

8.1 超高寬頻網路的開啟

人們能夠使用 Wi-Fi 來上網，是因為 Wi-Fi 閘道或路由器連接著有線寬頻連線網路，或透過 CPE 連線行動通訊網路，從而完成網際網路的連接。寬頻連線網路和行動通信網路各自不斷向前演進，頻寬繼續拓展，性能不斷提升，相應地又對 Wi-Fi 技術的升級發展提出了新的要求。作為寬頻連線和行動通訊網路方案的營運商，在每一個技術方案的時代，他們都預期有對應的高性能的 Wi-Fi 技術能支援和匹配點對點通訊網路的發展。

參考圖 8-1，可以大致了解 Wi-Fi、有線網路的寬頻連線和行動通訊發展的對應關係。目前沒有下一代寬頻連線和行動 6G 的商業化的時間表，圖中的時間僅是本書作者的預測和展望，下面做詳細說明。

1）寬頻連線

2020 年之前，寬頻連線以 GB 的無源光網路（Passive Optical Network，PON）為主，對應的 Wi-Fi 主要是 Wi-Fi 4 與 Wi-Fi 5。2020 年之後，Wi-Fi 6 與 10GB（10Gbps）寬頻接入的無源光網路幾乎同時在始得到部署和發展，國外更多的地區則在 2023 年左右將推廣 10GB 寬頻連線。可以預見，Wi-Fi 6 和 Wi-Fi 7 將同時被營運商作為 10GB 寬頻連線的室內延伸的方案，持續部署若干年，而 Wi-Fi 7 則是 10GB 寬頻連線下的室內高端閘道配置。

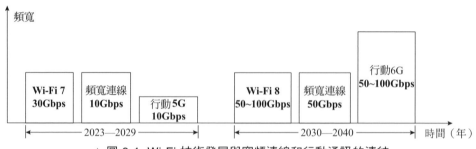

▲ 圖 8-1 Wi-Fi 技術發展與寬頻連線和行動通訊的連結

行業內對於 10GB 寬頻連線的下一代技術方案，多數傾向於速率 25Gbps 的 PON 產品或者 50Gbps 的 PON 產品，預計在 2030 年左右能逐漸開始推廣，此時，室內 Wi-Fi 技術也將有可能升級到支援 50Gbps 以上的 Wi-Fi 8，因而能夠與寬頻連線組成有線超寬頻網路的完整方案。

2）行動網路

在全球各地如火如荼地大規模部署行動 5G 的同時，3GPP 關於 5G 的新的標準 R18 將在 2023 年年底凍結，即完成標準的制定。隨後 5 年都是行動 5G 新標準處於商業化推廣的重要時期，5G 在室內覆蓋率的拓展和室內性能的保證則可以由 Wi-Fi 6 和更高性能的 Wi-Fi 7 來實現。

在行動 5G 處於全社會關注的熱點話題的時候，行動 6G 的關鍵技術也已經悄然成為通訊行業的討論焦點。人工智慧、網路感知、極致的性能體驗、空天地一體化網路拓樸、感知通訊計算一體化等各種新技術都相繼被提出和研究。現在行業內還不能

舉出預測，有哪些關鍵技術將被採納到標準中，也無法知道 6G 標準發佈的日期。但根據行動通訊 10 年一代的歷史經驗，行業內紛紛以 2030 年作為 6G 標準的預測時間。

行動 6G 一定會在使用者體驗上比 5G 更進一步。舉例來說，實現 Tbps 級的峰值速率、10 ～ 100Gbps 的使用者體驗速率、次毫秒的延遲等。從 Wi-Fi 技術的角度來看，6G 的使用者體驗速率、延遲等性能指標是與 Wi-Fi 8 對應的。2030 年左右，Wi-Fi 8 作為 6G 通訊的室內補充和延伸，將一起組成無線超寬頻網路的完整方案。

結合寬頻連線和行動通訊的發展，預計 2030 年以後，將出現如圖 8-2 所示的超寬頻網路的結構，人們使用網路的體驗將出現更大飛躍。

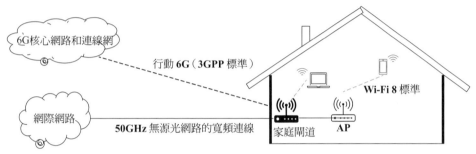

▲ 圖 8-2 家庭 Wi-Fi 8 與寬頻連線和行動網路的圖示

8.2 展望新一代 Wi-Fi 關鍵技術

Wi-Fi 5 之前的標準演進主要是資料傳輸速率提升，Wi-Fi 6 把重點為高密度連接下的 Wi-Fi 性能的提升，引入了行動通訊的 OFDMA 的多址連線，Wi-Fi 7 又繼續把高頻寬和高性能作為 Wi-Fi 技術發展的焦點。

在這些標準每次迭代演進中，提升調變方式、實現通道綁定、拓展通道頻寬、多使用者多輸入多輸出等一直是其中的關鍵技術。Wi-Fi 8 標準制定的時候，必然會再次探討這些關鍵技術還有多少提升的空間。

UHR 小組的設計目標是為 Wi-Fi 資料在通道中傳輸提供高穩定性。多 AP 協作技術的優點在於降低通道中 BSS 之間的相互干擾、提高通道利用效率、提升資料傳輸穩定性，恰好滿足 UHR 的需求。而 Wi-Fi 7 曾經將多 AP 協作技術作為設計目標，但未完成技術規範制定，因此，可以預測多 AP 協作技術將在 Wi-Fi 8 中進一步討論。

在行動 5G R15 標準中，AI/ML 已經用於網路資料收集和分析，以及網路自動化管理。在行動 6G 網路中，AI/ML 的應用更加廣泛，比如網路節點負載平衡、使用者

資料管理，以及對於 MAC 層和 PHY 層的最佳化，比如通道資訊收集、收發調變方式等。AI/ML 在行動 6G 的應用會進一步提高行動網路的性能。

可以預期，IEEE AI/ML 小組的設計目標是對標 AI/ML 在行動 6G 網路的應用，並結合 Wi-Fi 網路的自身特點，透過引入 AI/ML 功能，進一步提高 Wi-Fi 通訊系統整體性能。

1. 傳統關鍵技術的提升

從 Wi-Fi 標準發展來看，除了調變方式的持續提升以外，Wi-Fi 4 和 Wi-Fi 6 是兩個關鍵的路標。Wi-Fi 4 開始支援多輸入多輸出技術和通道綁定技術，而 Wi-Fi 6 開始支援 OFDMA，並且拓展到 6GHz 頻段，兩個標準完善了 Wi-Fi 傳統關鍵技術的基礎，即以單個 Wi-FiAP 為 Wi-Fi 網路的性能核心，不斷提升頻譜效率，透過空間重複使用、頻譜重複使用等方式，挖掘 Wi-Fi 網路的所有資源潛力，推動 Wi-Fi 網路向高頻寬、高效率的方向發展。而經過 Wi-Fi 7 標準的大幅度性能提升以後，Wi-Fi 傳統關鍵技術還有多少大幅提升空間，是目前仍在探討的話題。

1）通道頻寬

Wi-Fi 7 在 6GHz 上最多支援 6 個 320MHz 的通道，但只有 3 個不重疊的 320MHz 的通道，如圖 8-3 所示。從 6GHz 可用頻譜資源的角度來看，Wi-Fi 8 在通道頻寬上並不會比 Wi-Fi 7 有新的突破，即可能最多支援 320MHz 通道，而非在新標準中把 640MHz 作為通道頻寬拓展的重點。

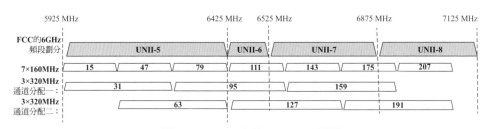

▲ 圖 8-3 6GHz 上的 320MHz 通道

2）調變效率

Wi-Fi 7 支援 4096-QAM，即 4K QAM，$4096=2^{12}$，相比 Wi-Fi 6 提升了 20% 的速率。那麼 Wi-Fi 8 的調變目標可能是 16K QAM，$16K=2^{14}$，帶來了 16.66% 的資料速率提升。可以看到，調變的階數越高，帶來的實現複雜度變高，而提升的速率反而越來越有限。所以是否把 16K QAM 作為 Wi-Fi 8 的標準之一，將有待標準組織討論。

3）多輸入多輸出

Wi-Fi 7 曾經把 16 條空間流放在標準的候選方案中，但之後發現 Wi-Fi 7 來不及完成相應的規範定義，所以就建議把它放到 Wi-Fi 8 中討論，成為 Wi-Fi 8 的待選技術方案。

對家用網路和裝置來說，16 條空間流是否有必要，是值得商榷的地方。16 條空間流不僅增加了天線的數量和成本，也增加了 Wi-Fi AP 系統實現上的複雜度。在一個 Wi-Fi AP 的裝置上支援 8 根以上的天線，對於外觀、功耗、成本等方面都有影響，廠商必然會認真考慮 C/P 值是否合適。另外，多使用者多輸入多輸出（MU-MIMO）在 16 條空間流情況下，如何高效實現 AP 與終端之間的資料傳送和管理控制等，都是技術實現上的挑戰。

2. 多 AP 協作技術

Wi-Fi 6 的 OFDMA 針對的是密集的終端連接，而 Wi-Fi 7 已經在討論密集的 Wi-FiAP 部署場景的技術方案，AP 相互之間無線訊號重疊是典型的資料傳輸特徵，除了盡可能減少相互干擾以外，如果能充分利用相鄰的 AP 進行協作，則能最大化利用有限的時頻域及空中介面資源，提高在多 AP 環境下的資料轉發的系統效率和性能。因為技術上的複雜性，多 AP 協作的技術方案從 Wi-Fi 7 放到了 Wi-Fi 8 的討論中。

要實現多 AP 協作，關鍵是如何充分利用單一 Wi-Fi AP 已有的頻譜重複使用、空間重複使用等技術，使得不同 AP 進行協商和協作，分別同時使用互不干擾的頻譜資源和空間資源，從而減少相互之間因為干擾而帶來的延遲和性能問題。

參考圖 8-4，多 AP 協作包含了基於 OFDMA 資源單位的協作、基於波束賦形的空中介面協作以及基於 AP 資料協作處理的分散式 MIMO 協作三種方式。

1）OFDMA 協作（Coordinated OFDMA）

在 802.11ax 的 OFDMA 多址連線的技術基礎上，不同的 AP 透過協商可以分別使用不同的單位資源 RU 同時進行資料傳送，因而可以減少 AP 相互之間競爭視窗的衝突，盡可能使不同的 AP 最大化利用資料所發送的通道資源，對於最佳化短資料封包的延遲時間非常有幫助。這種 OFDMA 協作是多 AP 協作機制中較簡單的方式。

2）空中介面協作

也稱為零點指向協作（Coordinated Null Steering），或波束成形協作（Coordinated Beamforming）。協作的前提是 AP 有多對天線，多個 AP 在同一時刻利用空中介面重

複使用技術向不同終端設備提供波束賦形的增益，同時 AP 向非連結的裝置提供空中介面訊號輻射的零點指向，這種方式有效利用空中介面資源來進行資料傳送。

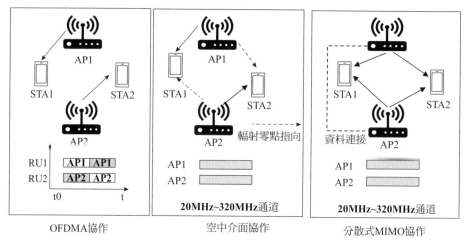

RU1　AP1 AP1
RU2　AP2 AP2
　　t0　　　　t

OFDMA協作

20MHz~320MHz通道

空中介面協作

20MHz~320MHz通道

分散式MIMO協作

▲ 圖 8-4　Wi-Fi 多 AP 協作方式

具體實現是需要在多個 AP 之間透過訊息進行協作，並且 AP 要從非連結的裝置那裡獲得通道狀態資訊（Channel State Information），然後根據輻射零點來調整天線方向。

3）分散式 MIMO 協作（Distributed-MIMO，D-MIMO）

這是多 AP 協作中比較複雜的機制，它把相鄰的 AP 從干擾源變成資料傳輸的協作方，AP 之間可以透過波束賦型的方式拓展空間重複使用和增加資料傳輸的覆蓋範圍。

D-MIMO 機制需要最佳化原先的衝突避讓機制（CSMA/CA），使得多 AP 在訊號重疊的區域能改進通道存取的處理方式。在具體實現中，可能需要建立主 AP 和從 AP 的架構，主 AP 協調頻域資源及控制管理幀的傳送等方式，從而實現多 AP 相互協作和資料傳輸。

3. Wi-Fi 在毫米波頻段應用

高輸送量的設計目標為單一裝置峰值吞吐達到 100Gbps，平均值達到 10Gbps。但目前美國開放 6GHz 頻段上只有 3 個非重疊的 320MHz 頻寬的通道，而歐洲開放 6GHz 頻段上只有 1 個 320MHz 頻段的通道，有開放 6GHz 頻段，所以在 6GHz 上再透過擴大頻寬來提升輸送量的目標很難實現。

為此，UHR 小組將研究重點放在對於 60GHz 毫米波頻段可用的頻寬資源。60GHz 資源頻寬範圍為 45～60GHz，共 15GHz 可用的頻寬資源。傳統基於 802.11ad/ay 技術的最小通道頻寬為 2.16GHz，透過通道捆綁技術可達到 8.64GHz。在現有 802.11ad/ay 技術的基礎上，UHR 小組提出基於 60GHz 頻段上 Wi-Fi 設計頻寬為 160～1280MHz，可用在密集環境下，滿足多 AP 工作在不同通道相互不會干擾。

4. 人工智慧和機器學習

AI/ML 引入 Wi-Fi 通訊系統的目標是提高 Wi-Fi 系統的性能，提升通道利用效率。具體來說，如圖 8-5 所示，AI/ML 在 Wi-Fi 系統上的應用將表現在以下六個方面：

（1）**通道連線**：根據通道狀態，透過 AI/ML 動態調整回退視窗，替代當前隨機回退視窗模式，降低通道閒置時間以及衝突機率，進而提高通道利用效率。

（2）**鏈路自我調整**：透過 AI/ML 預測當前通道狀態，自動選擇最佳傳輸速率，從而提高系統輸送量。

（3）**PHY 層最佳化**：透過 AI/ML 自動辨識訊號源，從而降低雜訊產生的干擾和提高解調解碼效率。

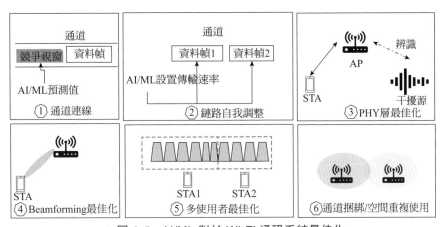

▲ 圖 8-5　AI/ML 對於 Wi-Fi 通訊系統最佳化

（4）**Beamforming 最佳化**：透過 AI/ML 預測通道特點，自動選擇 Beamforming 傳輸頻寬、發射功率，從而降低通道探測時間和提高系統輸送量。

（5）**多使用者最佳化**：透過 AI/ML 為每個使用者精準分配 RU/MRU，滿足多使用者併發場景下對於高輸送量和低延遲的需求。

（6）**通道捆綁 / 空間重複使用**：根據通道以及子通道狀態，透過 AI/ML 自動選擇通道捆綁數量和發射功率，自動調整 CCA 門限值，從而充分利用通道資源和提高輸送量。

8.3 結語

Wi-Fi 已經成為這個時代最成功的無線資料傳輸技術之一，從 1997 年最初的 2Mbps 到目前 2023 年的 30Gbps，26 年內標準發展了 7 代，速率提升了 15000 倍。預計到 2025 年，Wi-Fi 的全球經濟價值有望達到 5 兆美金，每年將交付數十億部裝置。而 Wi-Fi 技術仍在演進和創新中，可以預期 Wi-Fi 在後面 10 年仍將繼續為高頻寬低延遲等各種場景的業務發揮重要的資料連接作用。

附錄 A

術語表

英文縮寫	英文全稱	中文
3GPP	The 3rd Generation Partnership Project	第三代合作夥伴計畫
AAD	Additional Authentication Data	額外身份驗證資料
AC	Access Category	業務類別
Ack	Acknowledge	確認
AC_BK	AC Background	背景流業務
AC_BE	AC Best Effort	儘量傳輸業務
AC_VI	AC Video	視訊業務
AC_VO	AC Voice	語音業務
ACS	Auto Configuration Server	自動配置系統
AFC	Automated Frequency Coordination System	自動頻率協調系統
AIFS	Arbitration Interframe Space	仲裁幀間隔
AIFSN	Arbitration Interframe Space Number	仲裁幀間隔數量
AI/ML SIG	Artificial Intelligence/Machine Learning Interesting Group	人工智慧和機器學習興趣小組
A-MPDU	Aggregate MPDU	聚合 MAC 協定資料單元
AID	Association Identifier	連結識別字
A-MSDU	Aggregate MSDU	聚合 MAC 服務資料單元
AP	Access Point	存取點
AR	Augmented Reality	擴增實境
ASK	Amplitude Shift Keying	振幅鍵控
ATL	Authorized Test Laboratory	授權測試實驗室
BA	Block Ack	塊確認
BAR	Block Ack Request	塊確認請求
BBF	Broadband Forum	寬頻討論區
BCC	Binary Convolutional Code	二進位卷積編碼

英文縮寫	英文全稱	中文
BFRP	Beamforming Report Poll	報告輪詢幀
BQR	Bandwidth Query Report	頻寬查詢報告
BQRP	Bandwidth Query Report Poll	頻寬查詢報告輪詢
BSRP	Buffer Status Report Poll	快取狀態查詢
BSS	Basic Service Set	基本服務集
B-TWT	Broadcast TWT	廣播目標喚醒時間
CBA	Compressed Block Ack	壓縮區塊確認
CBC-MAC	Cipher-Block Chaining Message Authentication Code	密碼區塊鏈訊息完整碼
CBR	Constant Bitrate	固定取樣率
CCA	Clear Channel Assessment	空閒通道評估
CCA-ED	CCA-Energy Detection	訊號能量檢測
CCA-PD	CCA-Packet Detection	資料封包檢測
CCMP	CTR with CBC-MAC Protocol	計數器模式密碼區塊鏈訊息完整碼協定
CEPT	Confederation of European Posts and Telecommunications	歐洲郵電管理委員會
CM	Cable Modem	纜線數據機
CPE	Customer Premises Equipment	使用者端裝置
CRC	Cyclic Redundancy Check	循環容錯驗證
CSI	Channel State Information	通道資訊
CSMA/CA	Carrier Sense Multiple Access/Collision Avoidance	載波偵聽 / 衝突避免
CTR	Counter Mode	計算機模式
CW	Contention Window	競爭視窗
CWmin	minimum Contention Window	最小競爭視窗
CWmax	maximum Contention Window	最大競爭視窗
DA	Destination Address	目的位址
DBPSK	Differential Binary Phase Shift Keying	差分二進位相移鍵控
DC	Direct Current Subcarrier	直流子載波
DCM	Dual Carrier Modulation	雙載波調變模式
DFS	Dynamic Frequency Selection	動態頻率選擇
DHCP	Dynamic Host Configuration Protocol	動態主機設定通訊協定
DHKE	Diffie-Hellman Key Exchange	迪菲－赫爾曼金鑰交換

英文縮寫	英文全稱	中文
DIFS	Distributed coordination function Interframe Space	分散式協調功能幀間隔
DL	Down Link	下行
D-MIMO	Distributed-MIMO	分散式 MIMO 協作
DQPSK	Differential Quadrature Phase Shift Keying	差分正交相移鍵控
DS	Distributed System	分散式系統
DSCP	Differentiated Service Code Point	差分服務程式點
DSL	Digital Subscriber Line	數位使用者線路
DSSS	Direct Sequence Spread Spectrum	直接序列擴頻
DTIM	Delivery TrafficIndication Map	延遲傳輸指示映射
EAPOL	Extensible Authentication Protocol Over LAN	基於區域網的 802.1X 擴充認證協定
EAP-TTLS	EAP-Tunneled Transport Layer Security	隧道傳輸層安全協定
eMBB	Enhanced Mobile Broadband	增強行動寬頻
ECWmin	Exponent form of CWmin	最小競爭視窗指數
ECWmax	Exponent form of CWmax	最大競爭視窗指數
EDCA	Enhanced Distributed Channel Access	增強型分散式通道連線機制
EHT	Extremely High Throughput	極高輸送量
EIFS	Extended Interframe Space	擴充幀間隔
EIRP	Effective Isotropic Radiated Power	等效全向輻射功率
EPCS	Emergency Preparedness Communications Services	應急通訊服務
ESS	Extended Service Set	擴充服務集
ETSI	European Telecommunication Standards Institute	歐洲電信標準協會
EVM	Error Vector Magnitude	向量誤差幅度
FAGF	Fixed Access Gateway Function	固定連線閘道功能單元
FCC	Federal Communications Commission	美國聯邦傳播委員會
FDM	Frequency Division Multiplexing	頻分重複使用
FEM	Front-End Module	前端模組
FN	Fragment Number	分片編號
FT	Fast Transition	快速切換
GC	Group Client	群組使用者端
GI	Guard Interval	保護間隔
GMK	Group Master Key	多點傳輸主金鑰
GO	Group Owner	群組負責

英文縮寫	英文全稱	中文
GTK	Group Transient Key	多點傳輸臨時金鑰
HE	High Efficiency	高性能
HT	High Throughput	高輸送量
IEEE	Institute of Electrical and Electronics Engineers	電氣電子工程師協會
IFS	Interframe Space	幀間隔
IPSec	Internet Protocol Security	網際網路安全協定
ISI	Inter Symbol Interference	符號間干擾
ISM	Industrial Scientific Medical	工業—科學—醫療
i-TWT	Individual TWT	個體目標喚醒時間
LAN	Local Area Network	區域網
LDPC	Low Density Parity Check	低密度同位碼
LLC	Logical Link Control	邏輯鏈路控制
L-LTF	Legacy Long Training Field	傳統長訓練碼
L-SIG	Legacy Signal	傳統訊號
L-STF	Legacy Short Training Field	傳統短訓練碼
LTF	Long Training Field	長訓練碼
KCK	EAPOL-Key confirmation key	EAPOL 幀確認金鑰
KEK	EAPOL-Key Encryption Key	EAPOL 幀加密金鑰
MAC	Medium Access Control	媒體存取控制
M-BA	Multi-STA Block Ack	多使用者區塊確認
MBSSID	Multiple-BSSID	多 BSSID 技術
MCS	Modulation and Coding Scheme	調變編碼方式
MIC	Message Integrity Code	訊息完整性程式
MIMO	Multiple Input Multiple Output	多輸入多輸出
MLD	Multiple Link Device	多鏈路裝置
mMTC	massive Machine Type of Communication	巨量機器類通訊
MPDU	MAC Layer Protocol Data Unit	MAC 層協定資料單元
MQTT	Message Queuing Telemetry Transport	訊息佇列遙測傳輸
MRU	Multiple Resource Unit	多資源單元技術
MSCS	Mirrored Stream Classification Service	鏡像流分類服務
MSDU	MAC Service Data Unit	MAC 服務資料單元
MSK	Master Session Key	主工作階段金鑰

英文縮寫	英文全稱	中文
MTP	Message Transfer Protocol	訊息傳輸協定
MU-MIMO	Multiuser-Multiple Input Multiple Output	多使用者多輸入多輸出
N3IWF	Non-3GPPInterworking Function	非 3GPP 互動功能單元
NAV	Network Allocation Vector	網路分配向量
NDP	Null Data PPDU	空資料封包
NDPA	Null Data PPDU Announcement	空資料封包通告
NFRP	NDP Feedback Report Poll	NDP 回饋資訊查詢
OBSS	Overlapping Basic Service Sets	重疊基本服務集
OFDM	Orthogonal Frequency Division Multiplexing	正交頻分重複使用
OFDMA	Orthogonal Frequency Division Multiple Access	正交頻分重複使用多址
OPS	Opportunistic Power Saving	機會主義的省電模式
OSI	Open Systems Interconnection Reference Model	開放系統互相連線參考模型
PMK	Pairwise Master Key	成對主金鑰
PON	Passive Optical Network	無源光網路
PPDU	Physical Layer Protocol Data Unit	物理層協定資料單元
PSK	Phase Shift Keying	相移鍵控
PTK	Pairwise Transient Key	成對臨時金鑰
PS-POLL	Power Saving Poll	節電查詢
PSDU	Physical Service Data Unit	物理層服務資料單元
QAM	Quadrature Amplitude Modulation	正交幅度調變
QoS	Quality of Service	服務品質
QPSK	Quadrature Phase Shift Keying	正交相移鍵控
P2P	Peer-to-Peer	點對點
PAR	Project Authorization Request	專案授權請求
PE	Packet Extension	延伸的欄位
PIFS	Priority Interframe Space	優先順序幀間隔
PPDU	Physical Layer Protocol Data Unit	物理層協定資料單元
PSD	Power Spectral Density	最大功率密度
PSDU	Physical Service Data Unit	物理層服務資料單元
PSK	Phase Shift Keying	相位鍵控
RA	Receiver Address	接收位址

英文縮寫	英文全稱	中文
RAN	Radio Access Network	無線連線網路
RF	Radio Frequency	射頻
RG	Residential Gateway	駐地閘道
RNR	Reduced Neighbor Report	鄰居節點報告技術
RSSI	Received Signal Strength Indication	接收訊號強度
RTS/CTS	Request To Send/Clear To Send	請求發送 / 清除發送
RA-RU	Random Access Resource Unit	隨機連線的 RU
RCE	Relative Constellation Error	相對星座圖誤差
RSNE	Robust Security Network Element	健全安全網路欄位
RU	Resource Unit	資源單元
RVR	Rate vs Range	性能測試
r-TWT	restricted Target Wakeup Time	嚴格喚醒時間技術
SA	Source Address	來源位址
SAE	Simultaneous Authentication of Equals	對等實體同時驗證方式
SCS	Stream Classification Service	業務流資訊辨識
SDK	Software Development Kit	軟體開發套件
SG	Study Group	研究組
SGI	Short Guard Interval	短保護間隔
SIFS	Short Interframe Space	短幀間隔
SN	Sequence Number	順序編號
SNR	Signal-to-Noise Ratio	訊號雜訊比
SR	Spatial Reuse	空間重複使用技術
SSID	Service Set Identifier	服務集識別字
STA	Station	終端
STBC	Space Time Block Code	空時分組碼
STF	Short Training Field	短訓練碼
SU-MIMO	Single-User MIMO	單使用者多輸入多輸出
TA	Transmitter Address	發送位址
TBTT	Target Beacon Transmit Time	信標目標發送時間
TDLS	Tunneled Direct Link Setup	隧道直接鏈路建立
TG	Task Group	工作組
TKIP	Temporal Key Integrity Protocol	臨時金鑰完整性

英文縮寫	英文全稱	中文
TID	TrafficIdentifier	傳輸類別
TIM	TrafficIndication Map	傳輸指示映射
TXS	TXOP sharing	傳輸機會分享
TWT	Target Wake Time	目標喚醒時間
TPC	Transmission Power Control	發射功率控制
TXOP	Transmission Opportunity	發送機會
UHDTV	Ultra-High Definition Television	超高畫質電視
UHR SG	Ultra High Reliability Study Group	超高可靠性學習組
UL	Up Link	上行方向
UORA	UL OFDMA-based Random Access	上行 OFDMA 隨機連線
uRLLC	ultra Reliable Low Latency Communications	高可靠低延遲連接
USP	User Services Platform	使用者業務平臺
VBR	Variable Bitrate	變數字速率
VBSS	Virtualized BSS	虛擬 BSS
VHT	Very High Throughput	更高輸送量
VR	Virtual Reality	虛擬實境
XR	Extended Reality	擴充現實
WBA	Wireless Broadband Alliance	無線寬頻聯盟
WECA	Wireless Ethernet Compatibility Alliance	無線乙太網相容性聯盟
WEP	Wired Equivalent Privacy	有線對等保密
WFA	Wi-Fi Alliance	Wi-Fi 聯盟
Wi-Fi	Wireless-Fidelity	無線高保真
WSC	Wi-Fi Simple Configuration	Wi-Fi 簡單配置
WLAN	Wireless Local Area Network	無線區域網
WMN	Wireless Mesh Network	無線網狀網路
WMM	Wi-Fi Multi Media	Wi-Fi 多媒體
WPA	Wi-Fi Protected Access	Wi-Fi 保護連線

Note

Note